2024

MBA MPA
MPAcc MEM

管理类联考
数学顿悟精练
1000题

思维
81绝

总第10版

金榜题名
战成硕

主 编 陈 剑
副主编 朱 曦
参 编 陈剑名师团成员：

杨 晶 韩 超 左菲菲 熊学政
石 磊 王 辉 赵 刚 江永平
杨世雄 锦 辰

陈剑 朱曦

华龄出版社
HUALING PRESS

图书在版编目（CIP）数据

数学顿悟精练 1000 题：管理类联考／陈剑主编．--
北京：华龄出版社，2023.3
ISBN 978 - 7 - 5169 - 2471 - 6

Ⅰ.①数… Ⅱ.①陈… Ⅲ.①高等数学 - 研究生 - 入
学考试 - 习题集 Ⅳ.①O13 - 44

中国国家版本馆 CIP 数据核字（2023）第 032235 号

| 策划编辑 | 颉腾文化 | 责任印制 | 李未圻 |
| 责任编辑 | 徐春涛 | | |

书　　名	数学顿悟精练 1000 题：管理类联考		
作　　者	陈　剑		
出　　版	华龄出版社 HUALING PRESS		
发　　行			
社　　址	北京市东城区安定门外大街甲 57 号	邮　　编	100011
发　　行	（010）58122255	传　　真	（010）84049572
承　　印	三河市中晟雅豪印务有限公司		
版　　次	2023 年 3 月第 1 版	印　　次	2023 年 3 月第 1 次印刷
规　　格	787mm×1092mm	开　　本	1/16
印　　张	21	字　　数	521 千字
书　　号	ISBN 978 - 7 - 5169 - 2471 - 6		
定　　价	99.00 元		

前言
Preface

为了帮助报考 MBA、MPA、MPAcc、MEM 的考生更好地提升做题技能，作者按照最新考试大纲及命题特征精心编写本书.

本书的特色如下：

深度　针对联考题型，深入分析探究，适用最新考试难度标准.

高度　逐题深度剖析，洞察命题新动向，指导考生把握命题脉搏，赢取高分.

精度　提升实战技巧，便于考生有的放矢，查漏补缺，以求做到触类旁通，从容应考.

速度　考试中取胜的关键是解题速度，提高解题速度依赖于解题技巧，本书通过举一反三阐明解题思路，全面展现题型变化，使考生掌握做题技巧.

角度　针对考试题型，多角度把握命题思路、方法和原则，为考生提供准确领航和理性分析.

本书包括正向思维启迪、奥数思维扩充、套卷思维模拟三部分.

正向思维启迪全面反映考生对数学知识的掌握情况以及考生的数学能力和水平，同时展示数学考试的全貌，使考生能明确考试的重点、难点及常考点，让考生弄清各知识点之间的相互联系，以便对考试有一个全局的认识和把握. 本部分总结了题型的解题方法，开阔解题思路，使所学知识融会贯通，并能快速找到解题突破口。

正向思维启迪配了大量的顿悟练习，可以达到举一反三的效果，解决考生"换一个题就不会做"的问题，编者结合多年的教学经验与考生的疑难困惑，精心总结出考试中常考的思维方法，以期提高考生识别题型变异的能力.

针对考试中偶尔出现的奥数题目，编者为考生挑选了一些考试有可能考到的奥数解题思路方法，让考生开阔思路，应对灵活多变的考试命题特征. 对于奥数的训练，考生无须投入太多时间精力，毕竟不是考试主导和命题的主体.

套卷思维模拟主要是全面检测考生的复习效果，测试一下是否还存在复习盲点和短板，加强失分模块的知识点学习，进行查漏补缺，让广大考生能够找到身临其境的感觉，在有限的时间抓住重点，有的放矢. 该部分还有助于考生把握解题规律、拓展分析思路、提炼答题技巧，从而大大提高应试水平. 考生通过全真演练，掌握考试的技巧和方法，在考场上就能从容应考，轻取高分.

本书是《数学高分指南》的姊妹书，以提高实战能力为基点，以强调考试方法和做题技巧为宗旨，以实战性强和考前冲刺为核心，以快速提高和立竿见影为目的，对典型考题从多侧面、多视角进行讲解，注重对多解法、多类型题目的训练，培养考生的发散思维和技巧应用能力，因而是考生在管理类联考数学科目取得高分的必备辅导书.

　　建议考生在复习前期按《数学高分指南》的章节内容逐章逐节精读一遍，夯实基础，然后再看本书. 尽管本书每题均有详尽的解析，但希望考生不要轻易去查看详解，先培养自己独立思考能力，做完题目后，再去看详解，仔细回顾、研究一下自己的解答过程与书中有什么异同，如果存在疑问，应尽早查清原因. 看看自己是在基本知识点方面有欠缺，还是在做题技巧、考点的综合与灵活应用等方面掌握不够. 注意，这样的归纳总结过程是必不可少的，是提高成绩的必经途径，其重要性远远超过做题本身. 成功来源于自信，只要充满信心，通过脚踏实地的认真努力，就一定会有质的提高.

　　在编写过程中，弟子朱曦进行了大量资料的编排整理，为本书的尽快完稿做出了突出贡献. 此外，本书还参阅了众多有关的教材和复习指导书，引用了一些例子，恕不一一提及，谨对所有相关的作者表示真诚的谢意. 由于编者水平有限，兼之时间仓促，疏漏之处难免，恳请读者批评指正.

陈　剑

条件充分性判断题解题技巧

一、充分条件基本概念

1. 定义 对两个命题 A 和 B 而言，若由命题 A 成立，肯定可以推出命题 B 也成立（即 $A \Rightarrow B$ 为真命题），则称命题 A 是命题 B 成立的充分条件.

【例1】 下面列出的不等式中有(　　)个是不等式 $x^2 - 5x - 6 < 0$ 成立的充分条件.

(1) $1 < x < 3$ 　　　　　　(2) $x > 7$ 　　　　　　(3) $x = 4$

(4) $x < 6$ 　　　　　　　(5) $-1 < x < 6$

A. 1 　　　　 B. 2 　　　　 C. 3 　　　　 D. 4 　　　　 E. 5

【解析】 此例中，题干"$x^2 - 5x - 6 < 0$ 成立"，这个命题是"结论"，先将结论求出范围 $-1 < x < 6$，然后比较范围可得：条件 (1)、(3)、(5) 充分. 条件 (2)、(4) 不充分. 选 C.

二、选项含义

本书中，所有条件充分性判断题的 A、B、C、D、E 五个选项所规定的含义，均以下列陈述为准，即：

A. 条件 (1) 充分，但条件 (2) 不充分.

B. 条件 (2) 充分，但条件 (1) 不充分.

C. 条件 (1) 和 (2) 单独都不充分，但条件 (1) 和条件 (2) 联合起来充分.

D. 条件 (1) 充分，条件 (2) 也充分.

E. 条件 (1) 和 (2) 单独都不充分，条件 (1) 和条件 (2) 联合起来也不充分.

注：上述 5 个选项，在本书中不再重复说明.

【例2】 不等式 $x(6x + 5) < 4$ 成立.

(1) $x > -1$. 　　　　　　　(2) $x < \dfrac{1}{3}$.

【解析】 由题干 $x(6x + 5) < 4$，解不等式得 $-\dfrac{4}{3} < x < \dfrac{1}{2}$.

显然条件 (1)、(2) 单独都不充分，联合条件 (1) 和 (2) 得出 $-1 < x < \dfrac{1}{3}$，从而原不等式成立. 因此，答案是 C.

【评注】 两个条件联合是找两个条件的交集.

三、常用的求解方法

解法一　直接法（即由条件推导题干.）

解法一是解"条件充分性判断题"的最基本解法，应熟练掌握.

【例3】 要保持某种货币的币值不变.

(1) 贬值 10% 后又升值 10%.　　　　　　　　　(2) 贬值 20% 后又升值 25%.

【解析】 设该种货币原币值为 a 元 $(a \neq 0)$.

由条件（1）经过一次贬值又一次升值后的币值为:

$a(1 - 10\%)(1 + 10\%) = a \times 0.9 \times 1.1 = 0.99a$. 显然与题干结论矛盾.

所以条件（1）不充分.

由条件（2）经过一次贬值又一次升值后的币值为:

$a(1 - 20\%)(1 + 25\%) = a \times \dfrac{4}{5} \times \dfrac{5}{4} = a$，即题干中的结论成立，所以条件（2）

充分，故应选择 B.

【例4】 等差数列 $\{a_n\}$ 中可以确定 S_{100}.

(1) 已知 $a_2 + a_3 + a_{98} + a_{99}$ 的值.　　　　　(2) 已知 $a_2 + a_5 + a_{97} + a_{98}$ 的值.

【解析】 据等差数列性质，由条件（1） $a_1 + a_{100} = a_2 + a_{99} = a_3 + a_{98}$，

$S_{100} = \dfrac{(a_1 + a_{100})}{2} \times 100 = 50(a_1 + a_{100})$，条件（1）充分.

由条件（2） $a_2 + a_{98} = 2a_{50}$，　$a_5 + a_{97} = 2a_{51}$，又 $a_1 + a_{100} = a_{50} + a_{51}$，

$S_{100} = \dfrac{(a_1 + a_{100})}{2} \times 100 = 50(a_1 + a_{100})$，所以条件（2）也充分. 故应选择 D.

解法二　定性分析法（由题意分析，得出正确的选择.）

当所给题目比较简单明了，又无定量的结论时，可以分析当条件成立时，有无结论成立的可能性，从而得出正确选择，而无须推导和演算.

【例5】 对于一项工程，丙的工作效率比甲的工作效率高.

(1) 甲、乙两人合作，需 10 天完成该项工程.

(2) 乙、丙两人合作，需 7 天完成该项工程.

【解析】 条件（1）中无甲与丙间的关系，条件（2）中亦无甲与丙间的关系，故条件（1）和（2）显然单独均不充分.

将两个条件联合起来分析: 在完成相同工作量的前提下，甲与乙合作所需时间比乙与丙合作所需时间多，故甲的工作效率当然比丙的工作效率低，题干结论成立，所以条件（1）和（2）联合起来充分. 故应选择 C.

【例6】 在一个宴会上，每个客人都免费获得一份冰激凌或一份水果沙拉，但不能同时获得二者，且所有免费提供的食物都分完了，可以确定有多少客人能获得水果沙拉.

(1) 在该宴会上，60% 的客人都获得了冰激凌.

(2) 在该宴会上，免费提供的冰激凌和水果沙拉共 120 份.

【解析】 由于条件（1）中不知客人总数，所以无法确定获得水果沙拉的客人的人数. 而由于条件（2）中只给出客人总数，所以仍无法确定获得水果沙拉的客人的人数，故条件（1）和（2）单独显然均不充分.

由条件（2）知客人总数，由条件（1）可知获得水果沙拉的客人占客人总数的百分

比，必可确定获得水果沙拉的客人的人数，所以条件（1）和（2）联合起来充分.
故应选择 C.

解法三　逆推法（由条件中变元的特殊值或条件的特殊情况入手，推导出与题干矛盾的结论，从而得出条件不充分的选择.）

注：此种方法绝对不能用在条件具有充分性的肯定性的判断上.

【例 7】要使不等式 $|1-x|+|1+x|>a$ 的解集为 **R**.

　　（1）$a>3$.　　　　　　　　　　　　（2）$2\le a<3$.

【解析】由条件（1）$a>3$，取 $a=4$，原式即 $|1-x|+|1+x|>4$，

此不等式化为：$\begin{cases}x\ge 1\\2x>4\end{cases}$ 或 $\begin{cases}-1\le x<1\\2>4\end{cases}$ 或 $\begin{cases}x<-1\\-2x>4\end{cases}$，

所以 $x>2$ 或 $x\in\varnothing$ 或 $x<-2$.

所以不等式的解为 $x<-2$ 或 $x>2$，与解集为 **R** 矛盾. 所以条件（1）不充分.

由条件（2），$2\le a<3$，取 $a=2$，不等式化为 $|1-x|+|1+x|>2$，

此不等式化为：$\begin{cases}x\ge 1\\2x>2\end{cases}$ 或 $\begin{cases}-1\le x<1\\2>2\end{cases}$ 或 $\begin{cases}x<-1\\-2x>2\end{cases}$，

所以 $x>1$ 或 $x\in\varnothing$ 或 $x<-1$.

所以不等式的解为 $x<-1$ 或 $x>1$，与解集为 **R** 矛盾. 所以条件（2）也不充分.

条件（1）和（2）联合，得 $\begin{cases}a>3\\2\le a<3\end{cases}$，所以 $a\in\varnothing$，显然条件（1）和（2）联合起来也不充分.

故应选择 E.

解法四　一般分析法（寻找题干结论的充分必要条件.）

　　即：要判断 A 是否是 B 的充分条件，可找出 B 的充要条件 C，再判断 A 是否是 C 的充分条件.

【例 8】要使关于 x 的一元方程 $x^4-2x^2+k=0$ 有四个相异的实根.

　　（1）$0<k<\dfrac{1}{2}$.　　　　　　　　（2）$1<k<2$.

【解析】方程 $x^4-2x^2+k=0$ 有四个相异的实根，设 $t=x^2,t\ge 0$，则方程 $t^2-2t+k=0$ 应有两个不等正实根 $t_1>0,t_2>0$.

又因为 $t_1+t_2=2>0$，故有 $\begin{cases}\Delta>0\\t_1t_2>0\end{cases}$，即 $\begin{cases}4-4k>0\\k>0\end{cases}$，

所以 $\begin{cases}k<1\\k>0\end{cases}$，即 $0<k<1$. 故题干中结论的充要条件是 $0<k<1$，

所以条件（1）充分，条件（2）不充分，应选择 A.

使用指南

通过认真分析研究本书，可以发现命题的特点和趋势，找到知识点之间的有机联系，总结每部分内容的考查重点、难点，凝练解题思路、方法和技巧. 为了让考生更好地利用好本书，可以参照如下的使用指南，使备考阶段的总结性复习更有针对性和目的性，真正做到有的放矢和事半功倍.

1. 本书与《数学高分指南》的区别

《数学高分指南》是教材，配合讲课使用，其例题和题型丰富，但练习题数量较少.

《数学顿悟精练1000题》是习题，配合《数学高分指南》使用，本书题目都是精心挑选的，而且分模块练习，提高效果很快. 教材＋精练＝高分！

2. 本书的难度

本书的难度大于等于《数学高分指南》，建议做完《数学高分指南》的同学，再看本书. 对于第一轮复习的同学，不适合直接看本书，先通过《数学高分指南》巩固好基础再来学习本书.

3. 本书的适用对象

本书适用于：想多练习刷题的考生；做过两遍《数学高分指南》的二战生；做过《数学高分指南》的一战生；想在数学拿高分的考生；学习时间比较充裕的考生. 不适合基础薄弱和在职的考生.

4. 本书何时使用

如果《数学高分指南》已经差不多看完，就可以同步看此书了. 尤其考 MPAcc、MAud 及 MEM 的考生.

5. 时间安排

本书题量较大，可以跨越两个阶段使用.

第一阶段：《数学高分指南》＋《数学顿悟精练1000题》正向思维启迪

第二阶段：《陈剑讲真题》＋《数学顿悟精练1000题》奥数思维扩充、套卷思维模拟

每专项建议用1~2周的时间，全书用三个月左右的时间完成. 第二遍重点看错题和不会做的题目. 八套模拟卷可以在《数学高分指南》和本书第一、二部分都完成后，自我检测用，每周2~3套模拟卷，大致一个月的时间完成八套模拟卷.

6. 增值服务

全书有任何学习上的疑问，可以关注新浪微博@陈剑数学思维进行答疑.

目 录
Contents

01
PART ONE

第一部分　正向思维启迪

专项一　绝对值归纳

第一节　核心绝例

专项简析

　　绝对值方程、不等式是考试的高频考点也是重难点，考法较灵活，是拉分的利器. 要根据绝对值方程、不等式的题型特征来判定题型，再利用最优的方式解答.

题型 1　无参数绝对值处理方法

考向 1　分段法

思　路　根据绝对值内部的正负进行分段讨论，此方法仅适用于绝对值内部次数为 1 的情况.

1 不等式 $|x-1|+x \leqslant 2$ 的解集为(　　).

A. $(-\infty, 1)$　　　　　　B. $\left(-\infty, \dfrac{3}{2}\right]$　　　　　　C. $\left[1, \dfrac{3}{2}\right]$

D. $[1, +\infty)$　　　　　　E. $\left(\dfrac{3}{2}, +\infty\right)$

2 方程 $||x-2|-1| = a$ $(0 < a < 1)$ 的所有解之和为(　　).

A. $8-2a$　　　B. $8+2a$　　　C. 8　　　　D. -8　　　E. $2a$

3 $x^2 + 4x + 4 > |x+2|$.

(1) $x > 1$.　　　　　　　　(2) $x < -1$.

【注意】质疑无选项的读者请参考目录前的"条件充分性判断题解题技巧".

考向 2　公式法

思　路　出现 $|f(x)| > d$ 或 $|f(x)| < d$（其中 d 为常数）. 通常来说，$f(x)$ 的次数为 2 次，此时不太好分段讨论，利用公式法可以解决.

4 $|x^2 + 3x - 8| < 10$ 的解集中，包含了(　　)个整数.

A. 4　　　　　B. 2　　　　　C. 6　　　　D. 7　　　　E. 8

5 $|x^2 - x - 5| > 2x - 1$.

(1) $x > 4$.　　　　　　　　(2) $x < -1$.

考向 3 平方法

思 路 不等式中出现两个绝对值且绝对值外部无常数时，通过移项变成 $|f(x)| > |g(x)|$ 的形式，两边平方，然后利用平方差公式进行求解.

▶6 不等式 $\left|\dfrac{x-2}{2x-1}\right| < 1$ 的解集为(   ).

A. $x < -1$ 或 $x > 1$ B. $x \leqslant -1$ C. $x > 1$

D. $-1 < x < 1$ E. $x < -2$ 或 $x > 2$

▶7 $|x^2 + 5x + 1| > |2x + 5|$.

(1) $x > -1$.   (2) $x < -10$.

考向 4 几何意义法

思 路 当绝对值内部未知数的系数一样时，可用整体思想并利用绝对值的几何意义这个工具进行求解.

▶8 不等式 $|x-1| + |x-3| > 4$ 的解集中，包含(   )个小于10的正整数.

A. 4   B. 5   C. 6   D. 7   E. 8

▶9 不等式 $|x+2| + |x| > 4$ 的解集中，包含(   )个小于10的奇数.

A. 3   B. 4   C. 5   D. 0   E. 无数

考向 5 绝对值三角不等式

思 路 三角不等式常用的形式有：(1) $|a| \geqslant \pm a$；$-|a| \leqslant \pm a$ 恒成立；(2) $\big||a| - |b|\big| \leqslant |a \pm b| \leqslant |a| + |b|$ 恒成立. 要从整体角度进行思考，常考查判断符号、求最值、比较大小和放缩问题.

▶10 实数 a，b 满足 $|a|(a+b) > a|a+b|$.

(1) $a < 0$.   (2) $b > -a$.

▶11 实数 a，b 满足 $|a|(a+b) \geqslant a|a+b|$.

(1) $a < 0$.   (2) $b > -a$.

▶12 不等式 $|2m-7| - |m-2| < |m-5|$ 成立.

(1) $2 < m \leqslant 5$.   (2) $2 \leqslant m < 5$.

▶13 方程 $|x + \lg a| + |x - \lg b| = 1$ 无实数解.

(1) $ab > 10$.   (2) $a > 2$，$b > 6$.

▶14 设实数 a，b 满足 $|a-2b| \leqslant 1$，则 $|a| > |b|$.

(1) $|b| > 1$.   (2) $|b| < 1$.

▶15 若 x，y 为实数，则可确定 $|x+y|$ 的最小值.

(1) 已知 $|x| + |y|$ 的最小值.

(2) 已知 $|x| - |y|$ 的值.

考向6　一次绝对值图像法

思　路　一次绝对值图像的作图要掌握三步走，即：（1）标尖点；（2）从左到右尖点连线；（3）观察 $|x|$ 的系数来判断其余区域上升还是下降.

16 已知函数 $f(x) = |2x-1| + |2x-2|$，$g(x) = x+3$，则不等式 $f(x) < g(x)$ 的解集包含了（　　）个整数.

  A. 0　　　　　　B. 1　　　　　　C. 2　　　　　　D. 3　　　　　　E. 无数

17 $|x-1| + 2|x-3| > 3$.

  （1）$x < -3$.　　　　　　　　（2）$x > 3$.

18 $|x-2| - |x-4| > \dfrac{3}{2}$.

  （1）$x > 6$.　　　　　　　　　（2）$x < 2$.

19 设函数 $f(x) = |2x+1| - |x-4|$. 不等式 $f(x) < 2$ 的解集中包含（　　）个整数.

  A. 4　　　　　　B. 5　　　　　　C. 6　　　　　　D. 7　　　　　　E. 8

20 已知函数 $f(x) = |x+1| - 2|x-1|$，则 $f(x) > 1$.

  （1）$\dfrac{2}{3} < x < 3$.　　　　　　（2）$\dfrac{1}{3} < x < 2$.

21 已知函数 $f(x) = |3x+1| - 2|x-1|$，则 $f(x) > f(x+1)$.

  （1）$x < -4$.　　　　　　　　（2）$x \leqslant -\dfrac{7}{6}$.

22 不等式 $|x+4| + |x+1| + |x-6| \leqslant 12$ 的解集为空集.

  （1）$|x-3| \leqslant 2$.　　　　　　　（2）$|x-2| \geqslant 2$.

考向7　二次绝对值图像法

思　路　要掌握常见的二次绝对值图像，常用到把下翻上和把右翻左，配合图像解不等式将会事半功倍.

23 $|x^2 - 2x| < 2|x| - 1$.

  （1）$1 < x < 4$.　　　　　　　（2）$-1 < x < \sqrt{3} + 2$.

24 $x^2 - 2|x| - 4 > |2x-4|$.

  （1）$x < -4$.　　　　　　　　（2）$x > 4$.

‖ 题型2　含参数的绝对值问题

考向1　一次绝对值与参数问题

思　路　通常要用数形结合法与最值分析法来进行求解.

25 已知方程 $2|x| - k = kx - 3$ 无负数解，那么 k 的取值范围是（　　）.

A. $-2 \leqslant k \leqslant 3$　　　　B. $2 < k \leqslant 3$　　　　C. $2 \leqslant k \leqslant 3$

D. $k \geqslant 3$ 或 $k \leqslant -2$　　　E. $k \leqslant -2$

26　函数 $f(x) = \min\{|x|, |x+t|\}$，对任意实数 x，都有 $f(-x) = f(x-1)$，则 t 的值为（　　）.

A. -2　　　B. 2　　　C. -1　　　D. 1　　　E. 3

27　已知函数 $f(x) = |2x - a| + |2x - 1| + a$，当 $x \in \mathbf{R}$ 时，$f(x) \geqslant 3$ 恒成立，则 a 的取值范围为（　　）.

A. $a < 1$　　　　　　B. $a < 1$ 或 $a > 2$　　　　　　C. $a > 2$

D. $a \geqslant 2$　　　　　　E. $a < 2$

考向 2　二次绝对值与参数问题

思　路　要利用二次绝对值的图像与参数的范围进行分析求解.

28　已知函数 $f(x) = \begin{cases} -x^2 + 2x, & x \leqslant 0 \\ \ln(x+1), & x > 0 \end{cases}$，则 $|f(x)| \geqslant ax$.

(1) $-2 < a < -1$.　　　　　　(2) $-1 < a \leqslant 0$.

29　关于 x 的方程 $(x^2 - 1)^2 - |x^2 - 1| + k = 0$，给出下列四个命题：

(1) 存在实数 k，使得方程恰有 2 个不同的实根；

(2) 存在实数 k，使得方程恰有 4 个不同的实根；

(3) 存在实数 k，使得方程恰有 5 个不同的实根；

(4) 存在实数 k，使得方程恰有 8 个不同的实根.

其中真命题的个数是（　　）.

A. 4　　　　B. 3　　　　C. 2　　　　D. 1　　　　E. 0

30　已知关于 x 的方程 $x^2 - 4x + (a-2)|x-2| + 4 - 2a = 0$ 有 4 个不同的实数根，则 a 的取值范围是（　　）.

A. $a < -2$　　B. $a > 0$　　C. $a < 0$　　D. $a \neq -2$　　E. $a < 0$ 且 $a \neq -2$

31　已知函数 $f(x) = |x^2 + 3x|, x \in \mathbf{R}$. 若方程 $f(x) - a|x - 1| = 0$ 恰有 4 个互异的实数根，则实数 a 的取值范围为（　　）.

A. $a > 9$　　　　　　B. $a > 1$　　　　　　C. $0 < a < 1$

D. $0 < a < 1$ 或 $a > 9$　　　　E. $a < 9$

考向 3　根号与绝对值函数

思　路　要掌握常见的根号与绝对值图像，通过分析参数的大小改变交点的个数来求解.

32　设 $a > 0$，则方程 $\sqrt{a - x^2} = \sqrt{2} - |x|$ 的不同实数根的个数不可能是（　　）.

A. 2　　　　B. 4　　　　C. 0　　　　D. 3　　　　E. 1

题型3 绝对值与几何相关

思 路 通常要利用绝对值函数图像来解决有关最值与面积的问题.

33 已知函数 $f(x) = |x+1| - 2|x-a|(a>0)$，则 $f(x)$ 的图像与 x 轴围成的三角形面积大于6.

(1) $a>1$.   (2) $a>2$.

34 在直角坐标系中，若平面区域 D 中所有点的坐标 (x, y) 均满足 $|y \pm x| \geq 3$ 及 $x^2 + y^2 \leq 9$，则 D 的面积是（   ）.

A. $9(\pi-1)$ B. $9(\pi-3)$ C. $9(\pi-2)$ D. $9(\pi-4)$ E. $9\left(\pi-\dfrac{1}{2}\right)$

35 设实数 x, y 满足 $|3x+4y| \leq 1$，则 $x^2 + y^2 + 2y$ 的最小值为（   ）.

A. $\dfrac{16}{25}$ B. $\dfrac{9}{25}$ C. $-\dfrac{9}{25}$ D. $-\dfrac{18}{25}$ E. $-\dfrac{16}{25}$

36 圆 $x^2 + y^2 + 4x + 3 = 0$ 上的点到正方形 $|x-2| + |y-2| = 2$ 上的点，最远距离是（   ）.

A. $2\sqrt{10}+1$ B. $4\sqrt{2}+1$ C. $2\sqrt{10}+2$ D. $4\sqrt{2}+2$ E. $2\sqrt{10}-1$

37 设实数 x, y 满足 $|3x| + |2y| \leq 1$，则 $x^2 + y^2 + 2y$ 的最小值为（   ）.

A. $-\dfrac{1}{5}$ B. $-\dfrac{3}{10}$ C. $-\dfrac{4}{5}$ D. $-\dfrac{2}{5}$ E. $-\dfrac{3}{4}$

38 设 (x, y) 满足 $(x-2)^2 + (y-2)^2 = 2$，则 $|x+2| + |y+1|$ 的最小值为（   ）.

A. 2   B. 3   C. 5   D. 7   E. 9

◈ 核心绝例解析 ◈

1≫ **B.** 分段讨论法. 当 $x \geq 1$ 时，$x-1+x \leq 2 \Rightarrow 2x \leq 3 \Rightarrow x \leq \dfrac{3}{2}$；

当 $x < 1$ 时，$1-x+x \leq 2 \Rightarrow 1 \leq 2 \Rightarrow$ 成立.

综上，得到 $x \leq \dfrac{3}{2}$.

2≫ **C.** 当 $x \geq 2$ 时，$||x-2|-1| = |x-2-1| = |x-3| = a$，得 $x = 3+a$ 或 $x = 3-a$.

当 $x < 2$ 时，$||x-2|-1| = |2-x-1| = |1-x| = a$，得 $x = 1+a$ 或 $x = 1-a$.

则所有解之和为8，选 C.

3≫ **A.** 分段讨论：当 $x \geq -2$ 时，$x^2 + 4x + 4 > x + 2 \Rightarrow x^2 + 3x + 2 > 0 \Rightarrow x > -1$ 或 $x < -2$（舍）；

当 $x < -2$ 时，$x^2 + 4x + 4 > -x - 2 \Rightarrow x^2 + 5x + 6 > 0 \Rightarrow x > -2$（舍）或 $x < -3$.

综上，得到解集为 $x > -1$ 或 $x < -3$，故选 A.

4≫ **C.** 原不等式等价于 $-10 < x^2 + 3x - 8 < 10$，即

$$\begin{cases} x^2 + 3x - 8 < 10 \\ x^2 + 3x - 8 > -10 \end{cases}$$

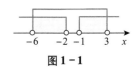

图 1－1

$$\Rightarrow \begin{cases} (x+6)(x-3) < 0 \\ (x+2)(x+1) > 0 \end{cases} \Rightarrow \begin{cases} -6 < x < 3 \\ x > -1 \text{ 或 } x < -2 \end{cases}.$$

所以原不等式的解集是 $(-6,\ -2) \cup (-1,\ 3)$，如图 1－1 所示. 故包含 6 个整数.

5 » **D.** 利用公式法，可以将原不等式等价于 $x^2 - x - 5 > 2x - 1$ 或 $x^2 - x - 5 < -2x + 1$，将两个不等式分别求解集之后取并集即可. 不等式 $x^2 - x - 5 > 2x - 1$ 的解集为 $x < -1$ 或 $x > 4$，不等式 $x^2 - x - 5 < -2x + 1$ 的解集为 $-3 < x < 2$，综上可得 $x \in (-\infty, 2) \cup (4, +\infty)$，选 D.

6 » **A.** 原不等式 $\Leftrightarrow \dfrac{|x-2|}{|2x-1|} < 1 \Leftrightarrow \begin{cases} |x-2| < |2x-1| \\ |2x-1| \neq 0 \end{cases}$

$$\Leftrightarrow \begin{cases} (x-2)^2 < (2x-1)^2 \\ x \neq \dfrac{1}{2} \end{cases} \Leftrightarrow \begin{cases} x^2 > 1 \\ x \neq \dfrac{1}{2} \end{cases} \Leftrightarrow \begin{cases} x < -1 \text{ 或 } x > 1 \\ x \neq \dfrac{1}{2} \end{cases} \Leftrightarrow x < -1 \text{ 或 } x > 1.$$

7 » **B.** 利用平方法，再用平方差公式可得：

$(x^2 + 7x + 6)(x^2 + 3x - 4) > 0 \Rightarrow (x+1)(x+6)(x-1)(x+4) > 0$，

根据穿线法，该不等式的解集为 $x \in (-\infty,\ -6) \cup (-4,\ -1) \cup (1,\ +\infty)$，故选 B.

8 » **B.** 如图 1－2 所示，不等式 $|x-1| + |x-3| > 4$ 的几何意义即为 $|PA| + |PB| > 4$. 由 $|AB| = 2$，可知点 P 在点 C（坐标为 0）的左侧或在点 D（坐标为 4）的右侧. 因此解得 $x < 0$ 或 $x > 4$.

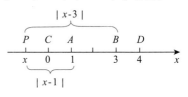

图 1－2

9 » **E.** 根据绝对值的几何意义，不等式 $|x+2| + |x| > 4$ 表示数轴上 x 到 -2 和 0 两点的距离之和大于 4 的点. 因取数轴上点 1 右边的点及点 -3 左边的点到点 -2，0 的距离之和均大于 4，所以原不等式的解集为 $\{x \mid x < -3 \text{ 或 } x > 1\}$. 故包含无数个小于 10 的奇数.

10 » **C.** 由条件 (1) $a < 0$，那么 $|a|(a+b) > a|a+b| \Rightarrow -a(a+b) > a|a+b| \Rightarrow -(a+b) < |a+b|$，显然缺少 $a+b > 0$ 这个条件，故不充分；由条件 (2) $a+b > 0$，那么 $|a|(a+b) > a|a+b| \Rightarrow |a|(a+b) > a(a+b) = |a| > a$，显然缺少 $a < 0$ 这个条件，也不充分；考虑联合，可以得到 $-a(a+b) > a(a+b)$，即正数 > 负数，是成立的.

11 » **D.** 根据 $|x| \geqslant x$，在整个实数域内恒成立，故选 D.

12 » **C.** $|2m-7| - |m-2| < |m-5|$ 化为 $|2m-7| < |m-5| + |m-2|$.

由于 $|a+b| < |a| + |b|$，当且仅当 "$ab < 0$" 时成立，

根据 $|2m-7| = |(m-2) + (m-5)| < |m-2| + |m-5|$，

因此 $(m-2)(m-5) < 0$，所以 $2 < m < 5$. 故两个条件联合充分.

13» B. 设 $f(x) = |x + \lg a| + |x - \lg b|$ $(a > 0, b > 0)$，则 $f(x)$ 的最小值为 $|\lg a + \lg b| = |\lg ab|$.

当 $|\lg ab| > 1$ 时，原方程无实数解，所以题干结论的等价结论是 $0 < ab < \frac{1}{10}$ 或 $ab > 10$.

当 $a = -1$, $b = -11$ 时，条件 (1) 成立，但是无意义，所以条件 (1) 不充分.

当 $a > 2$, $b > 6$ 时满足 $ab > 10$，且原方程有意义，所以条件 (2) 充分.

14» A. 根据条件中 $|a - 2b| \leqslant 1$ 利用三角不等式进行放缩 $\Rightarrow ||a| - 2|b|| \leqslant 1 \Rightarrow -1 \leqslant |a| - 2|b| \leqslant 1 \Rightarrow -1 + 2|b| \leqslant |a| \leqslant 2|b| + 1$. 再利用传递性：要想 $|a| > |b|$，只要 $-1 + 2|b| > |b|$ 即可，即 $|b| > 1$ 为充分条件，故选 A.

15» B. 条件 (1)，根据三角不等式 $|x| + |y|$ 的最小值可以是 $|x + y|$，$|x - y|$，$||x| - |y||$ 三个值中的任意 1 个，但无法得知具体是哪个值，故无法确定 $|x + y|$ 的最小值，不充分；条件 (2)，根据三角不等式 $||x| - |y|| \leqslant |x \pm y| \leqslant |x| + |y|$，已知 $||x| - |y||$ 的值，故可求出 $|x + y|$ 的最小值，充分.

16» B. 根据条件的信息，将 $f(x)$ 与 $g(x)$ 画到直角坐标系当中，如图 $1 - 3$ 所示. 根据两图像特征，求 x_1, x_2 即可.

(1) 当 $x < \frac{1}{2}$ 时：$1 - 2x_1 + 2 - 2x_1 = x_1 + 3 \Rightarrow x_1 = 0$；

(2) 当 $x > 1$ 时，$2x_2 - 1 + 2x_2 - 2 = x_2 + 3 \Rightarrow x_2 = 2$，

故 $f(x) < g(x)$ 的解集为 $0 < x < 2$，选 B.

17» A. 利用绝对值图像法进行分析，如图 $1 - 4$ 所示.

要想 $|x - 1| + 2|x - 3| > 3$，(1) 当 $1 < x < 3$ 时，$x - 1 + 6 - 2x = 3 \Rightarrow x = 2$；(2) 当 $x > 3$ 时，$x - 1 + 2x - 6 = 3 \Rightarrow x = \frac{10}{3}$，故不等式的解集为 $x < 2$ 或 $x > \frac{10}{3}$. 选 A.

18» A. 根据题干信息，如图 $1 - 5$ 所示.

很明显当 $2 < x < 4$ 时，$x - 2 + x - 4 = \frac{3}{2} \Rightarrow x = \frac{15}{4}$，故 $x > \frac{15}{4}$. 选 A.

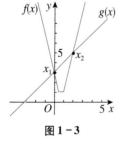

图 $1 - 3$

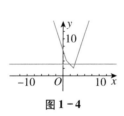

图 $1 - 4$

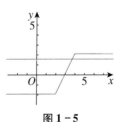

图 $1 - 5$

19» E. 令 $y = |2x + 1| - |x - 4|$，则 $y = \begin{cases} -x - 5, & x \leqslant -\frac{1}{2} \\ 3x - 3, & -\frac{1}{2} < x < 4 \\ x + 5, & x \geqslant 4 \end{cases}$.

如图 $1-6$ 所示，作出函数 $y = |2x+1| - |x-4|$ 的图像，它与直线 $y=2$ 的交点为 $(-7, 2)$ 和 $\left(\dfrac{5}{3}, 2\right)$.

所以 $|2x+1| - |x-4| < 2$ 的解集为 $-7 < x < \dfrac{5}{3}$，包含 8 个整数.

20》C. 如图 $1-7$ 所示，利用三步法作出 $f(x) = |x+1| - 2|x-1|$ 的图像，它与 $y=1$ 的交点为 $\left(\dfrac{2}{3}, 1\right), (2, 1)$，所以 $f(x) > 1$ 的解集为 $\dfrac{2}{3} < x < 2$，故选 C.

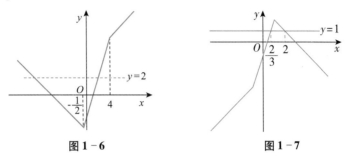

图 $1-6$ 图 $1-7$

21》A. 由已知 $f(x) = \begin{cases} x+3, & x \geqslant 1 \\ 5x-1, & -\dfrac{1}{3} < x < 1, \\ -x-3, & x \leqslant -\dfrac{1}{3} \end{cases}$ 利用三步法作出图像，之后将函数 $f(x)$ 的图

像向左平移 1 个单位，可得函数 $f(x+1)$ 的图像. 如图 $1-8$ 所示，要想 $f(x) > f(x+1)$，那么 $f(x+1)$ 图像应该在 $f(x)$ 图像的下方，由 $-x-3 = 5(x+1) - 1$，解得 $x = -\dfrac{7}{6}$，

所以不等式 $f(x) > f(x+1)$ 的解集为 $x < -\dfrac{7}{6}$. 选 A.

22》C. $|x+4| + |x+1| + |x-6| \leqslant 12$ 的解集为空集 $\Leftrightarrow |x+4| + |x+1| + |x-6| > 12$，如图 $1-9$ 所示可得 $x < -3$ 或 $x > 1$.

条件（1）中，$|x-3| \leqslant 2 \Leftrightarrow 1 \leqslant x \leqslant 5$，不充分. 条件（2）中，$|x-2| \geqslant 2 \Rightarrow x \geqslant 4$ 或 $x \leqslant 0$，不充分. 两条件联立，可得 $4 \leqslant x \leqslant 5$，充分，选 C.

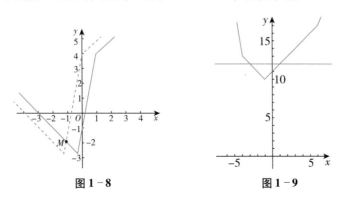

图 $1-8$ 图 $1-9$

23 » C. 如图 $1-10$ 所示，求出两交点的横坐标，两交点分别在 $(0,2)$ 与 $(2,+\infty)$.

①将 x_1 代入，$2x_1-x_1^2=2x_1-1\Rightarrow x_1=1$；②将 x_2 代入，$x_2^2-2x_2=2x_2-1\Rightarrow x_2=\sqrt{3}+2$；故不等式的解集为 $(1,\sqrt{3}+2)$，两个条件单独不充分，联合充分，选 C.

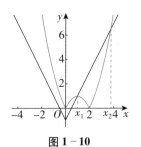

图 $1-10$

24 » B. 根据不等式，如图 $1-11$ 所示，很明显 $x_1<0,x_2>2$，将 x_1,x_2 分别代入到方程中求解可得 $x_1=-2\sqrt{3}-2,x_2=4$，故原不等式的解集为 $x<-2\sqrt{3}-2$ 或 $x>4$. 选 B.

25 » A. 先考虑如果有负数解即 $x<0$，则原方程变为 $-2x-k=kx-3$，即 $x=\dfrac{3-k}{2+k}<0$，即 $k<-2$ 或 $k>3$，则方程无负数解时，k 的取值范围是 $-2\leqslant k\leqslant3$.

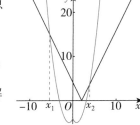

图 $1-11$

26 » D. 对任意实数 x，都有 $f(-x)=f(x-1)$，说明 $f(x)$ 的图像关于直线 $x=-\dfrac{1}{2}$ 对称，如图 $1-12$ 所示，可以看出，当 $t=1$ 时，满足对称要求.

27 » D. 利用三角不等式 $|2x-a|+|2x-1|+a\geqslant|2x-a+1-2x|+a=|a-1|+a$，所以只需 $|a-1|+a\geqslant3$ 恒成立即可，①当 $a\geqslant1$ 时，$2a-1\geqslant3\Rightarrow a\geqslant2$；②当 $a<1$ 时，$1-a+a\geqslant3$ 无解，故 $a\in[2,+\infty)$. 选 D.

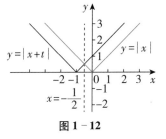

图 $1-12$

28 » D. 如图 $1-13$ 所示，由 $y=|f(x)|$ 的图像知：

① 当 $x>0$ 时，$y=ax$ 只有 $a\leqslant0$ 时，才能满足 $|f(x)|\geqslant ax$.

② 当 $x\leqslant0$ 时，$y=|f(x)|=|-x^2+2x|=x^2-2x$.

故由 $|f(x)|\geqslant ax$，得 $x^2-2x\geqslant ax$.

当 $x=0$ 时，不等式为 $0\geqslant0$ 成立.

当 $x<0$ 时，不等式等价于 $x-2\leqslant a$.

因为 $x-2<-2$，故 $a\geqslant-2$.

综上可知：$a\in[-2,0]$. 两个条件均充分.

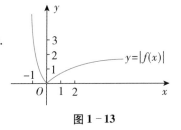

图 $1-13$

29 » A. 令 $t=|x^2-1|(t\geqslant0)$，方程 $t^2-t+k=0$ 的判别式为 $\Delta=1-4k$；

当 $k>\dfrac{1}{4}$ 时，$\Delta<0$，原方程无解；

当 $k=\dfrac{1}{4}$ 时，$\Delta=0$，$t=\dfrac{1}{2}$，则 $x^2=\dfrac{3}{2}$ 或 $\dfrac{1}{2}$，所以 $x=\pm\dfrac{\sqrt{6}}{2}$，$\pm\dfrac{\sqrt{2}}{2}$，故方程有 4 个实数根；

当 $0 < k < \dfrac{1}{4}$ 时，t 有两个小于 1 的不同正根，此时 $x^2 = 1 \pm t$ 有 4 个不同实根，故方程有 8 个不同实根；

当 $k = 0$ 时，$t = 1$ 或 0，此时 $x^2 = 0,1,2$，故方程有 5 个不同实根；

当 $k < 0$ 时，t 有一正一负两实根，且正根大于 1，因为 $t \geqslant 0$，所以负根舍掉，那么 $x^2 = 1 + t$，故方程有 2 个不同实根．故选 A.

30 ›› **E.** $x^2 - 4x + (a-2)|x-2| + 4 - 2a = 0 \Leftrightarrow |x-2|^2 + (a-2)|x-2| - 2a = 0$，$(|x-2| - 2)(|x-2| + a) = 0$，由于 $|x-2| = 2$，显然有两个不同的实根．故 $|x-2| = -a$ 还要产生 2 个不同的实根．那么 $-a > 0$ 且 $-a \neq 2$（若 $-a = 2$ 就会产生 2 个重根），故 $a < 0$ 且 $a \neq -2$.

31 ›› **D.** ①如图 1 - 14 所示，当 $y = -a(x-1)$ 与 $y = -x^2 - 3x$ 相切时，$a = 1$，此时 $f(x) - a|x-1| = 0$ 恰有 3 个互异的实数根．②如图 1 - 15 所示，当直线 $y = a(x-1)$ 与 $y = x^2 + 3x$ 相切时，$a = 9$，此时 $f(x) - a|x-1| = 0$ 有 3 个互异的实数根（有一根在图中未体现），结合图像可知当 $0 < a < 1$ 或 $a > 9$ 时，方程有 4 个互异实数根，选 D.

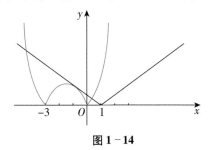

图 1 - 14　　　　　图 1 - 15

32 ›› **E.** 图像法．$y_1 = \sqrt{a - x^2}$ 为半圆；$y_2 = \sqrt{2} - |x|$ 为一条折线，根据图 1 - 16a，1 - 16b，1 - 16c，1 - 16d 可知，由于 a 值的不同，方程的不同的实数根的个数可能为 0，2，3，4 个．

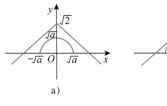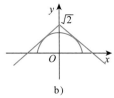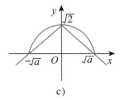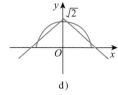

a)　　　　　b)　　　　　c)　　　　　d)

图 1 - 16

33 ›› **B.** 由题设可知，$f(x) = \begin{cases} x - 1 - 2a, & x < -1 \\ 3x + 1 - 2a, & -1 \leqslant x \leqslant a \\ -x + 1 + 2a, & x > a \end{cases}$，所以函数 $f(x)$ 图像与 x 轴围

成的三角形的三个顶点为 $A\left(\dfrac{2a-1}{3}, 0\right)$，$B(2a+1, 0)$，$C(a, a+1)$，$\triangle ABC$ 的面积为

$\dfrac{2}{3}(a+1)^2$，由题设得 $\dfrac{2}{3}(a+1)^2 > 6$，故 $a > 2$.

34 » C. $|y+x| \geqslant 3 \Leftrightarrow x+y \geqslant 3$ 或 $x+y \leqslant -3$ 代表 $x+y+3=0$ 与 $x+y-3=0$ 的直线外侧的区域. $|y-x| \geqslant 3 \Leftrightarrow |x-y| \geqslant 3 \Leftrightarrow x-y \geqslant 3$ 或 $x-y \leqslant -3$ 代表 $x-y+3=0$ 与 $x-y-3=0$ 的直线外侧的区域. $x^2+y^2 \leqslant 9$ 代表圆心为原点，半径为 3 的圆的内侧. 根据题意，画出图像来求解 D 的面积. 如图 1-17 所示，则阴影图形的面积可以看成 4 个 90° 的弓形的面积，也

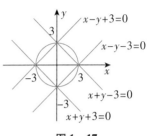

图 1-17

可以看成圆的面积减去正方形（利用菱形的面积公式计算，$S=\dfrac{1}{2}\times$对角线的乘积）

的面积. 利用后者进行计算，那么 $S_{阴影}=\pi \times 3^2 - \dfrac{1}{2}\times 6^2 = 9(\pi-2)$.

35 » E. $x^2+y^2+2y=x^2+(y+1)^2-1$，根据柯西不等式可知 $[x^2+(y+1)^2]\times(3^2+4^2) \geqslant (3x+4y+4)^2$. 又因为 $|3x+4y| \leqslant 1 \Rightarrow -1 \leqslant 3x+4y \leqslant 1 \Rightarrow 3 \leqslant 3x+4y+4 \leqslant 5$，故 $x^2+(y+1)^2 \geqslant \dfrac{1}{25}(3x+4y+4)^2 \geqslant \dfrac{9}{25}$，那么原表达式 $x^2+(y+1)^2-1 \geqslant -\dfrac{16}{25}$，选 E.

36 » A. 如图 1-18 所示，$x^2+y^2+4x+3=0 \Rightarrow (x+2)^2+y^2=1$ 的圆心为 $(-2,0)$，半径为 1；$|x-2|+|y-2|=2$ 代表顶点为 $(4,2)$，$(2,4)$，$(2,0)$，$(0,2)$ 的正方形，根据距离最大值是圆心到顶点的距离加半径，那么最大值应为圆心到点 $(4,2)$ 的距离加半径，即 $d+r = \sqrt{(4+2)^2+2^2}+1 = 2\sqrt{10}+1$.

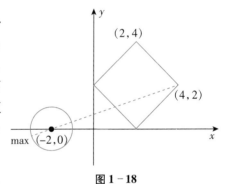

图 1-18

37 » E. $x^2+y^2+2y=x^2+(y+1)^2-1$ 可以看成 $(0,-1)$ 点到 $|3x|+|2y| \leqslant 1$ 的距离 d 的平方再减 1 的数值，如图 1-19 所示；故最小值为 $d_{\min}^2 - 1 = \dfrac{1}{4}-1 = -\dfrac{3}{4}$. 选 E.

38 » C. 通过题设，很明显可以看成 $x>0,y>0$，根据绝对值三角不等式的关系有 $|x+2|+|y+1| = |x+y+3|$. 根据柯西不等式：$[(x-2)^2+(y-2)^2](1+1) \geqslant (x+y-4)^2 \Rightarrow (x+y-4)^2 \leqslant 4 \Rightarrow -2 \leqslant x+y-4 \leqslant 2$.

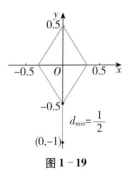

图 1-19

故 $5 \leqslant x+y+3 \leqslant 9$，故 $|x+2|+|y+1|$ 的最小值为 5. 选 C.

第二节　顿悟练习

1. 不等式 $|4x-3|>2x+1$ 的解集为(　　).

    A. $\left\{x \,\middle|\, x>3 \text{ 或 } x<\dfrac{1}{3}\right\}$ B. $\left\{x \,\middle|\, x>2 \text{ 或 } x<-\dfrac{1}{3}\right\}$

    C. $\left\{x \,\middle|\, x>3 \text{ 或 } x<-\dfrac{1}{3}\right\}$ D. $\left\{x \,\middle|\, x>1 \text{ 或 } x<\dfrac{1}{3}\right\}$

    E. $\left\{x \,\middle|\, x>2 \text{ 或 } x<\dfrac{1}{3}\right\}$

2. 已知 $x=2010$，则 $|4x^2-5x+1|-4|x^2+2x+2|+3x+7$ 的值为(　　).

    A. 20100   B. 20200   C. -20100 D. -20200 E. 20300

3. 不等式 $|x^2-5x+6|<x^2-4$ 的解集为(　　).

    A. $(2,+\infty)$ B. $(-\infty,2)$ C. $\left(\dfrac{4}{5},+\infty\right)$

    D. $\left(\dfrac{4}{5},2\right)$ E. $\left(-\infty,\dfrac{4}{5}\right)$

4. 设 $A=\{x \mid |x-a|\leqslant 1\}$，$B=\{x \mid x^2-x-6\geqslant 0\}$，且 $A\cap B=\varnothing$，则 a 的取值范围是(　　).

    A. $-1<a<2$ B. $1<a<2$ C. $-1<a<3$

    D. $1<a<3$ E. $-2<a<1$

5. $|x-1|^{2x^2-5x-3}<1$ 的解为(　　).

    A. $\left(-\dfrac{1}{2},0\right)$ B. $(2,3)$

    C. $\left(-\dfrac{1}{2},0\right)\cup(2,3)$ D. $(-1,0)\cup(2,3)$

    E. 以上结论均不正确

6. 若不等式 $|x-4|+|3-x|<a$ 的解集为空集，则 a 的取值范围为(　　).

    A. $a\geqslant 4$ B. $a\leqslant 1$ C. $a\leqslant 3$

    D. $a<1$ E. $3<a\leqslant 4$

7. 对任意实数 x，若不等式 $|x+1|-|x-2|>k$ 恒成立，则 k 的取值范围为(　　).

    A. $k>-3$ B. $k\leqslant 3$ C. $k<-3$

    D. $k<3$ E. $k\leqslant -3$

8. 满足 $|2a+7|+|2a-1|=8$ 的整数 a 的个数是(　　).

    A. 5   B. 4   C. 3   D. 2   E. 1

9. 满足不等式 $|x+1|-|2x-3|<0$ 的 x 的取值范围为(　　).

    A. $\left(-\dfrac{2}{3},4\right)$ B. $\left(\dfrac{2}{3},4\right)$ C. $(-\infty,4)$

D. $\left(-\infty, -\dfrac{2}{3}\right)\cup(4, +\infty)$ E. $\left(-\infty, \dfrac{2}{3}\right)\cup(4, +\infty)$

10. 关于 x 的方程 $\big|1-|x|\big|+\sqrt{|x|-2}=x$ 的根的个数为( ).

   A. 0   B. 1   C. 2   D. 3   E. 4

11. 方程 $\big||x-2|-1\big|=a\ (a>1)$ 的所有解之和为( ).

   A. $4-2a$ B. $4+2a$ C. 8   D. -8 E. 4

12. 若 $|2m-7|=|m-2|+|m-5|$ 成立，则实数 m 的取值范围是( ).

   A. $2\leqslant m\leqslant 5$ B. $m\leqslant 2$ 或 $m\geqslant 5$ C. $m\leqslant -2$ 或 $m\geqslant 5$

   D. $-2<m<5$ E. $m\leqslant -5$ 或 $m\geqslant -2$

13. $x\in[2, 5]$，$|a|=5-x$，$|b|=x-2$，则 $|b-a|$ 的取值范围为( ).

   A. $[-3, 5]$ B. $[0, 5]$ C. $[1, 3]$

   D. $[3, 5]$ E. $[0, 3]$

14. 方程 $|x|-\dfrac{4}{x}=\dfrac{3|x|}{x}$ 的实数根的个数为( ).

   A. 0   B. 1   C. 2   D. 3   E. 4

15. 设 $a<0$，且 $x\leqslant \dfrac{a}{|a|}$，则 $|x+1|-|x-2|=$( ).

   A. 0   B. -1 C. -2 D. -3 E. 3

16. 不等式 $(1-|x|)(1+x)>0$ 成立.

   (1) $|x|<1$.   (2) $x<-1$.

17. 不等式 $|x+y|<|x-y|$ 成立.

   (1) $x<|x|$ 且 $y=|-y|$.   (2) $xy<|xy|$.

18. 不等式 $\left|\dfrac{5}{2}x+4\right|+\left|\dfrac{5}{2}x-5\right|\geqslant a$ 对任意 x 均成立.

   (1) $a\leqslant 5$.   (2) $0<a<8$.

19. $|x+2|+|x-8|=a$ 有无数正根.

   (1) $-4<a<4$.   (2) $a=4$.

20. $|2x-1|-|x-2|>a$ 对任意 x 都成立.

   (1) $a\in\left[-4, -\dfrac{7}{2}\right]$.   (2) $a\in\left[-2, -\dfrac{3}{2}\right]$.

21. 存在实数 m，使 $|m+2|+|6-3m|\leqslant a$ 成立.

   (1) $a=4$.   (2) $a>4$.

22. 方程 $\big||x-2|-1\big|=|a|$ 有三个整数解.

   (1) $a=1$.   (2) $a=\dfrac{1}{a}$.

23. $|x-1|+|x-2|+\cdots+|x-20|=M$ （常数）.

   (1) $9<x<10$.   (2) $10<x<11$.

24. y 有最小值 90.

(1) 函数 $y = \sum\limits_{n=1}^{19} |x-n|$.　　　　(2) $y = |x-22| + |x-68|$.

⬥ 顿悟练习解析 ◈

1 ⟫ **E.** 整体换元转化法，把右边看成常数 c，就同 $|ax+b| > c$ 一样.

当 $2x+1 > 0$ 时，因为 $|4x-3| > 2x+1 \Rightarrow 4x-3 > 2x+1$ 或 $4x-3 < -(2x+1) \Rightarrow x > 2$ 或 $x < \dfrac{1}{3}$，此时不等式的解集为 $\left\{ x \,\middle|\, x > 2 \text{ 或 } -\dfrac{1}{2} < x < \dfrac{1}{3} \right\}$；当 $2x+1 \leqslant 0$ 时，原不等式恒成立.

所以原不等式的解集为 $\left\{ x \,\middle|\, x > 2 \text{ 或 } x < \dfrac{1}{3} \right\}$.

2 ⟫ **C.** 当 $x = 2010$ 时，原式 $= 4x^2 - 5x + 1 - 4(x^2 + 2x + 2) + 3x + 7 = -10x = -20100$.

3 ⟫ **A.** 原不等式可化为 $|(x-2)(x-3)| < (x-2)(x+2)$，

当 $x \leqslant 2$ 时，无解；当 $x \in (2, 3)$ 时，解得 $2 < x < 3$；当 $x \in [3, +\infty)$ 时，解得 $x \geqslant 3$.

综上所述，得解集为 $(2, 3) \cup [3, +\infty)$，即 $(2, +\infty)$，选 A.

4 ⟫ **A.** 由 $A = \{ x \mid |x-a| \leqslant 1 \}$ 得 $A = \{ x \mid a-1 \leqslant x \leqslant a+1 \}$.

由 $B = \{ x \mid x^2 - x - 6 \geqslant 0 \}$ 得 $B = \{ x \mid x \leqslant -2 \text{ 或 } x \geqslant 3 \}$.

因为 $A \cap B = \varnothing$（如图 $1-20$），所以 $a-1 > -2$ 且 $a+1 < 3$，

即 $a > -1$ 且 $a < 2$.

a 的取值范围是 $(-1, 2)$.

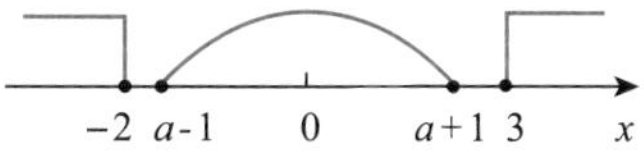

图 $1-20$

5 ⟫ **C.** 当 $0 < |x-1| < 1$ 时，$0 < x < 2$，且 $2x^2 - 5x - 3 > 0$，$x < -\dfrac{1}{2}$ 或 $x > 3$，联立无解.

当 $|x-1| > 1$ 时，$x < 0$ 或 $x > 2$，且 $2x^2 - 5x - 3 < 0$，$-\dfrac{1}{2} < x < 3$，联立可得 $\left(-\dfrac{1}{2}, 0 \right) \cup (2, 3)$.

6 ⟫ **B.** 由 $|x-4| + |3-x|$ 的最小值为 1 可得，当 $a > 1$ 时，$|x-4| + |3-x| < a$ 有解；当 $a \leqslant 1$ 时，原不等式解集为空集.

7 ⟫ **C.** 根据绝对值的几何意义，设数 x，-1，2 在数轴上对应的点分别为 P，A，B，则原不等式等价于 $|PA| - |PB| > k$ 恒成立. 因为 $|AB| = 3$，即 $|x+1| - |x-2| \geqslant -3$，故当 $k < -3$ 时，原不等式恒成立.

8 ⟫ **B.** 由题干知，$|2a+7| + |2a-1| = 8$ 在数轴上表示 $2a$ 到 -7 和 1 的距离和等于 8，由于 a 为整数，所以 $2a$ 表示 -7 到 1 之间的偶数，有 -6，-4，-2，0 共 4 个.

9 ⟫ **E.** 原式 $\Rightarrow |x+1| < |2x-3| \Rightarrow x^2 + 2x + 1 < 4x^2 - 12x + 9 \Rightarrow 3x^2 - 14x + 8 > 0$，解得 $x > 4$ 或

$x < \dfrac{2}{3}.$

10 » **B.** 由题意得：$x \geq 0$，$|x| \geq 2$，解得 $x \geq 2$，即

$||1 - |x|| + \sqrt{|x| - 2} = x \Rightarrow |1 - x| + \sqrt{x - 2} = x \Rightarrow (x - 1) + \sqrt{x - 2} = x \Rightarrow x = 3$，

所以只有一个根.

11 » **E.** 当 $x \geq 2$ 时，$||x - 2| - 1| = |x - 2 - 1| = |x - 3| = a$，得 $x = 3 + a$ 或 $x = 3 - a$（舍）.

当 $x < 2$ 时，$||x - 2| - 1| = |2 - x - 1| = |1 - x| = a$，得 $x = 1 + a$（舍）或 $x = 1 - a$.

故所有根之和为4.

12 » **B.** 因为 $|m - 2| + |m - 5| \geq 3$，所以 $|2m - 7| \geq 3$，得出 $m \geq 5$ 或 $m \leq 2$.

13 » **E.** 利用三角不等式 $||a| - |b|| \leq |a - b| \leq |a| + |b|$，则最大值 $|a| + |b| = 3$. 最小值不能为负，最小为0；故 $|b - a| = |2x - 7| \in [0, 3]$.

14 » **B.** 当 $x > 0$ 时，原方程变为 $x - \dfrac{4}{x} = 3 \Leftrightarrow x^2 - 3x - 4 = 0 \Rightarrow x = 4$，$x = -1$（舍）；

当 $x < 0$ 时，原方程变为 $-x - \dfrac{4}{x} = -3 \Leftrightarrow x^2 - 3x + 4 = 0 \Rightarrow$ 无解，

故实数根的个数为1.

15 » **D.** 由 $a < 0$，得到 $\dfrac{a}{|a|} = -1$，故 $x \leq -1$，

则 $|x + 1| - |x - 2| = -(x + 1) - (2 - x) = -3$.

16 » **D.** 条件（1），当 $|x| < 1$ 时，$(1 - |x|)(1 + x) > 0$，单独充分.

条件（2），当 $x < -1$ 时，$(1 - |x|)(1 + x) > 0$，单独充分.

17 » **B.** 条件（1），x 为负数，y 为非负数，显然当 $y = 0$ 时不充分.

条件（2），x 与 y 异号，则 $|x + y| < |x| + |y| = |x - y|$，充分.

18 » **D.** 利用绝对值的三角不等式可得：

$\left|\dfrac{5}{2}x + 4\right| + \left|\dfrac{5}{2}x - 5\right| = \left|\dfrac{5}{2}x + 4\right| + \left|5 - \dfrac{5}{2}x\right| \geq 9$，

则条件（1）和条件（2）均在范围内，都充分.

19 » **E.** 如图 1-21 所示，$|x + 2| + |x - 8|$ 的最小值为10，所以只有当 $a = 10$ 时，方程 $|x + 2| + |x - 8| = a$ 才会有无数正根. 故两条件单独和联合均不充分.

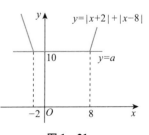

20 » **A.** 令 $y = |2x - 1| - |x - 2|$，可以看出 y 只有最小值但没有最大值. 根据绝对值的最值一定要在尖点取到的特点：当 x

图 1-21

$=\dfrac{1}{2}$ 时，$y=-\dfrac{3}{2}$；当 $x=2$ 时，$y=3$；所以 y 的最小值为 $-\dfrac{3}{2}$. 若 $|2x-1|-|x-2|>$

a 恒成立，则 a 一定要小于左边的最小值，即 $a<-\dfrac{3}{2}$，那么选 A.

21 » **D.** 把 $a=4$ 代入，有 $|m+2|+|6-3m|\leqslant4$，即 $|m+2|+|3m-6|\leqslant4$. 有
$\begin{cases} m\geqslant2 \\ m+2+3m-6\leqslant4 \end{cases}$ 或 $\begin{cases} -2\leqslant m<2 \\ m+2-3m+6\leqslant4 \end{cases}$ 或 $\begin{cases} m<-2 \\ -m-2-3m+6\leqslant4 \end{cases}$，
解之得 $m=2$，故条件(1)和条件(2)都充分.

22 » **D.** 当 $x\geqslant2$ 时，$||x-2|-1|=|x-2-1|=|x-3|=|a|$，得 $x=3+|a|$ 或 $x=3-|a|$.
当 $x<2$ 时，$||x-2|-1|=|2-x-1|=|1-x|=|a|$，得 $x=1+|a|$ 或 $x=1-|a|$.
条件（1）中当 $a=1$ 时，4 个根变成 3 个根为 4，2，0，故充分；
条件（2）中 $a=\dfrac{1}{a}$，故 $a=\pm1$，与条件（1）等价，故也充分，选 D.

23 » **B.** 条件（1），因为 $9<x<10$，所以 $|x-1|+|x-2|+\cdots+|x-20|=x-1+x-2$
$+\cdots+x-9+10-x+11-x+\cdots+20-x=9x-45+165-11x=120-2x$，不是常数.
条件（2），当 $10<x<11$ 时，$|x-1|+|x-2|+\cdots+|x-20|=x-1+x-2+\cdots+x$
$-9+x-10+11-x+\cdots+20-x=100$，是常数.

24 » **A.** 条件（1），$y=|x-1|+|x-2|+\cdots+|x-19|$，由绝对值的几何意义可知，当
$x=10$ 时，y 有最小值，代入可得最小值为 90.
条件（2），当 $22\leqslant x\leqslant68$ 时，y 有最小值，最小值为 46，不充分.

专项二　应用题之路程问题

第一节　核心绝例

专项简析

　　路程问题是根据速度、时间、路程之间的关系，研究物体相向、相背和同向运动的问题. 解决路程问题常用方法：

　　（1）分解. 将综合性的题目先分解成若干个基本题，再按其所属类型，直接利用基本数量关系解题.

　　（2）图示. 将题中复杂的情节通过线段图清楚地表示出来，帮助分析思考.

　　（3）简化. 对于一些较复杂的问题，解答时可以先退一步，考虑最基本的情况，使复杂的问题简单化，从而找到解题途径.

　　（4）找规律. 有些路程问题，物体运动具有一定的规律，解题时，如果能先找出运动规律，问题就能顺利破解.

　　（5）沟通. 将路程问题和比例问题、分数问题相互沟通，利用份数来建立联系，灵活、巧妙地找到 1 份的量，使难题变易.

题型1　定速路程问题

考向1　巧抓等量关系

思　路　根据题干信息进行问题转化，也可利用图示法找到对应的等量关系来快速求解.

1 两辆汽车同时从某地出发，运送一批货物到距离 165 千米的工地. 甲车比乙车早到 48 分钟，当甲车到达时，乙车还距工地 24 千米. 甲车行完全程用了（　　）小时.

　　A. 4　　　　　B. 4.2　　　　　C. 4.5　　　　　D. 4.7　　　　　E. 5.2

2 甲、乙两辆汽车早上 8 点钟分别从 A，B 两城同时相向而行. 到 10 点钟时两车相距 120 千米. 继续行进到下午 1 点钟，两车相距还是 120 千米. A，B 两地间的距离是（　　）千米.

　　A. 150　　　　B. 180　　　　　C. 200　　　　　D. 240　　　　　E. 280

3 甲、乙两船分别在一条河的 A，B 两地同时相向而行，甲顺流而下，乙逆流而上. 相遇时，甲、乙两船航行了相等的航程. 相遇后继续前进，甲到达 B 地，乙到达 A 地后，都立即按原来的路线返航. 两船第二次相遇时，甲船比乙船少航行了 1 千米. 如果从第一次相遇到第二次相遇的时间相隔为 1 小时 20 分，那么河水的流速是(　　)千米/小时.

A. $\dfrac{3}{4}$　　　　B. $\dfrac{3}{2}$　　　　C. $\dfrac{3}{8}$　　　　D. $\dfrac{1}{4}$　　　　E. $\dfrac{3}{16}$

考向2　巧用速度比

思　路　在路程问题中，先利用比例关系来找到等量关系，再按照份数进行求解，可以将题目进行简化，在考场上赢得宝贵的时间.

4 大货车和小轿车从同一地点出发，沿同一公路行驶，大货车先走 2 小时，小轿车出发后 4 小时追上大货车. 如果小轿车比原来每小时多行 8 千米，那么出发后 3 小时就可以追上大货车. 大货车每小时行驶(　　)千米.

A. 24　　　　B. 32　　　　C. 36　　　　D. 42　　　　E. 48

5 甲、乙两列火车的速度比是 5:4. 乙车先出发，从 B 站开往 A 站，当行驶到离 B 站 72 千米的地方时，甲车从 A 站发车开往 B 站，两列火车相遇的地方离 A、B 两站距离的比是 3:4. 则 A、B 两站之间的距离为(　　)千米.

A. 210　　　　B. 245　　　　C. 280　　　　D. 315　　　　E. 350

6 甲段路程是乙段路程的 $\dfrac{5}{6}$，两个旅游团分别在甲、乙段上行驶. 两个旅游团分别行驶了各段路的 520 千米时，甲段路剩下的是乙段路剩下的 $\dfrac{12}{17}$. 则甲、乙两段路全长一共(　　)千米.

A. 480　　　　B. 1000　　　　C. 1160　　　　D. 1200　　　　E. 2200

7 甲从 A 地出发往 B 地方向追乙，走了 6 个小时尚未追到，路旁店主称 4 小时前乙曾在此地，甲知此时距乙从 A 地出发已有 12 小时，于是甲以 2 倍于原速的速度继续追乙，到 B 地追上乙，这样甲总共走了(　　).

A. 8 小时　　B. 8.4 小时　　C. 9 小时　　D. 9.5 小时　　E. 10 小时

考向3　路程盈亏问题

思　路　盈亏问题是两次分配产生盈亏，解题方法是（盈＋亏）÷分配差，得到分配对象有多少个. 其他类似盈亏问题的应用题也可以表述为：总量固定，一个量增减，则另外一个量减增.

8 小明从家去学校. 如果每分钟走 60 米，那么迟到 5 分钟；如果每分钟走 90 米，那么早到 4 分钟. 那么小明家距离学校(　　)米.

A. 1530　　　　B. 1620　　　　C. 1710　　　　D. 1800　　　　E. 1890

9 小张、小王和小李进行自行车比赛. 小张比小王早 12 分钟到达终点，小王比小李早 3 分钟到达终点. 其中小张比小王每小时快 5 千米，小王比小李每小时快 1 千米. 那么三人进行自行车比赛的路程是(　　)千米.

A. 18　　　　B. 20　　　　C. 24　　　　D. 30　　　　E. 36

10 甲、乙、丙三辆轿车同时从 A 地出发，沿着同一条路追赶前面一位骑车人．他们依次在出发后 4 小时、6 小时、18 小时追上骑车人．又知甲的速度为 84 千米/小时，乙的速度为 60 千米/小时．那么丙的速度为(   )千米/小时．

    A. 12   B. 16   C. 20   D. 24   E. 28

考向 4　整体法求路程

思　路　当不好求每一段行驶的路程的时候，可以采用整体思路利用总时间×总速度＝总路程来进行求解．

---

11 甲、乙两人从相距 20 千米的两地同时出发，相向而行，甲的速度为 6 千米/小时，乙的速度为 4 千米/小时，一只小狗与甲同时出发向乙奔去，遇到乙之后又立即掉头向甲跑去，遇到甲之后又立即掉过头来向乙跑去，……，直到甲乙两人相遇为止，若小狗的速度为 13 千米/小时，在这一奔跑过程中，小狗跑的总路程是(   )千米．

    A. 26   B. 24   C. 28   D. 32   E. 34

题型 2　变速路程问题

考向 1　同一路程变速问题

思　路　解决同一路程变速问题的常用方法有：（1）方程组法；（2）比例法；（3）法宝公式法；（4）等面积法；（5）假设法．

---

12 一辆车从甲地开往乙地，如果把车速提高 20%，可以比原定时间提前 1 小时到达；如果按原速度行驶 100 千米后，再将车速提高 30%，也可以比原定时间提前 1 小时到达，则甲、乙两地的距离为(   )千米．

    A. 240   B. 300   C. 360   D. 400   E. 480

13 甲、乙两车分别从 A、B 两地同时出发相向而行，8 小时后在 C 点相遇．如果甲车速度不变，乙车每小时多行 5 千米，且两车还从 A、B 两地同时出发相向而行，则相遇点距 C 点 16 千米．如果乙车速度不变，甲车每小时多行 5 千米，且两车还从 A、B 两地同时出发相向而行，则相遇点距 C 点 20 千米．A、B 两地之间的距离为 (   ) 千米．

    A. 280   B. 300   C. 320   D. 340   E. 360

考向 2　不同路程变速问题

思　路　对于不同路程的变速问题，通常要用假设转化的方法找到比例，达到化简的目的．

---

14 甲、乙两人同时从山脚开始爬山，到达山顶后就立即下山．他们两人下山的速度都是各自上山速度的 2 倍．甲到山顶时，乙距山顶还有 400 米；甲回到山脚时，乙刚好回到半山腰．则从山脚到山顶的距离为(   )．

    A. 1600 米   B. 1900 米   C. 2400 米   D. 2500 米   E. 2700 米

15 李经理的司机每天早晨 7 点 30 分到李经理家接他去公司上班．有一天李经理 7 点从家出发步行去公司，路上遇到按时来接他的车，就乘车去公司，结果早到 5 分钟．则汽车速度是步行速度的(　　)倍．

A. 7　　　　　B. 8　　　　　C. 9　　　　　D. 10　　　　　E. 11

题型 3 | 往返路程问题

思　路　多次往返相遇问题的技巧是抓住"路程和"来建立等量关系或寻找比例关系．假设相遇次数为 n 次，两端的路程为 S．记住口诀：同向往返相遇两人的路程和为 $S_{路程和}=2nS$；反向往返相遇两人的路程和为 $S_{路程和}=(2n-1)S$．

16　甲、乙两地之间的距离是 420 千米．两辆汽车同时从甲地开往乙地．第一辆汽车每小时行 42 千米，第二辆汽车每小时行 28 千米．第一辆汽车到达乙地后立即返回．两辆车从开出到相遇共用(　　)小时．

A. 6　　　　　B. 12　　　　　C. 24　　　　　D. 36　　　　　E. 48

17　两辆汽车同时从 A，B 两站相向开出．第一次在离 A 站 60 千米的地方相遇．之后，两车继续以原来的速度前进．各自到达对方车站后都立即返回．又在距中点右侧 30 千米处相遇．A，B 两站相距(　　)千米．

A. 110　　　　B. 120　　　　C. 130　　　　D. 150　　　　E. 140

题型 4 | 假设法解路程问题

思　路　路程问题中路程、速度、时间三个未知量的关系是知二求一．当有两个未知量的时候，可以利用假设法（设数法）来进行求解，此时主要求的是比例．

18　某人在公路上行走，往返公共汽车每隔 4 分钟就有一辆与此人迎面相遇，每隔 6 分钟就有一辆车从背后超过此人．如果人与汽车均为匀速运动，那么汽车站每隔(　　)分钟发一班车．

A. 4.5　　　　B. 4.6　　　　C. 4.8　　　　D. 5　　　　　E. 5.2

19　已知甲走 5 步所用的时间，乙只能走 4 步，但是甲走 5 步的距离，乙只要走 3 步就够了．让甲先走 20 步，乙再追他，乙要追上甲需要走的步数为(　　)．

A. 24　　　　　B. 36　　　　　C. 42　　　　　D. 48　　　　　E. 60

20　甲、乙两队学生参加夏令营，只有一辆车接送．甲队学生坐车从学校出发的同时，乙队学生开始步行，车到途中某处让甲队学生下车步行去营地，车立即返回接乙队学生并直接开到营地，结果是两队学生同时到达．已知学生步行的速度为4千米/小时，汽车载学生的速度为40千米/小时，空车速度为50千米/小时，那么甲队学生步行路程与全程的比是(　　)．

A. 1:7　　　　B. 2:7　　　　C. 2:15　　　　D. 1:8　　　　E. 2:17

题型5 三个对象的路程问题

考向1 两人同向，一人反向.

思　路 根据题目进行画图，找到三人之间路程的等量关系.

21 甲、乙、丙三人，每分钟分别行68米、70.5米、72米．现甲、乙从 A 镇去 B 镇，丙从 B 镇去 A 镇，三人同时出发，丙和乙相遇后，又过2分钟与甲相遇．则乙丙相遇时间为(   )分钟.

A. 80　　　　B. 96　　　　C. 112　　　　D. 120　　　　E. 140

考向2 三个对象同向

思　路 看到三个对象同向同起点运动，要用比例法解决.

22 甲、乙、丙三人同时从起点出发进行1000米自行车比赛（假设他们各自的速度保持不变），甲到终点时，乙距终点还有40米，丙距终点还有64米．那么乙到达终点时，丙距终点(   )米.

A. 21　　　　B. 25　　　　C. 30　　　　D. 35　　　　E. 39

23 一辆客车、一辆货车和一辆小轿车在一条笔直的公路上朝同一方向匀速行驶．在某一时刻，客车在前，小轿车在后，货车在客车与小轿车的正中间．过了10分钟，小轿车追上了货车；又过了5分钟，小轿车追上了客车；再过 t 分钟，货车追上了客车，则 $t =$ (   ).

A. 12　　　　B. 14　　　　C. 15　　　　D. 16　　　　E. 18

题型6 流水行船问题

思　路 $V_{顺} = V_{静} + V_{水}$，$V_{逆} = V_{静} - V_{水}$，$V_{静} = \dfrac{V_{顺} + V_{逆}}{2}$，$V_{水} = \dfrac{V_{顺} - V_{逆}}{2}$，

特别提醒：水中掉落物体（漂浮）时，从落水到发现与从发现到找到的时间相同！

24 一条船往返于甲、乙两港之间，由甲至乙是顺水行驶，由乙至甲是逆水行驶．已知船在静水中的速度为8千米/小时，平时逆行与顺行所用的时间比为2:1．某天恰逢暴雨，水流速度为原来的2倍，这条船往返共用9小时．甲、乙两港相距(   )千米.

A. 20　　　　B. 30　　　　C. 25　　　　D. 40　　　　E. 35

25 某游玩者在河中匀速驾艇逆流而上，于桥 A 下面将水壶遗失被水冲走，继续前行20分钟后发现水壶遗失，于是立即掉头追寻水壶．已知水流流速为3千米/小时．那么可以确定该游玩者在桥 A 下游距桥 A 2千米处的桥 B 下面追到水壶.

（1）20分钟后追上水壶.

（2）该艇在静水中的速度为9千米/小时.

题型 7　跑圈问题

思　路　记住口诀：同向时"路程差"为一圈，反向时"路程和"为一圈；起点相遇找速度比；不同起点第一次相遇和追及当成直线型，第二次开始当成"同起点"的跑圈问题.

26 甲、乙两位长跑爱好者沿着操场慢跑，若两人同时、反向从同一点 A 出发且甲跑 11 米的时间乙只能跑 8 米，则当甲恰好在 A 点第二次与乙相遇时，算上此次相遇，两人一共相遇了（　　）次.

A. 3　　　　　B. 19　　　　　C. 6　　　　　D. 38　　　　　E. 40

❖ 核心绝例解析 ❖

1 » D. 看到"甲车比乙车早到 48 分钟，当甲车到达时，乙车还距工地 24 千米"，不难理解这句话的实质就是："乙车 48 分钟行了 24 千米". 那么乙车的速度：$24 \div 48 \times 60 = 30$（千米/小时）. 甲车行完全程用的时间：$165 \div 30 - \dfrac{48}{60} = 4.7$（小时）.

2 » E. 甲、乙速度和没有改变，所以本题可以利用整体思路进行求解. 上午 10 点到下午 1 点的 3 小时中，两车其实行驶的距离就是 240 千米，那么上午 8 ~ 10 点，这 2 小时行驶的距离为 $240 \div 3 \times 2 = 160$（千米），故 A，B 两地的全长为 $120 + 160 = 280$（千米）.

3 » C. 因为第一次相遇时甲、乙两船航程相等，所以 $v_甲 + v_水 = v_乙 - v_水 \Rightarrow v_乙 = v_甲 + 2v_水$. 进一步推知，甲船到达 B 地，乙船到达 A 地是在同一时刻，返回后再相遇的用时为 $\dfrac{4}{3} \div 2 = \dfrac{2}{3}$（小时）. 乙船顺水，甲船逆水，速度相差为 $(v_乙 + v_水) - (v_甲 - v_水) = 4v_水$. 再由 $\dfrac{2}{3}$ 小时乙船比甲船多行驶 1 千米，可得 $4v_水 \cdot \dfrac{2}{3} = 1 \Rightarrow v_水 = \dfrac{3}{8}$（千米/小时）.

4 » E. 通过题干的信息可得：$\begin{cases} 原：v_货 : v_轿 = 4 : 6 \\ 现：v_货 : v_轿 = 3 : 5 \end{cases} \xrightarrow{调整} \begin{cases} 原：v_货 : v_轿 = 12 : 18 \\ 现：v_货 : v_轿 = 12 : 20 \end{cases}$，所以 2 份等于 8，故大货车每小时行驶 $8 \div 2 \times 12 = 48$（千米）.

5 » D. 从甲火车出发算起，到相遇时甲、乙两火车走的路程之比为 $5 : 4 = 15 : 12$. 已知相遇点距 A、B 两站的距离之比是 $3 : 4 = 15 : 20$，这说明相遇前乙车走的 72 千米占全程的 $\dfrac{20 - 12}{15 + 20}$ $= \dfrac{8}{35}$. 因此，全程为 $72 \div \dfrac{8}{35} = 315$（千米）.

6 » E. 根据题干分析，甲、乙两段路程前后的差量并没有改变，故统一差量.

$$\begin{cases} \text{原}: s_甲 : s_乙 = 5:6 \\ \text{现}: s_甲 : s_乙 = 12:17 \end{cases} \xrightarrow{\text{调整}} \begin{cases} \text{原}: s_甲 : s_乙 = 25:30 \\ \text{现}: s_甲 : s_乙 = 12:17 \end{cases}$$，所以每个对象均少了 13（份）$= 520$（千米），

所以全长一共为 $(25+30) \times \dfrac{520}{13} = 2200$（千米）.

7 » **B.** 根据题意，有 $12v_乙 = 4v_乙 + 6v_甲$，$v_甲 = \dfrac{4}{3}v_乙$，设继续追 t 小时，则 $4v_乙 + v_乙 t = 2 \times$

$\dfrac{4}{3}v_乙 t$，得 $t = 2.4$，则甲一共走了 $6 + 2.4 = 8.4$（小时）.

8 » **B.** 假设正点到达要 t 分钟，则根据题意有 $60(t+5) = 90(t-4) \Rightarrow t = 22 \Rightarrow s = 90 \times (22-4) = 1620$（米）.

9 » **D.** 首先将题目转化一下：以小王为标准，如果速度每小时减慢 1

千米，则晚 $\dfrac{1}{20}$ 小时到达；如果速度每小时提速 5 千米，则提前 $\dfrac{1}{5}$

小时到达. 这样就可以画图解答：

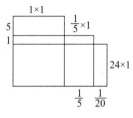

图 2-1

（1）$(5+1):\left(\dfrac{1}{5} + \dfrac{1}{20}\right) = 6:\dfrac{1}{4} = 24:1$

（2）$\dfrac{1}{20} \times 24 - 1 \times 1 = \dfrac{1}{5}$

（3）$\dfrac{1}{5} \times 1 \div \dfrac{1}{5} = 1$

（4）$\left(1 \times 1 + \dfrac{1}{5} + \dfrac{1}{20}\right) \times (24 \times 1) = 30$（千米）.

10 » **E.** **方法一** 设骑车人的速度为 x 千米/小时，则有 $(84-x) \times 4 = (60-x) \times 6 \Rightarrow x = 12$；

故丙的速度为 $\dfrac{(84-12) \times 4}{18} + 12 = 28$（千米/小时）.

方法二 利用等积变化求解，如图所示：

（1）$24:2 = 12$ 份$:1$ 份；

（2）1 份 $= 4$，12 份 $= 48$，所以乙超出骑车人的速度为 48

千米/小时，骑车人的速度为 $60 - 48 = 12$（千米/小时）；

（3）丙的速度为 $\dfrac{(84-12) \times 4}{18} + 12 = 28$（千米/小时）.

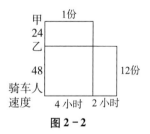

图 2-2

11 » **A.** 此题可利用整体法分析，$s_狗 = v_狗 t_狗 = 13 \times \dfrac{20}{6+4} = 26$，选 A.

12 » **C.** 根据法宝公式：$\begin{cases} v \times 1.2v = \dfrac{s}{1} \times 0.2v \\ v \times 1.3v = \dfrac{s-100}{1} \times 0.3v \end{cases} \Rightarrow s = 360$（千米）.

13 » **E.** 一个是甲的速度增加 5 千米/小时, 一个是乙的速度增加 5 千米/小时, 知道甲、乙速

度和不变($v_1 + v_2$),所以两次速度增加以后的速度和一样($v_1 + v_2 + 5$),相遇时间也一样.

可以得到速度增加后的相遇时间 $t = \dfrac{DE}{v_1 + 5 - v_1}$

$= \dfrac{36}{5} = 7.2$(小时).

对于甲来说,原来速度不增加时,8 小时可以到达 C 点,

得到甲的速度 $v_1 = \dfrac{16}{8 - 7.2} = 20$(千米/小时),

乙的速度 $v_2 = \dfrac{20}{8 - 7.2} = 25$(千米/小时),

因此 A、B 两地之间的距离为$(20 + 25) \times 8 = 360$(千米).

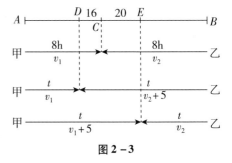

图 2 - 3

14 » C. 如果两人下山的速度与各自上山的速度相同,则题中相应的条件变化为"甲下山走了 $\dfrac{1}{2}$ 时,乙走了 $\dfrac{1}{4}$". 这时甲应该比乙多走 $400 + 400 \times \dfrac{1}{2} = 600$(米),设山体长度为 s 米,则$\left(\dfrac{1}{2} - \dfrac{1}{4}\right) \times s = 600$,即 $s = 2400$.

15 » E. 早到公司5分钟说明汽车早遇到李经理 $5 \div 2 = 2.5$(分钟),所以遇到李经理是7点27分30秒. 李经理7点出门,7点27分30秒遇到汽车,这27.5分钟走的路汽车只需行驶2.5分钟,所以汽车速度是步行速度的 $27.5 \div 2.5 = 11$(倍).

16 » B. 两汽车同向行驶,那么第一次相遇时共同走了2个全程的长度,所以时间为 $\dfrac{420 \times 2}{42 + 28}$ $= 12$(小时).

17 » E. 两车第一次相遇共走了 s 千米,假设所用时间为 t 小时,此时一辆汽车走了60千米;当第二次相遇的时候,两车共走了 $3s$ 千米,在速度不变的前提下,那么所用时间应当为 $3t$ 小时,这辆汽车总共走了就是180千米,那么可以得到 $180 = \dfrac{3}{2}s - 30 \Rightarrow s = 140$.

18 » C. 假设每辆车的间隔为 s,车的速度为 x,人的速度为 y,根据题意可以建立方程组 $\begin{cases} \dfrac{s}{x+y} = 4 \\ \dfrac{s}{x-y} = 6 \end{cases}$,假设 $s = 12 \Rightarrow x = \dfrac{\dfrac{12}{4} + \dfrac{12}{6}}{2} = 2.5$,$y = 0.5$,所以汽车站每隔 $\dfrac{12}{2.5} = 4.8$(分钟)发一班车.

19 » D. 通过题干的信息,可以用假设法列表分析. 速度 = 一步的距离 × 步频.
设甲每秒走5步.

表2-1

	甲	乙
一步的距离	3 份	5 份
步频	5 步/秒	4 步/秒

所以甲的速度为 15 份/秒，乙的速度为 20 份/秒，那么乙追上甲的时间为 $\dfrac{20\times3}{20-15}=12$（秒），故乙走的步数为 $12\times4=48$（步）.

20 ≫ **A.** 如图 2-4 所示，设全程为 x 千米，甲队步行了1 千米. 再由甲队下车步行时间等于空车走 $(x-2)$ 千米的时间加乙队坐车走 $(x-1)$ 千米的时间，从而有 $\dfrac{x-2}{50}+\dfrac{x-1}{40}=\dfrac{1}{4}$，解得 $x=7$. 故甲队学生步行路程与全程比是 $1:7$.

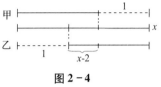

图 2-4

21 ≫ **C.** 乙、丙两人相遇时，乙比甲多行的路程正好是后来甲、丙 2 分钟所走的路程和，是 $(68+72)\times2=280$（米）. 每分钟乙比甲多行 $70.5-68=2.5$（米）. 可知乙、丙相遇时间是 $280\div2.5=112$（分钟）.

22 ≫ **B.** 当甲到达终点这个时刻时，$s_乙:s_丙=v_乙:v_丙=960:936=40:39$. 那么当乙到达终点时，比例并没有改变，所以 1000 米仍然为 40 份，丙距终点还有 1 份，为 $1000\div40=25$（米）.

23 ≫ **C.** 设在某一时刻，货车与客车、小轿车的距离均为 S 千米，小轿车、货车、客车的速度分别为 a,b,c 千米/分钟，并设货车总共经过 x 分钟追上客车，由题意得 ①$10(a-b)=S$，②$15(a-c)=2S$，③$x(b-c)=S$. 由①②，得 $30(b-c)=S$，所以，$x=30$. 故 $t=30-10-5=15$（分钟）.

24 ≫ **A.** 设甲、乙两港相距 x 千米，原来水流速度为 a 千米/小时，根据题意可知，逆水速度与顺水速度的比为 $1:2$，即 $(8-a):(8+a)=1:2$，于是有 $8+a=2(8-a)$，解得 $a=\dfrac{8}{3}$.

再根据暴雨天水流速度变为 $2a$ 千米/小时，则有 $\dfrac{x}{8+2a}+\dfrac{x}{8-2a}=9$，把 $a=\dfrac{8}{3}$ 代入，得 $\dfrac{x}{8+2\times\dfrac{8}{3}}+\dfrac{x}{8-2\times\dfrac{8}{3}}=9$，解得 $x=20$.

25 ≫ **D.** 条件(1)：水壶被水冲走的距离是 $\dfrac{20+20}{60}\times3=2$（千米）.

条件(2)：水壶在前 20 分钟被水冲走的距离是 $\dfrac{20}{60}\times3=1$（千米），此时艇走了 $(9-3)\times\dfrac{20}{60}=2$（千米），返回直到相遇所用时间是一样的，所以水壶这段时间走的路程 x 千米除以水流速度与小艇顺水走的路程除以速度的值是相等的，列方程有 $\dfrac{x}{3}=\dfrac{2+1+x}{9+3}\Rightarrow x=1$，所以水壶总共走的距离是 $1+1=2$（千米），也充分.

26 ▷ D. 根据起点相遇问题,甲恰好在 A 点第二次与乙相遇时,甲跑了 22 圈,乙跑了 16 圈,反向相遇只看路程和,此时路程和为 38 圈,那么这是第 38 次相遇,选 D.

第二节　顿悟练习

1. 大货车和小轿车从同一地点出发沿同一公路行驶,大货车先走 3 小时,小轿车出发后 4 小时追上大货车. 如小轿车每小时少行 6 千米,则出发后 5 小时才能追上大货车. 则大货车每小时行(　　)千米.
   A. 20　　　　B. 32　　　　C. 35　　　　D. 40　　　　E. 60

2. 飞机装满燃料最多可飞行 6 小时,顺风每小时可飞行 1500 千米,逆风每小时可飞行 1200 千米,若想飞机飞行若干千米再返回到基地而不必加油,此千米数的最大值为(　　).
   A. 8000　　　B. 6000　　　C. 4500　　　D. 4000　　　E. 3000

3. 在田径场上,甲跑 10 米的时间乙只能跑 7 米,现在甲、乙两人同时同向从起点出发,当甲第二次追及乙时,乙跑的圈数为(　　).
   A. $\dfrac{7}{3}$　　　B. $\dfrac{14}{3}$　　　C. 3　　　D. $\dfrac{11}{3}$　　　E. 2

4. A 到 B 之间,甲走完单程要用 20 分钟,而乙只用了 32 分钟便走了个来回,现两人同时分别从 A,B 两端相向而行,5 分钟后,两人之间相距 490 米（未相遇）,则 A 与 B 之间的距离为(　　).
   A. 1120 米　　B. 1320 米　　C. 980 米　　D. 1050 米　　E. 1200 米

5. 从火车站到汽车站,甲需 2 小时,乙需 1 小时,现甲从火车站出发去汽车站,乙从汽车站出发去火车站,一个半小时后两人因故要见面（乙到火车站后原地等车）,此后,两人见面还需(　　).
   A. $\dfrac{2}{3}$ 小时　　B. 1 小时　　C. $\dfrac{5}{6}$ 小时　　D. $\dfrac{1}{3}$ 小时　　E. $\dfrac{1}{2}$ 小时

6. 甲、乙、丙三车各以一定的速度从 A 到 B,乙比丙晚出发 10 分钟,出发后 40 分钟追上丙,甲比乙又晚出发 10 分钟,出发后 60 分钟追上丙,则甲出发后(　　)分钟追上乙.
   A. 120　　　B. 150　　　C. 160　　　D. 180　　　E. 250

7. 一辆大巴车从甲城以速度 v 匀速行驶可按照预定时间到达乙城,但在距乙城还有 150 千米处因故障停留了半小时,因此需要平均每小时增加 10 千米才能按照预定时间到达乙城. 则大巴车原来速度 v 为(　　)千米/小时.
   A. 45　　　B. 50　　　C. 55　　　D. 60　　　E. 70

8. 长途汽车从 A 站出发,匀速行驶 1 小时后突然发生故障,车速降低了 40%,到 B 站终点延误达 3 小时,若汽车能多跑 50 千米后,才发生故障,坚持行驶到 B 站能少延误 1 小时 20 分钟,那么 A,B 两地相距(　　).

A. 412.5 千米　　　　　　　B. 125.5 千米　　　　　　　C. 146.5 千米

D. 152.5 千米　　　　　　　E. 137.5 千米

9. 学校和工厂之间有条公路，该校下午2点钟派车去工厂，到工厂接劳模来学校做报告，往返需要1小时. 这位劳模在下午1点钟便离厂步行向学校走来，途中遇到接他的汽车，便立刻上车开往学校，在下午2点40分到达. 则汽车速度是劳模步行速度的(　　)倍.

A. 3　　　　　B. 4　　　　　C. 5　　　　　D. 6　　　　　E. 8

10. 小张、小明两人同时从甲、乙两地出发相向而行，两人在离甲地40米处第一次相遇，相遇后两人仍以原速继续行驶，并且在各自到达对方出发点后立即沿原路返回，途中两人在距乙地15米处第二次相遇，则甲、乙两地相距(　　)米.

A. 30　　　　　B. 45　　　　　C. 60　　　　　D. 95　　　　　E. 105

11. 两列火车同时从甲、乙两站出发相向而行. 第一次相遇在离甲站90千米的地方，两车仍以原速继续前进. 各自到站后立即返回，再次相遇时离甲站的距离占甲、乙两站间全程的65%. 两站相距(　　)千米.

A. 130　　　　　B. 165　　　　　C. 195　　　　　D. 200　　　　　E. 240

12. 狗跑5步的时间马跑3步，马跑4步的距离狗跑7步，现在狗已跑出30步. 则狗再跑(　　)步，马就可以追上它.

A. 600　　　　　B. 360　　　　　C. 720　　　　　D. 1080　　　　　E. 240

13. 有甲、乙、丙三人，甲每分钟行70米，乙每分钟行60米，丙每分钟行75米，甲、乙从A地去B地，丙从B地去A地，三人同时出发，丙遇到甲8分钟后，再遇到乙. A，B两地相距(　　)千米.

A. 14.5　　　　　B. 15.37　　　　　C. 15.66　　　　　D. 15.95　　　　　E. 17.4

14. 甲、乙两车同时从A地开往B地，乙车6小时可以到达，甲车每小时比乙车慢8千米，因此比乙车晚1小时到达. A，B两地间的路程是(　　)千米.

A. 288　　　　　B. 336　　　　　C. 386　　　　　D. 432　　　　　E. 480

15. 甲、乙、丙三人进行百米赛跑（假设他们的速度不变），甲到达终点时，乙距终点还差10米，丙距终点还差16米. 那么乙到达终点时，丙距终点还有(　　).

A. $\frac{22}{3}$米　　　B. $\frac{20}{3}$米　　　C. $\frac{15}{3}$米　　　D. $\frac{10}{3}$米　　　E. 以上结论均不正确

16. 九一小学有80名学生租了一辆40座的车去海边观看日出. 未乘上车的学生步行，和汽车同时出发，汽车往返接送. 学校离海边48千米，汽车的速度是学生步行速度的9倍. 汽车应在距海边(　　)千米处返回接第二批学生，才能使学生同时到达海边.

A. 8　　　　　B. 12　　　　　C. 16　　　　　D. 20　　　　　E. 24

17. 甲、乙两人从同一地点O出发背道而驰，1小时后分别到达各自的终点A，B. 可以确定甲、乙的速度之比为3:4.

(1) 若从原地出发互换目的地，则甲在乙到达A地35分钟后到达B地.

(2) 若甲从A地出发，经140分钟后到达B地.

18. 甲火车长150米，乙火车长100米，两车相向而行，相遇后经2.5秒两车错过，则可确定若同向而行相遇后，经12.5秒两车错过.

(1) 甲火车的速度为 60 米/秒.　　　　(2) 乙火车的速度为 40 米/秒.

19. 甲、乙两站相距 1950 千米，汽车 A 从甲站开向乙站，同时汽车 B 和汽车 C 从乙站出发与汽车 A 相向而行开往甲站，则能确定行驶途中汽车 A 与汽车 B 相遇 2 小时后再与汽车 C 相遇.

(1) 汽车 A，B，C 分别以 80，70，50 千米/小时的速度匀速行驶.

(2) 汽车 A，B，C 分别以 70，60，50 千米/小时的速度匀速行驶.

20. 甲、乙两人以各自的速度同时从椭圆形跑道上同一起点出发沿着顺时针方向跑步，甲比乙快，可以确定甲的速度是乙的速度的 1.5 倍.

(1) 当甲第一次从背后追上乙时，乙跑了两圈.

(2) 当甲第一次从背后追上乙时，甲立即转身沿着逆时针方向跑去，当两人再次相遇时，乙又跑了 0.4 圈.

21. 飞机装满燃料后最多可以连续飞行 6 小时，在有风的情况下，可以确定飞机从基地出发连续飞行 4000 千米再返回到基地而不需加油.

(1) 无风测试时，飞机的速度是 1350 千米/小时.

(2) 此时，工厂烟囱里冒出的烟以 150 千米/小时的速度飘散.

22. 在 400 米长的椭圆形田径场的跑道上，甲、乙两人从 A 点同时同向出发，则甲第三次恰于 A 点遇到乙时，乙一共跑了 12 圈.

(1) 乙跑 8 米的时间，甲能跑 10 米.

(2) 乙跑 4 米的时间，甲能跑 3 米.

23. 一列火车驶过铁路桥，从车头上桥到车尾离桥共用 1 分 25 秒，紧接着列车又穿过一条隧道，从车头进隧道到车尾离开隧道用了 2 分 40 秒，能确定火车的速度及车身的长度.

(1) 铁路桥长 900 米.　　　　(2) 隧道长 1800 米.

24. 一辆车从甲地开往乙地. 如果把车速提高 20%，可以比原定时间提前 1 小时到达. 如果以原速行驶 120 千米后，再将速度提高 25%，则可提前 40 分钟到达. 那么甲、乙两地相距 m 千米.

(1) $m=270$.　　　　(2) $m=290$.

25. 两列对开的火车相遇，第一列火车上的乘客发现第二列火车在旁边开过时共用了 7 秒. 则第二列火车的长度为 189 米.

(1) 第一列火车的车速为 12 米/秒，第二列火车的车速为 15 米/秒.

(2) 第一列火车的车速为 10 米/秒，第二列火车的车速为 17 米/秒.

◆ 顿悟练习解析 ◆

1 » D. 通过题干的信息可得：$\begin{cases}原：v_货:v_轿=4:7\\现：v_货:v_轿=5:8\end{cases}\xrightarrow{调整}\begin{cases}原：v_货:v_轿=20:35\\现：v_货:v_轿=20:32\end{cases}$，所以 3 份等于 6，故大货车每小时行驶 $6\div3\times20=40$（千米）.

2 » D. 设飞机飞行 x 千米再返回到基地而不必加油，则有 $\dfrac{x}{1500}+\dfrac{x}{1200}=6$，解得 $x=4000$.

3 » B. 依题意有 $\dfrac{v_甲}{v_乙}=\dfrac{10}{7}$，因为两人相遇时，所耗时间相同，所以 $\dfrac{s_甲}{s_乙}=\dfrac{10}{7}$，由于甲比乙总是多跑田径场的整数圈，可设 n 为甲追及乙的次数，l 为跑道的长度，所以 $s_甲-s_乙=\dfrac{3}{7}s_乙=nl\Rightarrow s_乙=\dfrac{7}{3}nl$，根据题意，当 $n=2$ 时，$s_乙=\dfrac{14}{3}l$.

4 » A. 依题意有 $v_甲=\dfrac{s_{AB}}{20}$，$v_乙=\dfrac{s_{AB}}{16}$，$s_{AB}=\dfrac{490}{1-5\left(\dfrac{1}{20}+\dfrac{1}{16}\right)}=1120$（米）.

5 » E. 设火车站到汽车站的距离为 1，依题意有 $v_甲=\dfrac{1}{2}$，$v_乙=1$. 两人相遇花费时间为 t 小时，乙在 1 小时后到达火车站并静止不动，甲一个半小时共走了 $s=\dfrac{1}{2}\times\dfrac{3}{2}=\dfrac{3}{4}$，现在要求两人在此距离上再相向而行，则 $\dfrac{1}{2}t+t=\dfrac{3}{4}\Rightarrow t=\dfrac{1}{2}$.

6 » B. 依题得 $\begin{cases}(v_乙-v_丙)\cdot40=10\cdot v_丙\\(v_甲-v_丙)\cdot60=20\cdot v_丙\end{cases}$，解得 $v_甲=\dfrac{16}{15}v_乙$，设甲出发后 t 分钟追上乙，故 $(v_甲-v_乙)\cdot t=10\cdot v_乙$，解得 $t=150$，选 B.

7 » B. 设原来速度为 v 千米/小时，根据时间关系，则 $\dfrac{150}{v+10}+\dfrac{1}{2}=\dfrac{150}{v}$，得到 $v=50$.

8 » E. 设原来车速为 v 千米/小时，则有 $\dfrac{50}{v(1-40\%)}-\dfrac{50}{v}=1\dfrac{1}{3}$，得 $v=25$. 再设原来需要 T 小时到达，由已知有 $25T=25+(T+3-1)\times25\times(1-40\%)$，得 $T=5.5$，所以 A，B 两地相距 $25\times5.5=137.5$（千米）.

9 » E. 原本汽车往返时间为 1 小时，接劳模的时间为 30 分钟，现在汽车往返 40 分钟，那么去开车到接上劳模所用时间为 20 分钟. 也就是说原本 10 分钟的车程现在被劳模走 80 分钟替代，那么汽车速度是劳模步行速度的 8 倍.

10 » E. 从出发到第一次相遇甲走了 40 米，两人路程和为 s 米，从出发到第二次相遇时，两人路程和为 $3s$ 米，故甲走了 120 米，因此 $s=105$，选 E.

11 » D. 根据题意，$270=s+0.35s\Rightarrow s=200$（千米），选 D.

12 » A. 通过题干的信息，可以用假设法列表分析. 速度 = 一步的距离×步频.
设狗每秒跑 5 步.

表 2 - 2

	狗	马
一步的距离	4 份	7 份
步频	5 步/秒	3 步/秒

所以狗的速度为 20 份/秒，马的速度为 21 份/秒，那么马追上狗的时间为 $\dfrac{30 \times 4}{21-20}=120$（秒），故狗再跑的步数为 $120 \times 5 = 600$（步）.

13 » C. 丙、乙 8 分钟行的路程是丙、甲相遇时甲比乙多行的路程.
所以 A，B 两地相距 $(70+75) \times [(75+60) \times 8 \div (70-60)] \div 1000 = 15.66$（千米）.

14 » B. 行 6 小时，乙车比甲车多行 $8 \times 6 = 48$（千米），而这 48 千米是甲车行 1 小时的路程. A，B 两地相距：$8 \times 6 \times (6+1) = 336$（千米）.

15 » B. 由于时间相同，速度与路程成正比，则 $\dfrac{v_乙}{v_丙}=\dfrac{90}{84}=\dfrac{100}{x}$，得 $x=\dfrac{280}{3}$，即丙距终点还有 $100-x=\dfrac{20}{3}$（米）.

16 » A. 如图 2 - 5 所示，汽车到达乘车学生下车的地点又返回到与未乘车学生相遇的地点，汽车所行路程应为未乘车学生步行路程的 9 倍，因此汽车单程是未乘车学生步行路程的 $(9+1) \div 2 = 5$（倍）.
汽车返回与未乘车学生相遇时，未乘车学生步行的路程与乘车学生步行到海边的路程相等. 由此得出从学校到

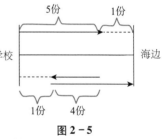

图 2 - 5

汽车接送乘车学生下车地点的距离为下车点到海边距离的 5 倍，所以下车点距离海边占全程的 $\dfrac{1}{1+5}$，故为 $48 \times \dfrac{1}{6} = 8$（千米）.

17 » D. 条件（1）：$\begin{cases}\dfrac{s_{OA}}{v_甲}=\dfrac{s_{OB}}{v_乙}=1 \\[2mm] \dfrac{s_{OA}}{v_乙}+\dfrac{7}{12}=\dfrac{s_{OB}}{v_甲}\end{cases} \Rightarrow \dfrac{v_甲}{v_乙}=\dfrac{3}{4}$，充分.

条件（2）：$\begin{cases}\dfrac{s_{OA}}{v_甲}=\dfrac{s_{OB}}{v_乙}=1 \\[2mm] s_{AB}=\dfrac{7}{3}v_甲\end{cases} \Rightarrow s_{AB}=v_甲+v_乙=\dfrac{7}{3}v_甲 \Rightarrow \dfrac{v_甲}{v_乙}=\dfrac{3}{4}$，充分.

18 » D. 由条件（1），先求出乙的速度 $\dfrac{150+100}{60+v_乙}=2.5 \Rightarrow v_乙=40$（米/秒），得到同向的错车时间 $t=\dfrac{150+100}{v_甲-v_乙}=\dfrac{250}{20}=12.5$（秒），充分. 同理条件（2）也充分.

19 » A. 条件（1）：A，B 在 $\dfrac{1950}{80+70}=13$（小时）后相遇，A，C 在 $\dfrac{1950}{80+50}=15$（小时）后相遇，充分. 同理判断条件（2）不充分.

20 » D. 条件（1）：当甲第一次从背后追上乙时，显然在相同的时间内甲跑了三圈，所以甲的速度是乙的速度的 1.5 倍，充分. 条件（2）：只考虑第二次相遇，则在同样的时间内，甲跑了 0.6 圈，乙跑了 0.4 圈，显然甲的速度是乙的速度的 1.5 倍，也充分.

21 » C. 条件（1）：$v_{飞机}=1350$（千米/小时）.
条件（2）：$v_{风}=150$（千米/小时）. 综合条件（1）和条件（2）：顺风时 $v_1=1500$（千米/小时），逆风时 $v_2=1200$（千米/小时），从基地出发 4000 千米后返回所耗时间 $t=\dfrac{4000}{1500}+\dfrac{4000}{1200}=6$（小时）.

22 » D. 设单位时间为 t.
条件（1），乙一圈用时 $50t$，甲一圈用时 $40t$，当甲第三次恰于 A 点追上乙时若经历了时间 T，此时甲比乙多跑了 3 圈，则 $\dfrac{T}{40t}-\dfrac{T}{50t}=3$，$T=600t$，此时乙跑了 12 圈.

条件（2），乙一圈用时 $100t$，甲一圈用时 $\dfrac{400}{3}t$，当甲第三次恰于 A 点追上乙时若经历了时间 T，则 $\dfrac{T}{100t}-\dfrac{3T}{400t}=3$，$T=1200t$，此时乙跑了 12 圈.

23 » C. 显然单独不充分，考虑联合. 设车速为 v 米/秒，车身长度为 l 米，
则 $\begin{cases} v\cdot 85=900+l, \\ v\cdot 160=1800+l \end{cases} \Rightarrow v=12$，$l=120$，充分.

24 » A. 首先必须考虑车速与时间的关系. 因为车速与时间成反比，当车速提高 20% 时，所用时间缩短为原来的 $\dfrac{1}{1+20\%}=\dfrac{5}{6}$. 所以原速行驶全程需用：$1\div\left(1-\dfrac{5}{6}\right)=6$（小时）. 同理，当车速提高 25% 时，所用时间缩短为原来的 $\dfrac{4}{5}$. 如果从开始就提高车速，行完全程就可提前：$6\times\left(1-\dfrac{4}{5}\right)=\dfrac{6}{5}$（小时）. 现在只提前 40 分钟，少提前了 $\dfrac{6}{5}-\dfrac{40}{60}=\dfrac{8}{15}$（小时）. 这是因为前 120 千米是按原速行使，若提高车速 25%，行 120 千米就可以提前 $\dfrac{8}{15}$ 小时. 所以，甲、乙两地相距 $120\times\dfrac{6}{5}\div\dfrac{8}{15}=270$（千米）.

25 » D. 以观察者为参照，第二列车相对速度为 $\dfrac{189}{7}=27$（米/秒），即第一列火车和第二列火车的速度和为 27 米/秒.
显然，条件（1）、（2）均充分.

专项三　应用题之工程问题

$$\boxed{第一节}\ 核心绝例$$

专项简析

　　工程问题是应用题中仅次于路程问题的一个常考点，既是重点，也是难点．其主要的基本关系式为：工作时间×工作效率＝工作量．

　　本专题主要学习复杂的工程问题，主要有以下三种方法：第一，利用三个核心参数"工量、功效、工时"，设一个量为未知数来找另外两个量的等量关系；第二，用好正比反比法；第三，题目中可以通过转化各个单位效率来快速求解．

　　对于设份数解题，一般把总工作量设为1，但为了计算更加简便，经常把总工作量设为所用时间的最小公倍数，利用所给的条件，表达出工作量、工作效率和工作时间中所缺的第三个量．

　　复杂的工程问题主要涉及多个工作量（两个或三个）、工作效率变化（增加或减少）、工作间歇（干干停停）或者正负效率（牛吃草）等．

题型1　比例法解工程问题

思　路　当看到题干的条件是具体工作量的时候，可以采用比例法（正比、反比）进行求解．

1 加工一个零件，甲需3分钟，乙需3.5分钟，丙需4分钟．现有1825个零件要加工，为尽早完成任务，甲、乙、丙各加工一定数量零件，那么完成任务所需时间最少是（　　）．

A. 24 小时　　B. 28 小时　　C. 32 小时　　D. 35 小时　　E. 36 小时

2 甲、乙、丙三人在同一时间里共加工940个零件．甲加工一个零件要5分钟，比乙加工一个零件所用的时间多25%，丙加工一个零件所用的时间比甲所用的时间少$\frac{2}{5}$．甲总共加工了(　　)个零件．

A. 240　　B. 300　　C. 400　　D. 500　　E. 600

题型2　假设法解工程问题

思　路　当看到题干给出的是各个单位单独完成的天数，此时将总量设为天数的最小公倍数，使得计算简化．

3 某项工程，小王单独做需 20 天完成，小张单独做需 30 天完成. 现在两人合作，但中间小王休息了 4 天，小张也休息了若干天，最后该工程用 16 天时间完成. 则小张休息了( ).

A. 4 天　　　D. 4.5 天　　　C. 5 天　　　D. 5.5 天　　　E. 6 天

4 粗蜡烛和细蜡烛长短一样. 粗蜡烛可以点 5 小时，细蜡烛可以点 4 小时. 同时点燃这两支蜡烛，点了一段时间后，粗蜡烛长是细蜡烛长的 2 倍. 这两支蜡烛点了( )小时.

A. $2\frac{1}{3}$　　　B. $2\frac{2}{3}$　　　C. $3\frac{1}{3}$　　　D. $3\frac{2}{3}$　　　E. $4\frac{1}{3}$

5 修筑一条高速公路，若甲、乙、丙合作，90 天可完工；若甲、乙、丁合作，120 天可完工；若丙、丁合作，180 天可完工. 若甲、乙合作 36 天后，剩下的工程由甲、乙、丙、丁合作，还需( )天可完工.

A. 40　　　B. 50　　　C. 60　　　D. 80　　　E. 120

6 某工程由一、二、三小队一起做，需要 8 天完成；由二、三、四小队一起做，需要 10 天完成；由一、四小队一起做，需要 15 天完成. 如果按一、二、三、四、一、二、三、四……的顺序，每个小队轮流做一天，那么工程由( )最后完成.

A. 一队　　　B. 二队　　　C. 三队　　　D. 四队　　　E. 无法确定

题型 3 转化法解工程问题

思 路 当出现一种工作量由多种方式完成的时候，可以将多人转化成一人来进行巧妙解决.

7 一项工程由甲、乙两队合作 30 天可完成，甲队单独做 24 天后，乙队加入，两队合作 10 天后，甲队调走，乙队继续做了 17 天才完成，若这项工程由甲队单独做，则需要( )天.

A. 60　　　B. 70　　　C. 80　　　D. 90　　　E. 100

8 一件工程要在规定时间内完成. 若甲单独做要比规定的时间推迟 4 天完成，若乙单独做要比规定的时间提前 2 天完成. 若甲、乙合作了 3 天，剩下的部分由甲单独做，恰好在规定时间内完成，则规定时间为( )天.

A. 19　　　B. 20　　　C. 21　　　D. 22　　　E. 24

9 加工一批零件，甲、乙合作 24 天可以完成；由甲先做 16 天，然后由乙再做 12 天后，还剩下这批零件的 $\frac{2}{5}$ 没有完成. 已知甲每天比乙多加工 3 个零件，则这批零件共有( )个.

A. 120　　　B. 240　　　C. 360　　　D. 480　　　E. 600

题型 4 盈亏工程问题

思 路 与路程问题相同，主要利用方程组思路或者用矩形面积法之等积变形来进行求解.

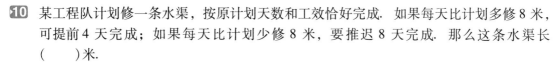

10 某工程队计划修一条水渠,按原计划天数和工效恰好完成. 如果每天比计划多修 8 米,可提前 4 天完成;如果每天比计划少修 8 米,要推迟 8 天完成. 那么这条水渠长 (　　)米.

A. 120　　　　B. 240　　　　C. 320　　　　D. 384　　　　E. 480

11 一片草地的草均匀生长,放牧一些牛,可以在规定的时间内吃完. 如果增加 30 头牛,可以提前 2 天吃完;减少 30 头牛,需要延迟 4 天吃完. 那么放牧原来的牛,计划 (　　)天吃完.

A. 6　　　　B. 7　　　　C. 8　　　　D. 9　　　　E. 10

题型 5　工程轮流工作问题

思　路　轮流工作的关键是先把一个周期的工作量找到,再根据总工作量需要多少周期来寻找天数,最后得到答案,这里主要体现整体与部分的思维模型.

12 一项工程,甲单独做要 12 小时完成,乙单独做要 18 小时完成. 若甲先做 1 小时,然后乙接替甲做 1 小时,然后甲接替乙做 1 小时,两人如此交替工作,完成工作要用 (　　)小时.

A. $12\frac{1}{3}$　　　　B. $13\frac{2}{3}$　　　　C. $14\frac{1}{2}$　　　　D. 14　　　　E. $14\frac{1}{3}$

13 有一项工程,甲、乙、丙三个工程队每天轮做. 原计划按甲、乙、丙次序轮做,恰好甲用整数天收尾完成;如果按乙、丙、甲次序轮做,比原计划多用 $\frac{1}{2}$ 天完成;如果按丙、甲、乙次序轮做,也比原计划多用 $\frac{1}{2}$ 天完成. 已知甲单独做用 10 天完成,且三个工程队的工作效率各不相同,那么这项工程由甲、乙、丙三队合作要(　　)天可以完成.

A. 7　　　　B. $\frac{19}{3}$　　　　C. $\frac{209}{40}$　　　　D. $\frac{40}{9}$　　　　E. $\frac{50}{9}$

题型 6　正负效率问题

思　路　正负效率问题也是牛吃草问题,因为这里的一堆草是一个不变的量,而草的量是一个动态变化的量,每天或每周草都在匀速生长,时间越长,草的总量越多,而草的总量由草原上原来的草量和一段时间内新增的草两部分组成. 因此解这类问题的关键是:设法求出牧场上原有的草量和一段时间内新生的草量. 由于此类问题一般不给出草量的单位,第一步,我们通常假设 1 头牛 1 天(或 1 周)吃的草量为单位"1";第二步,通过比较两次牛吃的总草量,分别求出每天(或每周)新增的草量和原有的草量;第三步,将牛一分为二:一部分吃新增的量,一部分吃原有草,即原有草÷(牛的总数量－每天吃新增草的牛的数量) = 天数.

14 整片牧场上的草长得一样密,一样快. 已知 70 头牛在 24 天里把草吃完,而 30 头牛就得 60 天. 如果要在 96 天内把牧场的草吃完,那么需要(　　)头牛.

A. 18　　　　B. 25　　　　C. 24　　　　D. 22　　　　E. 20

15 24 头牛 6 天可以将一片牧草吃完，21 头牛 8 天可以将这片牧草吃完．如果每天草的增长量是相等的，为了防止草场退化，最多放养（　　）头牛吃这片草，才能保证牧草永远不会被吃完．

A. 12　　　　　B. 24　　　　　C. 36　　　　　D. 8　　　　　E. 10

16 某海港货场不断有外洋轮船卸下货物，又不断用汽车把货物运走．如果用 9 辆汽车，12 小时可以清场；如果用 8 辆汽车，16 小时可以清场．该货场开始只用 3 辆汽车，10 小时后增加了若干辆，再过 4 小时就能清场，那么后来增加了（　　）辆汽车．

A. 18　　　　　B. 19　　　　　C. 20　　　　　D. 21　　　　　E. 22

17 由于天气逐渐冷起来了，牧场上的草不仅不生长，反而以固定的速度在减少（枯萎）．已知某地草地上的草可供 20 头牛吃 5 天，或可供 15 头牛吃 6 天．照这样计算，可供（　　）头牛吃 10 天．

A. 4　　　　　B. 5　　　　　C. 6　　　　　D. 7　　　　　E. 8

题型 7　工作费用的计算

思　路　解决工作费用问题不能着急，要列两个方程组：一个是关于工作时间的方程组，另一个是关于单位价格的方程组．

18 一件工作，甲、乙两人合作需要 2 天，人工费 2900 元；乙、丙两人合作需要 4 天，人工费 2600 元；甲、丙两人合作 2 天完成了全部工作量的 $\frac{5}{6}$，人工费 2400 元．甲单独做该工作需要的时间与人工费分别为（　　）．

A. 3 天，3000 元　　　　　　　　B. 3 天，2850 元　　　　　　　　C. 3 天，2700 元

D. 4 天，3000 元　　　　　　　　E. 4 天，2900 元

题型 8　变效率工程问题

思　路　要学会根据效率变化前后来寻找等量关系．

19 某车间计划 10 天完成一项任务，工作 3 天后因故停工 2 天，但仍要按计划完成任务，则工作效率需要提高（　　）．

A. 20%　　　　　B. 30%　　　　　C. 40%　　　　　D. 50%　　　　　E. 60%

20 制作一批零件，按计划 18 天可以完成它的 $\frac{1}{2}$．如果工作 3 天后，工作效率提高了 $\frac{1}{8}$，那么完成这批零件的 $\frac{1}{3}$，一共需要（　　）天．

A. 8　　　　　B. 9　　　　　C. 10　　　　　D. 11　　　　　E. 12

21 某筑路队按照原施工方法制定了施工计划．工作了 4 天后改用新施工方法，由于新施工方法比旧施工方法提高效率 50%，因此比原计划提前 1 天完成．如果用旧施工方法筑了 200 米后再改用新施工方法，就可以比原计划提前 2 天完工．则原计划每天可以施工（　　）米．

A. 100　　　　　B. 200　　　　　C. 300　　　　　D. 400　　　　　E. 600

22 一项工程，甲独做需 10 天，乙独做需 15 天．如果两人合做，由于相互影响，甲的工作效率就会降低到原来的 $\frac{4}{5}$，乙的工作效率也只有原来的 90%．现在要 8 天完成这项工作，两人合做天数尽可能少，那么两人合做了( )天．

A. 2   B. 3   C. 4   D. 5   E. 6

◇ 核心绝例解析 ◈

1 ▸▸ **D.** 三人同时加工，并且同一时间完成任务，所用时间最少，要同时完成，应根据工作效率之比，按比例分配工作量．

三人工作效率之比是 $\frac{1}{3}:\frac{1}{3.5}:\frac{1}{4}=28:24:21$，则他们分别需要完成的工作量是：

甲完成 $1825 \times \frac{28}{28+24+21}=700$（个）；

乙完成 $1825 \times \frac{24}{28+24+21}=600$（个）；

丙完成 $1825 \times \frac{21}{28+24+21}=525$（个）．

故所需时间是 $700 \times 3 = 2100$（分钟）$=35$（小时）．

2 ▸▸ **A.** 根据题意，乙加工一个零件的时间是 4 分钟，丙加工一个零件的时间是 3 分钟．所以三人的效率之比为 $\frac{1}{5}:\frac{1}{4}:\frac{1}{3}=12:15:20$．因为时间相同，那么加工零件的工作量之比为效率之比，所以总共 47（份）$=940$（个），那么三人各自加工了 240 个、300 个、400 个．

3 ▸▸ **A.** 假设总量为 60 份，故小王的效率为 3 份/天，小张的效率为 2 份/天．根据题意，假设小张休息了 x 天，那么有 $3 \times (16-4) + 2 \times (16-x) = 60 \Rightarrow x = 4$．

4 ▸▸ **C.** 假设两根蜡烛的长度均为 20 份，那么粗蜡烛一小时可以燃烧 4 份，细蜡烛一小时可以燃烧 5 份，设点了 x 小时，那么根据题意有 $20 - 4x = 2(20 - 5x) \Rightarrow x = 3\frac{1}{3}$．

5 ▸▸ **C.** 设总工作量为 $[90, 120, 180] = 360$ 份 $\Rightarrow \begin{cases} 甲+乙+丙=4 \\ 甲+乙+丁=3 \\ 丙+丁=2 \end{cases} \Rightarrow \begin{cases} 甲+乙=2.5 \\ 丙=1.5 \\ 丁=0.5 \end{cases}$，故还需

$\frac{360 - 2.5 \times 36}{2.5 + 1.5 + 0.5} = 60$（天）．

6 ▸▸ **C.** 设总工作量为 $[8, 10, 15] = 120$ 份 $\Rightarrow \begin{cases} 一+二+三=15 \\ 二+三+四=12 \\ 一+四=8 \end{cases} \Rightarrow \begin{cases} 二+三=9.5 \\ 一=5.5 \\ 四=2.5 \end{cases}$，一个周

期做 17.5 份，故 120 份需要 6 个周期的工作量（105 份）外加第 7 个周期 15 份的工作

量，也就是正好由三队完成.

$7_{»}$ **B.** 设甲的效率为 m，乙的效率为 n，根据题意有 $30m + 30n = 34m + 27n \Rightarrow 4m = 3n$，也就是甲做 4 天的量等于乙做 3 天的量；那么乙全部做的 30 天的量转换给甲，甲需要做 40 天完成. 这样若全部都是由甲队完成，需要 70 天.

$8_{»}$ **B.** 根据题意可知，甲做 4 天的量等于乙做 3 天的量，那么完成任务的时间之比为 4:3. 而 1 份的量恰好等于 6 天，所以甲单独完成需要 24 天，乙单独完成需要 18 天，计划时间为 $24 - 4 = 18 + 2 = 20$ （天）.

$9_{»}$ **C.** 首先求甲、乙合作 12 天后，完成了总量的 $\frac{1}{24} \times 12 = \frac{1}{2}$，那么甲多于 4 天的量相当于完成总量的 $\frac{3}{5} - \frac{1}{2} = \frac{1}{10}$. 那么乙的效率为 $\frac{1}{24} - \frac{1}{10} \div 4 = \frac{1}{60}$；最后求出这批零件的个数为：$3 \div \left(\frac{1}{40} - \frac{1}{60}\right) = 360$ （个）.

$10_{»}$ **D.** 设原计划每天修 x 米，计划 t 天完成，则 $\begin{cases} xt = (x+8)(t-4) \\ xt = (x-8)(t+8) \end{cases} \Rightarrow x = 24$，$t = 16$，故全长为 $24 \times 16 = 384$ （米）.

$11_{»}$ **C. 方法一** 设每头牛每天吃一份草，开始放牧 x 头牛，y 天可以吃完，每天草生长量为 z，则

$\begin{cases} (x-z)y = (x-z+30)(y-2) \\ (x-z)y = (x-z-30)(y+4) \end{cases} \Rightarrow \begin{cases} x-z = 90 \\ y = 8 \end{cases}$，所以放牧的牛需要吃 8 天，才能将草吃完.

方法二 根据草生长的速度，安排同样多的牛专门吃生长的草，剩下的牛吃的草就是原有固定的草. 原有草总量不变，仍可以用等积变形解题，如图 3 - 1 所示：

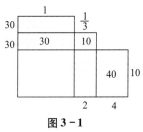

图 3 - 1

从图中可以看出 $\frac{1}{3}$ 份对应 2 天，那么 1 份对应 $2 \div \frac{1}{3} = 6$ （天），故放牧原来的牛需要 $1 \times 6 + 2 = 8$ （天）吃完.

$12_{»}$ **E.** 假设总工作量为 $[12, 18] = 36$，那么甲、乙的工作效率分别为 3 份/小时，2 份/小时. 那么一个周期的工作量为 5 份. 那么 36 份工作量需要 7 个周期，外加甲做 $\frac{1}{3}$ 小时来完成. 所以总小时数为 $2 \times 7 + \frac{1}{3} = 14\frac{1}{3}$ （小时）.

$13_{»}$ **D.** 先把题目的条件分类：

①甲、乙、丙：甲整数天完成. （注意：甲收尾，刚好完成）

②乙、丙、甲：多用 0.5 天. （剩余的部分乙做 1 天，丙再做 0.5 天）

③丙、甲、乙：多用 0.5 天. （剩余的部分丙做 1 天，甲做 0.5 天）

甲单独做 10 天完成，甲的工作效率是 $\frac{1}{10}$.

根据①与③，甲的 $\frac{1}{10}$ 给丙做，丙需要 1 天，还得让甲做 0.5 天，所以丙的效率是甲的

一半，即为 $\frac{1}{20}$. 再根据①与②，$\frac{1}{10}$ = 乙的效率 + $\frac{1}{20}$ × 0.5，得到乙的效率是 $\frac{3}{40}$.

所以三队合作需要 $1 \div \left(\frac{1}{10} + \frac{3}{40} + \frac{1}{20} \right) = \frac{40}{9}$（天）.

14 ≫ **E.** 由于草每天都在生长，所以 30 头牛 60 天吃的草量会比 70 头牛 24 天吃的草量要多.
而多出的部分就是 60 − 24 = 36（天）草的生长量；故此题解法如下：
假设每头牛每天吃的草量为"1"，则牧场每周新生长出的草量为：(30 × 60 − 70 × 24) ÷
(60 − 24) = $\frac{10}{3}$；牧场原有的草量为：$\left(30 - \frac{10}{3} \right) \times 60 = 1600$；那么 96 天吃完需要牛的数

量为：$\frac{1600}{96} + \frac{10}{3} = 20$（头）.

15 ≫ **A.** 只要草地上原有的草量在减少，总有一天牧草会被吃完，因此，要使这片牧草永远
不被吃完，也就是草地上原有的草量不能减少. 那么牛数最多的情况就是牛吃的草等
于草新增长的量.
根据题意，假设每头牛每天吃的草为单位"1"，草每天生长的量为：(21 × 8 − 24 × 6) ÷
(8 − 6) = 12；所以最多放养 12 头牛.

16 ≫ **B.** 假设每辆汽车每小时运走量为"1"，根据题意：
每小时卸货量为：(8 × 16 − 9 × 12) ÷ (16 − 12) = 5；
原场地有货物量为：(9 − 5) × 12 = 48；
开始只用 3 辆汽车，10 小时后场地有的量为：48 + (5 − 3) × 10 = 68.
那么增加的汽车数量为 68 ÷ 4 + 5 − 3 = 19（辆）.

17 ≫ **B.** 设 1 头牛 1 天吃的草为 1 份.
20 头牛 5 天吃草：20 × 5 = 100（份）；15 头牛 6 天吃草：15 × 6 = 90（份）.
寒冷使牧场(6 − 5)天减少草：100 − 90 = 10（份），相当于 10 头牛在吃草.
草地上原有草：(20 + 10) × 5 = 150（份）.
原有草可供吃 10 天的牛的头数：150 ÷ 10 = 15.
因寒冷占去 10 头牛食量的草后，余量可供的牛的头数：15 − 10 = 5，所以可供 5 头牛
吃 10 天.

18 ≫ **A.** 设甲、乙、丙单独完成分别需要 x 天、y 天、z 天，每天的人工费分别为 a 元、b 元、

$$c\ 元，则\begin{cases}\dfrac{2}{x}+\dfrac{2}{y}=1\\[2mm]\dfrac{4}{y}+\dfrac{4}{z}=1\\[2mm]\dfrac{2}{x}+\dfrac{2}{z}=\dfrac{5}{6}\end{cases}\Rightarrow\begin{cases}x=3\\y=6,\\z=12\end{cases}\begin{cases}2a+2b=2900\\4b+4c=2600\Rightarrow\\2a+2c=2400\end{cases}\begin{cases}a=1000\\b=450\\c=200\end{cases}，故选\ A.$$

19 ⟫ **C**. 假设总工作量为 10，则原来效率为 1，后来的效率：$\dfrac{10-3}{5}=\dfrac{7}{5}=1.4$，比原来提高

了 $\dfrac{1.4-1}{1}\times100\%=40\%$.

20 ⟫ **D**. 假设总工作量为 36，每天可以完成 1，那么一共需要的天数为 $3+\dfrac{36\times\dfrac{1}{3}-3}{1\times\left(1+\dfrac{1}{8}\right)}=$

11（天）.

21 ⟫ **B**. 新施工方法效率提高 50%，则新效率:旧效率 = 3:2. 那么，工作 4 天后剩下的工作
量用原计划与现计划的时间之比为 3:2，此时正好差 1 天，那么原计划总共需要 7 天.
若是先修了 200 米之后，二者相差 2 天，那么剩余工作量原计划还需做 6 天，现计划
还需做 4 天，可知原计划 1 天的施工量为 200 米.

22 ⟫ **D**. 设总工作量为 30 份，那么甲效率为 3，乙效率为 2. 合做时，甲效率为 2.4，乙效
率为 1.8；因为合做天数要尽可能少，所以除了合做剩下的应该都由效率高的来进行
工作. 设合做天数为 x 天，根据题意有 $3(8-x)+(2.4+1.8)x=30\Rightarrow x=5.$

第二节 顿悟练习

1. 某项任务甲 4 天可完成，乙 5 天可完成，而丙则需 6 天完成，今甲、乙、丙三人依次一
   天一轮换工作，则完成此任务需（ ）.
   A. 5 天　　　　B. $4\dfrac{3}{4}$ 天　　　C. $4\dfrac{2}{3}$ 天　　　D. $4\dfrac{1}{2}$ 天　　　E. 6 天

2. 甲、乙、丙三人做一项工作，甲单独做所需时间与乙、丙合作所需时间相同，乙单独做
   所需时间是甲、丙合作所需时间的 2 倍. 则丙单独做所需时间与甲、乙合作所需时间之
   间的倍数值为（ ）.
   A. 2　　　　　B. 3　　　　　C. 4　　　　　D. 5　　　　　E. 6

3. 某工程队计划用 8 天完成一项疏通河道的任务，施工中仅用两天时间就完成了工程的
   40%，则照此速度施工，可提前完工的天数为（ ）.
   A. 4 天　　　　B. 3 天　　　　C. 2 天　　　　D. 1 天　　　　E. 0.5 天

4. 某车间接到一批任务，需要加工 6000 个 A 型零件和 2000 个 B 型零件，车间共有 224 名

工人，每人加工 5 个 A 型零件所用的时间可以加工 3 个 B 型零件．将这批工人分成两组，两组同时工作，每组加工一种型号零件，为了在最短时间内完成任务，应分配来加工 B 型零件的人数为(　　)．

A. 90　　　　　B. 80　　　　　C. 70　　　　　D. 60　　　　　E. 50

5. 甲、乙两人加工一批零件，已知甲单独加工要 10 小时完成，而甲和乙工作效率之比为 8:5，现两人同做了 2 小时之后，还剩下 270 个零件未加工，这批零件的总个数为(　　)．

A. 360 个　　　B. 400 个　　　C. 480 个　　　D. 540 个　　　E. 600 个

6. 甲、乙、丙三人分奖金，三人所得之比为 $\frac{3}{4}:\frac{14}{15}:\frac{5}{8}$，甲分得 900 元，则奖金总数为(　　)．

A. 2850 元　　　B. 2580 元　　　C. 2770 元　　　D. 3050 元　　　E. 3500 元

7. 某厂加工一批零件，甲车间加工这批零件的 20%，乙车间加工剩下的 25%，丙车间加工再余下的 40%，还剩 3600 个零件没有加工，则这批零件总数为(　　)．

A. 9000 个　　　B. 9500 个　　　C. 9800 个　　　D. 10000 个　　　E. 12000 个

8. 一项工程，甲、乙合作 6 天可完成工程的 $\frac{5}{6}$．如果单独做，那么甲完成 $\frac{1}{3}$ 与乙完成 $\frac{1}{2}$ 所需的时间相等．则甲单独做比乙单独做多用的天数为(　　)．

A. 4　　　　　B. 5　　　　　C. 6　　　　　D. 7　　　　　E. 8

9. 某项工程，甲单独做需要 a 天，在甲做了 c 天之后，剩下的工作由乙单独完成还需要 b 天，若一开始就由甲、乙两人合作，则完成任务需要的天数是(　　)．

A. $\dfrac{c}{a+1}$　　　B. $\dfrac{ab}{a+b-c}$　　　C. $\dfrac{a+b-c}{2}$　　　D. $\dfrac{bc}{a+b-c}$　　　E. ab

10. 一项工作甲先做 6 小时，乙接着做 12 小时可以完成．甲先做 8 小时，乙接着做 6 小时也可以完成．如果甲做 3 小时后，乙接着做．还需(　　)小时完成．

A. 10　　　　　B. 16　　　　　C. 21　　　　　D. 27　　　　　E. 30

11. 一个工程队完成某项工程，如果增加 10 人，则 10 天就能完成；如果增加 30 人，则 8 天就能完成．那么减少 38 人，需要(　　)天完成．

A. 20　　　　　B. 25　　　　　C. 30　　　　　D. 36　　　　　E. 40

12. 有两个同样的仓库 A 和 B．搬运一个仓库里的货物，甲需要 10 小时，乙需要 12 小时，丙需要 15 小时．甲和丙在 A 仓库，乙在 B 仓库，三人同时开始搬运，过一段时间后，丙又去 B 仓库帮乙搬运货物，最后两个仓库同时搬完．则丙帮助甲、乙各(　　)小时．

A. 3，5　　　B. 2，6　　　C. 1，7　　　D. 4，4　　　E. 2.5，5.5

13. 甲、乙合作一件工作，由于配合得好，甲的工作效率比单独做时提高了 $\frac{1}{10}$，乙的工作效率比单独做时提高了 $\frac{1}{5}$，甲、乙两人合做 6 小时完成了全部工作的 $\frac{2}{5}$；第二天乙又单独做了 6 小时，还留下这件工作的 $\frac{13}{30}$ 尚未完成．则如果这件工作交给甲单独做，需要

（　　）小时完成.

A. $\dfrac{100}{3}$ B. 22   C. 33   D. 44   E. 55

14. 完成一件工作，甲每天的工作效率等于乙、丙两人每天工作效率的和；丙的工作效率相当于甲、乙两人每天工作效率和的 $\dfrac{1}{5}$；如果三人合做只需 8 天就完成了. 那么乙一人单独完成需要（　　）天.

A. 12   B. 16   C. 18   D. 20   E. 24

15. 经测算，地球上的资源可供 100 亿人生活 100 年，或可供 80 亿人生活 300 年. 假设地球新生成的资源增长速度是一样的，那么，为满足人类不断发展的需要，地球最多能养活（　　）亿人.

A. 60   B. 65   C. 70   D. 72   E. 75

16. 有三块草地，面积分别为 5 公顷、6 公顷和 8 公顷. 草地上的草一样厚，而且长得一样快. 第一块草地可供 11 头牛吃 10 天，第二块草地可供 12 头牛吃 14 天. 则第三块草地可供 19 头牛吃（　　）天.

A. 5   B. 6   C. 7   D. 8   E. 9

17. 制作一批零件，甲车间需要 10 天完成，如果甲车间与乙车间一起做只要 6 天就能完成，乙车间与丙车间一起做，需要 8 天就可以完成. 现在三个车间一起做，完成后发现甲车间比乙车间多制作零件 2400 个，则丙车间制作了（　　）个零件.

A. 5700   B. 4100   C. 5200   D. 4200   E. 4600

18. 画展 9 点开门，但早有人排队等候入场. 从第一个观众来到时起，每分钟来的观众人数一样多. 如果开 3 个入场口，9 点 9 分就不再有人排队；如果开 5 个入场口，9 点 5 分就不再有人排队了. 那么，第一个观众到达时间是 8 点（　　）分.

A. 10   B. 15   C. 18   D. 20   E. 30

19. 某项工程，由甲、丙合作 5 天能完成全部的 $\dfrac{2}{3}$.

（1）此工程由甲、乙两队合作 6 天完成，如果单独做，甲比乙快 5 天完成.

（2）此工程由乙、丙两队合作 10 天完成，如果单独做，丙比乙慢 15 天完成.

20. 游泳池有大、小两个进水管，大管单独开放 30 小时可注满全池，小管单独开放 120 小时可注满全池，要在 26 小时内注满全池.

（1）大管单独开放 10 小时后，两管齐开.

（2）两管齐开 8 小时后，再停电 2 小时，又重新开两管.

21. 某项工程，如果再增加 6 个人，那么完成剩余的工程还需要的天数是 40 天.

（1）7 个人用 40 天先完成了全工程量的 $\dfrac{1}{3}$.

（2）8 个人用 35 天先完成了全工程量的 $\dfrac{1}{3}$.

22. 甲、乙两队合作可用 6 天完成某项工程.

（1）甲队每天可以完成工程的 $\dfrac{1}{15}$.

（2）乙队的效率是甲队的 $\dfrac{3}{2}$.

23. 甲、乙合干某项工程需要 4.8 天.

（1）甲干 2 天，乙干 3 天可完成总数的 $\dfrac{1}{2}$.

（2）甲干 1 天，乙干 2 天可完成总数的 $\dfrac{7}{24}$.

24. 甲单独施工每天完成工程量的 $\dfrac{1}{20}$.

（1）如果甲、乙合作，12 天完成；如果乙单独做，需 30 天完成.

（2）甲、乙合作 4 天后，还剩下全部工程的 $\dfrac{2}{3}$，让乙单独做，还需 20 天才能完成.

25. 已知一项工程由甲、乙合作完成（甲、乙工作时间相同）需 3000 元，甲、丙合作完成（甲、丙工作时间相同）需 1000 元. 则甲、乙、丙三人合作所需费用不大于 2000 元.

（1）这项工程由甲、乙、丙三人合作完成时，甲与乙工作时间之比为 2∶1.

（2）这项工程由甲、乙、丙三人合作完成时，乙与丙工作时间之比为 1∶1.

❱ 顿悟练习解析 ❰

1 » C. 甲、乙、丙三人的工作效率分别为 $\dfrac{1}{4}$，$\dfrac{1}{5}$，$\dfrac{1}{6}$，故甲、乙、丙各做一天后，甲再做 1 天，还剩 $\dfrac{2}{15}$，剩下的由乙完成，需要 $\dfrac{\frac{2}{15}}{\frac{1}{5}}=\dfrac{2}{3}$（天）. 故甲做 2 天，乙做 $1\dfrac{2}{3}$ 天，丙做 1 天，一共需要 $2+1\dfrac{2}{3}+1=4\dfrac{2}{3}$（天）.

2 » D. 设甲、乙、丙三人单独做所需的时间分别为 x，y，z，丙单独做所需时间是甲、乙合作所需时间的 a 倍，则有 $x=\dfrac{1}{\frac{1}{y}+\frac{1}{z}}$，$y=\dfrac{2}{\frac{1}{x}+\frac{1}{z}}$，则有 $\begin{cases} x=\dfrac{2}{3}y \\ z=2y \end{cases}$.

又 $z=\dfrac{a}{\frac{1}{x}+\frac{1}{y}}$，则 $\dfrac{2}{5}ay=2y$，故 $a=5$.

3 » B. 余下的工程，按计划需用 $8-2=6$（天）完成. 余下的工作为 $60\%=\dfrac{3}{5}$，一天的进度为 $\dfrac{40\%}{2}=20\%=\dfrac{1}{5}$，于是，需要天数为 $\dfrac{\frac{3}{5}}{\frac{1}{5}}=3$，故可提前 $6-3=3$（天）完工.

4 » **B.** 等量关系：这两组工人同时完工，即加工 A，B 型零件所用的时间相等.

设 x 人加工 A 型零件，那么加工 B 型零件有 $224-x$ 人，由题意可得 $\dfrac{6000}{x \cdot 5k} = \dfrac{2000}{(224-x)3k}$，

解得 $x=144$，故 $224-x=80$ （人）.

5 » **B.** 甲的工作效率为 $\dfrac{1}{10}$，乙的工作效率为 $\dfrac{1}{16}$，故这批零件有 $\dfrac{270}{1-\left(\dfrac{1}{10}+\dfrac{1}{16}\right)\times 2} = 400$（个）.

6 » **C.** 甲所占的比例为 $\dfrac{\dfrac{3}{4}}{\dfrac{3}{4}+\dfrac{5}{8}+\dfrac{14}{15}} = \dfrac{90}{277}$，则奖金总数为 $\dfrac{900}{\dfrac{90}{277}} = 2770$ （元）.

7 » **D.** $(1-20\%)(1-25\%)(1-40\%) = 0.8 \times 0.75 \times 0.6 = 0.36$，

总零件数为 $\dfrac{3600}{0.36} = 10000$ （个）.

8 » **C.** 设甲和乙的工作效率分别为 x 和 y，将整个工程看作单位 "1"，根据题意可列出方程

组 $\begin{cases} \dfrac{1}{3x} = \dfrac{1}{2y} \\ 6(x+y) = \dfrac{5}{6} \end{cases}$. 则可解出 $x = \dfrac{1}{18}$，$y = \dfrac{1}{12}$，所以甲单独做需要 18 天，乙单独做需要 12

天，甲比乙多用 $18-12=6$（天）.

9 » **B.** 设乙单独完成工作需要 x 天，两人合作需要 y 天，

则 $\dfrac{c}{a}+\dfrac{b}{x}=1$，$y\left(\dfrac{1}{a}+\dfrac{1}{x}\right)=1$，则 $y=\dfrac{ab}{a+b-c}$.

10 » **C.** 设甲、乙的效率分别为 x 和 y，根据题目得到：

$\begin{cases} 6x+12y=1 \\ 8x+6y=1 \end{cases} \Rightarrow \begin{cases} x=\dfrac{1}{10} \\ y=\dfrac{1}{30} \end{cases}$，如果甲做 3 小时后，乙还需要 $\dfrac{1-\dfrac{3}{10}}{\dfrac{1}{30}} = 21$ （小时）可以完成.

11 » **B.** 假设原来的人数为 x 人，根据题意：$(x+10)\times 10 = (x+30)\times 8 \Rightarrow x=70$，总量为

800 份. 那么减少 38 人需要 $\dfrac{800}{70-38} = 25$ （天）.

12 » **A.** 假设每个仓库的总工作量为 60，那么甲效率为 6，乙效率为 5，丙效率为 4，从开

始到完工三人均没有休息，那么花费的时间为 $\dfrac{60\times 2}{4+5+6} = 8$ （小时），每个仓库的平均

效率为 $60 \div 8 = 7.5$. 所以整体来看丙帮助甲的效率为 1.5，帮助乙的效率为 2.5，那么

时间分配比为 $1.5:2.5 = 3:5$，所以帮助甲 3 小时，帮助乙 5 小时.

13》 C. 乙单独工作效率：$\left(1 - \dfrac{13}{30} - \dfrac{2}{5}\right) \div 6 = \dfrac{1}{36}$；乙与甲合做时的工效：$\dfrac{1}{36} \times \left(1 + \dfrac{1}{5}\right) = \dfrac{1}{30}$；甲单独工作的工效为 $\left(\dfrac{2}{5} \div 6 - \dfrac{1}{30}\right) \div \left(1 + \dfrac{1}{10}\right) = \dfrac{1}{33}$. 所以甲单独做需要 33 小时.

14》 E. 根据题意，$\begin{cases} 甲 = 乙 + 丙 \\ 丙 = \dfrac{1}{5}(甲 + 乙) \end{cases} \Rightarrow \begin{cases} 甲 = \dfrac{3}{2}乙 \\ 丙 = \dfrac{1}{2}乙 \end{cases}$，所以乙单独完成天数为 $\dfrac{8(甲 + 乙 + 丙)}{乙} = 24$（天）.

15》 C. 假设 1 亿人每年消耗的资源为 1 份，那么地球每年生产的资源为 $(80 \times 300 - 100 \times 100) \div (300 - 100) = 70$，所以为了保证地球资源不再下降，最多养活 70 亿人.

16》 D. 看到有三块不同的草地，只需将三块草地的面积统一起来，即 $[5,\ 6,\ 8] = 120$.

这样，第一块草地 5 公顷可供 11 头牛吃 10 天变成 120 公顷可供 264 头牛吃 10 天；

第二块草地可供 12 头牛吃 14 天变成可供 240 头牛吃 14 天；

那么 120 公顷的草地每天的生长量为 $(240 \times 14 - 264 \times 10) \div (14 - 10) = 180$（份）；

120 公顷的草地原来有草：$(240 - 180) \times 14 = 840$（份）；

第三块草地变成 120 公顷供 285 头牛吃多少天的问题了，那么需要 $840 \div (285 - 180) = 8$（天）.

17》 D. 10 与 6 的最小公倍数是 30. 设制作零件全部工作量为 30 份，甲每天完成 3 份，甲、乙一起每天完成 5 份，由此得出乙每天完成 2 份. 乙、丙一起，8 天完成. 乙完成 $8 \times 2 = 16$，丙完成 $30 - 16 = 14$，就知乙、丙工作效率之比是 $16:14 = 8:7$. 甲、乙、丙工作效率之比为 $12:8:7$，所以丙制作的零件个数是 $2400 \div (12 - 8) \times 7 = 4200$（个）.

18》 B. 设一个入场口每分钟能进入的观众为 1 个计算单位. 从 9 点至 9 点 9 分进入观众是 3×9，从 9 点至 9 点 5 分进入观众是 5×5. 因为观众多来了 $9 - 5 = 4$（分钟），所以每分钟来的观众是 $(3 \times 9 - 5 \times 5) \div (9 - 5) = 0.5$. 9 点前来的观众是 $5 \times 5 - 0.5 \times 5 = 22.5$. 这些观众来到需要 $22.5 \div 0.5 = 45$（分钟），因此第一个观众到达时间是 8 点 15 分.

19》 C. 显然单独不充分，那么考虑联合. 设甲单独 a 天可完成，乙单独 b 天可完成，丙单独 c 天可完成，有 $\begin{cases} \dfrac{1}{a} + \dfrac{1}{b} = \dfrac{1}{6} \\ a = b - 5 \\ \dfrac{1}{b} + \dfrac{1}{c} = \dfrac{1}{10} \\ c = 15 + b \end{cases} \Rightarrow a = 10,\ c = 30 \Rightarrow 5 \times \left(\dfrac{1}{10} + \dfrac{1}{30}\right) = \dfrac{2}{3}$，充分.

20》 D. 条件（1）：$\dfrac{1 - \dfrac{10}{30}}{\dfrac{1}{30} + \dfrac{1}{120}} = \dfrac{\dfrac{2}{3} \times 120}{4 + 1} = 16$，共需要 $10 + 16 = 26$（小时），充分.

条件(2)：$\dfrac{1}{\dfrac{1}{30}+\dfrac{1}{120}}=\dfrac{120}{4+1}=24$，共需要 $24+2=26$（小时），充分.

$\mathit{21}$ » B. 条件(1)：每个人的工作效率是 $\dfrac{1}{3}\div 7\div 40=\dfrac{1}{840}$，则 $\dfrac{2}{3}\div\left[\dfrac{1}{840}\times(7+6)\right]=\dfrac{560}{13}\neq 40$，不充分.

条件(2)：每个人的工作效率是 $\dfrac{1}{3}\div 8\div 35=\dfrac{1}{840}$，则 $\dfrac{2}{3}\div\left[\dfrac{1}{840}\times(8+6)\right]=\dfrac{560}{14}=40$，充分.

$\mathit{22}$ » C. 显然单独不充分，那么考虑联合. 由条件(1)可知甲的效率为 $\dfrac{1}{15}$，由条件(2)可知乙的效率为 $\dfrac{1}{15}\times\dfrac{3}{2}=\dfrac{1}{10}$，所以两队合作所需时间 $t=\dfrac{1}{\dfrac{1}{15}+\dfrac{1}{10}}=6$（天）.

$\mathit{23}$ » C. 首先可以发现条件(1)和条件(2)单独都计算不出甲和乙的效率，所以考虑联合的情况：设甲的效率为 x，乙的效率为 y，根据题意可知 $\begin{cases}2x+3y=\dfrac{1}{2}\\ x+2y=\dfrac{7}{24}\end{cases}$，解得 $x=\dfrac{1}{8}$，$y=\dfrac{1}{12}$，所以甲、乙合作完成工程所需的总天数为 $\dfrac{1}{\dfrac{1}{8}+\dfrac{1}{12}}=4.8$.

$\mathit{24}$ » D. 根据条件(1)，甲的效率为 $\dfrac{1}{12}-\dfrac{1}{30}=\dfrac{1}{20}$. 条件(2)其实是条件(1)的等价命题，前半部分得出甲、乙合作 12 天完成，后半部分得出乙的效率为 $\dfrac{1}{30}$，即可求出甲的效率为 $\dfrac{1}{20}$.

$\mathit{25}$ » C. 单独显然不成立，现考虑联立：甲、乙、丙三人工作时间之比为 $2:1:1$，那么可以看成甲与乙合作了工程的一半，甲与丙合作了工程的另外一半，所以需要的费用为 $\dfrac{1}{2}\times 3000+\dfrac{1}{2}\times 1000=2000\leqslant 2000$，满足题意，充分，选 C.

专项四　代数化简变形

第一节　核心绝例

代数化简变形是每年考试的重中之重，常见的方法有：公式法、转化法、换元法、整体法、分解因式、因式定理、余式定理、高次分解等.

题型1　"转化"方法

思　路　当结论出现多个未知数的时候，要学会根据题干的信息来用一个未知数表示其余未知数完成转化.

1 设实数 x，y 满足 $x + 2y = 3$，则 $x^2 + y^2 + 2y$ 的最小值为（　　）.

A. 4　　　　　B. 5　　　　　C. $\sqrt{5} - 1$　　　　D. $\sqrt{5} + 1$　　　　E. 6

2 已知实数 x, y 满足 $x^2 + 2y^2 = 3$，则 $x^2 + y^2 + 4y$ 的最大值为（　　）.

A. $2\sqrt{6} + \dfrac{3}{2}$　　B. 7　　　　C. 3　　　　D. 4　　　　E. $2\sqrt{6} - \dfrac{3}{2}$

3 已知 x，y 是实数，且满足 $x^2 + xy + y^2 = 3$，则 $u = x^2 - xy + y^2$ 的最小值与最大值为（　　）.

A. 1，9　　　B. 2，8　　　C. 3，7　　　D. 4，6　　　E. 5，5

4 已知 $k \in \mathbf{R}$，则方程 $x^4 - 2kx^2 + k^2 + 2k - 3 = 0$ 的实数 x 的取值范围为（　　）.

A. $x \in [-2, 2]$　　　　　　B. $x \in [0, 2]$　　　　　　C. $x \in [-2, \sqrt{2}]$

D. $x \in [-\sqrt{2}, \sqrt{2}]$　　　E. $x \in [-2, 0]$

题型2　方程组思维

思　路　方程组是数学求值的至高法则，主要运用于：（1）n 个未知数 $+n$ 个含常数有效方程 $\Rightarrow$ 可以求唯一非零解；（2）n 个未知数 $+n-1$ 个不含常数的有效方程 $\Rightarrow$ 可以求比值；（3）n 个未知数 $+n$ 个不含常数有效方程 $\Rightarrow$ 解的情况：要么唯一解，均为零解；要么无穷多解.（4）n 个未知数 $+$ 少于 $n-1$ 个方程，唯一解和比值均求不出来.

5 已知二次函数 $f(x) = ax^2 + bx + c$，则能确定 a，b，c 的值.

（1）曲线 $y = f(x)$ 经过点 $(0, 0)$ 和点 $(1, 1)$.

（2）曲线 $y = f(x)$ 与直线 $y = a + b$ 相切.

6 设 a，b，c 为三个相异实数，且 $f(x) = \dfrac{(x-a)(x-b)}{(c-a)(c-b)} + \dfrac{(x-b)(x-c)}{(a-b)(a-c)} + \dfrac{(x-c)(x-a)}{(b-c)(b-a)}$，

则 $f(1) + f(2) + f(3) + \cdots + f(2023) = ($ $)$.

  A. 2000   B. 4046   C. 2023   D. 1012   E. 3000

7 2升甲酒精和1升乙酒精混合得到丙酒精，则能确定甲、乙两种酒精的浓度.

  (1) 1升甲酒精和5升乙酒精混合后的浓度是丙酒精浓度的 $\dfrac{1}{2}$.

  (2) 1升甲酒精和2升乙酒精混合后的浓度是丙酒精浓度的 $\dfrac{2}{3}$.

8 设 x，y，z 为非零实数，则 $\dfrac{2x+3y-4z}{-x+y-2z} = 1$.

  (1) $3x - 2y = 0$.   (2) $2y - z = 0$.

9 已知 $\dfrac{a}{3} = \dfrac{b}{4} = \dfrac{c}{5} \neq 0$，则 $\dfrac{3a^2 - 3bc + b^2}{a^2 - 2ab - c^2} = ($ $)$.

  A. $\dfrac{1}{2}$ B. $\dfrac{2}{3}$ C. $\dfrac{3}{5}$ D. $\dfrac{17}{40}$ E. $\dfrac{7}{22}$

题型 3 "1" 的妙用

思 路 在化简变形中"1的妙用"是常见的方式，可以从以下几个角度进行思考：
(1) 将"1"看成一个整体进行变形；(2)任何一个式子乘"1"都不会改变其值；(3)1
的任意次方还是1.

10 若 $a > 0$，$b > 0$，且 $2a + b = 1$，则 $\dfrac{1}{a} + \dfrac{1}{b}$ 的最小值为$($ $)$.

  A. 6   B. 4   C. 5   D. $3 + 2\sqrt{2}$ E. 3

11 已知 $a > 0, b > 0$，$a + b = 1$，则 $\dfrac{3a}{b} + \dfrac{1}{ab}$ 的最小值为 $($ $)$.

  A. 2   B. 4   C. 5   D. 6   E. 8

12 若 $abc = 1$，则 $\dfrac{1}{ab+a+1} + \dfrac{1}{bc+b+1} + \dfrac{1}{ca+c+1} = ($ $)$.

  A. $\dfrac{1}{3}$ B. $\dfrac{1}{2}$ C. 1   D. 2   E. 3

13 $\dfrac{(1+3)(1+3^2)(1+3^4)(1+3^8)\cdots(1+3^{32}) + \dfrac{1}{2}}{3 \times 3^2 \times 3^3 \times 3^4 \times \cdots \times 3^{10}} = ($ $)$.

  A. $\dfrac{1}{2} \times 3^{10} + 3^{19}$ B. $\dfrac{1}{2} + 3^{19}$ C. $\dfrac{1}{2} \times 3^{19}$

  D. $\dfrac{1}{2} \times 3^9$ E. $\dfrac{1}{2} \times 3^9 + 3^{10}$

14 已知 a，b，c 是正数，则方程 $\dfrac{x-a-b}{c} + \dfrac{x-b-c}{a} + \dfrac{x-c-a}{b} = 3$ 中 x 的解为$($ $)$.

  A. $a+b+c$ B. $a+b-c$ C. $a-b+c$ D. $a-b-c$ E. $b+c-a$

题型 4　"0" 的妙用

思　路　在化简变形中"0 的妙用"是常见的方式，可以从以下几个角度进行思考：（1）多个式子相加为 0，有且只有两种情况：要么均为 0，要么正负抵消；（2）任何一个式子乘"0"都会变成 0，因式定理和余式定理均是这个原理；（3）一个式子为 0，那么可以进行转化.

⑮ $a+b+c=3$，$a^2+b^2+c^2=3$，则 $a^{2024}+b^{2024}+c^{2024}$ 的值为（　　）.

A. 0　　　　　　B. 1　　　　　　C. 3　　　　　　D. 6　　　　　　E. 3^{2022}

⑯ 已知 $a+b+c=1$ 且 $\dfrac{1}{a+1}+\dfrac{1}{b+2}+\dfrac{1}{c+3}=0$，则 $(a+1)^2+(b+2)^2+(c+3)^2=$（　　）.

A. 49　　　　B. 64　　　　C. 81　　　　D. 100　　　　E. 121

⑰ 等式 $x^{12}+\dfrac{1}{x^{12}}=2$ 成立.

（1）$x+\dfrac{1}{x}=-1$.　　　　　　（2）$x+\dfrac{1}{x}=1$.

题型 5　学会配方

思　路　当看到代数式中出现完全平方公式的影子时应该当机立断对其补项变成完全平方公式从而快速求值. 在求最值与不等式范围的题目中利用配方法来求解也是惯用思路.

⑱ 已知 a，b，c 为三角形三边，且满足 $a^2+b^2+c^2+338=10a+24b+26c$，则这个三角形为（　　）.

A. 等边三角形　　　　　　B. 直角三角形　　　　　　C. 等腰三角形

D. 等腰直角三角形　　　　E. 一般三角形

⑲ 已知 x，y，$z\in\mathbf{R}$，且 $\sqrt{x}+\sqrt{y-1}+\sqrt{z-2}=\dfrac{1}{2}(x+y+z)$，则 $x^2+y^2+z^2$ 的值为（　　）.

A. 12　　　　B. 14　　　　C. 16　　　　D. 18　　　　E. 20

⑳ 实数 x，y，z 至少有一个大于零.

（1）a，b，c 为实数，且 $x=a^2-bc$，$y=b^2-ac$，$z=c^2-ab$.

（2）$\dfrac{a-b}{x}=\dfrac{b-c}{y}=\dfrac{c-a}{z}=xyz<0$.

㉑ $a=b=c=d$ 成立.

（1）$a^2+b^2+c^2+d^2-ab-bc-cd-ad=0$.

（2）$a^4+b^4+c^4+d^4-4abcd=0$.

题型6 整体化简求值

思路 当看见多次重复的整体，可以采用换元法进行代换，在换元的时候也要注意技巧的使用.

22 $\left(1+\dfrac{1}{2}+\dfrac{1}{3}+\dfrac{1}{4}\right)\left(\dfrac{1}{2}+\dfrac{1}{3}+\dfrac{1}{4}+\dfrac{1}{5}\right)-\left(1+\dfrac{1}{2}+\dfrac{1}{3}+\dfrac{1}{4}+\dfrac{1}{5}\right)\left(\dfrac{1}{2}+\dfrac{1}{3}+\dfrac{1}{4}\right)=($ $)$.

A. $\dfrac{1}{5}$ B. $\dfrac{2}{5}$ C. 1   D. 2   E. 3

23 已知 $a-b=3$，$a-c=\sqrt[3]{26}$，则 $(c-b)\left[(a-b)^2+(a-c)(a-b)+(a-c)^2\right]$ 的值为（   ）.

A. 1   B. 2   C. 3   D. 4   E. 5

24 已知 $x\in\mathbf{R}$，且 $x^3+6+\dfrac{1}{x^3}=2\left(x+\dfrac{1}{x}\right)^2$，则 $x+\dfrac{1}{x}$ 的值为（   ）.

A. 2   B. $-\sqrt{3}$ C. $\sqrt{3}$ D. $\pm\sqrt{3}$ E. 2 或 $\pm\sqrt{3}$

25 已知方程：$2x^4-5x^3+4x^2-5x+2=0$，则所有根之和为（   ）.

A. 2   B. $\dfrac{1}{2}$ C. -1 D. 0   E. $\dfrac{5}{2}$

26 已知 $x>0$，$f(x)=\dfrac{\left(x+\dfrac{1}{x}\right)^6-\left(x^6+\dfrac{1}{x^6}\right)-2}{\left(x+\dfrac{1}{x}\right)^3+\left(x^3+\dfrac{1}{x^3}\right)}$，则（   ）.

A. $f(x)\leqslant 2$ B. $f(x)\geqslant 10$ C. $f(x)\geqslant 6$ D. $f(x)\leqslant 3$ E. $f(x)\geqslant 3$

题型7 因式分解

思路 因式分解讲究"一提、二代、三分组、四十字相乘"的方法，但是高次方程可能并不适用，需要用上述四种方法配合换元组合使用.

27 已知关于 x 的方程满足 $(x^2+6x+8)(x^2+14x+48)+12=0$，则所有根之和为（   ）.
A. 20   B. -20 C. -10 D. 10   E. 0

28 已知实数 x 满足 $(x+1)(x+2)(x+3)(x+4)-120=0$，则满足方程的所有解之积为（   ）.
A. 2   B. 3   C. 6   D. -6 E. 8

题型8 高次求值

思路 根据题干利用整体为0进行代换求值.

29 设 $a=\sqrt{7}-1$，则 $3a^3+12a^2-6a-12$ 的值为（   ）.
A. -24 B. 12   C. 24   D. 36   E. 48

30 已知 $x = \dfrac{\sqrt{5}-3}{2}$，则 $x(x+1)(x+2)(x+3)$ 的值为(　　).

A. -2　　　　B. -1　　　　C. 2　　　　D. 1　　　　E. 3

题型9　因式定理与余式定理

思　路　因式定理：$f(x)$ 能被 $ax-b$ 整除，意味着 $f(x)$ 含有 $ax-b$ 这个因式，即 $f\left(\dfrac{b}{a}\right)=0$.

余式定理：多项式 $f(x)$ 除以 $x-a$，余式为 $f(a)$. 推论：多项式除以 $ax-b$ 的余式为 $f\left(\dfrac{b}{a}\right)$. 此外，函数 $f(a)$ 的值代表 $f(x)$ 除以 $x-a$ 的余式.

31 若多项式 $f(x)$ 除以 $2x+5$，所得的商式为 $3x-1$，余式为 -5，则 $f(-1)=$(　　).

A. -29　　　B. -17　　　C. 3　　　D. 9　　　E. 2

32 设多项式 $f(x)$ 除以 $(x-1)(x^2-2x+3)$ 的余式为 $-4x^2+12x-6$，则 $f(x)$ 除以 $(x-1)$ 的余式为(　　).

A. 4　　　　B. 2　　　　C. -4　　　　D. -2　　　　E. 6

题型10　待定系数法

思　路　当展开过于复杂的时候，可以利用特值的思路进行整体求解.

33 已知 $9(x+2)^8 = a_1 + 2a_2 x + 3a_3 x^2 + \cdots + 9a_9 x^8$，则 $(a_1 + 3a_3 + 5a_5 + 7a_7 + 9a_9)^2 - (2a_2 + 4a_4 + 6a_6 + 8a_8)^2$ 的值为 M.

(1) $M = 3^{12}$. 　　　　　　　(2) $M = 3^{10}$.

题型11　裂项相消

思　路　(1) 分式：$\dfrac{1}{n(n+1)} = \dfrac{1}{n} - \dfrac{1}{n+1}$　　【扩展】$\dfrac{1}{n(n+k)} = \dfrac{1}{k}\left(\dfrac{1}{n} - \dfrac{1}{n+k}\right)$

(2) 根号：$\dfrac{1}{\sqrt{n+1}+\sqrt{n}} = \sqrt{n+1} - \sqrt{n}$　　【扩展】$\dfrac{1}{\sqrt{n+k}+\sqrt{n}} = \dfrac{1}{k}\left(\sqrt{n+k} - \sqrt{n}\right)$

(3) 阶乘：$n \cdot n! = (n+1)! - n!$　　【扩展】$\dfrac{n}{(n+1)!} = \dfrac{1}{n!} - \dfrac{1}{(n+1)!}$

34 $\dfrac{1}{1\times2} + \dfrac{1}{2\times3} + \dfrac{1}{3\times4} + \cdots + \dfrac{1}{99\times100} =$(　　).

A. $\dfrac{2}{99}$　　　B. $\dfrac{1}{99}$　　　C. $\dfrac{1}{100}$　　　D. $\dfrac{97}{100}$　　　E. $\dfrac{99}{100}$

35 计算 $\left(\dfrac{1}{1+\sqrt{2}} + \dfrac{1}{\sqrt{2}+\sqrt{3}} + \cdots + \dfrac{1}{\sqrt{2021}+\sqrt{2022}}\right)(\sqrt{2022}+1) =$(　　).

A. 2021　　　B. 2017　　　C. 2018　　　D. 2019　　　E. 2020

36 计算 $\dfrac{1}{1\times 2} + \dfrac{2}{1\times 2\times 3} + \dfrac{3}{1\times 2\times 3\times 4} + \cdots + \dfrac{9}{1\times 2\times 3\times \cdots \times 10}$ 的值为（　　）.

A. $1 - \dfrac{1}{10!}$　　　B. $10 - \dfrac{1}{10!}$　　　C. $\dfrac{128}{25}$　　　D. $\dfrac{125}{99}$　　　E. 3

题型 12　多个括号相乘

思　路　(1) $1 - \dfrac{1}{n^2} = \left(1 + \dfrac{1}{n}\right)\left(1 - \dfrac{1}{n}\right)$；(2) $(a+b)(a^2+b^2)\cdots(a^{2^n}+b^{2^n}) = \dfrac{a^{2^{n+1}} - b^{2^{n+1}}}{a-b}$

37 $\left(1 - \dfrac{1}{2^2}\right)\left(1 - \dfrac{1}{3^2}\right)\left(1 - \dfrac{1}{4^2}\right)\cdots\left(1 - \dfrac{1}{10^2}\right) = ($　　$)$.

A. $\dfrac{11}{300}$　　　B. $\dfrac{11}{40}$　　　C. $\dfrac{11}{30}$　　　D. $\dfrac{11}{20}$　　　E. $\dfrac{121}{400}$

题型 13　组合求解法

思　路　看到连续两项一减一加，采用两两组合求解.

38 $S_n = \sum\limits_{k=0}^{n} (-1)^k(2k+1)$，则 $S_{100} + S_{101} = ($　　$)$.

A. 1　　　　　B. -1　　　　　C. 2　　　　　D. -2　　　　　E. 3

39 $2014 + \dfrac{1}{2} - 1\dfrac{1}{3} + 2\dfrac{1}{2} - 3\dfrac{1}{3} + 4\dfrac{1}{2} - 5\dfrac{1}{3} + \cdots + 2012\dfrac{1}{2} - 2013\dfrac{1}{3} = ($　　$)$.

A. $\dfrac{7063}{6}$　　　B. $\dfrac{8049}{6}$　　　C. $\dfrac{7021}{6}$　　　D. $\dfrac{7019}{6}$　　　E. $\dfrac{7049}{6}$

题型 14　n 个数字相同

思　路　学会利用反面求解.

40 已知 $a = 8.8 + 8.98 + 8.998 + 8.9998 + 8.99998$，则 a 的整数部分是（　　）.

A. 42　　　　　B. 43　　　　　C. 44　　　　　D. 45　　　　　E. 46

41 若 $S = 15 + 195 + 1995 + \cdots + \underbrace{19\cdots95}_{44\text{个}9}$，则 S 的末四位数字和是（　　）.

A. 22　　　　　B. 24　　　C. 20　　　　　D. 26　　　　　E. 28

题型 15　等比定理

思　路　当看到多个分式连等求值，要学会利用等比定理求值，还要对分母之和是否为 0 进行讨论.

42 若非零实数 a，b，c，d 满足等式 $\dfrac{a}{b+c+d} = \dfrac{b}{a+c+d} = \dfrac{c}{a+b+d} = \dfrac{d}{a+b+c} = n$，则 n 的值

为(　　).

A. -1 或 $\dfrac{1}{4}$ 　　B. $\dfrac{1}{3}$ 　　C. $\dfrac{1}{4}$ 　　D. -1 　　E. -1 或 $\dfrac{1}{3}$

◈ 核心绝例解析 ◈

1 ›› **A.** 由 $x=3-2y$ 代入得：$5y^2-10y+9$，得到最小值为 4.

2 ›› **A.** 根据条件，有 $x^2=3-2y^2\geqslant 0$，故 $y\in\left[-\dfrac{\sqrt{6}}{2},\dfrac{\sqrt{6}}{2}\right]$. 那么 $x^2+y^2+4y=-y^2+4y+3$，对称轴为 $y=2$. 利用抛物线的性质，当开口朝下时，离对称轴越近越取最大值，那么将 $y=\dfrac{\sqrt{6}}{2}$ 代入后，表达式的最大值为 $2\sqrt{6}+\dfrac{3}{2}$.

3 ›› **A.** 因为 $u=x^2-xy+y^2=x^2+xy+y^2-2xy=3-2xy$. 那么只要求出 xy 的范围即可求出 u 的范围. 根据均值定理，$x^2+y^2\geqslant 2xy$；$x^2+y^2\geqslant -2xy$ 恒成立，将两式代入 $x^2+xy+y^2=3$，得 $xy\leqslant 1$ 和 $xy\geqslant -3$. 所以，$1\leqslant u=3-2xy\leqslant 9$，再从推导的过程中可以看到：当 $x=\sqrt{3}$，$y=-\sqrt{3}$ 时，$u=9$；当 $x=y=1$ 时，$u=1$.

4 ›› **D.** 将变量进行转化，将 k 看成主元，x 看成次元，将方程化为关于 k 的方程：$k^2+2(1-x^2)k+x^4-3=0$，由于 $k\in\mathbf{R}$，知 $\Delta\geqslant 0$，即 $4(1-x^2)^2-4(x^4-3)\geqslant 0\Rightarrow x\in\left[-\sqrt{2},\sqrt{2}\right]$，选 D.

5 ›› **C.** 显然两条件单独都不充分，考虑联合分析.

条件（1）$\begin{cases}c=0\\a+b+c=1\end{cases}\Rightarrow\begin{cases}c=0\\a+b=1\end{cases}$；

条件（2），抛物线 $f(x)=ax^2+bx+c$ 若与 $y=a+b$ 相切，说明顶点在直线上，故 $\dfrac{4ac-b^2}{4a}=a+b$. 两条件联合，得到 $\begin{cases}c=0\\a+b=1\\\dfrac{4ac-b^2}{4a}=a+b\end{cases}\Rightarrow\begin{cases}a=-1\\b=2\\c=0\end{cases}$.

【技巧】由于题干并未求解参数的具体数值，则无须解出参数值. 题干中包含三个未知参数，则需要三个方程联立求解，条件（1）可以得到两个方程，条件（2）可以得到一个方程，故很显然是选 C.

6 ›› **C.** 因为 $f(x)$ 为二次函数形式，三个点可以确定其表达式，而 $f(a)=1$，$f(b)=1$，$f(c)=1$，所以 $f(x)=1$，即 $f(1)=1$，$\cdots$，$f(2023)=1$，则有
$$f(1)+f(2)+f(3)+\cdots+f(2023)=\underbrace{1+1+1+\cdots+1}_{2023\text{个}}=2023.$$

7 » **E.** 设甲酒精、乙酒精、丙酒精的浓度分别为 x，y，z，

由条件（1）得 $\begin{cases} \dfrac{2x+y}{3} = z \\ \dfrac{x+5y}{6} = \dfrac{1}{2}z \end{cases}$，无法确定 x，y，z，不充分；同理条件（2）也不充分；

联合分析方程组有无穷多解，无法确定甲、乙酒精浓度，故选 E.

8 » **C.** 显然联合起来分析，$\dfrac{2x+3y-4z}{-x+y-2z} = \dfrac{\dfrac{4}{3}y+3y-8y}{-\dfrac{2}{3}y+y-4y} = 1$，充分.

【技巧】当联合的时候也可以利用特值法进行分析求解，当 $\begin{cases} 3x-2y=0 \\ 2y-z=0 \end{cases}$ 时，可令 $\begin{cases} x=2 \\ y=3 \\ z=6 \end{cases}$ 进

行代入，原式为 $\dfrac{4+9-24}{-2+3-12} = 1$，充分.

9 » **D.** 根据方程组思维可以利用特值法进行求解，令 $a=3$，$b=4$，$c=5$，代入得 $\dfrac{17}{40}$.

10 » **D.** 此题是将 "1" 看成 $2a+b$ 直接代入后面的式子，原式 $= \dfrac{2a+b}{a} + \dfrac{2a+b}{b} = 3 + \dfrac{b}{a} +$

$\dfrac{2a}{b} \geqslant 3 + 2\sqrt{2}$.

11 » **D.** 当看到分子和分母的次数不一样时，可以采用 "1" 的妙用——齐次化的技巧来进

行求解. $\dfrac{3a}{b} + \dfrac{1}{ab} = \dfrac{3a}{b} + \dfrac{1^2}{ab} = \dfrac{3a}{b} + \dfrac{(a+b)^2}{ab} = \dfrac{4a}{b} + \dfrac{b}{a} + 2$，此时利用均值定理：$\dfrac{4a}{b} +$

$\dfrac{b}{a} \geqslant 2\sqrt{4} = 4$，故原表达式的最小值为 6.

12 » **C.** 令 $a=b=c=1$ 代入，原式为 1.

13 » **D.** 原式 $= \dfrac{\dfrac{1}{2}(3-1)(1+3)(1+3^2)(1+3^4)(1+3^8)\cdots(1+3^{32}) + \dfrac{1}{2}}{3 \times 3^2 \times 3^3 \times 3^4 \times \cdots \times 3^{10}}$

$= \dfrac{\dfrac{1}{2}(3^{64}-1) + \dfrac{1}{2}}{3^{1+2+\cdots+10}} = \dfrac{\dfrac{1}{2} \times 3^{64}}{3^{55}} = \dfrac{1}{2} \times 3^9$.

14 » **A.** 原方程化为 $\left(\dfrac{x-a-b}{c} - 1\right) + \left(\dfrac{x-b-c}{a} - 1\right) + \left(\dfrac{x-c-a}{b} - 1\right) = 0$

得 $\dfrac{x-a-b-c}{c} + \dfrac{x-a-b-c}{a} + \dfrac{x-a-b-c}{b} = 0$

提取公因式 $x-a-b-c$ 得 $(x-a-b-c)\left(\dfrac{1}{a} + \dfrac{1}{b} + \dfrac{1}{c}\right) = 0 \Rightarrow x = a+b+c$.

15 » **C.** 根据条件可知：

方法一：$(a+b+c)^2=3(a^2+b^2+c^2)\Rightarrow 2(a^2+b^2+c^2-ab-bc-ac)=0$，故 $(a-b)^2+(b-c)^2+(a-c)^2=0\Rightarrow a=b=c=1$，那么 $a^{2024}+b^{2024}+c^{2024}=3$.

方法二：根据柯西不等式：$(a^2+b^2+c^2)(1+1+1)\geqslant(a+b+c)^2$ 恒成立，现在等号成立，根据柯西不等式等号成立条件，故 $a=b=c=1$，那么 $a^{2024}+b^{2024}+c^{2024}=3$.

16 » **A.** 因为 $a+b+c=1$，所以 $(a+1)+(b+2)+(c+3)=7$.

令 $p=a+1$，$q=b+2$，$r=c+3$，则

$$\begin{cases}p+q+r=7\\\dfrac{1}{p}+\dfrac{1}{q}+\dfrac{1}{r}=0\end{cases}\Rightarrow\begin{cases}(p+q+r)^2=49\\qr+pr+pq=0\end{cases}\Rightarrow\begin{cases}p^2+q^2+r^2+2(qr+pr+pq)=49\\qr+pr+pq=0\end{cases}$$

$\Rightarrow p^2+q^2+r^2=49$.

17 » **D.** 条件（1）：因为 $x+\dfrac{1}{x}=-1$，所以

$$\left(x+\dfrac{1}{x}\right)^2=1\Rightarrow x^2+\dfrac{1}{x^2}=-1\Rightarrow\left(x^2+\dfrac{1}{x^2}\right)^2=1\Rightarrow x^4+\dfrac{1}{x^4}=-1$$

$$\Rightarrow\left(x^4+\dfrac{1}{x^4}\right)^3=-1\Rightarrow x^{12}+3x^4+\dfrac{3}{x^4}+\dfrac{1}{x^{12}}=-1\Rightarrow x^{12}+\dfrac{1}{x^{12}}=2.$$

同理，条件（2）也可以得出结论.

18 » **B.** $(a-5)^2+(b-12)^2+(c-13)^2=0$，则三角形的三边为 5，12，13 是一组勾股数，所以三角形为直角三角形.

19 » **B.** 原式等价于 $x-2\sqrt{x}+1+(y-1)-2\sqrt{y-1}+1+(z-2)-2\sqrt{z-2}+1=0$，故 $(\sqrt{x}-1)^2+(\sqrt{y-1}-1)^2+(\sqrt{z-2}-1)^2=0$，$x=1$，$y=2$，$z=3$，所以，$x^2+y^2+z^2=14$.

20 » **B.** 条件（1），取 $a=b=c=0$，则结论显然不成立；

条件（2），由 $\dfrac{a-b}{x}=\dfrac{b-c}{y}=\dfrac{c-a}{z}=xyz<0$，知实数 x，y，z 两正一负或均为负，再设 $x=(a-b)k$，$y=(b-c)k$，$z=(c-a)k$，故 $x+y+z=0$，显然使结论成立.

21 » **A.** 条件（1）：$2(a^2+b^2+c^2+d^2-ab-bc-cd-ad)=(a-b)^2+(b-c)^2+(c-d)^2+(a-d)^2=0$，有 $a=b=c=d$，充分.

条件（2）：$a^4+b^4+c^4+d^4-4abcd=(a^2-b^2)^2+(c^2-d^2)^2+2(ab-cd)^2=0$，并不能得到 $a=b=c=d$，不充分.

22 » **A.** 令 $\dfrac{1}{2}+\dfrac{1}{3}+\dfrac{1}{4}=t$，原式变为 $(1+t)\left(t+\dfrac{1}{5}\right)-\left(1+t+\dfrac{1}{5}\right)t=\dfrac{1}{5}$.

23 » **A.** 令 $a-b=w$，$a-c=v$，原式 $=(w-v)(w^2+wv+v^2)=w^3-v^3=27-26=1$.

24 » A. 令 $x+\dfrac{1}{x}=a$，则 $x^3+\dfrac{1}{x^3}=a(a^2-3)=a^3-3a$. 则 $a^3-3a+6=2a^2$，$a^3-2a^2-3a+6=0$.

则 $(a-2)(a^2-3)=0$，$a=2$，$a=\pm\sqrt{3}$（舍）. 选 A.

25 » E. 原式变为 $2\left(x^2+\dfrac{1}{x^2}\right)-5\left(x+\dfrac{1}{x}\right)+4=0$，则 $x+\dfrac{1}{x}=0$ 或 $\dfrac{5}{2}$，$x=\dfrac{1}{2}$ 或 2，选 E.

26 » C. $f(x)=\dfrac{\left(x+\dfrac{1}{x}\right)^6-\left(x^6+\dfrac{1}{x^6}\right)-2}{\left(x+\dfrac{1}{x}\right)^3+\left(x^3+\dfrac{1}{x^3}\right)}=\dfrac{\left(x+\dfrac{1}{x}\right)^6-\left(x^6+2+\dfrac{1}{x^6}\right)}{\left(x+\dfrac{1}{x}\right)^3+\left(x^3+\dfrac{1}{x^3}\right)}$

$=\dfrac{\left[\left(x+\dfrac{1}{x}\right)^3+\left(x^3+\dfrac{1}{x^3}\right)\right]\cdot\left[\left(x+\dfrac{1}{x}\right)^3-\left(x^3+\dfrac{1}{x^3}\right)\right]}{\left(x+\dfrac{1}{x}\right)^3+\left(x^3+\dfrac{1}{x^3}\right)}$

$=\left(x+\dfrac{1}{x}\right)^3-\left(x^3+\dfrac{1}{x^3}\right)=3x+\dfrac{3}{x}\geqslant 6$.

27 » B. $(x^2+6x+8)(x^2+14x+48)+12=(x+2)(x+4)(x+6)(x+8)+12=(x^2+10x+16)(x^2+10x+24)+12=(x^2+10x+22)(x^2+10x+18)=0$，故所有根之和为 -20.

28 » D. 原式 $=(x^2+5x+4)(x^2+5x+6)-120=0$，令 $x^2+5x+5=t$，可得 $t^2=121\Rightarrow t=\pm 11$. 当 $t=11$ 时，$x^2+5x-6=0\Rightarrow x=-6$ 或 1；$t=-11$ 时，$\Delta<0$，无实根. 故所有解之积为 -6.

29 » C. $a=\sqrt{7}-1\Rightarrow (a+1)^2=7\Rightarrow a^2+2a-6=0$，原式可变为

$3a(a^2+2a-6)+6(a^2+2a-6)+24=24$.

30 » B. 由 $x=\dfrac{\sqrt{5}-3}{2}\Rightarrow (2x+3)^2=5\Rightarrow x^2+3x+1=0\Rightarrow x^2+3x=-1$，代入原式

$x(x+1)(x+2)(x+3)=(x^2+3x+2)(x^2+3x)=-1$.

31 » B. $f(x)=(2x+5)(3x-1)+(-5)=6x^2+13x-5-5=6x^2+13x-10$，

所以 $f(-1)=6-13-10=-17$.

32 » B. 设 $g(x)=-4x^2+12x-6$，那么 $f(x)=(x-1)(x^2-2x+3)\times$ 商 $+g(x)$.

$f(x)$ 除以 $x-1$ 的余式为 $f(1)=0+g(1)=-4+12-6=2$. 选 B.

33 » A. 根据题意，执果索因：令 $f(x)=9(x+2)^8=a_1+2a_2x+3a_3x^2+\cdots+9a_9x^8$，所以 $(a_1+3a_3+5a_5+7a_7+9a_9)^2-(2a_2+4a_4+6a_6+8a_8)^2=(a_1+2a_2+\cdots+9a_9)$ $(a_1-2a_2+\cdots+9a_9)$，其结果为 $f(1)\times f(-1)=9\times 3^8\times 9\times 1^8=3^{12}$，选 A.

34 » E. 利用裂项，原式 $=1-\dfrac{1}{2}+\dfrac{1}{2}-\dfrac{1}{3}+\dfrac{1}{3}-\dfrac{1}{4}+\cdots+\dfrac{1}{99}-\dfrac{1}{100}=1-\dfrac{1}{100}=\dfrac{99}{100}$.

35 » A. 原式 $= (\sqrt{2} - 1 + \sqrt{3} - \sqrt{2} + \cdots + \sqrt{2022} - \sqrt{2021})(\sqrt{2022} + 1)$

$\qquad = (\sqrt{2022} - 1)(\sqrt{2022} + 1) = 2021.$

36 » A. 原式 $= \left(1 - \dfrac{1}{2!}\right) + \left(\dfrac{1}{2!} - \dfrac{1}{3!}\right) + \cdots + \left(\dfrac{1}{9!} - \dfrac{1}{10!}\right) = 1 - \dfrac{1}{10!}$，选 A.

37 » D. 原式 $= \left(1 - \dfrac{1}{2}\right)\left(1 - \dfrac{1}{3}\right) \cdots \left(1 - \dfrac{1}{10}\right)\left(1 + \dfrac{1}{2}\right)\left(1 + \dfrac{1}{3}\right) \cdots \left(1 + \dfrac{1}{10}\right)$

$\qquad = \dfrac{1}{2} \times \dfrac{2}{3} \times \cdots \times \dfrac{9}{10} \times \dfrac{3}{2} \times \dfrac{4}{3} \times \cdots \times \dfrac{11}{10} = \dfrac{1}{10} \times \dfrac{11}{2} = \dfrac{11}{20}.$

38 » B. 依题意，有 $S_{100} = 1 - 3 + 5 - 7 + \cdots + 197 - 199 + 201 = -2 \times 50 + 201 = 101$，$S_{101} = 1$

$\qquad - 3 + 5 - 7 + \cdots + 201 - 203 = -2 \times 51 = -102$，所以 $S_{100} + S_{101} = -1$.

39 » E. 原式可变形为 $\left(\dfrac{1}{2} - \dfrac{1}{3}\right) \times \dfrac{2014}{2} + (-1 + 2 - 3 + 4 - 5 + 6 - \cdots - 2013 + 2014) = \dfrac{1007}{6} +$

$\qquad 1007 = \dfrac{7049}{6}$，选 E.

40 » C. $a = 9 - 0.2 + 9 - 0.02 + 9 - 0.002 + 9 - 0.0002 + 9 - 0.00002 = 44.77778$，其整数部

$\qquad$ 分为 44.

41 » B. $S = 20 - 5 + 200 - 5 + \cdots + \underbrace{200\cdots00}_{45个0} - 5 = \underbrace{222\cdots20}_{45个2} - 45 \times 5$，

$\qquad$ 所以末四位是 $2220 - 5 \times 45 = 1995$，$1 + 9 + 9 + 5 = 24$，选 B.

42 » E. 当 $a + b + c + d \neq 0$ 时，$n = \dfrac{1}{3}$，当 $a + b + c + d = 0$ 时，$n = -1$，故选 E.

第二节　顿悟练习

1. $\dfrac{\displaystyle\sum_{i=1}^{101} 1^{i-1}}{\displaystyle\sum_{i=1}^{101} (-1)^{i-1}} = (\qquad)$.

$\qquad$ A. 100 $\qquad\qquad$ B. 101 $\qquad\qquad$ C. 102 $\qquad\qquad$ D. 103 $\qquad\qquad$ E. 105

2. 若 $0 < x < 1$，则 $\sqrt{\left(x - \dfrac{1}{x}\right)^2 + 4} - \sqrt{\left(x + \dfrac{1}{x}\right)^2 - 4} = (\qquad)$.

$\qquad$ A. $\dfrac{2}{x}$ $\qquad\qquad$ B. $-\dfrac{2}{x}$ $\qquad\qquad$ C. $-2x$ $\qquad\qquad$ D. $2x$ $\qquad\qquad$ E. $3x$

3. 若 x，y 为实数，且 $y = \sqrt{1 - 4x} + \sqrt{4x - 1} + \dfrac{1}{2}$，则 $\sqrt{\dfrac{x}{y} + 2 + \dfrac{y}{x}} - \sqrt{\dfrac{x}{y} - 2 + \dfrac{y}{x}} = (\qquad)$.

A. $\sqrt{2}$ B. $-\sqrt{2}$ C. $2\sqrt{2}$ D. $-2\sqrt{2}$ E. $\dfrac{\sqrt{2}}{2}$

4. 若 $2x^2 + 3x - a^2$ 与 $2x^3 - 3x^2 - 2x + 3$ 有一次公因式，则 a 的取值不可能为（   ）.

     A. $\sqrt{5}$ B. $-\sqrt{5}$ C. 3 D. -3 E. 1

5. $f(x) = x^3 - 2x^2 - x + 2$，则多项式 $g(x) = f(f(x))$ 除以 $x - 1$ 的余式为（   ）.

     A. $x + 3$ B. 2 C. x D. 4 E. 1

6. 多项式 $f(x)$ 除以 $2x + 1$ 的余式是 8，则 $x^3 f(x)$ 除以 $x + \dfrac{1}{2}$ 的余式是（   ）.

     A. 8 B. 1 C. -1 D. -64 E. 2

7. 已知 $(2x - 1)^6 = a_0 + a_1 x + a_2 x^2 + \cdots + a_6 x^6$，则 $a_2 + a_4 + a_6 = $（   ）.

     A. 360 B. 362 C. 364 D. 366 E. 368

8. 满足等式 $x\sqrt{y} + y\sqrt{x} - \sqrt{2027x} - \sqrt{2027y} + \sqrt{2027xy} = 2027$ 的正整数对 (x, y) 的个数是（   ）.

     A. 1 B. 2 C. 3 D. 4 E. 5

9. 若 $1 = \dfrac{xy}{x + y}$，$2 = \dfrac{yz}{y + z}$，$3 = \dfrac{zx}{z + x}$，则 x 的值是（   ）.

     A. $\dfrac{21}{5}$ B. $\dfrac{12}{5}$ C. 5 D. $\dfrac{11}{5}$ E. 4

10. $\dfrac{(a-b)(a-c)}{(a+b-2c)(a+c-2b)} + \dfrac{(b-c)(b-a)}{(b+c-2a)(b+a-2c)} + \dfrac{(c-a)(c-b)}{(c+a-2b)(c+b-2a)} = $（   ）.

     A. -2 B. -1 C. 0 D. 2 E. 1

11. 若 a 是方程 $x^2 - 3x + 1 = 0$ 的一个根，则 $2a^5 - 5a^4 + 2a^3 - 8a^2 + 3a = $（   ）.

     A. -1 B. 0 C. 1 D. 3 E. 2

12. 已知 $2^{48} - 1$ 可以被 60 与 70 之间的两个整数整除，则这两个数为（   ）.

     A. 61，63 B. 61，65 C. 63，65 D. 63，67 E. 64，66

13. 已知 $w^2 + w + 1 = 0$，则 $w^{1993} + w^{1994} + w^{1995} + \cdots + w^{2019} = $（   ）.

     A. -1 B. 0 C. 1 D. 2 E. 3

14. 能够确定 $x^6 + \dfrac{1}{x^6} = 2$.

     （1）$x + \dfrac{1}{x} = -2$.   （2）$x + \dfrac{1}{x} = 2$.

15. $x^2 + y^2 + z^2 - xy - yz - xz = 75$.

     （1）$x - y = 5$.   （2）$z - y = 10$.

16. $\dfrac{a + b}{c + d} = \dfrac{\sqrt{a^2 + b^2}}{\sqrt{c^2 + d^2}}$ 成立 $(c + d \neq 0)$.

     （1）$\dfrac{a}{b} = \dfrac{c}{d}$，且 b，d 均为正数.

     （2）$\dfrac{a}{b} = \dfrac{c}{d}$，且 b，d 均为负数.

17. $M = 2$.

（1） $M = \dfrac{x+y}{z} = \dfrac{x+z}{y} = \dfrac{y+z}{x}$.

（2）已知 x，y，z 为正实数，且满足 $M = \dfrac{x+y}{z} = \dfrac{x+z}{y} = \dfrac{y+z}{x}$.

18. $x-2$ 是多项式 $f(x) = x^3 - x^2 + mx - n$ 的因式.

（1） $m = 2$，$n = 8$.   （2） $m = 3$，$n = 10$.

19. 在 A，B，C 中至少有一个大于零.

（1） x，y，z 为实数，且 $A = x^2 - 2y + \dfrac{\pi}{2}$，$B = y^2 - 2z + \dfrac{\pi}{3}$，$C = z^2 - 2x + \dfrac{\pi}{6}$.

（2） x，y，z 为实数，且 $A = x^2 - 2y + 1$，$B = y^2 - 2z + 1$，$C = z^2 - 2x + 1$.

20. $\dfrac{b}{a} + \dfrac{a}{b} = -1$（$a$，$b$ 不为零）.

（1） $\dfrac{1}{a} + \dfrac{1}{b} = \dfrac{1}{a+b}$.   （2） $3a^2 + 2ab - b^2 = 0$.

21. 有一个四位数，可以确定它的各位数字之和为 26.

（1）它被 131 除余 13.   （2）它被 132 除余 130.

22. 多项式 $f(x)$ 除以 $x^2 + x + 1$ 所得的余式为 $x + 3$.

（1）多项式 $f(x)$ 除以 $x^4 + x^2 + 1$ 所得的余式为 $x^3 + 2x^2 + 3x + 4$.

（2）多项式 $f(x)$ 除以 $x^4 + x^2 + 1$ 所得的余式为 $x^3 + x + 2$.

23. $f(x) = x^4 + ax^2 + bx - 15$ 被 $x + 1$ 除的余式为 -19.

（1）以 $x - 3$ 去除 $f(x)$，余式为 45.

（2）以 $x - 1$ 去除 $f(x)$，余式为 -15.

24. $f(x)$ 被 $(x-1)(x-2)$ 除的余式为 $2x - 1$.

（1）多项式 $f(x)$ 被 $x - 1$ 除的余式为 5.

（2）多项式 $f(x)$ 被 $x - 2$ 除的余式为 7.

◇ 顿悟练习解析 ◇

1 » **B**. 原式 $= \dfrac{101}{\underbrace{1 - 1 + 1 - \cdots + 1}_{101 个}} = 101$.

2 » **D**. 由于 $\left(x - \dfrac{1}{x}\right)^2 + 4 = \left(x + \dfrac{1}{x}\right)^2$，$\left(x + \dfrac{1}{x}\right)^2 - 4 = \left(x - \dfrac{1}{x}\right)^2$.

又因为 $0 < x < 1$，所以 $x + \dfrac{1}{x} > 0$，$x - \dfrac{1}{x} < 0$.

故原式 $= x + \dfrac{1}{x} + x - \dfrac{1}{x} = 2x$.

3 » **A**. 要使 y 有意义，必须 $\begin{cases} 1 - 4x \geqslant 0 \\ 4x - 1 \geqslant 0 \end{cases}$，即 $\begin{cases} x \leqslant \dfrac{1}{4} \\ x \geqslant \dfrac{1}{4} \end{cases}$，所以 $x = \dfrac{1}{4}$. 当 $x = \dfrac{1}{4}$ 时，$y = \dfrac{1}{2}$.

因为 $\sqrt{\dfrac{x}{y}+2+\dfrac{y}{x}}-\sqrt{\dfrac{x}{y}-2+\dfrac{y}{x}}=\sqrt{\left(\sqrt{\dfrac{x}{y}}+\sqrt{\dfrac{y}{x}}\right)^2}-\sqrt{\left(\sqrt{\dfrac{x}{y}}-\sqrt{\dfrac{y}{x}}\right)^2}$

$$=\left|\sqrt{\dfrac{x}{y}}+\sqrt{\dfrac{y}{x}}\right|-\left|\sqrt{\dfrac{x}{y}}-\sqrt{\dfrac{y}{x}}\right|,$$

且 $x=\dfrac{1}{4}$，$y=\dfrac{1}{2}$，所以 $\dfrac{x}{y}<\dfrac{y}{x}$.

因此，原式 $=\sqrt{\dfrac{x}{y}}+\sqrt{\dfrac{y}{x}}-\sqrt{\dfrac{y}{x}}+\sqrt{\dfrac{x}{y}}=2\sqrt{\dfrac{x}{y}}=2\sqrt{\dfrac{\dfrac{1}{4}}{\dfrac{1}{2}}}=\sqrt{2}.$

4 » E. $2x^3-3x^2-2x+3=x^2(2x-3)-(2x-3)=(x^2-1)(2x-3)$
$$=(x+1)(x-1)(2x-3).$$

若 $x+1$ 为公因式，$x=-1\Rightarrow2-3-a^2=0$，a 不存在；

若 $x-1$ 为公因式，$x=1\Rightarrow2+3-a^2=0$，$a=\pm\sqrt{5}$；

若 $2x-3$ 为公因式，$x=\dfrac{3}{2}\Rightarrow\dfrac{9}{2}+\dfrac{9}{2}-a^2=0$，$a=\pm3$.

5 » B. 根据余式定理，$g(x)=f(f(x))$，$g(x)$ 除以 $x-1$ 的余式为 $g(1)=f(f(1))$，
又 $f(1)=0$，$f(0)=2$，所以余式为 2.

6 » C. 合理设出余式.

设 $f(x)=g(x)(2x+1)+8$，$x^3f(x)=2x^3g(x)\left(x+\dfrac{1}{2}\right)+8x^3=2x^3g(x)\left(x+\dfrac{1}{2}\right)$

$+8\left(x^3+\dfrac{1}{8}\right)-1$，其中 $x^3+\dfrac{1}{8}$ 因式分解中含有 $x+\dfrac{1}{2}$ 项，所以余式为 -1.

7 » C. 令 $x=1$，有 $\qquad\qquad 1=a_0+a_1+a_2+\cdots+a_6$ ①

再令 $x=-1$，有 $\qquad\qquad 3^6=a_0-a_1+a_2-\cdots+a_6$ ②

①+②后再除以 2 得到 $\dfrac{1+3^6}{2}=a_0+a_2+a_4+a_6$. 令 $x=0$ 可得 $a_0=1$，

故 $a_2+a_4+a_6=364$. 选 C.

8 » B. 原式可化成 $\sqrt{xy}\,(\sqrt{x}+\sqrt{y}+\sqrt{2027})=\sqrt{2027}\,(\sqrt{x}+\sqrt{y}+\sqrt{2027})$，且 2027 为质数，
所以只有 $x=2027$，$y=1$ 或 $x=1$，$y=2027$ 这两对.

9 » B. 取倒数，则有 $\dfrac{1}{x}+\dfrac{1}{y}=1$，$\dfrac{1}{y}+\dfrac{1}{z}=\dfrac{1}{2}$，$\dfrac{1}{x}+\dfrac{1}{z}=\dfrac{1}{3}$，解得 $x=\dfrac{12}{5}$.

10 » E. 该分式很复杂，但是各项之间有联系：$a+b-2c=(b-c)-(c-a)$，可以利用换元的思想来处理. 设 $a-b=u$，$b-c=v$，$c-a=w$，则 $a+b-2c=v-w$，$b+c-2a=w-u$，$c+a-2b=u-v$. 代入原式化简可得其值为 1. 还可以利用特殊值的方法计算.

11 » B. $2a^5-5a^4+2a^3-8a^2+3a=2a^3(a^2-3a+1)+a^4-8a^2+3a=a^2(a^2-3a+1)+3a^3-$

$9a^2 + 3a = 3a(a^2 - 3a + 1) = 0.$

12》 C. $2^{48} - 1 = (2^{24} + 1)(2^{24} - 1) = (2^{24} + 1)(2^{12} + 1)(2^{12} - 1)$
$= (2^{24} + 1)(2^{12} + 1)(2^6 + 1)(2^6 - 1) = (2^{24} + 1)(2^{12} + 1) \times 65 \times 63.$

13》 B. $w^{1993} + w^{1994} + w^{1995} + \cdots + w^{2019}$ 可以拆分成相邻 3 个数字为 1 组的 9 组数字,比如:
$w^{1993} + w^{1994} + w^{1995} = w^{1993}(1 + w + w^2)$ 为一组,提取公因式即可.

14》 D. 依题意 $x^6 + \dfrac{1}{x^6} = \left[\left(x + \dfrac{1}{x}\right)^2 - 2\right]\left\{\left[\left(x + \dfrac{1}{x}\right)^2 - 2\right]^2 - 2 - 1\right\}.$

条件(1), $x + \dfrac{1}{x} = -2$,则 $x^6 + \dfrac{1}{x^6} = 2$;条件(2), $x + \dfrac{1}{x} = 2$,则 $x^6 + \dfrac{1}{x^6} = 2.$

15》 C. 显然条件(1)和条件(2)单独都不能使结论成立,现在考虑联合.
$$x^2 + y^2 + z^2 - xy - yz - xz = (x - y)^2 + (y - z)^2 + xy - y^2 + yz - xz$$
$$= (x - y)^2 + (y - z)^2 + y(x - y) + z(y - x)$$
$$= (x - y)^2 + (y - z)^2 + (x - y)(y - z) = 75.$$

16》 D. 条件(1):设 $\dfrac{a}{b} = \dfrac{c}{d} = k \Rightarrow \begin{cases} a = bk \\ c = dk \end{cases}$,则左边 $= \dfrac{a + b}{c + d} = \dfrac{b(k + 1)}{d(k + 1)} = \dfrac{b}{d}$,右边 $= \dfrac{\sqrt{a^2 + b^2}}{\sqrt{c^2 + d^2}}$

$= \dfrac{b\sqrt{k^2 + 1}}{d\sqrt{k^2 + 1}} = \dfrac{b}{d} =$ 左边,充分. 同理条件(2)也充分.

17》 B. 很明显条件(1)不充分. 针对条件(2),有 $\dfrac{x + y}{z} = \dfrac{x + z}{y} = \dfrac{y + z}{x} = \dfrac{2(x + y + z)}{x + y + z} = 2$ 的前

提条件是分母不能为 0,充分.

18》 D. 由于 $x - 2$ 是多项式 $f(x) = x^3 - x^2 + mx - n$ 的因式,根据因式定理,可知 $f(2) = 0$,即
$2m - n = -4$,代入即可知条件(1)和条件(2)均充分.

19》 A. 若 $A + B + C > 0$ 时,A,B,C 中至少有一个大于零. 条件(1)满足 $A + B + C > 0$,充
分. 条件(2)中有可能 $A = B = C = 0$,因此不充分.

20》 A. 由条件(1)得 $\dfrac{1}{a} + \dfrac{1}{b} = \dfrac{1}{a + b} \Rightarrow \dfrac{a + b}{a} + \dfrac{a + b}{b} = 1 \Rightarrow \dfrac{b}{a} + \dfrac{a}{b} = -1$,因此条件(1)充分.

由条件(2)得 $3a^2 + 2ab - b^2 = 0 \Rightarrow (3a - b)(a + b) = 0.$

因此 $\dfrac{a}{b} = \dfrac{1}{3}$ 或 $\dfrac{a}{b} = -1$,代入 $\dfrac{b}{a} + \dfrac{a}{b} \neq -1$,条件(2)不充分.

21》 E. 条件(1)和条件(2)单独不充分,考虑联合. 设这个四位数被 132 除时所得商的整
数部分是 n,则这个四位数被 131 除时所得商的整数部分是 $n + 1$,即 $\dfrac{132n + 130}{131} =$

$\dfrac{131n + 131 + n - 1}{131} = n + 1 + \dfrac{n - 1}{131}$,也就是 $n - 1 = 13 \Rightarrow n = 14 \Rightarrow$ 这个四位数为 $132 \times 14 +$

$130 = 1978$. 各位数字之和为 25,不充分.

22 » **D.** 条件(1)，设 $f(x) = q(x)(x^4 + x^2 + 1) + x^3 + 2x^2 + 3x + 4$，而 $x^4 + x^2 + 1 = (x^2 + x + 1)(x^2 - x + 1)$，所以只要 $x^3 + 2x^2 + 3x + 4 - (x + 3)$ 能被 $x^2 + x + 1$ 整除即可，$x^3 + 2x^2 + 3x + 4 - (x + 3) = (x^2 + x + 1)(x + 1)$，条件(1)充分. 同理，条件(2)也充分.

23 » **C.** 显然条件(1)和条件(2)单独都不充分，则考虑联合.

由于以 $x - 3$ 去除 $f(x) = x^4 + ax^2 + bx - 15$，余式为 45，

$f(3) = 3^4 + 9a + 3b - 15 = 45 \Rightarrow 3a + b = -7$.

同理，由条件(2)可得 $f(1) = 1^4 + a \cdot 1^2 + b \cdot 1 - 15 = -15 \Rightarrow a + b = -1$，两式联立得 $a = -3$，$b = 2$，则 $f(x) = x^4 - 3x^2 + 2x - 15$，从而 $f(x) = x^4 - 3x^2 + 2x - 15$ 被 $x + 1$ 除的余式为 $f(-1) = (-1)^4 - 3 \times (-1)^2 + 2 \times (-1) - 15 = -19$.

24 » **E.** 显然条件(1)和条件(2)单独都不充分，则考虑联合. 由条件(1)，多项式 $f(x)$ 被 $x - 1$ 除的余式为 5，得到 $f(1) = 5$，同理，由条件(2)，得到 $f(2) = 7$.

设 $f(x)$ 被 $(x-1)(x-2)$ 除的余式为 $ax + b$，即 $f(x) = (x-1)(x-2)g(x) + ax + b$，从而

$$\begin{cases} f(1) = (1-1)(1-2)g(1) + a + b = 5 \\ f(2) = (2-1)(2-2)g(2) + 2a + b = 7 \end{cases} \Rightarrow \begin{cases} a + b = 5 \\ 2a + b = 7 \end{cases} \Rightarrow a = 2, \ b = 3,$$

则余式为 $2x + 3$.

专项五　函数、方程、不等式归纳汇总

第一节　核心绝例

专项简析

　　本部分是整个代数的核心考点，不仅可以单独出题，同时也是各个章节编织成网状考题的枢纽，是解决各个章节题目的工具．首先，函数表达方式千奇百怪，要理解透彻各个函数表达的方式以及函数方程、不等式间的关系；其次，题目在思维层面的要求和计算量的要求都比较高，需要全面理解透彻各个类型的解法，务求触类旁通．最后，在解法上要学会灵活运用，从而在考场上赢得宝贵的时间．

题型 1　一元二次函数

考向 1　一元二次函数含参问题

思　路　看到含参数问题要学会利用分类讨论思想和转化的思想进行求解．

1 如果函数 $y = x^2 + ax - 1$ 在区间 $[0, 3]$ 上有最小值 -2，那么实数 a 的值为（　　）．

A. 2　　　　B. ± 2　　　　C. -2　　　　D. $-\dfrac{10}{3}$　　　　E. -2 或 $-\dfrac{10}{3}$

2 设 a，b 是两个不相等的实数，则函数 $f(x) = x^2 + 2ax + b$ 的最小值小于零．

(1) 1，a，b 成等差数列．

(2) 1，a，b 成等比数列．

3 设 $a \in \mathbf{R}$，函数 $f(x) = ax^2 + x - a\,(-1 \leqslant x \leqslant 1)$，则当 $|a| \leqslant 1$ 时，$|f(x)|$ 的最大值为（　　）．

A. 0　　　　B. $\dfrac{1}{2}$　　　　C. $\dfrac{3}{4}$　　　　D. 1　　　　E. $\dfrac{5}{4}$

考向 2　一元二次函数与几何面积问题

思　路　常常要画出二次函数草图，再根据题干的信息得到等量关系进行求解．

4 抛物线 $y = ax^2 + bx + c$ 的图像与 x 轴有两个交点 $M(x_1, 0)$，$N(x_2, 0)$，且经过点 $A(0, 1)$，其中 $0 < x_1 < x_2$．过点 A 的直线 l 与 x 轴交于点 C，与抛物线交于点 B（异于点 A），满足 $\triangle CAN$ 是等腰直角三角形，且 $S_{\triangle BMN} = \dfrac{5}{2} S_{\triangle AMN}$．则 $|a| + |b| + |c| = $（　　　）．

A. 6　　　　　B. 7　　　　　C. 8　　　　　D. 10　　　　　E. 12

5 在平面直角坐标系中，已知抛物线 $y = -\dfrac{1}{2}x^2 + x + 4$ 与 x 轴交于 A,B 两点，与 y 轴交于 C 点，点 P 是抛物线上的一个动点，但不与点 C 重合，则能确定点 P 的坐标.

（1）直线 PC 将 $\triangle ABC$ 的面积分为 $2:1$ 两部分.

（2）$S_{\triangle ABP} = \dfrac{27}{2}$.

题型 2　零点讨论

考向 1　一元二次方程零点讨论

思　路　二次方程中要学会利用判别式来证明实根的存在性，看到两个零点出现在一个范围中要学会使用两点式的技巧来进行求解.

6 如果关于 x 的方程 $x^2 + kx + \dfrac{3}{4}k^2 - 3k + \dfrac{9}{2} = 0$ 的两个实数根分别为 x_1,x_2，那么 $\dfrac{x_1^{2021}}{x_2^{2022}}$ 的值为（　　　）.

A. $-\dfrac{1}{2}$　　　B. -1　　　C. $-\dfrac{3}{2}$　　　D. $-\dfrac{2}{3}$　　　E. $-\dfrac{1}{3}$

7 已知 $\dfrac{\sqrt{5}\,b - c}{5a} = 1\,(a,b,c \in \mathbf{R})$，则有（　　　）.

A. $b^2 > 4ac$　　B. $b^2 \geqslant 4ac$　　C. $b^2 < 4ac$　　D. $b^2 \leqslant 4ac$　　E. 无法判断

8 已知函数 $f(x) = x^2 + ax + b$ 在区间 $[0,2]$ 上有两个零点，则 $2a + b$ 的最小值为（　　　）.

A. -1　　　　B. -2　　　　C. -3　　　　D. -4　　　　E. 0

考向 2　多个方程存在公共根

思　路　假设公共根为 x_0 代入到方程中，再利用因式分解找到参数间的关系进行求解即可.

9 已知三个关于 x 的一元二次方程 $ax^2 + bx + c = 0, bx^2 + cx + a = 0, cx^2 + ax + b = 0$ 恰有一个公共实数根，则 $\dfrac{a^2}{bc} + \dfrac{b^2}{ca} + \dfrac{c^2}{ab}$ 的值为（　　　）.

A. 0　　　　B. 1　　　　C. 2　　　　D. 3　　　　E. 4

考向 3　韦达定理与韦达定理的应用

思　路　要掌握一元二次方程和一元三次方程的韦达定理，并且要注意方程中系数变化后对根的影响.

10 实数 a，b 满足 $19a^2 + 99a + 1 = 0$，$b^2 + 99b + 19 = 0$，且 $ab \neq 1$，则 $\dfrac{ab + 4a + 1}{b} = $（　　　）.

A. 0　　　　B. -3　　　　C. -5　　　　D. 3　　　　E. 5

11 α,β,γ 是三次方程 $x^3 + 2x - 1 = 0$ 的 3 个根，则以 $\dfrac{1}{\alpha} + \dfrac{1}{\beta}, \dfrac{1}{\alpha} + \dfrac{1}{\gamma}, \dfrac{1}{\beta} + \dfrac{1}{\gamma}$ 为根的三次

方程为（　　）.

A. $4x^3 - 4x^2 + x - 2 = 0$　　　　　B. $x^3 - 4x^2 + 4x + 1 = 0$

C. $4x^3 + 4x^2 - x - 2 = 0$　　　　　D. $x^3 + 8x^2 + 2x + 1 = 0$

E. $2x^3 - 4x^2 - x - 2 = 0$

12 若不等式 $ax^2 + bx + c < 0$ 的解集为 $-2 < x < 3$，则不等式 $cx^2 + bx + a < 0$ 的解集为（　　）.

A. $x < -\dfrac{1}{2}$ 或 $x > \dfrac{1}{3}$　　　　　B. $-\dfrac{1}{2} < x < \dfrac{1}{3}$

C. $x < -1$ 或 $x > 1$　　　　　D. $x < -1$ 或 $x > \dfrac{1}{3}$

E. $x < -\dfrac{1}{2}$ 或 $x > 1$

考向 4　方程根的分布

思　路　要掌握常见的根的分布的解题方法，此类题目主要是根据根的分布特征来求参数的范围.

---

13 $(x - 1)(x - 2) = k^2$ 的一个根大于 1，另一个根小于 1.

(1) $k > 5$.　　　　　　　　(2) $k < 10$.

14 方程 $x^2 - 11x + (30 + k) = 0$ 在 5 的右侧有两个根.

(1) $-5 < k < 0$.　　　　　　(2) $0 < k \leqslant \dfrac{1}{4}$.

‖ 题型 3　特殊函数

考向 1　指数、对数函数

思　路　分析此类题目用两种方法：（1）利用单调性分析；（2）用换元法转换为一元二次函数迂回求解.

---

15 $f(x) = \left(\dfrac{1}{2}\right)^{x^2 - 2x}$ 的最大值为（　　）.

A. 1　　　　　B. 2　　　　　C. 3　　　　　D. 4　　　　　E. 8

16 已知函数 $f(x) = \dfrac{2^{x+4}}{4^x + 8}$，则 $f(x)$ 的最大值为（　　）.

A. $\sqrt{2}$　　　　B. 2　　　　C. $2\sqrt{2}$　　　　D. 4　　　　E. $4\sqrt{2}$

17 函数 $y = \left(\lg\dfrac{x}{3}\right) \cdot \left(\lg\dfrac{x}{12}\right)$ 的最小值为（　　）.

A. $\lg^2 2$　　　B. $\lg^2 4$　　　C. $-\lg^2 2$　　　D. $-\lg^2 4$　　　E. 无法确定

考向2　分段函数

思　路　分段函数是指自变量在两个或两个以上不同的范围内，有不同的对应法则的函数. 它是一个函数，是一类表达形式特殊的函数，却又常常被学生误认为是几个函数. 它的定义域是各段函数定义域的并集，其值域也是各段函数值域的并集. 分段函数有关问题蕴含着分类讨论、数形结合等思想方法. 分段函数应用较广，做题时要根据范围来确定对应的表达式.

18 设函数 $f(x) = \begin{cases} (x+1)^2 & x < 1 \\ 4 - \sqrt{x-1} & x \geq 1 \end{cases}$，则使得 $f(x) \geq 1$ 的自变量 x 的取值范围包含（　　）个整数.

A. 0　　　　　B. 1　　　　　C. 2　　　　　D. 3　　　　　E. 无数

19 已知 $f(x) = \begin{cases} 1 & x \geq 0 \\ -1 & x < 0 \end{cases}$，则不等式 $x + (x+2)f(x+2) \leq 5$ 的解集包含（　　）个整数.

A. 0　　　　　B. 1　　　　　C. 2　　　　　D. 3　　　　　E. 无数

20 已知函数 $f(x) = \begin{cases} \log_2(1-x) & x \leq 0 \\ f(x-1) + 1 & x > 0 \end{cases}$，则 $f(2020) = （　　）$.

A. 2020　　　B. -2020　　　C. 1　　　　D. -1　　　E. 0

考向3　复合函数

思　路　设 $y = f(u)$ 的定义域为 A，$u = g(x)$ 的值域为 B，若 $A \supseteq B$，则 y 关于 x 的函数 $y = f(g(x))$ 叫作函数 f 与 g 的复合函数，u 叫作中间量.

21 已知 $a \in \mathbf{R}$，函数 $f(x) = \begin{cases} x^2 - 4 & x > 2 \\ |x-3| + a & x \leq 2 \end{cases}$，则可以确定 a 的值.

(1) $f(f(1)) = 5$.　　　　　　　(2) $f(f(\sqrt{6})) = 3$.

22 已知二次函数 $f(x) = x^2 - 2x$，则 $f(f(x)) \geq f(x)$.

(1) $0 < x < 2$.　　　　　　　(2) $x > 3$.

考向4　max 函数、min 函数

思　路　$\min\{a, b, c\}$ 表示 a，b，c 中的最小值，其本质可以理解为 $\min\{a, b, c\} \leq a$ 且 $\min\{a, b, c\} \leq b$ 且 $\min\{a, b, c\} \leq c$. $\max\{a, b, c\}$ 表示 a，b，c 中的最大值，其本质可以理解为 $\max\{a, b, c\} \geq a$ 且 $\max\{a, b, c\} \geq b$ 且 $\max\{a, b, c\} \geq c$. 对于函数而言，$\min\{f(x), g(x)\}$ 表示各函数图像中最低的部分. $\max\{f(x), g(x)\}$ 表示各函数图像中最高的部分.

23 若 $a > 0$，$b > 0$，则 $\min\left\{\max\left\{a, b, \dfrac{1}{a^2} + \dfrac{1}{b^2}\right\}\right\} = （　　）$.

A. 1　　　　B. $\sqrt{2}$　　　　C. $\dfrac{1}{2}\sqrt[3]{2}$　　　　D. $\dfrac{1}{2}$　　　　E. $\sqrt[3]{2}$

24 若定义域为 **R** 的函数 $f(x)$，$g(x)$ 满足 $f(x)+g(x)=\dfrac{2x}{x^2+8}$，则 $\min\{f(x)，g(x)\}$ 的最大值为（　　）.

    A. $\dfrac{\sqrt{2}}{8}$ B. $\dfrac{\sqrt{2}}{6}$ C. $\dfrac{\sqrt{2}}{5}$ D. $\dfrac{\sqrt{2}}{4}$ E. $\dfrac{\sqrt{2}}{3}$

> **考向 5　虚拟函数**
>
> 思　路　虚拟函数的意思是没有固定形式，要根据题干的信息来找函数关系，常见的方法有：构造函数、构造方程组、递推函数等.

25 已知 $f(x)$ 满足 $2f(x)+f\left(\dfrac{1}{x}\right)=3x$，则 $f(2)$ 的值为（　　）.

    A. 2   B. 3   C. 3.5   D. 4   E. 4.5

26 已知函数 $f(x)$ 对任意的 $a，b\in\mathbf{R}$ 满足：$f(a+b)=f(a)+f(b)-6$，且 $f(-2)=12$，则 $f(2)$ 的值为（　　）.

    A. 0   B. 6   C. -6 D. -12 E. 12

> **考向 6　反比例函数**
>
> 思　路　反比例函数的形式为 $y=\dfrac{k}{x}$，根据其图像和性质求解.

27 若点 $\left(m，\dfrac{1}{m}\right)$ 是反比例函数 $y=\dfrac{n^2-2n-1}{x}$ 的图像上一点，则此函数图像与直线 $y=-x+|b|(|b|<2)$ 的交点个数为（　　）.

    A. 0   B. 1   C. 2   D. 3   E. 4

题型 4　特殊方程、不等式

> **考向 1　分式方程和不等式**
>
> 思　路　对于分式方程，求解后注意验证根，防止出现增根（使分母无意义的根）；对于分式不等式，不要两边同乘以分母来去掉分母，因为分母的正负往往无法确定，导致不等号的方向无法确定，只能将分式移到等号的一边，将另一边变为0，再求解集.

28 关于 x 的方程 $\dfrac{3-2x}{x-3}+\dfrac{2+mx}{3-x}=-1$ 无解，则所有满足条件的实数 m 之和为（　　）.

    A. 0.5   B. -0.5 C. 2   D. $\dfrac{8}{3}$ E. $-\dfrac{8}{3}$

29 $\dfrac{10x+2}{x^2+3x+2}\geqslant x+1$ 的解集中包含（　　）个非负整数.

    A. 1   B. 2   C. 3   D. 0   E. 无数

考向 2　根号方程和不等式

思　路　两类常见的无理不等式等价变形.

$$\sqrt{f(x)} \geqslant g(x) \Leftrightarrow \begin{cases} f(x) \geqslant 0 \\ g(x) \geqslant 0 \\ f(x) \geqslant g^2(x) \end{cases} \text{或} \begin{cases} f(x) \geqslant 0 \\ g(x) \leqslant 0 \end{cases}.$$

$$\sqrt{f(x)} < g(x) \Leftrightarrow \begin{cases} f(x) \geqslant 0 \\ g(x) > 0 \\ g^2(x) > f(x) \end{cases}.$$

30 若关于 x 的方程 $\sqrt{2x+1} = x + m$ 有两个不等实根，则实数 m 的取值范围是(　　).

A. $\dfrac{1}{2} \leqslant m < 1$ 　　　　B. $m < 1$ 　　　　C. $\dfrac{1}{2} \leqslant m \leqslant 1$

D. $\dfrac{1}{2} < m < 1$ 　　　　E. $\dfrac{1}{2} < m \leqslant 1$

31 不等式 $|x| < (2-x)^{\frac{1}{2}}$ 的解集为(　　).

A. $\{x \mid -2 < x < 1\}$ 　　　　B. $\{x \mid x \leqslant 2\}$ 　　　　C. $\varnothing$

D. $\{x \mid x \leqslant 1\}$ 　　　　E. $\{x \mid x \leqslant -2\}$

32 不等式 $\sqrt{3x-4} - \sqrt{x-3} > 0$ 的解集为(　　).

A. $\{x \mid x \geqslant 4\}$ 　　　　B. $\{x \mid x > 3\}$ 　　　　C. $\{x \mid x \geqslant 3\}$

D. $\{x \mid x > 4\}$ 　　　　E. $\{x \mid 3 < x \leqslant 4\}$

33 不等式 $\sqrt{4-3x} > 2x-1$ 的解集为(　　).

A. $\{x \mid x \geqslant 4\}$ 　　　　B. $\{x \mid x \leqslant 1\}$ 　　　　C. $\{x \mid x \leqslant 3\}$

D. $\{x \mid x < 1\}$ 　　　　E. $\{x \mid 3 < x \leqslant 4\}$

考向 3　指数、对数方程和不等式

思　路　当底数为参数时要注意分类讨论，处理问题的方法仍然是利用单调性以及换元成一元二次方程或不等式进行分析求解.

34 不等式 $x^{3x+1} > x^{x+5}(x > 0)$ 的解集包含了 (　　) 个整数.

A. 1 　　　　B. 2 　　　　C. 3 　　　　D. 4 　　　　E. 无数

35 设 $a > 1$，若仅有一个常数 c，使得对于任意的 $x \in [a, 2a]$，都有 $y \in [a, a^2]$ 满足方程 $\log_a x + \log_a y = c$，则 a 的取值为 (　　).

A. 2 　　　　B. 3 　　　　C. 4 　　　　D. 5 　　　　E. 6

36 方程 $4^{x-\frac{1}{2}} + 2^x = 1$ 的解是(　　).

A. $\log_4(\sqrt{3}+1)$ 　　　　B. $\log_4(\sqrt{3}-1)$ 　　　　C. $\log_{\frac{1}{2}}(\sqrt{3}+1)$

D. $\log_2(\sqrt{3}+1)$ 　　　　E. $\log_2(\sqrt{3}-1)$

37 如果 $f(x) = 1 - \log_x 2 + \log_{x^2} 9 - \log_{x^3} 64$，则 $f(x) < 0$ 的解集为(　　).

A. $\{x \mid 0 < x < 1\}$ B. $\left\{x \mid 1 < x < \dfrac{8}{3}\right\}$ C. $\{x \mid x > 1\}$

D. $\left\{x \mid x > \dfrac{8}{3}\right\}$ E. $\left\{x \mid 0 < x < \dfrac{8}{3}\right\}$

考向 4 柯西不等式

思 路 柯西不等式对于全体实数恒成立. 二维柯西不等式为 $(a^2 + b^2)(c^2 + d^2) \geqslant (ac + bd)^2$, 当且仅当 $\dfrac{a}{c} = \dfrac{b}{d}$ 时, 等号成立; 三维柯西不等式为 $(a^2 + b^2 + c^2)(d^2 + e^2 + f^2) \geqslant (ad + be + cf)^2$, 当且仅当 $\dfrac{a}{d} = \dfrac{b}{e} = \dfrac{c}{f}$ 时, 等号成立.

38 实数 x, y 满足 $3x^2 + 2y^2 = 6$, 则 $2x + y$ 的最大值是 ( ).

A. 3 B. $\sqrt{10}$ C. $\sqrt{11}$ D. $2\sqrt{3}$ E. 4

39 若 $a, b \in \mathbf{R}_+$, 且 $a + b = 1$, 则 $\sqrt{3a + 1} + \sqrt{3b + 1}$ 的最大值为 ( ).

A. 3 B. $\sqrt{10}$ C. $\sqrt{11}$ D. $2\sqrt{3}$ E. 4

40 设 $abc \neq 0$, 且 $(a + 2b + 3c)^2 = 14(a^2 + b^2 + c^2)$, 则 $\dfrac{b+c}{a} + \dfrac{a+c}{b} + \dfrac{a+b}{c} = ($).

A. 6 B. 7 C. 8 D. 9 E. 10

41 若 $a + b + c + d = 3, a^2 + 2b^2 + 3c^2 + 6d^2 = 5$, 则 a 的取值范围中包含( )个整数.

A. 0 B. 1 C. 2 D. 3 E. 4

考向 5 权方和不等式

思 路 柯西不等式有 $(a^2 + b^2)(c^2 + d^2) \geqslant (ac + bd)^2$, 将其变形, 易得 $\left(\dfrac{a^2}{x} + \dfrac{b^2}{y}\right) \cdot (x + y) \geqslant (a + b)^2$. 在 $a, b, x, y > 0$ 时, 我们就有了 $\dfrac{a^2}{x} + \dfrac{b^2}{y} \geqslant \dfrac{(a+b)^2}{x+y}$, 当 $\dfrac{a}{x} = \dfrac{b}{y}$ 时, 等号成立. 并且权方和不等式也有多维形式: 若 $a_i > 0, b_i > 0, m > 0$, 则 $\dfrac{a_1^{m+1}}{b_1^m} + \dfrac{a_2^{m+1}}{b_2^m} + \cdots + \dfrac{a_n^{m+1}}{b_n^m} \geqslant \dfrac{(a_1 + a_2 + \cdots + a_n)^{m+1}}{(b_1 + b_2 + \cdots + b_n)^m}$.

42 若 a, b, c 为正实数, 且 $a + b + c = 4$, 则 $\dfrac{a^2}{4} + \dfrac{b^2}{9} + c^2$ 的最小值为( ).

A. 1 B. $\dfrac{3}{2}$ C. $\dfrac{8}{7}$ D. 2 E. 4

43 设 x, y 为正实数, 且 $x + y = 1$, 则 $\dfrac{x^2}{x+2} + \dfrac{y^2}{y+1}$ 的最小值是 ( ).

A. $\dfrac{1}{2}$ B. $\dfrac{1}{3}$ C. $\dfrac{1}{4}$ D. 1 E. 2

44 若正实数 x, y 满足 $x + y = 1$, 则 $\dfrac{1}{2x} + \dfrac{x}{y+1}$ 的最小值是 ( ).

A. $\dfrac{1}{2}$ B. $\dfrac{1}{3}$ C. $\dfrac{1}{4}$ D. 1   E. $\dfrac{5}{4}$

45 已知 $a>1,b>1$，则 $\dfrac{a^2}{b-1}+\dfrac{b^2}{a-1}$ 的最小值为（　　）．

A. 1   B. 2   C. 3   D. 8   E. 5

题型 5　恒成立

考向 1　一元二次不等式恒成立

思　路　$ax^2+bx+c>(<0)$ 恒成立时，首先考虑特殊情况：要注意 a,b 中是否有同样的因式，若有则可以令 $a=b=0$，$c>(<)0$ 即可；其次考虑一般情况，此时若恒大于 0 的条件为 $\begin{cases}a>0\\\Delta<0\end{cases}$；若恒小于 0 的条件为 $\begin{cases}a<0\\\Delta<0\end{cases}$．

46 已知不等式 $(m^2+4m-5)x^2-4(m-1)x+3>0$ 对一切实数 x 恒成立，则实数 m 的取值范围为（　　）．

A. $1<m\leqslant19$ B. $1\leqslant m<18$ C. $1<m<19$

D. $1\leqslant m\leqslant18$ E. $1\leqslant m<19$

47 当 $x\in(1,2)$ 时，不等式 $x^2+mx+4<0$ 恒成立，则 m 的取值范围是（　　）．

A. $m\geqslant-5$ B. $m<-5$ C. $m\leqslant-5$

D. $m<-1$ E. $-10\leqslant m\leqslant-5$

考向 2　图像法判断恒成立

思　路　无理不等式或绝对值不等式中含参数的恒成立问题，往往要用画图法来判断．

48 若对任意 $x\in\mathbf{R}$，不等式 $|x|\geqslant ax$ 恒成立，则实数 a 的取值范围是（　　）．

A. $a<-1$ B. $|a|\leqslant1$ C. $|a|<1$ D. $a\geqslant1$ E. $|a|>1$

考向 3　最值相关恒成立问题

思　路　若 $f(x)$ 有最大值 M、最小值 N 时，此时 $f(x)\leqslant a$ 恒成立 $\Leftrightarrow M\leqslant a$；$f(x)\geqslant b$ 恒成立 $\Leftrightarrow N\geqslant b$．

49 已知 a，b，$c>0$，且 $\dfrac{4}{b}+\dfrac{1}{c}=1$，则使 $b+c>a$ 恒成立的 a 的取值范围为（　　）．

A. $a<8$ B. $a<9$ C. $a\leqslant8$ D. $a\leqslant9$ E. $a\leqslant11$

50 设 $2a+b=1$，$f(x)=|x+1|-|x-1|$，已知 $a^2+b^2\geqslant f(x)+k$ 恒成立，则 k 的取值范围为（　　）．

A. $k\leqslant1$ B. $k\leqslant\dfrac{4}{5}$ C. $k\leqslant\dfrac{1}{5}$ D. $k\leqslant-\dfrac{9}{5}$ E. $k\leqslant-2$

51 设 $2a-b=1$，$a,b\in\mathbf{R}$，存在 $t_0\in[1,2]$，使得 $a^2+2b^2\geqslant2^{t-1}+k(1\leqslant t\leqslant2)$ 成立，则 k 的取值范围为（　　）．

A. $k \leqslant -1$　　B. $k \leqslant \dfrac{5}{9}$　　C. $k \leqslant \dfrac{4}{9}$　　D. $k \leqslant -\dfrac{7}{9}$　　E. $k \leqslant -\dfrac{2}{9}$

考向 4　转化主元法

思　路　条件中哪个未知数有范围，则可以将其看成主元，另外一个未知数看成参数进行分析.

52 若不等式 $2x - 1 > m(x^2 - 1)$ 对满足 $|m| \leqslant 2$ 的所有 m 都成立，则关于 x 的解集包含（　　）个整数.

A. 0　　　　B. 1　　　　C. 2　　　　D. 3　　　　E. 无数

◆ 核心绝例解析 ◆

1 » C. 函数 $y = x^2 + ax - 1$ 的对称轴为 $x = -\dfrac{a}{2}$.

当 $0 < -\dfrac{a}{2} < 3$ 时，函数在 $x = -\dfrac{a}{2}$ 取得最小值，即 $\left(-\dfrac{a}{2}\right)^2 - \dfrac{a^2}{2} - 1 = -2$，

解得 $a = -2$ 或 $a = 2$（舍去）；

当 $-\dfrac{a}{2} \geqslant 3$ 时，函数在 $x = 3$ 取得最小值，即 $9 + 3a - 1 = -2$，

解得 $a = -\dfrac{10}{3} > -6$（舍去）；

当 $-\dfrac{a}{2} \leqslant 0$ 时，函数在 $x = 0$ 取得最小值，即 $-1 \neq -2$，显然不成立.

综上，实数 a 的值为 -2.

2 » A. 题干欲证最小值 $\dfrac{4b - 4a^2}{4} < 0 \Rightarrow b - a^2 < 0$，

条件（1）根据等差数列性质可得 $2a = 1 + b \Rightarrow b = 2a - 1$，则 $b - a^2 = (2a - 1) - a^2 = -a^2 + 2a - 1 \leqslant 0$，当 $a = 1$ 时，$-a^2 + 2a - 1 = 0$.
又因为 a，b 是两个不相等的实数，所以 $a \neq 1$，故 $-a^2 + 2a - 1 < 0$，即 $b - a^2 < 0$，充分.
条件（2）根据等比数列性质可得 $a^2 = b$，则 $b - a^2 = a^2 - a^2 = 0$，故不充分.

3 » E. 绝对值问题常需分类，如能利用绝对值的性质，整体把握，就能避免分类.
当 $|a| \leqslant 1$ 时，$|f(x)| = |ax^2 + x - a| = |a(x^2 - 1) + x| \leqslant |a(x^2 - 1)| + |x| = |a| \cdot |x^2 - 1| + |x| \leqslant |x^2 - 1| + |x| = -x^2 + 1 + |x| = -\left(|x| - \dfrac{1}{2}\right)^2 + \dfrac{5}{4} \leqslant \dfrac{5}{4}$. 当且仅当 $a(x^2 - 1) \cdot x \geqslant 0$，$|a| = 1$，$|x| = \dfrac{1}{2}$ 时，$|f(x)| = \dfrac{5}{4}$，选 E.

4 » D. 由条件知该抛物线开口向上，与 x 的两个交点在 y 轴的右侧.
由于 $\triangle ACN$ 是等腰直角三角形，故点 C 在 x 轴的左侧，且 $\angle CAN = 90°$.

故 $\angle ACN = 45°$，从而 $C(-1,0)$，$N(1,0)$. 于是直线 l 的方程为 $y = x + 1$.

设 $B(x_3, y_3)$，由 $S_{\triangle BMN} = \dfrac{5}{2} S_{\triangle AMN}$ 知 $y_3 = \dfrac{5}{2}$，从而 $x_3 = \dfrac{3}{2}$，即 $B\left(\dfrac{3}{2}, \dfrac{5}{2}\right)$.

综上可知，该抛物线通过点 $A(0,1)$，$B\left(\dfrac{3}{2}, \dfrac{5}{2}\right)$，$N(1,0)$.

于是 $\begin{cases} 1 = c \\ \dfrac{5}{2} = \dfrac{9}{4}a + \dfrac{3}{2}b + c, \\ 0 = a + b + c \end{cases}$ 解得 $\begin{cases} a = 4 \\ b = -5 \\ c = 1 \end{cases}$. 故 $|a| + |b| + |c| = 10$.

5 » **A**. 条件(1)中，直线 PC 交 x 轴于点 D，直线 PC 将 $\triangle ABC$ 的面积分为 $2:1$ 两部分，则需满足分成的两三角形底边长之比为 $2:1$，根据题干信息可得点 $A(-2,0)$，点 $B(4,0)$，点 $C(0,4)$，又因为点 P 不与点 C 重合，故点 D 的坐标只能为 $(2,0)$，因此直线 CD 的方程为 $y = -2x + 4$，联立直线与抛物线的方程解得点 P 坐标为 $(6, -8)$，此时点 P 唯一确定，故条件（1）充分；

由条件（2）$S_{\triangle ABP} = \dfrac{27}{2}$，根据点 $A(-2,0)$，点 $B(4,0)$，那么 $\triangle ABP$ 的高为 $\dfrac{9}{2}$，故抛物线上存在 3 个点到 x 轴的距离为 $\dfrac{9}{2}$，不充分. 选 A.

6 » **D**. 根据题意，关于 x 的方程有 $\Delta = k^2 - 4\left(\dfrac{3}{4}k^2 - 3k + \dfrac{9}{2}\right) \geqslant 0$，

由此得 $(k-3)^2 \leqslant 0$. 又 $(k-3)^2 \geqslant 0$，所以 $(k-3)^2 = 0$，从而 $k = 3$.

此时方程为 $x^2 + 3x + \dfrac{9}{4} = 0$，解得 $x_1 = x_2 = -\dfrac{3}{2}$.

故 $\dfrac{x_1^{2021}}{x_2^{2022}} = \dfrac{1}{x_2} = -\dfrac{2}{3}$.

7 » **B**. 根据题意有 $a \times 5 - b \times \sqrt{5} + c = 0$，则 $-\sqrt{5}$ 是实系数一元二次方程 $ax^2 + bx + c = 0$ 的一个实根，得 $\Delta = b^2 - 4ac \geqslant 0$，所以 $b^2 \geqslant 4ac$，选 B.

8 » **D**. 设两个零点为 x_1, x_2，则 $x_1 + x_2 = -a$，$x_1 x_2 = b$，所以 $2a + b = -2(x_1 + x_2) + x_1 x_2 = (2 - x_1)(2 - x_2) - 4$，根据两零点的已知范围易得，$2a + b$ 的最小值为 -4.

9 » **D**. 设 x_0 是它们的一个公共实数根，则 $ax_0^2 + bx_0 + c = 0$，$bx_0^2 + cx_0 + a = 0$，$cx_0^2 + ax_0 + b = 0$. 把上面三个式子相加，并整理得 $(a + b + c)(x_0^2 + x_0 + 1) = 0$.

因为 $x_0^2 + x_0 + 1 = \left(x_0 + \dfrac{1}{2}\right)^2 + \dfrac{3}{4} > 0$，所以 $a + b + c = 0$.

于是 $\dfrac{a^2}{bc} + \dfrac{b^2}{ca} + \dfrac{c^2}{ab} = \dfrac{a^3 + b^3 + c^3}{abc} = \dfrac{a^3 + b^3 - (a+b)^3}{abc} = \dfrac{-3ab(a+b)}{abc} = 3$.

10 » **C**. $b^2 + 99b + 19 = 0 \Rightarrow 19\dfrac{1}{b^2} + 99\dfrac{1}{b} + 1 = 0$，则 $a, \dfrac{1}{b}$ 是方程 $19x^2 + 99x + 1 = 0$ 的两个不

同实根，$\dfrac{ab+4a+1}{b}=a+\dfrac{1}{b}+4\dfrac{a}{b}$. 根据韦达定理，$a+\dfrac{1}{b}=-\dfrac{99}{19}$，$\dfrac{a}{b}=\dfrac{1}{19}$，所以 $a+$

$\dfrac{1}{b}+4\dfrac{a}{b}=-\dfrac{99}{19}+\dfrac{4}{19}=-\dfrac{95}{19}=-5$.

11 » B. 因为 α,β,γ 是 $x^3+2x-1=0$ 的 3 个根，所以 $\alpha+\beta+\gamma=0,\alpha\beta+\alpha\gamma+\beta\gamma=2,\alpha\beta\gamma$
$=1$，所以

$\dfrac{1}{\alpha}+\dfrac{1}{\beta}+\dfrac{1}{\alpha}+\dfrac{1}{\gamma}+\dfrac{1}{\beta}+\dfrac{1}{\gamma}=2\left(\dfrac{1}{\alpha}+\dfrac{1}{\beta}+\dfrac{1}{\gamma}\right)=2\times\dfrac{\alpha\beta+\alpha\gamma+\beta\gamma}{\alpha\beta\gamma}=4$，只有 B 选项

满足，故选 B.

12 » A. $ax^2+bx+c<0$ 的解集为 $-2<x<3$，则对应方程 $ax^2+bx+c=0$ 的根为 -2 和 3，由
于不等式小于 0 且解集取两根之间，所以 $a>0$，两根之积为负，则 $c<0$. 那么可以得
到，当 a、c 互换，方程 $cx^2+bx+a=0$ 的根为 $-\dfrac{1}{2}$、$\dfrac{1}{3}$，由于 $c<0$，则取两根之外，

所以解集为 $x<-\dfrac{1}{2}$ 或 $x>\dfrac{1}{3}$，选 A.

13 » A. 原方程为 $x^2-3x+2-k^2=0$，若要一个根大于 1，另一个根小于 1，那么只需要
$f(1)<0$ 即可，即 $k\ne0$，故条件（1）充分，条件（2）中包含 0，故不充分，选 A.

14 » B. 设 $f(x)=x^2-11x+30+k$，其图像开口方向向上，则有
$$\begin{cases}\Delta=11^2-4(30+k)\geqslant0\\-\dfrac{b}{2a}=\dfrac{11}{2}>5\\f(5)>0\end{cases}\Rightarrow0<k\leqslant\dfrac{1}{4}，选 B.$$

15 » B. 由于 $x^2-2x=(x-1)^2-1\geqslant-1$，$f(x)$ 是底为 $\dfrac{1}{2}$（<1）的指数函数，函数递减，则最
大值是 2.

16 » C. $f(x)=\dfrac{2^{x+4}}{4^x+8}=\dfrac{16}{2^x+\dfrac{8}{2^x}}\leqslant\dfrac{16}{2\sqrt{2^x\cdot\dfrac{8}{2^x}}}=\dfrac{16}{4\sqrt{2}}=2\sqrt{2}$，当且仅当 $2^x=\dfrac{8}{2^x}$ 时取等号，

即 $x=\dfrac{3}{2}$ 时，$f(x)$ 取最大值，其值为 $2\sqrt{2}$.

17 » C. $y=\left(\lg\dfrac{x}{3}\right)\cdot\left(\lg\dfrac{x}{12}\right)=(\lg x-\lg3)(\lg x-\lg12)$，故当 $x=6$ 时，y 最小为 $-\lg^2 2$. 选 C.

18 » E. 分情况讨论.
当 $x<1$ 时，根据 $f(x)\geqslant1$ 得，$(x+1)^2\geqslant1\Rightarrow x\geqslant0$ 或 $x\leqslant-2$，得 $0\leqslant x<1$ 或 $x\leqslant-2$；
当 $x\geqslant1$ 时，根据 $f(x)\geqslant1$ 得，$4-\sqrt{x-1}\geqslant1\Rightarrow1\leqslant x\leqslant10$.
综上可得：$0\leqslant x\leqslant10$ 或 $x\leqslant-2$.

19 » **E.** $f(x+2)=\begin{cases}1 & x+2\geqslant0 \\ -1 & x+2<0\end{cases}=\begin{cases}1 & x\geqslant-2 \\ -1 & x<-2\end{cases}$.

当 $x\geqslant-2$ 时, $x+(x+2)f(x+2)=2x+2\leqslant5\Rightarrow x\leqslant\dfrac{3}{2}$, 得 $-2\leqslant x\leqslant\dfrac{3}{2}$;

当 $x<-2$ 时, $x+(x+2)f(x+2)=-2\leqslant5\Rightarrow$ 恒成立, 得 $x<-2$.

综上可得, $x\leqslant\dfrac{3}{2}$.

20 » **A.** 依题可得, $f(2020)=f(2019)+1=\cdots=f(0)+2020=2020$, 选 A.

21 » **D.** 由条件 (1), $f(f(1))=f(a+2)=5$.

当 $a>0$ 时, $f(a+2)=(a+2)^2-4=a^2+4a=5$, 解得 $a=1$ 或 $a=-5$(舍).

当 $a\leqslant0$ 时, $f(a+2)=|a-1|+a=1-a+a=5$, a 不存在. 因此 a 只能为1, 条件(1)

充分.

由条件(2), $f(f(\sqrt{6}))=f(6-4)=f(2)=|2-3|+a=3$, 故 $a=2$, 可以确定 a 的值,

条件(2)充分.

22 » **D.** 由 $f(f(x))\geqslant f(x)$, 令 $t=f(x)$, 得到 $f(t)\geqslant t$, 从而 $t^2-2t\geqslant t$,

解得 $t\geqslant3$ 或 $t\leqslant0$, 即 $t=f(x)\geqslant3$ 或 $t=f(x)\leqslant0$, 因此 $x^2-2x\geqslant3$ 或 $x^2-2x\leqslant0$,

得到 $x\leqslant-1$ 或 $x\geqslant3$ 或 $0\leqslant x\leqslant2$, 因此两个条件均充分.

23 » **E.** 设 $\max\left\{a, b, \dfrac{1}{a^2}+\dfrac{1}{b^2}\right\}=m\Rightarrow a\leqslant m, b\leqslant m, \dfrac{1}{a^2}+\dfrac{1}{b^2}\leqslant m\Rightarrow m\geqslant\dfrac{2}{m^2}\Rightarrow m\geqslant\sqrt[3]{2}$,

所以 $\min\left\{\max\left\{a, b, \dfrac{1}{a^2}+\dfrac{1}{b^2}\right\}\right\}=\sqrt[3]{2}$.

24 » **A.** 设 $F=\min\{f(x), g(x)\}$, 则 $2F\leqslant f(x)+g(x)=\dfrac{2x}{x^2+8}$,

又 $\dfrac{2x}{x^2+8}=\dfrac{2}{x+\dfrac{8}{x}}\in\left[-\dfrac{\sqrt{2}}{4}, \dfrac{\sqrt{2}}{4}\right]$, 所以 $F\leqslant\dfrac{\sqrt{2}}{8}$, 所以最大值为 $\dfrac{\sqrt{2}}{8}$.

25 » **C.** 构造方程组法: 若已知的函数关系较为抽象简约, 则可以对变量进行置换, 设法构

造方程组, 通过解方程组求得函数解析式.

已知 $2f(x)+f\left(\dfrac{1}{x}\right)=3x$ ①,

将①中 x 换成 $\dfrac{1}{x}$ 得 $2f\left(\dfrac{1}{x}\right)+f(x)=\dfrac{3}{x}$ ②,

①×2-②得 $3f(x)=6x-\dfrac{3}{x}$, 得到 $f(x)=2x-\dfrac{1}{x}$, 故 $f(2)=3.5$.

26 » **A.** 由 $f(a+b)=f(a)+f(b)-6$, 令 $a=b=0$, 得 $f(0)=6$,

再令 $a=2$, $b=-2$, 得 $f(2)=0$.

27 »» **A.** 将点代入反比例函数中，此时可知 $xy = m \times \dfrac{1}{m} = 1 \Rightarrow n^2 - 2n - 1 = 1$，故反比例函

数为 $y = \dfrac{1}{x}$，要想判断与直线的交点个数，将两函数联立：$\dfrac{1}{x} = -x + |b| \Rightarrow x^2 - |b|x$

$+ 1 = 0$，此时判别式 $\Delta = b^2 - 4 < 0$，故无公共解，选 A.

28 »» **E.** 两边同乘 $3 - x$，解得 $(m+1)x = -2$；要想使得方程无解，有两种情况：第一种，

$m = -1$；第二种，x 的解恰好为增根 3，此时 $m = -\dfrac{5}{3}$. 故所有满足条件的实数 m 之

和为 $-\dfrac{8}{3}$.

29 »» **B.** $\dfrac{10x+2}{x^2+3x+2} \geqslant x+1 \Leftrightarrow \dfrac{x(x+5)(x-1)}{(x+1)(x+2)} \leqslant 0 \Leftrightarrow x(x-1)(x+1)(x+2)(x+5) \leqslant 0$，且 $x \neq$

-1，-2.

由图 5-1 可知，原不等式的解集为 $\{x \mid x \leqslant -5$ 或 $-2 < x < -1$ 或 $0 \leqslant x \leqslant 1\}$.

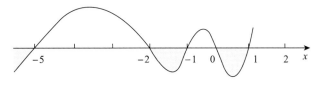

图 5-1

30 »» **A.**（数形结合）设 $y_1 = \sqrt{2x+1}$，$y_2 = x + m$，在同一坐

标系中作出两个函数的图像，如图 5-2 所示.

由方程 $x^2 + 2(m-1)x + m^2 - 1 = 0$ 得两图像相切时 $\Delta =$

$4(m-1)^2 - 4(m^2 - 1) = 0$，解得 $m = 1$，从而由图可知，

$\dfrac{1}{2} \leqslant m < 1$ 时原方程有两个不相等的实根.

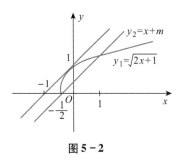

图 5-2

31 »» **A.** 两边平方，得到 $x^2 < 2 - x \Rightarrow -2 < x < 1$，但要注意根

号有意义，右边有条件 $x \leqslant 2$，但对算出的答案无影响.

32 »» **C.** 因为根式有意义，所以必须有 $\begin{cases} 3x - 4 \geqslant 0 \\ x - 3 \geqslant 0 \end{cases} \Rightarrow x \geqslant 3$.

又因为原不等式可化为 $\sqrt{3x-4} > \sqrt{x-3}$，两边平方得 $3x - 4 > x - 3$，解之得 $x > \dfrac{1}{2}$.

所以原不等式的解集是 $\{x \mid x \geqslant 3\} \cap \left\{ x \mid x > \dfrac{1}{2} \right\} = \{x \mid x \geqslant 3\}$.

33 »» **D.** 原不等式等价于下列两个不等式组解集的并集：

$$I:\begin{cases} 4-3x\geqslant 0 \\ 2x-1\geqslant 0 \\ (2x-1)^2<4-3x \end{cases} ; \quad II:\begin{cases} 4-3x\geqslant 0 \\ 2x-1<0 \end{cases}.$$

解不等式组 I 得：$\begin{cases} x\leqslant \dfrac{4}{3} \\ x\geqslant \dfrac{1}{2} \\ -\dfrac{3}{4}<x<1 \end{cases} \Rightarrow \dfrac{1}{2}\leqslant x<1$；解不等式组 II 得：$x<\dfrac{1}{2}$.

所以原不等式的解集为 $\{x\mid x<1\}$.

34 » **E.** 很明显 $x\neq 1$，故原不等式等价于 $\begin{cases} x>1 \\ 3x+1>x+5 \end{cases}$ 或 $\begin{cases} 0<x<1 \\ 3x+1<x+5 \end{cases}$，由第一个

不等式组得 $x>2$，由第二个不等式组得 $0<x<1$，所以原不等式的解集为 $(0,1)\cup$

$(2,+\infty)$，选 E.

35 » **A.** 方程 $\log_a x+\log_a y=c\Rightarrow \log_a xy=c\Rightarrow xy=a^c\Rightarrow y=\dfrac{a^c}{x}$，可知 $y=\dfrac{a^c}{x}$ 单调递减，所

以当 $x\in[a,2a]$，$y\in\left[\dfrac{a^{c-1}}{2},a^{c-1}\right]$，所以 $\begin{cases} \dfrac{a^{c-1}}{2}\geqslant a \\ a^{c-1}\leqslant a^2 \end{cases} \Rightarrow \begin{cases} c\geqslant 2+\log_a 2 \\ c\leqslant 3 \end{cases}$，因为仅有一个常

数 c 满足题意，所以 $2+\log_a 2=3$，解得 $a=2$. 选 A.

36 » **E.** 要学会利用指数函数的公式化为同底：$4^x=(2^x)^2$. 原方程 $4^{x-\frac{1}{2}}+2^x=1\Leftrightarrow 4^{x-\frac{1}{2}}+2^x$

$-1=0$，$4^{-\frac{1}{2}}\cdot 4^x+2^x-1=0$，即 $\dfrac{1}{2}\cdot(2^x)^2+2^x-1=0$，令 $2^x=t$，可知 $t>0$. 原方程

变为 $\dfrac{1}{2}\cdot t^2+t-1=0$，即 $t^2+2t-2=0$. t 的解为 $-1-\sqrt{3}$ 或 $-1+\sqrt{3}$，由于 $t>0$，则

$t=-1+\sqrt{3}$，所以 $x=\log_2(\sqrt{3}-1)$，选 E.

37 » **B.** 要使对数有意义，显然 $x>0$，且 $x\neq 1$.

$f(x)=1-\log_x 2+\log_{x^2} 9-\log_{x^3} 64=1-\log_x 2+\log_x 3-\log_x 4=\log_x\dfrac{3x}{8}$.

要使 $f(x)<0$，当 $x>1$ 时，$\log_x\dfrac{3x}{8}<0=\log_x 1\Rightarrow 1<x<\dfrac{8}{3}$；

当 $0<x<1$ 时，$\log_x\dfrac{3x}{8}<0=\log_x 1\Rightarrow x>\dfrac{8}{3}$，此时无解.

综上可得，$f(x)<0$ 的取值范围为 $1<x<\dfrac{8}{3}$.

38 » **C.** 由柯西不等式得 $(3x^2+2y^2)\left(\dfrac{4}{3}+\dfrac{1}{2}\right)\geqslant(2x+y)^2$，故 $(2x+y)^2\leqslant 6\times\dfrac{11}{6}=11$，

则 $-\sqrt{11}\leqslant 2x+y\leqslant\sqrt{11}$，所以 $2x+y$ 的最大值为 $\sqrt{11}$.

$39 \gg$ **B.** 由柯西不等式得 $\left[(3a+1)+(3b+1)\right] \times (1+1) \geqslant \left(\sqrt{3a+1}+\sqrt{3b+1}\right)^2$，

因为 $a+b=1$，所以 $\left(\sqrt{3a+1}+\sqrt{3b+1}\right)^2 \leqslant 10$，故 $\sqrt{3a+1}+\sqrt{3b+1} \leqslant \sqrt{10}$，选 B.

$40 \gg$ **C.** 由柯西不等式可得，当 $\dfrac{a}{1}=\dfrac{b}{2}=\dfrac{c}{3}$ 时，等号成立，故取特值 $a=1$，$b=2$，$c=3$，则

$\dfrac{b+c}{a}+\dfrac{a+c}{b}+\dfrac{a+b}{c}=8$，选 C.

$41 \gg$ **C.** 根据题意有 $b+c+d=3-a, 2b^2+3c^2+6d^2=5-a^2$，由柯西不等式有 $(2b^2+3c^2$

$+6d^2)\left(\dfrac{1}{2}+\dfrac{1}{3}+\dfrac{1}{6}\right) \geqslant (b+c+d)^2 \Rightarrow (5-a^2) \times 1 \geqslant (3-a)^2 \Rightarrow a^2-3a+2 \leqslant 0$，

可得 $1 \leqslant a \leqslant 2$，故解集中包含 2 个整数. 选 C.

$42 \gg$ **C.** 由权方和不等式可得 $\dfrac{a^2}{4}+\dfrac{b^2}{9}+c^2 \geqslant \dfrac{(a+b+c)^2}{4+9+1}=\dfrac{16}{14}=\dfrac{8}{7}$，故选 C.

$43 \gg$ **C.** 根据权方和不等式，$\dfrac{x^2}{x+2}+\dfrac{y^2}{y+1} \geqslant \dfrac{(x+y)^2}{x+y+3}=\dfrac{1}{4}$，所以最小值为 $\dfrac{1}{4}$.

$44 \gg$ **E.** 原式 $=\dfrac{1}{2x}+\dfrac{x}{y+1}=\dfrac{1}{2x}+\dfrac{1-y}{y+1}=\dfrac{1}{2x}+\dfrac{2}{y+1}-1$. 根据权方和不等式，$\dfrac{1}{2x}+\dfrac{2}{y+1}$

$=\dfrac{1^2}{2x}+\dfrac{2^2}{2y+2} \geqslant \dfrac{(1+2)^2}{2x+2y+2}=\dfrac{9}{4}$. 故原式的最小值为 $\dfrac{9}{4}-1=\dfrac{5}{4}$.

$45 \gg$ **D.** 根据权方和不等式，$\dfrac{a^2}{b-1}+\dfrac{b^2}{a-1} \geqslant \dfrac{(a+b)^2}{a+b-2}$. 令 $a+b-2=t$，则 $\dfrac{(a+b)^2}{a+b-2}=$

$\dfrac{(t+2)^2}{t}=t+\dfrac{4}{t}+4 \geqslant 8$，故最小值为 8.

$46 \gg$ **E.** 依题意，①当 $m^2+4m-5=0$ 时，$m=1$ 或 $m=-5$，当 $m=1$ 时，原不等式化为 $3>0$，

恒成立；当 $m=-5$ 时，不合题意.

②$\begin{cases} m^2+4m-5>0 \\ \Delta=\left[-4(m-1)\right]^2-4(m^2+4m-5)\cdot 3<0 \end{cases}$，解得 $1<m<19$.

综上可得 $1 \leqslant m<19$.

$47 \gg$ **C.** 构造函数：$f(x)=x^2+mx+4$. 由于当 $x \in (1, 2)$ 时，不等式 $x^2+mx+4<0$ 恒成

立. 所以 $f(1) \leqslant 0$，$f(2) \leqslant 0$，即 $1+m+4 \leqslant 0$，$4+2m+4 \leqslant 0$. 解得 $m \leqslant -5$.

$48 \gg$ **B.** 如图 $5-3$ 所示，令 $y_1=|x|$，$y_2=ax$，要想 $|x| \geqslant ax$ 恒成立，

那么 y_1 的图像必须要在 y_2 的图像上方. 因为 a 表示的是斜率，

故 a 的范围为 $-1 \leqslant a \leqslant 1$，选 B.

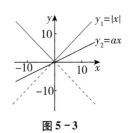

$49 \gg$ **B.** 根据 $\dfrac{4}{b}+\dfrac{1}{c}=1$，且 a，b，$c>0$，可以看出 $b>4$.

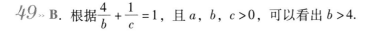

图 $5-3$

将 $c = 1 + \dfrac{4}{b-4}$ 代入 $b+c$，则 $b+c = b+1+\dfrac{4}{b-4} = 5+(b-4)+\dfrac{4}{b-4} \geqslant 9$（$b=6$ 时取等号），所以 $b+c>a$ 恒成立的 a 的取值范围为 $a<9$。

50 》D. 因为 $(a^2+b^2)(2^2+1^2) \geqslant (2a+b)^2 = 1 \Rightarrow a^2+b^2 \geqslant \dfrac{1}{5}$；利用三角不等式 $f(x) = |x+1|-|x-1| \leqslant |x+1-x+1| = 2$；因为 $a^2+b^2 \geqslant f(x)+k$ 恒成立，故 $\dfrac{1}{5} \geqslant 2+k \Rightarrow k \leqslant -\dfrac{9}{5}$，选 D.

51 》D. 因为 $(a^2+2b^2)\left[2^2+\left(-\dfrac{1}{\sqrt{2}}\right)^2\right] \geqslant (2a-b)^2 = 1 \Rightarrow a^2+2b^2 \geqslant \dfrac{2}{9}$。因为函数 $y = 2^{t-1}+k$ 在 $(1 \leqslant t \leqslant 2)$ 上单调递增，所以它的最小值为 $1+k$，由于存在 $t_0 \in [1,2]$，使得 $a^2+2b^2 \geqslant 2^{t-1}+k(1 \leqslant t \leqslant 2)$ 成立，所以 $\dfrac{2}{9} \geqslant 1+k \Rightarrow k \leqslant -\dfrac{7}{9}$。选 D.

52 》B. 化原不等式为 $(x^2-1)m-(2x-1)<0$，记 $f(m) = (x^2-1)m-(2x-1)$，根据 $|m| \leqslant 2$，由 $f(-2)<0$ 且 $f(2)<0$ 得 $\dfrac{-1+\sqrt{7}}{2} < x < \dfrac{1+\sqrt{3}}{2}$。

第二节 顿悟练习

1. 若 x_0 是方程 $\left(\dfrac{1}{2}\right)^x = x^{\frac{1}{3}}$ 的解，则 x_0 属于区间（ ）.

　A. $\left(\dfrac{2}{3},1\right)$ 　　B. $\left(\dfrac{1}{2},\dfrac{2}{3}\right)$ 　　C. $\left(\dfrac{1}{3},\dfrac{1}{2}\right)$ 　　D. $\left(0,\dfrac{1}{3}\right)$ 　　E. $\left(\dfrac{2}{3},2\right)$

2. 给出函数 $f(x) = \begin{cases} \left(\dfrac{1}{2}\right)^x & x \geqslant 4 \\ f(x+1) & x<4 \end{cases}$，则 $f(\log_2 3) = （ ）$.

　A. $\dfrac{3}{20}$ 　　B. $\dfrac{1}{3}$ 　　C. $\dfrac{1}{4}$ 　　D. $\dfrac{1}{8}$ 　　E. $\dfrac{1}{24}$

3. 若 $\log_2(\log_{\frac{1}{2}}(\log_2 x)) = \log_3(\log_{\frac{1}{3}}(\log_3 y)) = \log_5(\log_{\frac{1}{5}}(\log_5 z)) = 0$，则 x，y，z 的大小关系是（ ）.

　A. $z<x<y$ 　　B. $x<y<z$ 　　C. $y<z<x$ 　　D. $z<y<x$ 　　E. $y<x<z$

4. 已知 $2\lg(x-2y) = \lg x + \lg y$，则 $\dfrac{x}{y}$ 的值为（ ）.

　A. 1 　　B. 4 　　C. 1 或 4 　　D. 4 或 -1 　　E. -1

5. 函数 $y = \sqrt{\log_{\frac{1}{2}}(2x-1)}$ 的定义域为（ ）.

　A. $\left(\dfrac{1}{2},+\infty\right)$ 　　　　B. $[1,+\infty)$ 　　　　C. $\left(\dfrac{1}{2},1\right]$

D. $(-\infty,1)$ E. $\left[\dfrac{1}{2},1\right]$

6. 已知 a，b，c，d 为正实数，且 $a^2=2$，$b^3=3$，$c^4=4$，$d^5=5$，则 a，b，c，d 中最大的数是（　　）.

     A. a B. b C. c D. d E. a 或 c

7. 设函数 $f(x)=\min\{x^2-1,\ x+1,\ -x+1\}$，其中 $\min\{x,\ y,\ z\}$ 表示 x，y，z 中的最小者. 若 $f(a+2)>f(a)$，则实数 a 的取值范围为（　　）.

     A. $(-\infty,\ -3)\cup(-1,\ 0)$ B. $(-\infty,\ -2)$ C. $(-1,\ 0)$

     D. $(-\infty,\ -2)\cup(-1,\ 0)$ E. $(-\infty,\ -2)\cup(0,\ 1)$

8. 若函数 $f(x)=x^2+ax+b$ 在 $(0,1)$ 上有两个零点，则 $\min\{f(0),f(1)\}$ 的取值范围是（　　）.

     A. $\left(0,\ \dfrac{1}{4}\right)$ B. $\left(-\infty,\ -\dfrac{1}{2}\right)$ C. $\left(0,\ \dfrac{1}{2}\right)$

     D. $\left(\dfrac{1}{4},\ \dfrac{1}{2}\right)$ E. $\left(\dfrac{1}{4},\ 1\right)$

9. 设 α，β 是方程 $4x^2-4mx+m+2=0$ 的两个实根，则 $\alpha^2+\beta^2$ 的最小值是（　　）.

     A. $\dfrac{1}{2}$ B. 1 C. $\dfrac{3}{2}$ D. 2 E. 3

10. 已知方程 $x^2-4x+a=0$ 有两个实根，其中一根小于 3，另一根大于 3，则 a 的取值范围为（　　）.

     A. $a\leqslant 3$ B. $a>3$ C. $a<3$ D. $0<a<3$ E. $a<1$

11. 指数不等式 $(0.2)^{x^2-3x-2}>0.04$ 的解集为（　　）.

     A. $\{x\mid 6<x<181\}$ B. $\{x\mid -11<x<4\}$ C. $\{x\mid 1<x<4\}$

     D. $\{x\mid -1<x<4\}$ E. $\{x\mid x\neq -1\}$

12. 不等式 $3^{x+1}+2\cdot 3^{2-x}>29$ 的解集为（　　）.

     A. $\left\{x\ \middle|\ x<-\log_3\dfrac{2}{3}\text{或}x>2\right\}$ B. $\left\{x\ \middle|\ x<\log_3\dfrac{2}{3}\text{或}x>2\right\}$

     C. $\left\{x\ \middle|\ x<\log_3\dfrac{2}{3}\text{或}x>12\right\}$ D. $\{x\mid -1<x<4\}$

     E. $\{x\mid x\neq -1\}$

13. 不等式 $\sqrt{\log_{\frac{1}{2}}x+1}<\log_{\frac{1}{2}}x-1$ 的解集是（　　）.

     A. $\left\{x\ \middle|\ 0<x<\dfrac{1}{8}\right\}$ B. $\left\{x\ \middle|\ 0<x<\dfrac{1}{4}\right\}$ C. $\{x\mid 1<x<4\}$

     D. $\{x\mid 2<x<4\}$ E. $\{x\mid x\neq -1\}$

14. 不等式 $\lg x>\dfrac{2}{\lg x}+1$ 的解集是（　　）.

     A. $\left\{x\ \middle|\ \dfrac{1}{10}<x<1\right\}$ B. $\left\{x\ \middle|\ -\dfrac{1}{10}<x<1\right\}$ C. $\left\{x\ \middle|\ \dfrac{1}{10}<x<100\right\}$

     D. $\left\{x\ \middle|\ \dfrac{1}{10}<x<1\text{ 或 }x>100\right\}$ E. $\{x\mid x\neq -1\}$

15. 已知不等式 $ax^2 + 4ax + 3 \geq 0$ 的解集为 **R**，则 a 的取值范围是（   ）.

   A. $\left[-\dfrac{3}{4}, \dfrac{3}{4} \right]$
   B. $\left(0, \dfrac{3}{4} \right)$
   C. $\left(0, \dfrac{3}{4} \right]$

   D. $\left[0, \dfrac{3}{4} \right)$
   E. $\left[0, \dfrac{3}{4} \right]$

16. 不等式 $ax^2 + bx + 2 > 0$ 的解集为 $\left(-\dfrac{1}{3}, \dfrac{1}{2} \right)$，则 $2x^2 + bx + a > 0$ 的解集为（   ）.

   A. $\{x \mid x > 2\}$
   B. $\{x \mid x < -3\}$
   C. $\{x \mid -3 < x < 2\}$
   D. $\{x \mid x > 2 \text{ 或 } x < -3\}$
   E. $\{x \mid x > 3\}$

17. 已知 $x \in \left(0, \dfrac{1}{2} \right)$，那么函数 $f(x) = \dfrac{2}{x} + \dfrac{9}{1 - 2x}$ 的最小值为（   ）.

   A. 169   B. 121   C. 25   D. 16   E. 64

18. 已知 $a, b, c \in \mathbf{R}_+$，且 $\dfrac{1}{a^2} + \dfrac{8}{b^2} + \dfrac{1}{c^2} = 1$，则 $a + b + c$ 的最小值为（   ）.

   A. 2   B. 4   C. 5   D. 6   E. 8

19. 已知正数 x, y, z 满足 $xyz \geq 1$，则 $\dfrac{x^2}{y + 2z} + \dfrac{y^2}{z + 2x} + \dfrac{z^2}{x + 2y}$ 的最小值为（   ）.

   A. 1   B. 2   C. 4   D. 8   E. 16

20. 已知 $2x - y + z = 1$，则 $x^2 + 3y^2 + z^2$ 的最小值为（   ）.

   A. 2   B. 1   C. $\dfrac{3}{16}$ D. $\dfrac{3}{4}$ E. $\dfrac{3}{8}$

21. 函数 $f(x) = 2\sqrt{x - 2} + 3\sqrt{20 - 5x}$ 的最大值为（   ）.

   A. $2\sqrt{7}$ B. $7\sqrt{2}$ C. $7\sqrt{3}$ D. 8   E. $10\sqrt{2}$

22. 方程 $x^2 + ax + 2 = 0$ 与 $x^2 - 2x - a = 0$ 有一公共实数解.

   （1） $a = 3$.
   （2） $a = -2$.

23. 函数 $y = \log_{\frac{1}{2}}(ax^2 + 2x + 1)$ 的定义域为 **R**.

   （1） $a > 1$.
   （2） $0 < a < 1$.

24. 不等式 $mx^2 - 2mx + (2m - 3) < 0$ 的解集是 $\varnothing$.

   （1） $m < 4$.
   （2） $m \geq 4$.

25. $\dfrac{9x - 5}{x^2 - 5x + 6} \geq -2$.

   （1） $x < 2$.
   （2） $x > 3$.

26. $\left| \sqrt{x - 2} - 3 \right| < 1$.

   （1） $8 < x < 18$.
   （2） $7 \leq x \leq 12$.

27. 不等式 $|1 - x| + |1 + x| > a$ 的解集是 **R**.

   （1） $a \in (-\infty, 2)$.
   （2） $a = 2$.

28. 对任意的实数 x 都使得 $\dfrac{1}{2x^2 + ax + a}$ 有意义.

   （1） $a > 0$.
   （2） $a < 8$.

29. 不等式 $1 < k < 2$ 成立.

（1）关于 x 的方程 $x^2 - 2(k-1)x + k - 1 = 0$ 无实根.

（2）不等式组 $\begin{cases} 2x^2 + x - 10 < 0 \\ 2x^2 + (5+2k)x + 5k < 0 \end{cases}$ 只有 -2 一个整数解.

顿悟练习解析

1 »» **C.** 方程 $\left(\dfrac{1}{2}\right)^x = x^{\frac{1}{3}}$ 的解，即为函数 $y = \left(\dfrac{1}{2}\right)^x$ 与 $y = x^{\frac{1}{3}}$ 图像的交点. $y = \left(\dfrac{1}{2}\right)^x$ 为过

$(0，1)$ 点的减函数；$y = x^{\frac{1}{3}}$ 过 $(0，0)$ 点，且在 $(0，+\infty)$ 区间内为增函数.

因为 $\left(\dfrac{1}{2}\right)^0 = 1 > 0^{\frac{1}{3}} = 0$，且 $\left(\dfrac{1}{2}\right)^{\frac{1}{2}} < \left(\dfrac{1}{2}\right)^{\frac{1}{3}}$，$\left(\dfrac{1}{2}\right)^{\frac{1}{3}} > \left(\dfrac{1}{3}\right)^{\frac{1}{3}}$，故交点在区间 $\left(\dfrac{1}{3}，\dfrac{1}{2}\right)$ 内.

满足条件的为 C.

2 »» **E.** $f(x)$ 为分段函数，$\log_2 3 < \log_2 2^4 = 4$，$\log_2 3 + 1 = \log_2 6 < \log_2 2^4$，

$\qquad$ $\log_2 6 + 1 = \log_2 12 < \log_2 2^4$，$\log_2 12 + 1 = \log_2 24 > \log_2 2^4$，

$$f(\log_2 3) = f(\log_2 24) = \left(\frac{1}{2}\right)^{\log_2 24} = \left(\frac{1}{2}\right)^{\log_{\frac{1}{2}} \frac{1}{24}} = \frac{1}{24}.$$

3 »» **A.** 本题考查对指互化，幂函数比较大小问题，由 $x > 0$，$y > 0$，$z > 0$ 得到

$$\log_2 \left(\log_{\frac{1}{2}} (\log_2 x)\right) = 0，\log_{\frac{1}{2}} (\log_2 x) = 1，\log_2 x = \frac{1}{2}，x = 2^{\frac{1}{2}}，$$

同理可得 $y = 3^{\frac{1}{3}}$，$z = 5^{\frac{1}{5}}$.

$x^6 = 2^3 = 8$，$y^6 = 3^2 = 9$，$x^6 < y^6$，又因为 $x > 0$，$y > 0$，所以 $x < y$；

$z^{10} = 5^2 = 25$，$x^{10} = 2^5 = 32$，$z^{10} < x^{10}$，又因为 $x > 0$，$z > 0$，所以 $z < x$.

综上 $z < x < y$.

4 »» **B.** 对数的基本运算. $2\lg(x - 2y) = \lg(x - 2y)^2$，$x - 2y > 0$，$x > 2y$，$x > 0$，$y > 0$.

$\lg x + \lg y = \lg xy$，$(x - 2y)^2 = xy$，$x^2 - 5xy + 4y^2 = 0$，

两端同除 y^2，得 $\left(\dfrac{x}{y}\right)^2 - 5 \cdot \dfrac{x}{y} + 4 = 0$，解得 $\dfrac{x}{y} = 4$，$\dfrac{x}{y} = 1$（舍去）.

5 »» **C.** 要使函数有意义，被开方数大于等于零且 $2x - 1 > 0$，即 $0 < 2x - 1 \leqslant 1$，解得 $\dfrac{1}{2} < x \leqslant 1$.

6 »» **B.** 因为 $a^2 = 2$，$c^4 = 4$，所以 $c^2 = 2 = a^2$，$a = c$；因为 $a^6 = (a^2)^3 = 8$，$b^6 = (b^3)^2 = 9$，所以 $b > a = c$；因为 $b^{15} = (b^3)^5 = 243$，$d^{15} = (d^5)^3 = 125$，所以 $b > d$. 故 a，b，c，d 中 b 最大，从而选 B.

7 »» **D.** 当 $a + 2 \leqslant -1$ 时，$a < a + 2 \leqslant -1$，此时有 $f(a) < f(a+2)$；

$\qquad$ 当 $-1 < a + 2 < 0$ 时，$-3 < a < -2$，此时有 $f(a) < f(-2) = -1 < f(a+2)$；

当 $0 \leqslant a+2 \leqslant 1$ 时，$-2 \leqslant a \leqslant -1$，此时有 $f(a) \geqslant f(a+2)$；

当 $1 < a+2 < 2$ 时，$-1 < a < 0$，此时有 $f(a) < f(a+2)$；

当 $a+2 \geqslant 2$ 时，$a \geqslant 0$，此时有 $f(a) \geqslant f(a+2)$.

$8_{\gg}$ **A.** $\min\{f(0), f(1)\} = \min\{b, 1+a+b\}$，因为在 $(0, 1)$ 上有两个零点，所以满足 $0 < -\dfrac{a}{2} < 1 \Rightarrow -2 < a < 0$，$b > 0$，$1+a+b > 0$，取它们两个相等时，即 $a = -1$，此时 $\Delta = 1 - 4b > 0$，所以 $0 < b < \dfrac{1}{4}$，即所求的范围.

$9_{\gg}$ **A.** $\Delta = (-4m)^2 - 4 \times 4(m+2) \geqslant 0$，解得 $m \leqslant -1$ 或 $m \geqslant 2$，又 $\alpha^2 + \beta^2 = (\alpha+\beta)^2 - 2\alpha\beta = m^2 - \dfrac{m+2}{2} = \left(m - \dfrac{1}{4}\right)^2 - \dfrac{17}{16}$，所以当 $m = -1$ 时，$\alpha^2 + \beta^2$ 取最小值为 $\dfrac{1}{2}$.

$10_{\gg}$ **C. 方法一** 依题意，有 $\Delta = (-4)^2 - 4a > 0$，得 $a < 4$，不妨设 $x_1 < 3$，$x_2 > 3$，则 $(x_1 - 3)(x_2 - 3) < 0$，即 $x_1 x_2 - 3(x_1 + x_2) + 9 < 0$，从而 $a - 3 \times 4 + 9 < 0$，所以 $a < 3$.

方法二 令 $f(x) = x^2 - 4x + a$，如图 $5-4$ 所示，有 $f(3) < 0$，即 $3^2 - 4 \times 3 + a < 0$，解得 $a < 3$.

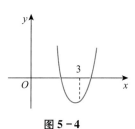

图 $5-4$

$11_{\gg}$ **D.** 因为 $(0.2)^{x^2-3x-2} > (0.2)^2$，又由于 $y = (0.2)^x$ 单调递减，所以 $x^2 - 3x - 2 < 2$，因式分解得 $(x-4)(x+1) < 0$，故 $-1 < x < 4$.

$12_{\gg}$ **B.** 原不等式即 $3 \cdot 3^x + \dfrac{18}{3^x} > 29$，化简整理得 $3 \cdot (3^x)^2 - 29 \cdot 3^x + 18 > 0$，设 $t = 3^x$，则 $3t^2 - 29t + 18 > 0$，解得 $t < \dfrac{2}{3}$ 或 $t > 9$，即 $3^x < \dfrac{2}{3}$ 或 $3^x > 9$，故 $x < \log_3 \dfrac{2}{3}$ 或 $x > 2$.

$13_{\gg}$ **A.** 设 $t = \log_{\frac{1}{2}} x$，则有 $\sqrt{t+1} < t - 1 \Leftrightarrow \begin{cases} t+1 \geqslant 0 \\ t-1 \geqslant 0 \\ t+1 < (t-1)^2 \end{cases} \Leftrightarrow \begin{cases} t \geqslant -1 \\ t \geqslant 1 \\ t < 0 \text{ 或 } t > 3 \end{cases}$.

解得 $t > 3$，即 $\log_{\frac{1}{2}} x > 3$，所以 $\log_{\frac{1}{2}} x > \log_{\frac{1}{2}} \dfrac{1}{8}$，故 $0 < x < \dfrac{1}{8}$，

解集为 $\left\{x \,\middle|\, 0 < x < \dfrac{1}{8}\right\}$.

$14_{\gg}$ **D.** 通分为 $\dfrac{\lg^2 x - \lg x - 2}{\lg x} > 0 \Leftrightarrow (\lg^2 x - \lg x - 2) \lg x > 0$，即

$$(\lg x + 1)(\lg x - 2)\lg x > 0.$$

①当 $\lg x > 0$ 时，有 $\lg x - 2 > 0 \Rightarrow x > 100$；

②当 $\lg x < 0$ 时，有 $\begin{cases} \lg x + 1 > 0 \\ \lg x - 2 < 0 \end{cases} \Rightarrow \dfrac{1}{10} < x < 1$.

15 » **E.** 当 $a=0$ 时，$3 \geqslant 0$ 对任意 $x \in \mathbf{R}$ 均成立；

当 $a \neq 0$ 时，可得 $\begin{cases} a > 0 \\ (4a)^2 - 12a \leqslant 0 \end{cases}$，即 $0 < a \leqslant \dfrac{3}{4}$. 综上，可得 $0 \leqslant a \leqslant \dfrac{3}{4}$.

16 » **D.** 由已知，可得 $ax^2 + bx + 2 = 0$ 的两根为 $-\dfrac{1}{3}$，$\dfrac{1}{2}$，根据韦达定理，可知 $a = -12$，

$b = 2$，代入 $2x^2 + bx + a > 0$，得到 $x^2 + x - 6 > 0$，解得 $x > 2$ 或 $x < -3$.

17 » **C.** 利用权方和不等式：$f(x) = \dfrac{2}{x} + \dfrac{9}{1-2x} = \dfrac{2^2}{2x} + \dfrac{3^2}{1-2x} \geqslant \dfrac{(2+3)^2}{2x+(1-2x)} = 25$，故

最小值为 25，选 C.

18 » **E.** 利用权方和不等式：$1 = \dfrac{1^3}{a^2} + \dfrac{2^3}{b^2} + \dfrac{1^3}{c^2} \geqslant \dfrac{(1+2+1)^3}{(a+b+c)^2} = \dfrac{64}{(a+b+c)^2} \Rightarrow (a+b+c)^2$

$\geqslant 64 \Rightarrow a+b+c \geqslant 8$，故最小值为 8. 选 E.

19 » **A.** 利用权方和不等式：$\dfrac{x^2}{y+2z} + \dfrac{y^2}{z+2x} + \dfrac{z^2}{x+2y} \geqslant \dfrac{(x+y+z)^2}{3(x+y+z)} = \dfrac{x+y+z}{3} \geqslant \dfrac{3\sqrt[3]{xyz}}{3}$

$\geqslant 1$，故最小值为 1，选 A.

20 » **C.** 根据三维柯西不等式：$(x^2+3y^2+z^2)\left[2^2+\left(-\dfrac{1}{\sqrt{3}}\right)^2+1\right] \geqslant (2x-y+z)^2 = 1$，

即 $\dfrac{16}{3}(x^2+3y^2+z^2) \geqslant 1 \Rightarrow x^2+3y^2+z^2 \geqslant \dfrac{3}{16}$，选 C.

21 » **B.** 根据二维柯西不等式有：$\left[5(x-2)+(20-5x)\right]\left(\dfrac{4}{5}+9\right) \geqslant \left(2\sqrt{x-2}+\right.$

$\left. 3\sqrt{20-5x}\right)^2$；

即 $10 \times \left(\dfrac{4}{5}+9\right) \geqslant (2\sqrt{x-2}+3\sqrt{20-5x})^2 \Rightarrow 98 \geqslant (2\sqrt{x-2}+3\sqrt{20-5x})^2$

$\Rightarrow -7\sqrt{2} \leqslant 2\sqrt{x-2}+3\sqrt{20-5x} \leqslant 7\sqrt{2}$，所以最大值为 $7\sqrt{2}$，选 B.

22 » **A.** 条件(1)：$a=3$ 时，方程 $x^2+ax+2=0$ 的根为 -1，-2，方程 $x^2-2x-a=0$ 的根

为 -1，3，充分.

条件(2)：$a=-2$ 时，两方程都变为 $x^2-2x+2=0$，无实数解，不充分.

23 » **A.** 对数函数定义域. 因为函数 $y=\log_{\frac{1}{2}}(ax^2+2x+1)$ 的定义域为 $\mathbf{R}$，即对任意 $x \in \mathbf{R}$，

ax^2+2x+1 恒大于 0，所以有 $\Delta = 4-4a < 0$，$a > 1$. 因此条件(1)充分，条件(2)不充分.

24 » **B.** 不等式 $mx^2-2mx+(2m-3) < 0$ 的解集是 $\varnothing$，显然

$\begin{cases} m > 0 \\ \Delta = (-2m)^2 - 4m(2m-3) \leqslant 0 \end{cases} \Rightarrow m \geqslant 3$，显然只有条件(2)充分.

25 » **D.** 原不等式 $\Leftrightarrow \dfrac{9x-5}{x^2-5x+6} + 2 \geqslant 0 \Leftrightarrow \dfrac{2x^2-x+7}{x^2-5x+6} \geqslant 0$. 对于 $f(x)=2x^2-x+7$，其判别式

$\Delta < 0$，故恒有 $2x^2 - x + 7 > 0$，则只需 $x^2 - 5x + 6 > 0$，解得 $x < 2$ 或 $x > 3$，解集为 $\{x \mid x < 2 \text{ 或 } x > 3\}$. 故条件(1)和条件(2)均单独充分.

26» D. 原不等式 $\Leftrightarrow -1 < \sqrt{x-2} - 3 < 1 \Leftrightarrow 2 < \sqrt{x-2} < 4$

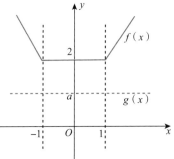

$\xleftarrow{\text{平方运算}} 4 < x - 2 < 16 \Leftrightarrow 6 < x < 18$，所以解集为 $\{x \mid 6 < x < 18\}$，故条件(1)和条件(2)都充分.

27» A. 令 $f(x) = |1-x| + |1+x|$，$g(x) = a$，需要 $f(x) > g(x)$ 恒成立，如图5-5所示，所以 $a < 2$，条件(1)充分.

28» C. 题意为 $f(x) = 2x^2 + ax + a > 0$ 恒成立，则对应方程的 $\Delta < 0$，求出 a 的取值范围为 $0 < a < 8$. 只有条件(1)和条件(2)联合充分.

图 5-5

29» A. 针对条件(1)，$\Delta < 0$，得到 $1 < k < 2$，充分；针对条件(2)，求不等式组

$$\begin{cases} 2x^2 + x - 10 < 0 \\ 2x^2 + (5+2k)x + 5k < 0 \end{cases} \Rightarrow \begin{cases} -\dfrac{5}{2} < x < 2 \\ -\dfrac{5}{2} < x < -k \end{cases},$$

所以当 $-2 < -k \leq -1$ 时，有唯一整数解 -2，即 $1 \leq k < 2$，不充分.

专项六　不等式证明方法

第一节　核心绝例

专项简析

　　数学仅学习知识点是远远不够的，需要用方法将知识点串联起来，而条件充分性判断题目就是数学的证明题，只是换了一种"外衣"而已，所以考生要掌握数学基本的证明方法. 下面以不等式知识为载体，引入一些逻辑方法，介绍一些数学基本的证明方法，供读者参考学习.

题型1　比较法

思　路　比较法一般有两种形式：（1）差值比较：欲证 $A \geqslant B$，只需证 $A - B \geqslant 0$；

（2）商值比较：若 $B > 0$，欲证 $A \geqslant B$，只需证 $\dfrac{A}{B} \geqslant 1$.

其本质在于单独讨论" a, b "不等式问题难以解决时，通过整体讨论" $a - b, \dfrac{a}{b}$ "会使问题迁移"环境"，给问题带来新的结构，为 $a - b, \dfrac{a}{b}$ 与 0 或 1 进行比较提供可能. 组合" $a - b, \dfrac{a}{b}$ "出现新的运算结构和它与"0，1"能够加以比较是比较法的精髓.

1　若 $a > 2, b > 2$，则 ab 与 $a + b$ 的大小关系是（　　）.

　　A. $ab = a + b$　　　　　　　B. $ab > a + b$　　　　　　　C. $ab < a + b$

　　D. $ab \geqslant a + b$　　　　　　E. $ab \leqslant a + b$

2　若 $0 < a_1 < a_2, 0 < b_1 < b_2$，且 $a_1 + a_2 = b_1 + b_2 = 1$，则下列代数式中最大的是（　　）.

　　A. $a_1 b_1 + a_2 b_2$　　　　　B. $a_1 a_2 + b_1 b_2$　　　　　C. $a_1 b_2 + a_2 b_1$

　　D. $\dfrac{1}{2}$　　　　　　　　E. 无法确定

题型 2 综合法

思　路　用综合法证明不等式，就是用因果关系书写"从已知出发，借助不等式的性质和有关定理，经过逐步的逻辑推理，最后达到待证不等式得证"的全过程．其特点可描述为"由因导果"，即从"已知"看"可知"，逐步推向"未知"．综合法属于逻辑方法范畴，它的严谨体现在步步注明推理依据上．

3 $\left(\dfrac{1}{a}-1\right)\left(\dfrac{1}{b}-1\right)\left(\dfrac{1}{c}-1\right)\geqslant 8$.

(1) a,b,c 都是正实数.　　　　(2) $a+b+c=1$.

题型 3 分析法

思　路　分析法是指从需证的不等式出发，分析这个不等式成立的充分条件，使问题转化为判定两条件是否为充分条件的子集即可．其特点可描述为"执果索因"，即从"未知"看"需知"，逐步靠拢"已知"．

4 已知三角形三边为 a，b，c，则 $\dfrac{1}{a+b}+\dfrac{1}{b+c}=\dfrac{3}{a+b+c}$.

(1) 三角形的三个内角 $\angle A$，$\angle B$，$\angle C$ 成等差数列.

(2) 三角形为等边三角形.

5 圆 $x^2+y^2-2x+4y+1=0$ 上恰有两个点到直线 $2x+y+c=0$ 的距离等于 1.

(1) $|c|<\sqrt{5}$.　　　　(2) $|c|>3\sqrt{5}$.

题型 4 反证法

思　路　用反证法解题，其实质就是否定结论，导出矛盾，从而说明原结论正确．否定结论时对结论的反面要一一否定，不能遗漏．反证法适宜证明"存在性问题""唯一性问题"以及带有"至少有一个，至多有一个"等字样的问题．在条件充分性判断题目中，常常用反证法来证明条件不充分．

6 三条抛物线 $y=x^2-2mx+m^2-m$，$y=4x^2-(12m+4)x+9m^2+8m+12$，$y=x^2-(4m+1)x+4m^2+m$，则其中至少有一条与 x 轴有公共交点.

(1) $\dfrac{1}{4}<m<3$.　　　　(2) $-3<m<-1$.

题型 5 逆否命题法

思　路　已知原命题和它的逆否命题真假性一致，那么可以利用逆否命题来帮助证明条件的充分性．

7 已知 x, y, z 为正实数，则 $x \geq 2$ 或 $y \geq 2$ 或 $z \geq 2$.

(1) $xyz \geq 8$.　　　　　　　　　　(2) $x + y + z \geq 6$.

题型 6 　放缩法

思　路　为了证明不等式，有时需舍去或添加一些项，使不等式一边放大或缩小，依据不等式的传递性，达到证明不等式的目的，这种方法就是放缩法. 对不等式实施放缩时，主要使用的方法有：(1) 舍去或加上一些项：$\left(a + \dfrac{1}{2}\right)^2 + \dfrac{3}{4} > \left(a + \dfrac{1}{2}\right)^2$；(2) 将分子或分母放大 (或缩小). 例如，$\dfrac{1}{k^2} < \dfrac{1}{k(k-1)}$，$\dfrac{1}{k^2} > \dfrac{1}{k(k+1)}$，$\dfrac{1}{\sqrt{k}} < \dfrac{2}{\sqrt{k} + \sqrt{k-1}}$，$\dfrac{1}{\sqrt{k}} > \dfrac{2}{\sqrt{k} + \sqrt{k+1}}(k \in \mathbf{N}^*, k > 1)$ 等.

8 下列命题正确的有 (　　) 个.

(1) $2(\sqrt{n+1} - 1) < 1 + \dfrac{1}{\sqrt{2}} + \dfrac{1}{\sqrt{3}} + \cdots + \dfrac{1}{\sqrt{n}}$；(2) $1 + \dfrac{1}{\sqrt{2}} + \dfrac{1}{\sqrt{3}} + \cdots + \dfrac{1}{\sqrt{n}} < 2\sqrt{n}$；

(3) $1 + \dfrac{1}{2^2} + \cdots + \dfrac{1}{n^2} > \dfrac{3}{2}$；(4) $1 + \dfrac{1}{2^2} + \cdots + \dfrac{1}{n^2} < 2$.

A. 0　　　　　B. 1　　　　　C. 2　　　　　D. 3　　　　　E. 4

题型 7 　判别式法

思　路　判别式法的适用条件为"解答函数的解析式可以转化为 $f(y)x^2 + g(y)x + \varphi(y) = 0$ 形式的一类函数的最大 (小) 值或值域问题"，利用"判别式 $\Delta \geq 0$ 与方程有实数解为充要条件"来判断 y 的取值范围.

9 x 为实数，则 $\dfrac{x^2 + x + 1}{x^2 + 1}$ 的最大值与最小值的差为 (　　).

A. $\dfrac{1}{2}$　　　　B. 1　　　　C. $\dfrac{3}{2}$　　　　D. 2　　　　E. $\dfrac{5}{2}$

题型 8 　换元法

思　路　换元法是数学中的基本方法，它的应用十分广泛，常用的换元法有：整体换元法、部分换元法、双换元法、三角换元法等.

10 已知 a 为实数，则 $\dfrac{a^3}{a^6 + 1} > \dfrac{1}{12}$.

(1) $a^2 - 3a + 1 = 0$.　　　　　　(2) $a^2 + 3a + 1 = 0$.

11 已知 $M = (a_1 + a_2 + \cdots + a_{n-1})(a_2 + a_3 + \cdots + a_n)$，$N = (a_1 + a_2 + \cdots + a_n)(a_2 + a_3$

$+\cdots+a_{n-1})$，则 $M>N$.

(1) $a_1>0$.   (2) $a_1a_n>0$.

⑫ 二元函数 $f(x,y)=3x^2-2xy$ 的最小值为 $6+4\sqrt{2}$.

(1) $\dfrac{x^2}{4}-y^2=1$.   (2) $\dfrac{x^2}{4}+y^2=1$.

题型9 函数法

思 路 用函数法证明不等式，难点在如何构造函数上，而且所构造的函数必须是单调函数，解决这个问题的关键是建立初等函数模型与不等式的"外形"的对应关系.

⑬ 已知 x 为正数，则可确定 $\sqrt{x}-\dfrac{1}{\sqrt{x}}$ 的值.

(1) 已知 $\sqrt{x}+\dfrac{1}{\sqrt{x}}$ 的值.   (2) 已知 $x-\dfrac{1}{x}$ 的值.

⑭ $f(x)\geqslant m$ 恒成立，则 m 的最大值为5.

(1) $f(x)=\sin^2 x+\dfrac{4}{\sin^2 x}$.   (2) $f(x)=x^2-2x-4$.

题型10 逆转换元法

思 路 在无值推理"可确定"的条件充分性判断题目中，要学会设未知数：利用 a，b，c，k，m，n 次元表示已知数，x，y 主元等作为未知数. 当题目不好正面对未知数进行求解的时候，不妨换个角度对次元进行思考会有奇效.

⑮ 已知 k 为正整数，且方程 $kx^2-2(1-2k)x+4k-7=0$ 的根至少有一个为整数，则所有符合要求的 k 的和为 m.

(1) $m=5$.   (2) $m=6$.

⑯ 已知数列 $\{a_n\}$ 的前 n 项和 S_n，且 $a_n=4n$，则不等式 $S_n+8\geqslant\lambda n$ 对任意的正整数 n 都成立.

(1) $4<\lambda<16$.   (2) $2<\lambda<8$.

题型11 均值不等式法

思 路 利用均值不等式前一定要验证三要素"一正二定三相等"，并且利用均值定理可得 "$a^n+(n-1)\geqslant na\ (a>0,n\in\mathbf{N}^*)$".

⑰ 给出下列命题：

①若 a，$b\in\mathbf{R}_+$，$a\neq b$，则 $a^3+b^3>a^2b+ab^2$. ②若 a，$b\in\mathbf{R}_+$，$a<b$，则 $\dfrac{a+m}{b+m}>\dfrac{a}{b}$.

③若 a，b，$c\in\mathbf{R}_+$，则 $\dfrac{bc}{a}+\dfrac{ac}{b}+\dfrac{ab}{c}\geqslant a+b+c$. ④若 $3x+y=1$，则 $\dfrac{1}{x}+\dfrac{1}{y}\geqslant 4+2\sqrt{3}$.

其中正确命题的个数为（　　　）.

A. 1　　　　　　B. 2　　　　　　C. 3　　　　　　D. 4　　　　　　E. 0

18 数列 $\{a_n\}$，$\{b_n\}$ 分别为等比数列与等差数列，$a_1 = b_1 = 1$. 则 $b_2 \geq a_2$.

（1）$a_2 > 0$.　　　　　　　　　　　　（2）$a_{10} = b_{10}$.

题型 12　柯西不等式法

思　路 在求二元（或多元）代数式最值或者二元（或多元）不等式证明的题目中，巧用柯西不等式会比较方便快捷.

19 设正数 a,b,c 满足 $abc = a + b + c$，则 $ab + 4bc + 9ac$ 的最小值为（　　　）.

A. 14　　　　B. 24　　　　C. 36　　　　D. 48　　　　E. 72

题型 13　权方和不等式法

思　路 在二元（或多元）的分式代数式求最值或不等式证明题目中，利用权方和不等式可以事半功倍.

20 已知 $x > 1, y > 1, xy^2 = 1000$，则 $\dfrac{1}{\lg x} + \dfrac{3}{\lg y}$ 的最小值为（　　　）.

A. 4　　　　B. $\dfrac{4}{3}\sqrt{6}$　　　　C. $\dfrac{7 + 2\sqrt{6}}{3}$　　　　D. $\dfrac{7 - 2\sqrt{6}}{3}$　　　　E. 6

题型 14　分式不等式法

思　路 当 $0 < a \leq b$，且 $m \geq 0$ 时，有 $\dfrac{a + m}{b + m} \geq \dfrac{a}{b}$，其中，当且仅当 $a = b$ 或 $m = 0$ 时等号成立.

21 若 a,b,m 都是正实数，且 $\lg a < \lg b$，则下列不等式中恒成立的是（　　　）.

A. $\dfrac{a}{b} < \dfrac{a + m}{b + m} < 1$　　　　B. $\dfrac{a}{b} \geq \dfrac{a + m}{b + m}$　　　　C. $\dfrac{b}{a} \leq \dfrac{b + m}{a + m} \leq 1$

D. $1 < \dfrac{a + m}{b + m} < \dfrac{b}{a}$　　　　E. $\dfrac{a}{b} < \dfrac{a - m}{b - m}$

题型 15　数形结合法

思　路 当代数表达式具有几何意义时，可以利用数形结合法进行分析求解.

22 设函数 $f(x) = |2 - x^2|$，若 $0 < a < b$，且 $f(a) = f(b)$，则 ab 的取值范围是（　　　）.

A. $(0,2)$　　　　B. $(0,2]$　　　　C. $[0,2)$　　　　D. $(0,4)$　　　　E. $(2,4)$

核心绝例解析

1 » **B.** $ab - (a + b) = ab - a - b = ab - a - b + 1 - 1 = (a - 1)(b - 1) - 1, a > 2, b > 2,$ 所以 $a - 1 > 1, b - 1 > 1, (a - 1)(b - 1) - 1 > 0,$ 故 $ab > a + b$ ，选 B.

2 » **A.** （1）利用均值不等式：$a_1 a_2 < \left(\dfrac{a_1 + a_2}{2}\right)^2 = \dfrac{1}{4}$ ，$b_1 b_2 < \left(\dfrac{b_1 + b_2}{2}\right)^2 = \dfrac{1}{4}$ ，故 $a_1 a_2 + b_1 b_2 < \dfrac{1}{2}$ ，故 B 不能入选；（2）$a_1 + a_2$ 与 $b_1 + b_2$ 两式相乘，得 $(a_1 b_1 + a_2 b_2) + (a_1 b_2 + a_2 b_1) = 1$ ，说明 $a_1 b_1 + a_2 b_2$ 与 $a_1 b_2 + a_2 b_1$ 中至少有一个大于 $\dfrac{1}{2}$ ，选项 D 不能入选. （3）$(a_1 b_1 + a_2 b_2) - (a_1 b_2 + a_2 b_1) = b_1(a_1 - a_2) + b_2(a_2 - a_1) = (a_2 - a_1)(b_2 - b_1) > 0,$ 所以 $a_1 b_1 + a_2 b_2 > a_1 b_2 + a_2 b_1$ ，选 A.

3 » **C.** 两条件明显单独不充分，现考虑联立：因为 a, b, c 都是正实数，且 $a + b + c = 1,$ 所以 $a + b \geqslant 2\sqrt{ab}, a + c \geqslant 2\sqrt{ac}, b + c \geqslant 2\sqrt{bc}$ ，故 $\left(\dfrac{1}{a} - 1\right)\left(\dfrac{1}{b} - 1\right)\left(\dfrac{1}{c} - 1\right) = \dfrac{(b + c)(a + c)(a + b)}{abc} \geqslant \dfrac{2\sqrt{bc} \cdot 2\sqrt{ac} \cdot 2\sqrt{ab}}{abc} = 8$ ，充分，选 C.

4 » **D.** 由结论 $\dfrac{1}{a + b} + \dfrac{1}{b + c} = \dfrac{3}{a + b + c},$ 可得 $\dfrac{a + b + c}{a + b} + \dfrac{a + b + c}{b + c} = 3 \Rightarrow \dfrac{c}{a + b} + \dfrac{a}{b + c} = 1 \Rightarrow b^2 = a^2 + c^2 - ac.$ 条件（1）中，三个内角 $\angle A, \angle B, \angle C$ 成等差数列，得到 $\angle B = 60°$ ，根据余弦定理，$\cos \angle B = \dfrac{1}{2} = \dfrac{a^2 + c^2 - b^2}{2ac} \Rightarrow ac = a^2 + c^2 - b^2 \Rightarrow b^2 = a^2 + c^2 - ac,$ 故充分；条件（2）中，等边三角形 $\angle B = 60°$ ，故充分. 选 D.

5 » **E.** 圆的方程可化为 $(x - 1)^2 + (y + 2)^2 = 4$ ，圆心坐标为（1，-2），要使圆上恰有两点到直线的距离等于 1，要求距离 d 的取值范围是 $1 < d < 3$ ，则 $1 < \dfrac{|2 - 2 + c|}{\sqrt{2^2 + 1}} < 3$ ，得 $\sqrt{5} < |c| < 3\sqrt{5}$ ，条件（1）和（2）单独与联合都不充分.

6 » **A.** "至少有一条"与"一条也没有"是互补的情况，所以只要求出一条也没有的情况，再求补集即可.
如果三条抛物线均与 x 轴无交点，那么
$$\begin{cases} \Delta_1 = 4m^2 - 4(m^2 - m) < 0 \\ \Delta_2 = (12m + 4)^2 - 16(9m^2 + 8m + 12) < 0 \Rightarrow -\dfrac{11}{2} < m < -\dfrac{1}{4}, \\ \Delta_3 = (4m + 1)^2 - 4(4m^2 + m) < 0 \end{cases}$$
其补集为 $m \leqslant -\dfrac{11}{2}$ 或 $m \geqslant -\dfrac{1}{4}$ ，所以条件（1）充分，故选 A.

7 » **D.** 条件（1），因为命题：$0 < x < 2, 0 < y < 2, 0 < z < 2 \Rightarrow 0 < xyz < 8$ 成立，所以该命题的逆否命题 $xyz \geq 8 \Rightarrow x \geq 2$ 或 $y \geq 2$ 或 $z \geq 2$ 成立，充分；

条件（2），同理充分．选 D.

8 » **D.** （1）$\dfrac{1}{\sqrt{k}} > \dfrac{2}{\sqrt{k} + \sqrt{k+1}} = 2(\sqrt{k+1} - \sqrt{k}) \Rightarrow 1 + \dfrac{1}{\sqrt{2}} + \dfrac{1}{\sqrt{3}} + \cdots + \dfrac{1}{\sqrt{n}} > 2(\sqrt{2} - 1 + \sqrt{3} - \sqrt{2} + \cdots + \sqrt{n+1} - \sqrt{n}) = 2(\sqrt{n+1} - 1)$，正确．

（2）$\dfrac{1}{\sqrt{k}} < \dfrac{2}{\sqrt{k} + \sqrt{k-1}} = 2(\sqrt{k} - \sqrt{k-1}) \Rightarrow 1 + \dfrac{1}{\sqrt{2}} + \dfrac{1}{\sqrt{3}} + \cdots + \dfrac{1}{\sqrt{n}} < 1 + 2(\sqrt{2} - 1 + \cdots + \sqrt{n} - \sqrt{n-1}) = 1 + 2(\sqrt{n} - 1) = 2\sqrt{n} - 1 < 2\sqrt{n}$，正确；

（3）$\dfrac{1}{k^2} > \dfrac{1}{k(k+1)} = \dfrac{1}{k} - \dfrac{1}{k+1} \Rightarrow 1 + \dfrac{1}{2^2} + \cdots + \dfrac{1}{n^2} > 1 + \dfrac{1}{2} - \dfrac{1}{3} + \dfrac{1}{3} - \dfrac{1}{4} + \cdots + \dfrac{1}{n} - \dfrac{1}{n+1} = \dfrac{3}{2} - \dfrac{1}{n+1}$，故 $1 + \dfrac{1}{2^2} + \cdots + \dfrac{1}{n^2} > \dfrac{3}{2}$，错误；

（4）$\dfrac{1}{k^2} < \dfrac{1}{k(k-1)} = \dfrac{1}{k-1} - \dfrac{1}{k} \Rightarrow 1 + \dfrac{1}{2^2} + \cdots + \dfrac{1}{n^2} < 1 + \left(1 - \dfrac{1}{2} + \dfrac{1}{2} - \dfrac{1}{3} + \cdots + \dfrac{1}{n-1} - \dfrac{1}{n}\right) = 1 + \left(1 - \dfrac{1}{n}\right) = 2 - \dfrac{1}{n} < 2$，正确．

所以，有 3 个命题正确，故选 D.

9 » **B.** 设 $y = \dfrac{x^2 + x + 1}{x^2 + 1}$，整理得 $(1 - y)x^2 + x + 1 - y = 0$，当 $y \neq 1$ 时，由 $\Delta = 1 - 4(1 - y)^2 \geq 0$，得 $\dfrac{1}{2} \leq y \leq \dfrac{3}{2}$．故 y 的最大值和最小值的差为1．选 B.

10 » **E.** $\dfrac{a^3}{a^6 + 1} > \dfrac{1}{12} \Leftrightarrow \dfrac{1}{a^3 + \frac{1}{a^3}} > \dfrac{1}{12}$．条件（1），$a^2 - 3a + 1 = 0 \Leftrightarrow a + \dfrac{1}{a} = 3 \Rightarrow a^3 + \dfrac{1}{a^3} = 18$，不充分；条件（2），$a^2 + 3a + 1 = 0 \Leftrightarrow a + \dfrac{1}{a} = -3 \Rightarrow a^3 + \dfrac{1}{a^3} = -18$，不充分，故选 E.

11 » **B.** 设 $S = (a_1 + a_2 + \cdots + a_{n-1})$，$T = (a_2 + a_3 + \cdots + a_{n-1})$，则：
$M - N = S(T + a_n) - (S + a_n)T = ST + Sa_n - ST - Ta_n = (S - T)a_n$，而 $S - T = a_1$，故 $M - N = a_1 a_n$；显然条件（1）不能推出 $M > N$，不充分；条件（2）可以推出 $M > N$，充分．

12 » **A.** 由条件（1）$\dfrac{x^2}{4} - y^2 = 1 \Rightarrow x^2 - 4y^2 = 4 \Rightarrow (x + 2y)(x - 2y) = 4$，令 $\begin{cases} x + 2y = m \\ x - 2y = n \end{cases}$，

此时 $\begin{cases} mn = 4 \\ x = \dfrac{m+n}{2} \\ y = \dfrac{m-n}{4} \end{cases} \Rightarrow 3x^2 - 2xy = \dfrac{3(m+n)^2}{4} - 2 \times \dfrac{m+n}{2} \times \dfrac{m-n}{4} = \dfrac{2m^2 + 4n^2 + 6mn}{4} =$

$6 + \dfrac{2m^2 + 4n^2}{4}$.

又因为 $\dfrac{2m^2 + 4n^2}{4} \geqslant \dfrac{2\sqrt{8m^2n^2}}{4} = 4\sqrt{2}$，所以 $3x^2 - 2xy$ 的最小值为 $6 + 4\sqrt{2}$，充分.

条件（2），根据 x^2, y^2 来判断明显不充分，故选 A.

13 >> **B.** 条件（1）令 $\sqrt{x} = t(t > 0)$，所以 $y = \sqrt{x} + \dfrac{1}{\sqrt{x}} \Rightarrow y = t + \dfrac{1}{t}$，因为 $y = t + \dfrac{1}{t}$ 的图

像为对勾函数，所以函数不具备单调性，故已知 $\sqrt{x} + \dfrac{1}{\sqrt{x}}$ 的值时，t 的解有两种，故无

法得出 $\sqrt{x} - \dfrac{1}{\sqrt{x}}$ 的值，不充分.

条件（2）构造函数 $y = x - \dfrac{1}{x}$，在 $x > 0$ 时，为单调递增函数，故一个函数值对应一

个 x 的值，此时已知 x 的值，所以可得出 $\sqrt{x} - \dfrac{1}{\sqrt{x}}$ 的值，充分. 选 B.

14 >> **A.** 条件（1）由 $0 < \sin^2 x \leqslant 1$，设 $t = \sin^2 x$，不等式可转化为 $f(t) = t + \dfrac{4}{t}$，根据

对勾函数的特征，$0 < t \leqslant 1$ 时单调递减，故 $f(t)$ 的最小值为 $f(1) = 5$，故 $f(x) \geqslant m$ 恒

成立时，则 m 的最大值为 5，充分；条件（2）根据二次函数的特征，当 x 为对称轴 1

时，有最小值，此时 $f(1) = -5$，不充分. 故选 A.

15 >> **B.** 如果直接从正面讨论 x 的解，$x = \dfrac{1 - 2k \pm \sqrt{1 + 3k}}{k}$，因为实数集有无穷多个完全平

方数，使得题目变得非常复杂. 因此我们可以"反客为主"，将方程中 x 和 k 对换位

置，将 k 看成主元，x 看成次元，便可以简化问题.

整理原方程，可得 $(x + 2)^2 k = 2x + 7$，显然 $x = -2$ 并不能满足原方程，因此 $k =$

$\dfrac{2x + 7}{(x + 2)^2}$，由于 k 是正整数，所以 $k = \dfrac{2x + 7}{(x + 2)^2} \geqslant 1 \Rightarrow x^2 + 2x - 3 \leqslant 0 \Rightarrow -3 \leqslant x \leqslant 1$，因此 x

的取值可能为 -3，-1，0，1. 当 $x = -3$ 时，$k = 1$；$x = -1$ 时，$k = 5$；$x = 0$ 时，$k =$

$\dfrac{7}{4}$；$x = 1$ 时，$k = 1$；

因此，符合题目要求的 k 值为 1 或 5，故 $m = 6$，选 B.

16 >> **B.** 本题看似研究 n，实则是对 λ 的研究. 在数列中，n 均为正整数，所以 $S_n + 8 \geqslant \lambda n$

$\Leftrightarrow \dfrac{S_n + 8}{n} \geqslant \lambda$ 恒成立. 因为 $a_n = 4n$ 是一次函数，所以 $\{a_n\}$ 为等差数列. 故 $S_n = n \times a_{\frac{n+1}{2}}$

$= n \times 4\left(\dfrac{n+1}{2}\right) = 2n^2 + 2n$；$\dfrac{S_n + 8}{n} = 2n + \dfrac{8}{n} + 2 \geqslant 10$（当且仅当 $n = 2$ 时取最小值）. 要

想结论恒成立，故 $10 \geqslant \lambda$，所以选 B.

17 » **B.** (1) $a^3+b^3>a^2b+ab^2$, $a^3+b^3-a^2b-ab^2=a^2(a-b)+b^2(b-a)=(a+b)\cdot(a-b)^2$. 又 $a\neq b$, 所以 $a^3+b^3-a^2b-ab^2>0$, 正确.

(2) $\dfrac{a+m}{b+m}>\dfrac{a}{b}$ 前提是 $m>0$, 所以不正确.

(3) $\dfrac{bc}{a}+\dfrac{ba}{c}\geqslant 2b$, 同理 $\dfrac{ca}{b}+\dfrac{cb}{a}\geqslant 2c$, $\dfrac{ac}{b}+\dfrac{ba}{c}\geqslant 2a$ 三式相加即可, 正确.

(4) $\dfrac{1}{x}+\dfrac{1}{y}\geqslant 4+2\sqrt{3}$ 成立的前提 x, y 均是正数, 不正确.

18 » **C.** 条件(1)、条件(2)显然单独信息量不足以推出结论, 因而考虑联合.

因为 $a_2>0$, 所以等比数列 $\{a_n\}$ 的公比 $q>0$, 且各项均为正数.

$\begin{cases}a_{10}=q^9\\b_{10}=1+9d\end{cases}$, 又因为 $a_{10}=b_{10}$, 所以 $1+9d=q^9>0$, $d=\dfrac{q^9-1}{9}$,

$b_2=1+d=\dfrac{q^9+8}{9}=\dfrac{q^9+1+1+\cdots+1}{9}\geqslant\sqrt[9]{q^9}=q=a_2$, 故 $b_2\geqslant a_2$, 当 $q=1$ 时, 等号成立.

19 » **C.** 将式子两边同时除以 abc, 则 $abc=a+b+c\Rightarrow\dfrac{1}{ab}+\dfrac{1}{bc}+\dfrac{1}{ac}=1$;

利用"1的妙用": $(ab+4bc+9ac)\times 1=(ab+4bc+9ac)\times\left(\dfrac{1}{ab}+\dfrac{1}{bc}+\dfrac{1}{ac}\right)\geqslant(1+2+3)^2=36$, 故 $ab+4bc+9ac$ 的最小值为36, 选 C.

20 » **C.** 利用权方和不等式, 先将 $\dfrac{1}{\lg x}+\dfrac{3}{\lg y}$ 中的 $\dfrac{3}{\lg y}$ 扩大2倍, 这样就可以凑出 y^2.

原式 $=\dfrac{1}{\lg x}+\dfrac{6}{2\lg y}=\dfrac{1^2}{\lg x}+\dfrac{(\sqrt{6})^2}{\lg y^2}\geqslant\dfrac{(\sqrt{6}+1)^2}{\lg x+\lg y^2}=\dfrac{7+2\sqrt{6}}{\lg xy^2}=\dfrac{7+2\sqrt{6}}{3}$, 选 C.

21 » **A.** 由 $\lg a<\lg b\Rightarrow 0<a<b$, 根据分式不等式的大小关系, 故 $\dfrac{a}{b}<\dfrac{a+m}{b+m}<1$, 选 A.

22 » **A.** 直接观察函数的图像, 如图 6-1 所示, 由图中可得 $2-a^2=b^2-2$, 即 $a^2+b^2=4>2ab>0$, 故选 A.

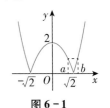

图 6-1

第二节　顿悟练习

1. 设 a,b 为实数, 且 $a^3b+ab^3=6$, 则 a^4+b^4 的最小值为 (　　).
   A. 1　　　　B. 2　　　　C. 3　　　　D. 4　　　　E. 6

2. 设 $f(x)=x+a\sqrt{x}+b$, 则 $|f(1)|,|f(4)|,|f(9)|$ 中大于等于 $\dfrac{1}{2}$ 的个数为 (　　).
   A. 2个或3个　　B. 至少1个　　C. 至多1个　　D. 0个　　　　E. 1个或2个

3. x 为实数，则 $\dfrac{x^2 - 3x + 4}{x^2 + 3x + 4}$ 的最大值与最小值的差为（ ）.

A. 3   B. 4   C. 5   D. 6   E. $6\dfrac{6}{7}$

4. $a + b + c \geqslant \sqrt{3}$.

（1）a, b, c 都是正实数.   （2）$ab + bc + ca = 1$.

5. $ax + by + cz \leqslant 1$.

（1）$a^2 + b^2 + c^2 = 1, x^2 + y^2 + z^2 = 1$.

（2）$\triangle ABC$ 的三边长度为 a, b, c , x, y, z 分别为三角形内任意一点到三边 a, b, c 的距离，

且 $\triangle ABC$ 的面积小于 $\dfrac{1}{2}$.

6. 若 $x > 1, y > 1$ ，则 $A < B$.

（1）$A = \dfrac{x + y}{1 + x + y}, B = \dfrac{x}{1 + x} + \dfrac{y}{1 + y}$.   （2）$A = \dfrac{x + y}{1 - x - y}, B = \dfrac{x}{1 - x} + \dfrac{y}{1 - y}$.

7. $\triangle ABC$ 中，已知三边的长为 a, b, c ，则 $\dfrac{1}{a} + \dfrac{1}{b} + \dfrac{1}{c} > \sqrt{a} + \sqrt{b} + \sqrt{c}$.

（1）$\triangle ABC$ 的面积为 $\dfrac{1}{4}$.   （2）$\triangle ABC$ 的外接圆半径为 1.

8. 设数列 $\{a_n\}$ 是等比数列，则数列 $\{a_n\}$ 是递增的.

（1）$a_1 + a_4 = 9$.

（2）$a_2 a_3 = 8$.

9. 函数 $y = x^2 + x + a$ 在 $[-1, 2]$ 上的最大值与最小值之和为 6.

（1）二次函数 $y = ax^2 + bx + c$ 与 x 轴有一个交点，且 $abc \neq 0$.

（2）二次函数 $y = ax^2 + bx + c$ 中 $2b^2 = c$.

10. a, b, c 为三个正实数，则 $\left(a + \dfrac{1}{a} \right)^2 + \left(b + \dfrac{1}{b} \right)^2 + \left(c + \dfrac{1}{c} \right)^2 \geqslant \dfrac{100}{3}$.

（1）$a + b + c = 1$.   （2）$a + b + c = 2$.

◈ 顿悟练习解析 ◈

1 » **E.** $(a^4 + b^4) - (a^3 b + a b^3) = a^3 (a - b) - b^3 (a - b) = (a - b)(a^3 - b^3) =$
$(a - b)^2 (a^2 + ab + b^2) \geqslant 0$ 恒成立，则 $a^4 + b^4 \geqslant a^3 b + a b^3 = 6$ ，故 $a^4 + b^4$ 的最小值为 6.

2 » **B.** 假设 $|f(1)|, |f(4)|, |f(9)|$ 均小于 $\dfrac{1}{2}$ ，此时

$-\dfrac{1}{2} < 1 + a + b < \dfrac{1}{2} \cdots ①$ ，

$-\dfrac{1}{2} < 4 + 2a + b < \dfrac{1}{2} \cdots ②$ ，

$-\dfrac{1}{2} < 9 + 3a + b < \dfrac{1}{2} \cdots ③$.

将①式和③式相加得 $-1 < 4a + 2b + 10 < 1 \Rightarrow -3 < 4a + 2b + 8 < -1 \Rightarrow -\dfrac{3}{2} < 2a +$

$b + 4 < -\dfrac{1}{2}$. 但是由②式所得 $-\dfrac{1}{2} < 4 + 2a + b < \dfrac{1}{2}$ 与之矛盾,故假设不成立,所以

$|f(1)|$,$|f(4)|$,$|f(9)|$ 至少有 1 个大于等于 $\dfrac{1}{2}$,选 B.

3 » E. 设 $y = \dfrac{x^2 - 3x + 4}{x^2 + 3x + 4}$,整理得 $(y - 1)x^2 + (3y + 3)x + 4y - 4 = 0$,当 $y \neq 1$ 时,

由 $\Delta = (3y + 3)^2 - 4(y - 1)(4y - 4) \geqslant 0$,解得 $\dfrac{1}{7} \leqslant y \leqslant 7$. 故 y 的最大值和最小值的

差为 $6\dfrac{6}{7}$. 选 E.

4 » C. 单独显然不充分,考虑联立:要证明 $a + b + c \geqslant \sqrt{3}$,即证明 $(a + b + c)^2 \geqslant 3$. 只需

证明 $a^2 + b^2 + c^2 + 2(ab + bc + ac) \geqslant 3$. 只需证明 $a^2 + b^2 + c^2 \geqslant 1 = ab + bc + ca$.

因为 $ab + bc + ca \leqslant \dfrac{a^2 + b^2}{2} + \dfrac{b^2 + c^2}{2} + \dfrac{c^2 + a^2}{2} = a^2 + b^2 + c^2$,故原不等式成立,联合充分.

5 » D. 条件(1)利用柯西不等式,$(a^2 + b^2 + c^2)(x^2 + y^2 + z^2) \geqslant (ax + by + cz)^2 \Rightarrow ax + by +$

$cz \leqslant 1$,充分;条件(2) $\triangle ABC$ 的面积可以拆分成三个小三角形,并且 $\triangle ABC$ 的面积为

$\dfrac{1}{2}(ax + by + cz) \leqslant \dfrac{1}{2} \Rightarrow ax + by + cz \leqslant 1$,充分. 选 D.

6 » A. 条件(1):利用放缩法:$A = \dfrac{x + y}{1 + x + y} = \dfrac{x}{1 + x + y} + \dfrac{y}{1 + x + y} < \dfrac{x}{1 + x} + \dfrac{y}{1 + y} = B$,

故 $A < B$,充分;条件(2):利用放缩法:$A = \dfrac{x + y}{1 - x - y} = \dfrac{x}{1 - x - y} + \dfrac{y}{1 - x - y} > \dfrac{x}{1 - x} +$

$\dfrac{y}{1 - y} = B$,故 $A > B$,不充分,选 A.

7 » C. 单独条件无法判断,现考虑联立:已知 $R_{外} = \dfrac{abc}{4S} \Rightarrow abc = 1$,故 $\dfrac{1}{a} + \dfrac{1}{b} + \dfrac{1}{c} = ab +$

$bc + ac = \dfrac{ab}{2} + \dfrac{ac}{2} + \dfrac{ab}{2} + \dfrac{bc}{2} + \dfrac{bc}{2} + \dfrac{ac}{2} \geqslant 2\sqrt{\dfrac{a \cdot abc}{4}} + 2\sqrt{\dfrac{b \cdot abc}{4}} + 2\sqrt{\dfrac{c \cdot abc}{4}}$

$= \sqrt{a} + \sqrt{b} + \sqrt{c}$,当且仅当 $a = b = c$ 时成立. 但是,当 $\triangle ABC$ 为等边三角形时,$abc =$

$a^3 = 1 \Rightarrow a = 1$,此时 $R_{外} = \dfrac{a}{2\sin 60°} = \dfrac{\sqrt{3}}{3}$ 矛盾,故不等式的等号不成立,那么联立充分,

选 C.

8 » E. 条件(1)和(2)单独均不充分,考虑联合.

由条件(2)可得 $a_1 a_4 = 8$,设方程 $x^2 - 9x + 8 = 0$,则 a_1,a_4 为该方程的两根,

解得 $a_1 = 1$,$a_4 = 8$ 或者 $a_1 = 8$,$a_4 = 1$.

无法确定该数列公比,因此,条件(1)和(2)联合不充分.

9 » C. 函数对称轴为 $-\dfrac{1}{2}$，则在 $[-1, 2]$ 上的最大值是 $a+6$，最小值为 $a-\dfrac{1}{4}$. 由条件

(1) 可知，$b^2-4ac=0$，无法确定 a，不充分；条件（2）必然不充分；联合可知：$\dfrac{c}{2}-$

$4ac=0$，即 $c-8ac=0 \Rightarrow c(1-8a)=0$，因为 $abc \neq 0$，所以 $a=\dfrac{1}{8}$，则最大值与最小值之

和为 6，故选 C.

10 » A. 由权方和不等式：$\dfrac{\left(a+\dfrac{1}{a}\right)^2}{1}+\dfrac{\left(b+\dfrac{1}{b}\right)^2}{1}+\dfrac{\left(c+\dfrac{1}{c}\right)^2}{1} \geq \dfrac{\left(a+b+c+\dfrac{1}{a}+\dfrac{1}{b}+\dfrac{1}{c}\right)^2}{1+1+1}$.

条件（1）：因为 $\dfrac{1}{a}+\dfrac{1}{b}+\dfrac{1}{c}=\dfrac{1^2}{a}+\dfrac{1^2}{b}+\dfrac{1^2}{c} \geq \dfrac{(1+1+1)^2}{a+b+c}=9$，$a+b+c=1$，所

以 $\dfrac{\left(a+b+c+\dfrac{1}{a}+\dfrac{1}{b}+\dfrac{1}{c}\right)^2}{1+1+1} \geq \dfrac{(1+9)^2}{3}=\dfrac{100}{3}$，故条件（1）充分；

条件（2）：因为 $\dfrac{1}{a}+\dfrac{1}{b}+\dfrac{1}{c}=\dfrac{1^2}{a}+\dfrac{1^2}{b}+\dfrac{1^2}{c} \geq \dfrac{(1+1+1)^2}{a+b+c}=\dfrac{9}{2}$，$a+b+c=2$，所

以 $\dfrac{\left(a+b+c+\dfrac{1}{a}+\dfrac{1}{b}+\dfrac{1}{c}\right)^2}{1+1+1} \geq \dfrac{\left(2+\dfrac{9}{2}\right)^2}{3}=\dfrac{169}{12}$，而 $\dfrac{169}{12} < \dfrac{100}{3}$，故不充分. 选 A.

专项七 讨论取值

第一节 核心绝例

┌─ 专项简析 ─┐

　　讨论取值题型都是从结论出发来探讨题干中未知数的性质，是每年考试的必考难题. 所以要掌握逆向思维能力才能快速锁定方法，从而精准打击. 总的来说，是通过符号表现来确定方法.

题型 1　加减法用奇偶性

1 已知 a 是质数，x，y 均为整数，则方程 $|x+y|+\sqrt{x-y}=a$ 的解的个数是（　　）.

A. 1　　　　　B. 2　　　　　C. 3　　　　　D. 4　　　　　E. 5

题型 2　乘法用因数分解

2 若 4 个不同的正整数 m，n，p，q 满足 $(7-m)(7-n)(7-p)(7-q)=4$，则 $m+n+p+q=$（　　）.

A. 23　　　　　B. 24　　　　　C. 25　　　　　D. 27　　　　　E. 28

题型 3　分式用分离和整除

3 n^3+100 能被 $n+10$ 整除的最大正整数 n 为（　　）.

A. 890　　　　B. 990　　　　C. 1000　　　　D. 1890　　　　E. 900

题型 4　平方差公式讨论

4 已知 $x,y \in \mathbf{N}^*$，$\sqrt{x-36}+\sqrt{x+32}=y$，则 y 的值为（　　）.

A. 26　　　　　B. 30　　　　　C. 34　　　　　D. 36　　　　　E. 40

题型 5　绝对值讨论取值

5 已知 a,b 为非负整数，可以确定 $|a+b|$ 的数值.

（1）$|a-b|+ab=1$.　　　　（2）$|a-b|-ab=1$.

题型 6 | 得数为质数

6 若 x 为正整数，且 $15x^2 - 82x - 17$ 为一个质数，则此质数为（　　）.

A. 19　　　　B. 23　　　　C. 29　　　　D. 31　　　　E. 37

题型 7 | 整数根的讨论

7 已知 m 为整数，若使得 $m^2 + m + 4$ 为完全平方数，则 m 有（　　）种取值情况.

A. 2　　　　B. 3　　　　C. 4　　　　D. 5　　　　E. 无数

◆ 核心绝例解析 ◆

1 ›› **E.** 首先判断等号左边绝对值与根号两项是同奇同偶的，因此 a 必为唯一偶质数 2，根据非负性，有 $0 + 2 = 2$，$2 + 0 = 2$，$1 + 1 = 2$ 三种模式与之对应. 由于 x，y 均为整数，可推出 (x, y) 对应 $(1, 1)$ $(-1, -1)$ $(1, 0)$ $(0, -1)$ $(2, -2)$ 这五组解.

2 ›› **E.** $(7 - m)(7 - n)(7 - p)(7 - q) = 4 \Rightarrow$ 因为 m，n，p，q 为不同的正整数，所以 4 个括号分别为 1，2，-1，-2，所以 $m + n + p + q = 5 + 6 + 8 + 9 = 28$，选 E.

3 ›› **A.** $n^3 + 100$ 能被 $n + 10$ 整除 $\Rightarrow \dfrac{n^3 + 100}{n + 10} \in$ 整数 $\Rightarrow$

$\dfrac{n^3 + 1000 - 900}{n + 10} = \dfrac{(n + 10)(n^2 - 10n + 100) - 900}{n + 10} = n^2 - 10n + 100 - \dfrac{900}{n + 10}$ 为整数，因为 n

为整数，所以 $n + 10$ 为 900 的约数且最大为 900，所以 n 的最大值为 890，选 A.

4 ›› **C.** 令 $\begin{cases} m = \sqrt{x - 36} \\ n = \sqrt{x + 32} \end{cases}$，将两式平方后相减，可得 $n^2 - m^2 = 68$，那么 $(n + m)(n - m) = 68$.

因为 $n + m$ 与 $n - m$ 的奇偶性相同，所以 $\begin{cases} n + m = 34 \\ n - m = 2 \end{cases} \Rightarrow n = 18, m = 16$，所以 $y = 34$.

5 ›› **B.** 由条件（1），$|a - b| + ab = 1 \Rightarrow \begin{cases} |a - b| = 1 \\ ab = 0 \end{cases}$ 或 $\begin{cases} |a - b| = 0 \\ ab = 1 \end{cases} \Rightarrow \begin{cases} a = 1 \\ b = 0 \end{cases}$，$\begin{cases} a = 0 \\ b = 1 \end{cases}$，

$\begin{cases} a = 1 \\ b = 1 \end{cases}$ 这三种情况，所以 $|a + b| = 1$ 或 2，共两种情况，无法确定；

由条件（2），$|a - b| - ab = 1 \Rightarrow \begin{cases} |a - b| = 1 \\ ab = 0 \end{cases}$（有且只有 1 种情况），故可有 $\begin{cases} a = 1 \\ b = 0 \end{cases}$ 或

$\begin{cases} a = 0 \\ b = 1 \end{cases}$，那么 $|a + b| = 1$ 可确定，选 B.

6 ›› **D.** $15x^2 - 82x - 17 = $ 质数 $\Rightarrow (5x + 1)(3x - 17) = $ 质数 $\Rightarrow \begin{cases} 5x + 1 = 质数 \\ 3x - 17 = 1 \end{cases} \Rightarrow x = 6$，质数 $= 31$，

选 D.

7 » C. 设 $m^2+m+4=k^2$（k 为非负整数），则有 $m^2+m+4-k^2=0$. 由 m 为整数知其 Δ 为完全平方数（也可以由 Δ 的公式直接推出），即 $\Delta=1-4(4-k^2)=p^2$（p 为非负整数），得 $(2k+p)(2k-p)=15$，显然 $2k+p>2k-p$，所以 $\begin{cases}2k+p=15\\2k-p=1\end{cases}$ 或 $\begin{cases}2k+p=5\\2k-p=3\end{cases}$，解得 $p=7$ 或 $p=1$. 所以 $m=\dfrac{-1\pm p}{2}$，得 $m_1=3$，$m_2=-4$，$m_3=0$，$m_4=-1$，故 m 有 4 种取值情况. 选 C.

第二节　顿悟练习

1. 小倩和小玲每人都有若干面值为整数元的人民币. 小倩对小玲说："你若给我 2 元，我的钱数将是你的 n 倍"；小玲对小倩说："你若给我 n 元，我的钱数将是你的 2 倍"，其中 n 为正整数，则 n 的可能值的个数是（　　）.
   A. 1　　　　　B. 2　　　　　C. 3　　　　　D. 4　　　　　E. 5

2. 设 n 是自然数，且 $n^2+15n+26$ 是一个完全平方数，则 n 的值为（　　）.
   A. 21　　　　B. 23　　　　C. 25　　　　D. 27　　　　E. 36

3. 方程 $6xy+4x-9y-7=0$ 的整数解有（　　）种情况.
   A. 1　　　　　B. 2　　　　　C. 3　　　　　D. 4　　　　　E. 0

4. 关于 x 的方程 $a^2x^2-(2a^2+5a)x+a^2+5a+6=0$ 至少有一个整数根，则整数 a 的取值有（　　）个.
   A. 1　　　　　B. 2　　　　　C. 4　　　　　D. 6　　　　　E. 无数

5. 设 a，b，c 为整数，且 $|a-b|^{20}+|c-a|^{41}=2$，则 $|a-b|+|a-c|+|b-c|=$（　　）.
   A. 2　　　　　B. 3　　　　　C. 2 或 4　　　　D. -3　　　　E. -2

6. 已知两个自然数的和为 165，它们的最大公约数为 15，符合条件的两个数有（　　）组.
   A. 1　　　　　B. 2　　　　　C. 3　　　　　D. 4　　　　　E. 5

7. $a,b\in\mathbf{Z}_+$，则能确定 $a+4^{b+3}$ 能被 21 整除.
   （1）a,b 均能被 21 整除.　　　　（2）$a+4^b$ 能被 21 整除.

8. a,b,c 为有理数，则 $a^2+b^2+c^2=17$.
   （1）$a+b+c+abc=19$.　　　　（2）a,b,c 均为质数.

9. 某车间有一批工人去搬饮料，已知每人搬 9 箱，则最后一名工人需搬 6 箱，能确定搬饮料的工人共有 23 名.
   （1）每人搬 k 箱，则有 20 箱无人搬运.
   （2）每人搬 4 箱，则需再派 28 人恰好搬完.

10. 一个长方体的长、宽、高是三个两两互质且均大于 1 的自然数，则可确定长方体的表面积.
   （1）长方体的体积为 60.　　　　（2）长方体的体对角线长为 $5\sqrt{2}$.

❖ 顿悟练习解析 ❖

1 » **D.** 设小倩所有的钱数为 x 元、小玲所有的钱数为 y 元,均为非负整数.

由题设可得 $\begin{cases} x + 2 = n(y - 2) \\ y + n = 2(x - n) \end{cases}$,消去 x 得 $(2y - 7)n = y + 4$,

$2n = \dfrac{(2y - 7) + 15}{2y - 7} = 1 + \dfrac{15}{2y - 7}$.

因为 $\dfrac{15}{2y - 7}$ 为正整数,所以 $2y - 7$ 的值分别为 $1,3,5,15$,

所以 y 的值只能为 $4,5,6,11$.

从而 n 的值分别为 $8,3,2,1$;x 的值分别为 14, 7, 6, 7.

2 » **B.** 令 $n^2 + 15n + 26 = m^2 (m \in \mathbf{Z}_+) \Rightarrow$ 方程 $n^2 + 15n + 26 - m^2 = 0$ 有整数解,那么判别式为完全平方数,令 $\Delta = k^2 (k \in \mathbf{Z}_+)$,故 $\Delta = 225 - 4(26 - m^2) = k^2 \Rightarrow k^2 - 4m^2 = 121 \Rightarrow (k + 2m)(k - 2m) = 121$,因为很明显 $m^2 \geqslant 26$,所以 $k + 2m \neq k - 2m$,那么可得出 $\begin{cases} k + 2m = 11 \\ k - 2m = 11 \end{cases}$(舍),$\begin{cases} k + 2m = 121 \\ k - 2m = 1 \end{cases}$. 故 $k = 61, m = 30$,代入原方程中,有 $n^2 + 15n - 874 = (n - 23)(n + 38) = 0 \Rightarrow n = 23, n = -38$(舍),选 B.

3 » **A.** 原式 $6xy + 4x - 9y - 7 = 0$ 可化简为 $(2x - 3)(3y + 2) = 1$,故讨论可得只有 1 组整数解,选 A.

4 » **D.** $a^2 x^2 - (2a^2 + 5a)x + a^2 + 5a + 6 = 0 \Rightarrow (ax - a - 2)(ax - a - 3) = 0 \Rightarrow x_1 = 1 + \dfrac{2}{a}$, $x_2 = 1 + \dfrac{3}{a}$,当至少有一个整数根时,$a = \pm 1$, ± 2, ± 3,共 6 种情况,选 D.

5 » **C.** 根据 $|a - b|^{20} + |c - a|^{41} = 2 \Rightarrow \begin{cases} |a - b| = 1 \\ |c - a| = 1 \end{cases}$, $|a - b| + |a - c| + |b - c| = 2$ 或 4. 选 C.

6 » **E.** 假设两个数分别为 $15a$, $15b$,根据题目描述那么有 $15(a + b) = 165 \Rightarrow a + b = 11 \Rightarrow \begin{cases} a = 1, b = 10 \\ a = 2, b = 9 \\ a = 3, b = 8 \\ a = 4, b = 7 \\ a = 5, b = 6 \end{cases}$,这 5 种情况均为互质情况,所以共有 5 种情况,选 E.

7 » **B.** 条件（1）显然不充分,现考虑条件（2）,$(a + 4^{b+3}) - (a + 4^b) = 4^{b+3} - 4^b = 4^b(4^3 - 1) = 63 \times 4^b$,因为 63 是 21 的倍数,那么 $(a + 4^{b+3}) - (a + 4^b)$ 恰好为 21 的倍数,那么可令 $(a + 4^{b+3}) - (a + 4^b) = 21k_1$. 又因为 $a + 4^b$ 也为 21 的倍数,那么可令

$a + 4^b = 21k_2$，故 $a + 4^{b+3} = (a + 4^{b+3}) - (a + 4^b) + (a + 4^b) = 21k_1 + 21k_2 = 21(k_1 + k_2)$，

所以 $a + 4^{b+3}$ 一定为 21 的倍数，选 B.

8 ≫ C. 单独显然不充分，考虑联立，同时满足条件（1）和条件（2）的情况只有 1 组，即 $(2，2，3)$，此时 $2^2 + 2^2 + 3^2 = 17$ 成立，故充分，选 C.

9 ≫ D. 对于条件（1），可以设搬饮料的工人有 x 人，由条件(1)知，有 x 个工人，共有（kx $+20$）箱饮料，则有 $kx + 20 = 9(x-1) + 6 \Rightarrow x = \dfrac{23}{9-k}$，因为 k，x 均为正整数，23 为质数，所以 $9-k=1$，故 $k=8$，$x=23$，充分；

对于条件（2），可以建立等量关系 $4(x+28) = 9(x-1) + 6 \Rightarrow x = 23$，也充分，所以选 D.

10 ≫ D. 设长方体的长、宽、高为 a,b,c，由条件（1），则 $abc = 60$，根据 a,b,c 两两互质且均大于 1，所以三边只能为（3，4，5），那么长方体的表面积为 94，充分. 由条件（2），$a^2 + b^2 + c^2 = 50 \Rightarrow a,b,c = (3,4,5)$，长方体的表面积为 94. 选 D.

专项八　数列

第一节　核心绝例

专项简析

　　本专题是代数部分的重点考查内容，在考试中大约占 3 道题. 函数主要研究连续的形式，而数列研究的是离散的形式. 想学习好本专题，首先，要注重用函数的形式来研究数列，尤其通项公式与前 n 项和是将无穷形式用有限表达式来进行表示；其次，在数列公差、公比、性质、通项、求和、比值等知识点的求解主要利用方程组的思维来进行解决；再次，掌握数列求最值的方法，主要结合不等式极端边界值法与极限的思路来进行求解；最后，利用数列来解决应用题、几何问题、概率问题也是近几年的重要考向. 综上所述，数列知识点处于各个知识点的"十字路口"，要加大题目的训练量，才能触类旁通.

题型 1　特殊值秒解数列

思　路　当数列题目中只有一个条件时，在不违背题意的条件下，可以直接利用特殊值，令其公差为 0 或公比为 1. 注意：一定要检验是否符合题意，题目中如果出现公差不为 0 或公比不为 1，则慎用此法.

1　设等差数列 $\{a_n\}$ 的前 n 项和为 S_n，若 $S_9 = 72$，则 $a_2 + a_4 + a_9 = (\quad)$.
A. 12　　　B. 18　　　C. 24　　　D. 36　　　E. 42

2　已知 $\{a_n\}$ 为等差数列，且 $a_2 - a_5 + a_8 = 9$，则 $a_1 + a_2 + \cdots + a_9 = (\quad)$.
A. 27　　　B. 45　　　C. 54　　　D. 81　　　E. 162

3　已知等比数列 $\{a_n\}$ 的各项均为正数，且 $\log_2 a_1 + \log_2 a_2 + \cdots + \log_2 a_7 = 7$，则 $a_2 a_6 + a_3 a_5 = (\quad)$.
A. 16　　　B. 14　　　C. 8　　　D. 4　　　E. 2

4　已知数列 $\{a_n\}$ 的各项均为正数，$\{b_n\}$ 满足 $b_n = \log_2 a_n, n \in \mathbf{Z}_+$，其中 $\{b_n\}$ 为等差数列，$a_{10} a_{2014} = 2$，则 $b_1 + b_2 + \cdots + b_{2024} = (\quad)$.
A. 1010　　　B. 1011　　　C. 1012　　　D. 1013　　　E. 1014

题型 2　找规律秒解年份题

思　路　当出现与年份相关的数列题目时，题目本身难度比较大. 比如，出现 2021，2022，2023 类似这样的数字，我们完全可以通过逐个分析选项，根据规律判断选项是否符合题意，来决定哪个选项正确，从而"化腐朽为神奇".

5　已知数列 $\{a_n\}$ 满足 $a_1 = \dfrac{3}{2}, a_{n+1} = \dfrac{3a_n}{a_n + 3}$，则 $a_{2023} = ($　　$)$.

A. $\dfrac{3}{2023}$　　　B. $\dfrac{2023}{3}$　　　C. $\dfrac{2022}{3}$　　　D. $\dfrac{3}{2022}$　　　E. $\dfrac{3}{2024}$

6　已知数列 $\{a_n\}$ 满足 $a_1 = 1$，且对于任意 $n \in \mathbf{N}^*$ 都有 $a_{n+1} = a_n + a_1 + n$，则 $\dfrac{1}{a_1} + \dfrac{1}{a_2} +$

$\cdots + \dfrac{1}{a_{2024}} = ($　　$)$.

A. $\dfrac{2023}{1012}$　　　B. $\dfrac{4048}{2025}$　　　C. $\dfrac{2023}{2024}$　　　D. $\dfrac{2024}{2025}$　　　E. $\dfrac{2025}{2024}$

题型 3　等差数列

思　路　等差数列的参数为" a_1, d, n, a_n, S_n "，其核心参数为" a_1, d "，并能利用"知二求三"的思路来求解问题.

考向 1　等差数列与函数关系
思　路　(1) 等差数列的通项公式：$a_n = dn + (a_1 - d)$ 是关于 n 的一次函数；(2) $S_n = \dfrac{d}{2}n^2 + \left(a_1 - \dfrac{d}{2}\right)n$，即 S_n 是关于 n 的无常数的二次函数，所以 $\dfrac{S_n}{n} = \dfrac{d}{2}n + \left(a_1 - \dfrac{d}{2}\right)$ 是关于 n 的一次函数，$\left\{\dfrac{S_n}{n}\right\}$ 是公差为 $\dfrac{d}{2}$ 的等差数列；(3) $S_n = \dfrac{d}{2}n^2 + \left(a_1 - \dfrac{d}{2}\right)n$ 过原点，所以根据二次函数的性质，可以快速求解最值.

7　等差数列 $\{a_n\}$ 中，$a_p = q, a_q = p$，（$p, q \in \mathbf{N}$，且 $p \neq q$），则 a_{p+q} 的值为（　　）.
A. 0　　　B. 1　　　C. -1　　　D. 2　　　E. -2

8　已知等差数列 $\{a_n\}$ 的前 n 项和为 S_n，且 $a_1 + a_5 = 16, S_{13} = 260$，则 $\dfrac{S_{2024}}{2024} - \dfrac{S_{2020}}{2020} = ($　　$)$.

A. $\dfrac{3}{2}$　　　B. 3　　　C. $\dfrac{9}{2}$　　　D. 6　　　E. $\dfrac{15}{2}$

9　已知等差数列 $\{a_n\}$ 的前 n 项和为 S_n，且 $S_n = n^2 + 2n + a$，则数列 $\left\{\dfrac{a_n - 2}{a_n - 8}\right\}$ 的最大项与最小项的和是（　　）.

A. $-\dfrac{17}{3}$　　　B. -2　　　C. 2　　　D. $\dfrac{24}{5}$　　　E. 4

考向 2 **等差数列求和大招公式**

思　路 利用公式 $S_n = n a_{\frac{n+1}{2}}$ 可以快速秒杀，出奇制胜.

10 已知等差数列 $\{a_n\}$ 的前 n 项和为 S_n，若 $m > 1$，且 $a_{m-1} + a_{m+1} - a_m^2 - 1 = 0$，$S_{2m-1} = 39$，则 $m = ($ 　　$)$.

　　A. 39　　　　　B. 20　　　　　C. 19　　　　　D. 10　　　　　E. 40

11 两个等差数列 $\{a_n\}$ 和 $\{b_n\}$，它们的前 n 项和之比为 $\dfrac{5n+3}{2n-1}$，两个数列第 9 项之比为 (　　).

　　A. $\dfrac{11}{3}$　　　　B. $\dfrac{4}{3}$　　　　C. $\dfrac{5}{3}$　　　　D. $\dfrac{7}{3}$　　　　E. $\dfrac{8}{3}$

12 已知等差数列 $\{a_n\}$ 的前 n 项和为 S_n，且 $a_2 \geq 3, S_5 \leq 30$，则 a_1 的最小值为（ 　 ）.

　　A. -1　　　　B. 0　　　　C. 1　　　　D. 2　　　　E. 3

题型 4 **等比数列与函数关系**

思　路 结论 (1)：$S_n = A a_n + B$，则 $\{a_n\}$ 为等比数列；结论 (2)：$S_n = C q^n + D$，当 $C = -D$ 时，$\{a_n\}$ 为等比数列；当 $C \neq -D$ 时，则 $\{a_n\}$ 为从第二项开始的等比数列；结论 (3) 当 $q \neq 1$ 时，$\dfrac{S_n}{S_m} = \dfrac{q^n - 1}{q^m - 1}$.

13 若等比数列 $\{a_n\}$ 的前 n 项和 $S_n = 3(2^n + m)$，则 $a_1^2 + a_2^2 + a_3^2 + \cdots + a_n^2 = ($ 　　$)$.

　　A. $\dfrac{4n-1}{3}$　　　B. $4^n - 1$　　　C. $3(4^n - 1)$　　　D. $\dfrac{3n-1}{3}$　　　E. 无法确定

14 已知 $\{a_n\}$ 是首项为 1 的等比数列，S_n 是 $\{a_n\}$ 的前 n 项和，且 $9S_3 = S_6$，则数列 $\left\{\dfrac{1}{a_n}\right\}$ 的前 5 项和为 (　　).

　　A. $\dfrac{15}{8}$ 或 5　　　B. $\dfrac{31}{16}$ 或 5　　　C. $\dfrac{31}{16}$　　　D. $\dfrac{15}{8}$　　　E. 5

题型 5 **错位相减大招秒解法**

思　路 若数列 $\{a_n\}$ 满足 $a_n = b_n \times c_n$，其中 $\{b_n\}$ 为等差数列，$\{c_n\}$ 为等比数列，则可使用错位相减法.
已知 $a_n = (an + b) q^n \Rightarrow S_n = \left[\dfrac{an}{q-1} + \dfrac{b}{q-1} - \dfrac{a}{(q-1)^2}\right] \times q^{n+1} - \left[\dfrac{b}{q-1} - \dfrac{a}{(q-1)^2}\right] q$.

15 数列 $\{c_n\}$ 的通项 $c_n = (2n-1) \cdot 2^{n-1}$，则前 n 项和 S_n 的表达式为 (　　).

　　A. $(2n-3) \cdot 2^n + 1$　　　　B. $(2n-3) \cdot 2^n + 3$　　　　C. $(2n-1) \cdot 2^n + 3$

　　D. $(2n-3) \cdot 2^{n-1} + 1$　　　　E. $(2n-1) \cdot 2^{n-1} + 3$

16 数列 $\{a_n\}$ 满足 $a_1 + \dfrac{a_2}{2} + \dfrac{a_3}{3} + \cdots + \dfrac{a_n}{n} = 3^n - 2$，则 $\{a_n\}$ 的前 n 项和 S_n 为 (　　).

A. $S_n = \left(n + \dfrac{1}{2}\right) \times 3^n - \dfrac{1}{2}$ 　　　　　　　B. $S_n = \left(n - \dfrac{1}{2}\right) \times 3^n + \dfrac{1}{2}$

C. $S_n = \left(n + \dfrac{1}{2}\right) \times 3^n + \dfrac{1}{2}$ 　　　　　　　D. $S_n = \left(n - \dfrac{1}{2}\right) \times 3^{n-1} - \dfrac{1}{2}$

E. $S_n = \left(n - \dfrac{1}{2}\right) \times 3^n - \dfrac{1}{2}$

题型 6　各类递推公式

考向 1　类等差数列

思　路　当看到 $a_{n+1} - a_n = f(n)$ 时，可以直接利用累加法求解.

17 数列 $\{a_n\}$ 满足 $a_1 = 1$，且对任意的 $m, n \in \mathbf{N}^*$ 都有 $a_{m+n} = a_m + a_n + mn$，则 $\dfrac{1}{a_1} + \dfrac{1}{a_2} + \dfrac{1}{a_3} + \cdots + \dfrac{1}{a_{2023}} = ($ 　　 $)$.

A. $\dfrac{2022}{2023}$ 　　　B. $\dfrac{2023}{2024}$ 　　　C. $\dfrac{2023}{1012}$ 　　　D. $\dfrac{4044}{2023}$ 　　　E. $\dfrac{4045}{2023}$

考向 2　类等比数列

思　路　当看到 $a_{n+1} \div a_n = f(n)$ 时，可以直接利用累乘法求解.

18 已知正项数列 $\{a_n\}$ 满足 $a_1 = 1$，$(n+2)a_{n+1}^2 - (n+1)a_n^2 + a_{n+1}a_n = 0$，则它的通项为（　　）.

A. $a_n = \dfrac{1}{n+1}$ 　　B. $a_n = \dfrac{2}{n+1}$ 　　C. $a_n = \dfrac{n+1}{2}$ 　　D. $a_n = n$ 　　　E. $a_n = n - 1$

考向 3　构造等差数列

思　路　结论（1），当看到 $a_{n+1} = \dfrac{a_n}{ca_n + 1}$，那么 $\left\{\dfrac{1}{a_n}\right\}$ 为等差数列；结论（2），当看到 $a_{n+1} = qa_n + q^n$，两边同时除以 q^{n+1} 来构造等差数列.

19 已知数列 $\{a_n\}$ 中，$a_1 = 1$，$a_{n+1} = \dfrac{2a_n}{a_n + 2}(n \in \mathbf{N}^*)$，则数列 $\{a_n\}$ 的通项公式为（　　）.

A. $a_n = \dfrac{2}{n+1}$ 　　　　　　B. $a_n = \dfrac{1}{n+1}$ 　　　　　　C. $a_n = \dfrac{2}{n+2}$

D. $a_n = \dfrac{3}{n+1}$ 　　　　　　E. $a_n = \dfrac{4}{n+1}$

20 如果数列 $\{a_n\}$ 中，$a_1 = \dfrac{5}{6}$，$a_{n+1} = \dfrac{1}{3}a_n + \left(\dfrac{1}{2}\right)^{n+1}$，则 $a_n = ($ 　　 $)$.

A. $\dfrac{-2}{3^n} + \dfrac{3}{2^n}$ 　　　　　　B. $\dfrac{-2}{3^{n+2}} + \dfrac{3}{2^n}$ 　　　　　　C. $\dfrac{-2}{3^{n+1}} + \dfrac{3}{2^n}$

D. $\dfrac{-2}{3^{n+1}} + \dfrac{3}{2^{n+1}}$ 　　　　　　E. $\dfrac{-2}{3^n} + \dfrac{3}{2^{n+1}}$

考向 4 构造等比数列

思 路 结论（1）：当看到 $a_{n+1} = qa_n + c$ 时，转化为 $a_{n+1} + k = q(a_n + k)$，其中 $k = \dfrac{c}{q-1}$，构造等比数列即可．结论（2）：当看到 $a_{n+1} = Aa_n + Bn + C$ 型，可化成 $a_{n+1} + p(n+1) + q = A(a_n + pn + q)$ 的形式来求通项．

21 设数列 $\{a_n\}$ 的首项 $a_1 = \dfrac{1}{2}$，$a_n = \dfrac{3 - a_{n-1}}{2}(n = 2,\ 3,\ 4,\ \cdots)$，$a_{10} = ($ $)$．

A. $\dfrac{1025}{1024}$ B. $\dfrac{1}{1024}$ C. $\dfrac{511}{512}$ D. $\dfrac{1023}{1024}$ E. $-\dfrac{1023}{1024}$

22 如果数列 $\{a_n\}$ 中，$a_1 = 1$，$a_{n+1} = 3a_n + 2n + 1$（n 是正整数），则 a_6 的值为 （   ）．

A. 722   B. 723   C. 724   D. 720   E. 721

考向 5 取对数数列

思 路 形如 $a_{n+1} = pa_n^r(p > 0, a_n > 0)$，这种类型一般是等式两边取对数后转化为 $\lg a_{n+1} = r\lg a_n + \lg p$，再利用构造等比数列求解．

23 若数列 $\{a_n\}$ 中，$a_1 = 3$ 且 $a_{n+1} = a_n^2$，则 $\{a_n\}$ 的通项公式为 （   ）．

A. 3^{2n} B. 3^{2n+1} C. $3^{2^{n-1}}$ D. 3^{2n-1} E. $3^{2^{n+1}}$

题型 7 数列的性质

思 路 数列的性质主要考查两种思维题目：一方面考查正向思维，已知数列来运用通项和求和的性质；另一方面考查逆向思维，根据已知方程来判断数列的类型．在学习本题型的时候，建议各位考生把各个数列性质的知识点的推导关系再熟悉一遍．

24 设 $\{a_n\}$ 是正数组成的等比数列，S_n 为其前 n 项和．已知 $a_2a_4 = 1$，$S_3 = 7$，则 $S_5 = ($ $)$．

A. $\dfrac{15}{2}$ B. $\dfrac{31}{4}$ C. $\dfrac{33}{4}$ D. $\dfrac{17}{2}$ E. 5

25 $\ln a$、$\ln b$、$\ln c$ 成等差数列．

（1）实数 a、b、c 成等比数列．

（2）实数 a、b、c 成等差数列．

26 设等比数列 $\{a_n\}$ 的前 n 项和为 S_n，若 $S_{10} : S_5 = 1 : 2$，则 $\dfrac{S_5 + S_{10} + S_{15}}{S_{10} - S_5} = ($ $)$．

A. $\dfrac{7}{2}$ B. $-\dfrac{7}{2}$ C. $\dfrac{9}{2}$ D. $-\dfrac{9}{2}$ E. $\dfrac{11}{2}$

题型 8 含参数的数列问题

思 路 根据已有数列，建立关于参数的方程进行求解即可．

27 设等差数列 $\{a_n\}$ 的公差 d 不为 0，$a_1 = 9d$，若 a_k 是 a_1 与 a_{2k} 的等比中项，则 $k = ($ $)$.

A. 2 　　　　B. 4 　　　　C. 6 　　　　D. 8 　　　　E. 10

28 设 S_n 为等比数列 $\{a_n\}$ 的前 n 项和，已知 $3S_3 = a_4 - 2$，$3S_2 = a_3 - 2$，则公比 $q = ($ $)$.

A. 3 　　　　B. 4 　　　　C. 5 　　　　D. 6 　　　　E. 8

29 若数列 $\{a_n\}$ 的前 n 项和 $S_n = n^2 - 10n$，则数列 $\{na_n\}$ 中数值最小的项是第（   ）项.

A. 3 　　　　B. 4 　　　　C. 6 　　　　D. 8 　　　　E. 10

30 已知等比数列 $\{a_n\}$ 中，各项都是正数，且 a_1，$\dfrac{1}{2}a_3$，$2a_2$ 成等差数列，则 $\dfrac{a_9 + a_{10}}{a_7 + a_8} = $

（   ）.

A. $1 + \sqrt{2}$ 　　　　　　B. $1 - \sqrt{2}$ 　　　　　　C. $3 + 2\sqrt{2}$

D. $3 - 2\sqrt{2}$ 　　　　　　E. $3 + 2\sqrt{2}$ 或 $1 - \sqrt{2}$

31 数列 $\{a_n\}$ 的前 k 项和 $a_1 + a_2 + \cdots + a_k$ 与随后 k 项和 $a_{k+1} + a_{k+2} + \cdots + a_{2k}$ 之比与 k 无关.

（1）$a_n = 2n - 1$（$n = 1$，2，$\cdots$）. 　　　　（2）$a_n = 2n$（$n = 1$，2，$\cdots$）.

题型 9　奇数项和偶数项

思　路　对于等差数列的奇数项和偶数项问题，主要看两者相差多少个公差；对于等比数列的奇数项和偶数项问题，主要看两者相除得到公比的次方.

32 已知等差数列 $\{a_n\}$ 的公差 $d = \dfrac{1}{2}$，$S_{100} = 145$. 设 $S_{奇} = a_1 + a_3 + a_5 + \cdots + a_{99}$，$S' = a_3 + a_6$

$+ a_9 + \cdots + a_{99}$.

（1）$S_{奇} = ($ $)$.

A. 51 　　　B. 57 　　　C. 60 　　　D. 64 　　　E. 66

（2）$S' = ($ $)$.

A. 45.2 　　B. 56.1 　　C. 54.2 　　D. 58.1 　　E. 59.1

33 一个等差数列前 12 项和为 354，前 12 项中偶数项和与奇数项和之比为 32:27.

（1）等差数列的公差为 5. 　　　　（2）等差数列的公差为 10.

34 一个有穷等比数列的首项为 1，项数为偶数，其奇数项之和为 85，偶数项之和为 170，若这个数列的公比为 q，项数为 n，则 $q + n$ 的值为（   ）.

A. 6 　　　　B. 7 　　　　C. 8 　　　　D. 9 　　　　E. 10

题型 10　数列应用题

思　路　解数列综合题和应用性问题既要有坚实的基础知识，又要有良好的思维能力和分析、解决问题的能力；解应用性问题，应充分运用观察、归纳、猜想等手段，建立有关等差（比）数列、递推数列模型，再综合其他相关知识来解决问题.

35 某渔业公司年初用 98 万元购买一艘捕鱼船，第一年各种费用合计 12 万元，以后每年都增加 4 万元，每年捕鱼收益 50 万元.

（1）第（　　）年开始获利.

A. 3 　　　　　B. 4 　　　　　C. 5 　　　　　D. 6 　　　　　E. 7

（2）第（　　）年能使总的年平均获利最大.

A. 6 　　　　　B. 7 　　　　　C. 8 　　　　　D. 9 　　　　　E. 10

（3）第（　　）年能使总纯收入获利最大.

A. 6 　　　　　B. 7 　　　　　C. 8 　　　　　D. 9 　　　　　E. 10

36 某县位于沙漠地带，到 2011 年底，全县的绿化率已达 30%，从 2012 年开始，每年将出现这样的局面，即原有沙漠面积的 16% 将被绿化，与此同时，由于各种原因，原有绿化面积的 4% 又被沙化. 设全县面积为 1，2011 年底绿化面积为 $a_1 = \dfrac{3}{10}$，经过 n 年后绿化总面积为 a_{n+1}，则至少需要（　　）年的努力，才能使全县的绿化率达到 60%（年取整数，$\lg 2 \approx 0.301$）.

A. 5 　　　　　B. 7 　　　　　C. 8 　　　　　D. 9 　　　　　E. 10

题型 11　数列与其他知识点结合考题

思　路　需借助数列元素、性质、求和的公式来解决与之相关的问题.

37 已知二次函数 $y = p(p+1)x^2 - (2p+1)x + 1$，当 $p = 1, 2, \cdots, n$ 时，其抛物线在 x 轴上截得的线段长依次为 $d_1, d_2, \cdots, d_n$，则 $d_1 + d_2 + \cdots + d_{100} = （\quad）$.

A. $\dfrac{100}{101}$ 　　B. $\dfrac{99}{100}$ 　　C. $\dfrac{98}{99}$ 　　D. $\dfrac{101}{100}$ 　　E. $\dfrac{101}{102}$

38 在直角坐标系中，O 是坐标原点，$P_1(x_1, y_1)$，$P_2(x_2, y_2)$ 是第一象限的两个点，若 $1, x_1, x_2, 4$ 依次成等差数列，而 $1, y_1, y_2, 8$ 依次成等比数列，则 $\triangle OP_1P_2$ 的面积是（　　）.

A. 5 　　　　　B. 4 　　　　　C. 3 　　　　　D. 2 　　　　　E. 1

◈ 核心绝例解析 ◈

1 ≫ **C.** 令 $a_n = k$，则 $S_9 = 9k = 72 \Rightarrow k = 8$，那么 $a_2 + a_4 + a_9 = 3k = 24$，选 C.

2 ≫ **D.** 因为 $a_2 - a_5 + a_8 = 9 \Rightarrow a_5 = 9$，故 $a_1 + a_2 + \cdots + a_9 = 9 \times a_5 = 81$.

3 ≫ **C.** 令等比数列 $\{a_n\}$ 每一项为 x，则 $\log_2 a_1 + \log_2 a_2 + \cdots + \log_2 a_7 = 7\log_2 x = 7, x = 2$，$a_2a_6 + a_3a_5 = x^2 + x^2 = 2x^2 = 8$，故选 C.

4 ≫ **C.** 令数列 $\{a_n\}$ 的每一项均为 x，则 $a_{10}a_{2014} = x^2 = 2, a_n = x = \sqrt{2}, b_n = \log_2 a_n = \dfrac{1}{2}$，

故 $b_1 + b_2 + \cdots + b_{2024} = \dfrac{1}{2} \times 2024 = 1012$，选 C.

5 ›› E. 令 $2023 = n$ ，故选项 A 为 $\dfrac{3}{n}$ ，选项 B 为 $\dfrac{n}{3}$ ，选项 C 为 $\dfrac{n-1}{3}$ ，选项 D 为 $\dfrac{3}{n-1}$ ，选项 E 为

$\dfrac{3}{n+1}$ ，已知 $a_1 = \dfrac{3}{2}, a_2 = \dfrac{3}{3}, a_3 = \dfrac{3}{4}$ ，只有 E 选项满足，故选 E.

6 ›› B. 令 $2024 = n$ ，故选项 A 为 $\dfrac{2(n-1)}{n}$ ，选项 B 为 $\dfrac{2n}{n+1}$ ，选项 C 为 $\dfrac{n-1}{n}$ ，选项 D 为 $\dfrac{n}{n+1}$ ，

选项 E 为 $\dfrac{n+1}{n}$ ，因为 $\dfrac{1}{a_1} = 1$ ，大致可以判断 B 符合；又因为 $a_2 = a_1 + a_1 + 1 = 3$ ，所

以 $\dfrac{1}{a_1} + \dfrac{1}{a_2} = \dfrac{4}{3}$ ，可以断定答案是 B.

7 ›› A. 已知等差数列为一次函数， a_p, a_q, a_{p+q} 分别对应点 $(p, a_p), (q, a_q), (p+q, a_{p+q})$ ，这

三点在同一直线上，则有 $\dfrac{a_p - a_q}{p - q} = \dfrac{a_{p+q} - a_p}{(p+q) - p} \Rightarrow \dfrac{q-p}{p-q} = \dfrac{a_{p+q} - q}{q} \Rightarrow a_{p+q} = 0$ ．选 A.

8 ›› D. $a_1 + a_5 = 2a_3 = 16 \Rightarrow a_3 = 8$. 因为 $S_{13} = 13a_7 = 260$,则 $a_7 = 20$ ，故 $d = \dfrac{a_7 - a_3}{7 - 3} = 3$.

根据 $\left\{\dfrac{S_n}{n}\right\}$ 是关于 n 的以 $\dfrac{d}{2}$ 为公差的等差数列，那么 $\dfrac{S_{2024}}{2024} - \dfrac{S_{2020}}{2020} = 4 \times \dfrac{d}{2} = 2d = 6$ ，选 D.

9 ›› C. 由等差数列求和特征可知 $a = 0$ ，故 $S_n = n^2 + 2n \Rightarrow a_n = 2n + 1$ ，所以 $\dfrac{a_n - 2}{a_n - 8} =$

$\dfrac{2n-1}{2n-7} = 1 + \dfrac{6}{2n-7}$ ，当 $n = 3$ 时， $1 + \dfrac{6}{2n-7} = -5$ 为最小；当 $n = 4$ 时， $1 + \dfrac{6}{2n-7} =$

7 为最大，所以最大项与最小项之和为 2 ，选 C.

10 ›› B. 数列 $\{a_n\}$ 为等差数列，则 $a_{m-1} + a_{m+1} - a_m^2 - 1 = 2a_m - a_m^2 - 1 = -(a_m - 1)^2 = 0 \Rightarrow a_m$

$= 1$ ，又因为 $S_{2m-1} = (2m-1)a_m = 39 \Rightarrow 2m - 1 = 39 \Rightarrow m = 20$ ，选 B.

11 ›› E. 方法一　$\dfrac{S_n}{S'_n} = \dfrac{na_1 + \dfrac{n(n-1)}{2}d}{nb_1 + \dfrac{n(n-1)}{2}d'} = \dfrac{a_1 + \dfrac{n-1}{2}d}{b_1 + \dfrac{n-1}{2}d'}$ ，令 $\dfrac{n-1}{2} = 8$ ，则 $n = 17$.

所以 $\dfrac{S_{17}}{S'_{17}} = \dfrac{a_9}{b_9}$ ，而 $\dfrac{S_{17}}{S'_{17}} = \dfrac{5 \times 17 + 3}{2 \times 17 - 1} = \dfrac{8}{3}$ ，即 $\dfrac{a_9}{b_9} = \dfrac{8}{3}$.

方法二　$\dfrac{a_9}{b_9} = \dfrac{a_1 + a_{17}}{b_1 + b_{17}} = \dfrac{17(a_1 + a_{17})/2}{17(b_1 + b_{17})/2} = \dfrac{S_{17}}{S'_{17}} = \dfrac{5 \times 17 + 3}{2 \times 17 - 1} = \dfrac{8}{3}$.

12 ›› B. $S_5 = 5a_3 \leqslant 30 \Rightarrow a_3 \leqslant 6$ ，要想使得 a_1 最小，那么公差越大越好，当 $a_3 = 6, a_2 = 3$

时 a_1 取最小值，此时 $a_1 = 0$ ，选 B.

13 ›› C. 根据等比数列求和特征可知 $m = -1$ ．故 $S_n = 3 \times 2^n - 3$ ，可知 $a_1 = 3, q = 2$ ．而

数列 $\{a_n^2\}$ 为首项为 $a_1^2 = 9$ ，公比为 $q^2 = 4$ 的等比数列，故 $a_1^2 + a_2^2 + a_3^2 + \cdots + a_n^2 =$

$$\frac{9(4^n - 1)}{4 - 1} = 3(4^n - 1)，选 C.$$

14 ≫ **C.** 显然 $q \neq 1$，所以 $\frac{9(1 - q^3)}{1 - q} = \frac{1 - q^6}{1 - q} \Rightarrow 1 + q^3 = 9 \Rightarrow q = 2$，所以 $\left\{\frac{1}{a_n}\right\}$ 是首项为 1，公比为

$\frac{1}{2}$ 的等比数列，则前 5 项和 $T_5 = \frac{1 - \left(\frac{1}{2}\right)^5}{1 - \frac{1}{2}} = \frac{31}{16}$.

15 ≫ **B.** 先变形为标准形式：$c_n = \left(n - \frac{1}{2}\right) \times 2^n$，套入错位相减大招公式可得：$S_n = (2n - 3) \cdot$

$2^n + 3$，选 B.

16 ≫ **E.** 令 $b_n = \frac{a_n}{n}$，所以 $\{b_n\}$ 的前 n 项和为 $3^n - 2$. 可求得 $b_n = \begin{cases} 1, & n = 1 \\ 2 \times 3^{n-1}, & n \geq 2 \end{cases}$. 又

因为 $a_n = n \times b_n \Rightarrow a_n = \begin{cases} 1, & n = 1 \\ 2n \times 3^{n-1}, & n \geq 2 \end{cases}$. 则 $\{a_n\}$ 的前 n 项和 S_n 根据错位相减公式

可得 $S_n = \left(n - \frac{1}{2}\right) \times 3^n - \frac{1}{2}$，选 E.

17 ≫ **C.** 令 $m = 1$，可得 $a_{n+1} = a_n + a_1 + n = a_n + (n + 1) \Rightarrow a_{n+1} - a_n = n + 1 = f(n)$.

利用类等差数列公式，那么 $a_n = a_1 + f(1) + \cdots + f(n - 1) = \frac{n(n + 1)}{2}$. 所以 $\frac{1}{a_n} =$

$\frac{2}{n(n + 1)}$. 故 $\frac{1}{a_1} + \frac{1}{a_2} + \frac{1}{a_3} + \cdots + \frac{1}{a_{2023}} = 2\left(1 - \frac{1}{2} + \frac{1}{2} - \frac{1}{3} + \cdots + \frac{1}{2023} - \frac{1}{2024}\right) =$

$\frac{2023}{1012}$，选 C.

18 ≫ **B.** 同除以 $a_n^2 \Rightarrow (n + 2)\left(\frac{a_{n+1}}{a_n}\right)^2 + \frac{a_{n+1}}{a_n} - (n + 1) = 0 \Rightarrow \frac{a_{n+1}}{a_n} = \frac{n + 1}{n + 2}$，可得 $(n + 2)a_{n+1}$

$= (n + 1)a_n$. 可以观察出规律 $(n + 2)a_{n+1} = (n + 1)a_n = na_{n-1} = \cdots = 2a_1 = 2 \Rightarrow a_n =$

$\frac{2}{n + 1}$. 选 B.

19 ≫ **A.** 由 $a_{n+1} = \frac{2a_n}{a_n + 2}$，两边同乘 $a_n + 2$，则可变为整式 $a_{n+1} \cdot a_n + 2a_{n+1} - 2a_n = 0$，两

边再同除以 $a_{n+1} \cdot a_n$，可得 $\frac{1}{a_{n+1}} - \frac{1}{a_n} = \frac{1}{2}$，故 $\left\{\frac{1}{a_n}\right\}$ 是以 $\frac{1}{a_1} = 1$，公差为 $\frac{1}{2}$ 的等差数

列. 由 $\frac{1}{a_n} = 1 + (n - 1) \times \frac{1}{2}$，得 $a_n = \frac{2}{n + 1}$. 选 A.

20 ≫ **A.** 两边同除以 $\left(\frac{1}{2}\right)^{n+1} \Rightarrow 2^{n+1}a_{n+1} = \frac{2}{3}(2^n a_n) + 1$. 令 $b_n = 2^n a_n \Rightarrow b_{n+1} = \frac{2}{3}b_n + 1$. 通

过构造等比数列，可求得 $b_n = -2 \times \left(\frac{2}{3}\right)^n + 3$. 又因为 $b_n = 2^n a_n \Rightarrow a_n = \frac{-2}{3^n} + \frac{3}{2^n}$. 选 A.

21 » **A.** 由 $a_n = \dfrac{3-a_{n-1}}{2}$，$n=2$，$3$，$4$，$\cdots$，整理得 $1-a_n = -\dfrac{1}{2}(1-a_{n-1})$.

又 $1-a_1 \neq 0$，所以 $\{1-a_n\}$ 是首项为 $1-a_1 = \dfrac{1}{2}$，公比为 $-\dfrac{1}{2}$ 的等比数列，得

$$a_n = 1 - (1-a_1)\left(-\dfrac{1}{2}\right)^{n-1} = 1 + \left(-\dfrac{1}{2}\right)^n,$$

故 $a_{10} = 1 + \left(-\dfrac{1}{2}\right)^{10} = 1 + \dfrac{1}{1024} = \dfrac{1025}{1024}$.

22 » **A.** 根据结论（2），设 $a_{n+1} + A(n+1) + B = 3(a_n + An + B)$，所以 $a_{n+1} = 3a_n + 2An + 2B - A$，与原式比较系数得 $A = B = 1$，即 $a_{n+1} + (n+1) + 1 = 3(a_n + n + 1) \Rightarrow a_n + n + 1 = (a_1 + 1 + 1) \times 3^{n-1} = 3^n$，故 $a_n = 3^n - n - 1$. 则 $a_6 = 3^6 - 6 - 1 = 729 - 7 = 722$，选 A.

23 » **C.** 将两边同时取对数得 $\lg a_{n+1} = 2\lg a_n$，即 $\dfrac{\lg a_{n+1}}{\lg a_n} = 2$，所以数列 $\{\lg a_n\}$ 是以 $\lg a_1 = \lg 3$ 为首项，2 为公比的等比数列，$\lg a_n = \lg a_1 \cdot 2^{n-1} = \lg 3^{2^{n-1}}$，即 $a_n = 3^{2^{n-1}}$.

24 » **B.** 由 $a_2 a_4 = 1$ 可得 $a_1^2 q^4 = 1$，因此 $a_1 = \dfrac{1}{q^2}$，代入 $S_3 = \dfrac{a_1(1-q^3)}{1-q} = 7$，可得 $6q^2 - q - 1 = 0$.

因为 $q > 0$，故 $q = \dfrac{1}{2}$，$a_1 = 4$. 又因为 $S_5 = \dfrac{4\left(1 - \dfrac{1}{2^5}\right)}{1 - \dfrac{1}{2}} = \dfrac{31}{4}$，故选 B.

25 » **E.** 两条件均无法保证 a，b，c 均大于 0，所以答案选 E.

26 » **D.** 令 $S_5 = 2k, S_{10} = k$，则 $\dfrac{S_{10} - S_5}{S_5} = q^5 = -\dfrac{1}{2} \Rightarrow S_{15} - S_{10} = S_5 \times (q^5)^2 = 2k \times \dfrac{1}{4} = \dfrac{k}{2}$.

取 $k = 2$ 代入，$S_5 = 4, S_{10} = 2, S_{15} = 3$，则 $\dfrac{S_5 + S_{10} + S_{15}}{S_{10} - S_5} = \dfrac{4 + 2 + 3}{2 - 4} = -\dfrac{9}{2}$，选 D.

27 » **B.** 由 a_k 是 a_1 与 a_{2k} 的等比中项，可得 $a_k^2 = a_1 a_{2k}$，由 $\{a_n\}$ 为等差数列可得

$$a_k = a_1 + (k-1)d, \quad a_{2k} = a_1 + (2k-1)d,$$

又 $a_1 = 9d$，代入可得 $k = 4$.

28 » **B.** 两式相减，得 $3S_3 - 3S_2 = 3a_3 = a_4 - a_3$，$a_4 = 4a_3$，所以 $q = \dfrac{a_4}{a_3} = 4$.

29 » **A.** 由数列 $\{a_n\}$ 的前 n 项和为 $S_n = n^2 - 10n$（$n = 1$，2，3，$\cdots$），知数列 $\{a_n\}$ 为等差数列. 数列 $\{a_n\}$ 的通项公式为 $a_n = S_n - S_{n-1} = 2n - 11$，数列 $\{na_n\}$ 的通项公式为 $na_n = 2n^2 - 11n$，其中数值最小的项应是最靠近对称轴 $n = \dfrac{11}{4}$ 的项，即 $n = 3$，第 3 项是数列 $\{na_n\}$ 中数值最小的项. 选 A.

30 >> C. 依题意可得 $2 \times \frac{1}{2} a_3 = a_1 + 2a_2$，即 $a_3 = a_1 + 2a_2$，则有 $a_1 q^2 = a_1 + 2a_1 q$，即

$q^2 = 1 + 2q$，解得 $q = 1 + \sqrt{2}$ 或 $q = 1 - \sqrt{2}$（舍）．所以

$$\frac{a_9 + a_{10}}{a_7 + a_8} = \frac{a_1 q^8 + a_1 q^9}{a_1 q^6 + a_1 q^7} = \frac{q^2 + q^3}{1 + q} = q^2 = 3 + 2\sqrt{2}.$$

31 >> A. 条件（1），数列是首项为 1，公差为 2 的等差数列，则 $S_k = k^2$，$S_{2k} - S_k = 3k^2$，得到

$\frac{a_1 + a_2 + \cdots + a_k}{a_{k+1} + a_{k+2} + \cdots + a_{2k}} = \frac{S_k}{S_{2k} - S_k} = \frac{1}{3}$，充分；由条件（2），数列是首项为 2，公差为 2 的

等差数列，则 $S_k = k(k+1)$，$S_{2k} - S_k = k(3k+1)$，比值与 k 有关，显然不充分．

32 >> （1）C. 依题意，可得 $S_{奇} + S_{偶} = 145$，即 $S_{奇} + (S_{奇} + 50d) = 145$，即 $2S_{奇} + 25 = 145$，

解得 $S_{奇} = 60$．

（2）B. 由 $S_{100} = 145$，得 $\frac{100(a_1 + a_{100})}{2} = 145$，故得 $a_1 + a_{100} = 2.9$．故

$$S' = a_3 + a_6 + a_9 + \cdots + a_{99}$$

$$= \frac{33(a_3 + a_{99})}{2} = \frac{33(a_2 + a_{100})}{2}$$

$$= \frac{33(0.5 + a_1 + a_{100})}{2} = \frac{33 \times (0.5 + 2.9)}{2} = 1.7 \times 33 = 56.1.$$

33 >> A. 记前 12 项中偶数项和为 $S_{偶}$，奇数项和为 $S_{奇}$，则 $S_{偶} : S_{奇} = 32 : 27$．

设 $S_{偶} = 32k$，$S_{奇} = 27k (k \neq 0)$，则有 $S_{偶} + S_{奇} = 32k + 27k = S_{12} = 354$，解得 $k = 6$．

又 $S_{偶} - S_{奇} = 32k - 27k = \frac{n}{2}d = 6d$，得 $d = 5$．故条件（1）充分．

34 >> E. 等比数列的项数为偶数，则有 $\frac{S_{偶}}{S_{奇}} = \frac{a_2 + a_4 + a_6 + \cdots}{a_1 + a_3 + a_5 + \cdots} = q = \frac{170}{85} = 2$，根据首项为 1，奇数

项之和为 $S_{奇} = a_1 + a_3 + a_5 + \cdots = \frac{a_1(1 - q^n)}{1 - q^2} = \frac{1(1 - 2^n)}{1 - 4} = 85$，解得 $n = 8$，故 $q + n = 10$．

35 >> （1）A. 由题意知每年费用是以 12 为首项、4 为公差的等差数列，设纯收入与年数的

关系为 $f(n)$，则 $f(n) = 50n - [12 + 16 + \cdots + (8 + 4n)] - 98 = 40n - 2n^2 - 98$，获利即

为 $f(n) > 0$．所以 $40n - 2n^2 - 98 > 0$，即 $n^2 - 20n + 49 < 0$．

解得 $10 - \sqrt{51} < n < 10 + \sqrt{51}$，即 $2.9 < n < 17.1$．

又 $x \in \mathbf{N}$，所以 $n = 3$，4，$\cdots$，17，当 $n = 3$ 时，（即第 3 年）开始获利．

（2）B. 年平均收入为 $\frac{f(n)}{n} = 40 - 2\left(n + \frac{49}{n}\right)$，因为 $n + \frac{49}{n} \geqslant 2\sqrt{n \cdot \frac{49}{n}} = 14$，当且仅当

$n = 7$ 时取等号，故第 7 年能使年均收益最大．

（3）E. $f(n) = -2(n - 10)^2 + 102$，所以当 $n = 10$ 时，$f(n)_{\max} = 102$．

36 » A. 由已知可得，a_n 确定后 a_{n+1} 可表示为 $a_{n+1}=a_n(1-4\%)+(1-a_n)\cdot16\%$，

即 $a_{n+1}=80\%a_n+16\%=\dfrac{4}{5}a_n+\dfrac{4}{25}$，对其变形

$$a_{n+1}-\frac{4}{5}=\frac{4}{5}\left(a_n-\frac{4}{5}\right)=\left(\frac{4}{5}\right)^2\left(a_{n-1}-\frac{4}{5}\right)=\cdots=\left(\frac{4}{5}\right)^n\left(a_1-\frac{4}{5}\right).$$

故有 $a_{n+1}=-\dfrac{1}{2}\left(\dfrac{4}{5}\right)^n+\dfrac{4}{5}$. 若 $a_{n+1}\geqslant\dfrac{3}{5}$，则有 $-\dfrac{1}{2}\left(\dfrac{4}{5}\right)^n+\dfrac{4}{5}\geqslant\dfrac{3}{5}$，即 $\dfrac{1}{2}\geqslant\left(\dfrac{4}{5}\right)^{n-1}$.

两边取对数可得 $-\lg2\geqslant(n-1)(2\lg2-\lg5)=(n-1)(3\lg2-1)$.

故 $n\geqslant\dfrac{\lg2}{1-3\lg2}+1>4$，使得上式成立的最小 n 为 5，故最少需要经过 5 年的努力，才能使全县的绿化率达到 60%.

37 » A. 当 $p=n$ 时，$y=n(n+1)x^2-(2n+1)x+1$.

由公式 $|x_1-x_2|=\dfrac{\sqrt{\Delta}}{n(n+1)}$，得 $d_n=\dfrac{1}{n(n+1)}=\dfrac{1}{n}-\dfrac{1}{n+1}$，所以

$$d_1+d_2+\cdots+d_{100}=\left(1-\frac{1}{2}\right)+\left(\frac{1}{2}-\frac{1}{3}\right)+\cdots+\left(\frac{1}{100}-\frac{1}{101}\right)=1-\frac{1}{101}=\frac{100}{101}.$$

38 » E. 由 1，x_1，x_2，4 依次成等差数列得 $2x_1=x_2+1$，$x_1+x_2=5$，解得 $x_1=2$，$x_2=3$.
又由 1，y_1，y_2，8 依次成等比数列，得 $y_1^2=y_2$，$y_1y_2=8$，解得 $y_1=2$，$y_2=4$.
所以 $P_1(2,2)$，$P_2(3,4)$. 得到 $|P_1P_2|=\sqrt{5}$，P_1P_2 的直线方程为 $2x-y-2=0$，坐标原点到直线的距离为 $d=\dfrac{2}{\sqrt{5}}$（看作三角形的高），则三角形的面积为 $S=\dfrac{1}{2}\times\sqrt{5}\times\dfrac{2}{\sqrt{5}}=1$.

第二节　顿悟练习

1. 设数列 $\{a_n\}$ 中，$a_1=2$，$a_{n+1}=2a_n+3$，则通项 a_n 是（　　）.
   A. $5-3n$　　　　　　B. $3\cdot2^{n-1}-1$　　　　　　C. $5-3n^2$
   D. $5\cdot2^{n-1}-3$　　　　E. $2n$

2. 若 $x\neq y$，且两个数列：x，a_1，a_2，y 和 x，b_1，b_2，b_3，y 各成等差数列，那么 $\dfrac{a_2-a_1}{b_2-b_1}=$（　　）.
   A. $\dfrac{3}{4}$　　　B. $\dfrac{4}{3}$　　　C. $\dfrac{2}{3}$　　　D. $\dfrac{3}{2}$　　　E. 2

3. 等差数列 $\{a_n\}$ 中，$a_1=1$，$a_3+a_5=14$，其前 n 项和 $S_n=100$，则 $n=$（　　）.
   A. 9　　　B. 10　　　C. 11　　　D. 12　　　E. 13

4. 已知等差数列共有 $2n+1$ 项，其中奇数项之和为 290，偶数项之和为 261，则 $a_{n+1}=$（　　）.
   A. 30　　　B. 29　　　C. 28　　　D. 27　　　E. 26

5. 若两个等差数列 $\{a_n\}$ 和 $\{b_n\}$ 的前 n 项和分别是 S_n，T_n，已知 $\dfrac{S_n}{T_n}=\dfrac{7n}{n+3}$，则 $\dfrac{a_5}{b_5}=$（　　）.

A. 7　　　　　　B. $\dfrac{2}{3}$　　　　　　C. $\dfrac{27}{8}$　　　　　D. $\dfrac{21}{4}$　　　　　E. 5

6. 设数列 $\{a_n\}$ 的前 n 项和为 S_n，$S_n = \dfrac{a_1(3^n - 1)}{2}$ $(n \geqslant 1)$，且 $a_4 = 54$，则 $a_1 = ($　　$)$.

　　A. 2　　　　　B. 4　　　　　C. 6　　　　　D. 8　　　　　E. 10

7. 设 $\{a_n\}$ 是等差数列，$\{b_n\}$ 是各项都为正数的等比数列，且 $a_1 = b_1 = 1$，$a_3 + b_3 = 7$，$a_5 + b_5 = 21$，则 $\dfrac{a_n}{b_n} = ($　　$)$.

　　A. $\dfrac{1}{2^n}$　　　　B. $\dfrac{n}{2^{n-1}}$　　　　C. $\dfrac{n}{2^n}$　　　　D. $\dfrac{2n-1}{2^{n-1}}$　　　　E. $\dfrac{2n+1}{2^{n-1}}$

8. 若关于 x 的方程 $x^2 - x + a = 0$ 和 $x^2 - x + b = 0$ $(a \neq b)$ 的四个根可组成首项为 $\dfrac{1}{4}$ 的等差数列，则 $a + b$ 的值是$($　　$)$.

　　A. $\dfrac{3}{8}$　　　　B. $\dfrac{11}{24}$　　　　C. $\dfrac{13}{24}$　　　　D. $\dfrac{31}{72}$　　　　E. $\dfrac{39}{128}$

9. 设 S_n 为等差数列 $\{a_n\}$ 的前 n 项和，$S_9 = 18$，$a_{n-4} = 30$ $(n > 9)$，若 $S_n = 336$，则 n 为$($　　$)$.

　　A. 16　　　　B. 21　　　　C. 9　　　　D. 8　　　　E. 7

10. 在各项都是正数的等比数列 $\{a_n\}$ 中，公比 $q \neq 1$，并且 a_2，a_3，a_5 成等差数列，则公比 q 的值为$($　　$)$.

　　A. 1　　　　B. $\dfrac{-1 + \sqrt{5}}{2}$　　　　C. $\dfrac{1 + \sqrt{5}}{2}$　　　　D. $\dfrac{1 - \sqrt{5}}{2}$　　　　E. $\dfrac{-1 - \sqrt{5}}{2}$

11. 等比数列 $\{a_n\}$ 的前 n 项和为 S_n，已知 S_1，$2S_2$，$3S_3$ 成等差数列，则 $\{a_n\}$ 的公比为$($　　$)$.

　　A. 2　　　　B. $\dfrac{1}{2}$　　　　C. $\dfrac{3}{2}$　　　　D. 3　　　　E. $\dfrac{1}{3}$

12. 已知数列 $\{a_n\}$ 的前 n 项和为 S_n，且满足 $a_n + S_n = 1$，则 $\dfrac{S_1}{a_1} + \dfrac{S_2}{a_2} + \cdots + \dfrac{S_{10}}{a_{10}} = ($　　$)$.

　　A. 1013　　　　B. 1015　　　　C. 2037　　　　D. 2059　　　　E. 2036

13. 已知数列 $\{a_n\}$ 满足 $a_1 = \dfrac{1}{3}$，$a_{n+1} = a_n \cdot 3^n$，则数列 $\{a_n\}$ 的通项公式为 $($　　$)$.

　　A. $a_n = 3^{\frac{n^2 - 2n}{2}}$　B. $a_n = 3^{\frac{n^2 - 2n - 2}{2}}$　C. $a_n = 3^{\frac{n^2 - n - 2}{2}}$　D. $a_n = 3^{\frac{2n - n^2}{2}}$　E. $a_n = 3^{\frac{2n - n^2 - 1}{2}}$

14. 数列 $\{a_n\}$ 满足 $a_1 = 1$，$a_n = \dfrac{1}{2}a_{n-1} + 1$ $(n \geqslant 2)$，若 $b_n = a_n - 2$，则 $\{b_n\}$ 是$($　　$)$.

　　A. 等比数列　　　　　　　B. 从第二项起的等比数列
　　C. 等差数列　　　　　　　D. 从第二项起的等差数列
　　E. 既不是等差数列也不是等比数列

15. 在数列 $\{a_n\}$ 中，若 $a_1 = 2$，$a_{n+1} = \dfrac{a_n}{2a_n + 1}$，则 $a_5 = ($　　$)$.

　　A. $\dfrac{4}{17}$　　　　B. $\dfrac{3}{17}$　　　　C. $\dfrac{2}{17}$　　　　D. $\dfrac{5}{17}$　　　　E. $\dfrac{6}{17}$

16. 非零实数 a，b，c 成等比数列.

   （1）关于 x 的一元二次方程 $ax^2 - 2bx + c = 0$ 有两个相等实根.

   （2）b 是 a，c 的比例中项.

17. 设 x，y，z 是实数，则有 $\dfrac{x}{z} + \dfrac{z}{x} = \dfrac{34}{15}$.

   （1）$3x$，$4y$，$5z$ 成等比数列.　　　　（2）$\dfrac{1}{x}$，$\dfrac{1}{y}$，$\dfrac{1}{z}$ 是等差数列.

18. 若 $\{a_n\}$ 是等差数列，则能确定数列 $\{b_n\}$ 也一定是等差数列.

   （1）$b_n = a_n + a_{n+1}$.　　　　（2）$b_n = na_n$.

19. 等比数列 $\{a_n\}$ 的公比为 q，则 $q > 1$.

   （1）对于任意正整数 n，都有 $a_{n+1} > a_n$.　　　　（2）$a_1 > 0$.

20. 等比数列 $\{a_n\}$ 的前 n 项和为 S_n，则此数列的首项为 6.

   （1）$a_3 = \dfrac{3}{2}$.　　　　（2）$S_3 = \dfrac{9}{2}$.

21. 可以确定数列 $\left\{a_n - \dfrac{2}{3}\right\}$ 是等比数列.

   （1）α，β 是方程 $a_n x^2 - a_{n+1} x + 1 = 0$ 的两实根，且满足 $6\alpha - 2\alpha\beta + 6\beta = 3$.

   （2）a_n 是等比数列 $\{b_n\}$ 的前 n 项和，其中 $q = -\dfrac{1}{2}$，$b_1 = 1$.

22. 可以确定数列 $\{a_n\}$ 的通项为 $a_n = 2 \cdot 3^{n-1}$.

   （1）$a_n > 0$，且 $a_2 a_3 = 108$.

   （2）$S_{n+1} + S_n = 2a_{n+1}$，其中 S_n 为 $\{a_n\}$ 的前 n 项和.

23. 有 $\lg a_1 + \lg a_2 + \cdots + \lg a_{20} = 30$ 成立.

   （1）在正项等比数列 $\{a_n\}$ 中 $a_9 \cdot a_{12} = 10^3$.

   （2）在正项等比数列 $\{a_n\}$ 中 $a_7^2 \cdot a_{14}^2 = 10^6$.

24. 在数列 $\{a_n\}$ 中，$a_1 = -60$，$a_{n+1} = a_n + 3$，则 $|a_1| + |a_2| + |a_3| + \cdots + |a_n| = 765$.

   （1）$n = 10$.　　　　（2）$n = 11$.

25. $a_2 = 2$，$a_4 = 8$，则 $a_{10} = 26$.

   （1）数列 $\{a_n\}$ 的前 n 项和 S_n 满足 $an^2 + bn + c$ 这样的形式.

   （2）数列 $\{a_n\}$ 是等比数列.

26. 公比 $q > \dfrac{1}{2}$.

   （1）等比数列 $\{a_n\}$ 的公比为 q，$\{a_n\}$ 是递减数列.

   （2）等比数列 $\{a_n\}$ 为递减数列，和 $S = a_1 + a_2 + \cdots + a_n + \cdots$ 存在且满足 $\dfrac{S}{a_1} > 2$.

27. 数列 $\{a_n\}$ 的前 n 项和记为 S_n，已知 $a_1 = 1$，则数列 $\left\{\dfrac{S_n}{n}\right\}$ 是等比数列.

   （1）$S_n > 0 (n = 1,2,3,\cdots)$.

   （2）$a_{n+1} = \dfrac{n+2}{n} S_n (n = 1,2,3,\cdots)$.

❖ 顿悟练习解析 ❖

1 » **D.** 用特殊值法检验或由 $a_{n+1} = 2a_n + 3$ 知 $a_{n+1} + 3 = 2(a_n + 3)$，故 $\{a_n + 3\}$ 是等比数列，公比为 2，首项为 5，从而 $a_n = 5 \cdot 2^{n-1} - 3$.

2 » **B.** 根据等差数列定义，有 $\dfrac{a_2 - a_1}{b_2 - b_1} = \dfrac{\frac{y-x}{3}}{\frac{y-x}{4}} = \dfrac{4}{3}$.

3 » **B.** $a_3 + a_5 = 2a_4 = 14 \Rightarrow a_4 = 7$，所以 $d = 2$，又 $S_n = n^2 = 100$，则 $n = 10$.

4 » **B.** $a_1 + a_{2n+1} = a_2 + a_{2n} = \cdots = 2a_{n+1} \Rightarrow S_{奇} = \dfrac{a_1 + a_{2n+1}}{2}(n+1) = (n+1)a_{n+1} = 290$，

$S_{偶} = \dfrac{a_2 + a_{2n}}{2} \cdot n = na_{n+1} = 261 \Rightarrow a_{n+1} = 29$.

5 » **D.** $\dfrac{a_5}{b_5} = \dfrac{S_9}{T_9} = \dfrac{7 \times 9}{9+3} = \dfrac{21}{4}$.

6 » **A.** 由 $S_n - S_{n-1} = a_n\,(n \geqslant 2)$ 得到 $a_n = a_1 \cdot 3^{n-1}$. 于是可知，该数列为等比数列，且公比为 3，故 $a_4 = a_1 \cdot 3^3$，求得 $a_1 = 2$.

7 » **B.** 设公差为 d，公比为 q，$a_3 + b_3 = 7 \Rightarrow 1 + 2d + q^2 = 7$，$a_5 + b_5 = 21 \Rightarrow 1 + 4d + q^4 = 21$. 可得 $q^4 - 2q^2 = 8 \Rightarrow q^2 = 4$ 或 $q^2 = -2$（舍去），于是 $q^2 = 4 \Rightarrow q = 2$，因此有 $d = 1$，$q = 2 \Rightarrow a_n = n$，$b_n = 2^{n-1} \Rightarrow \dfrac{a_n}{b_n} = \dfrac{n}{2^{n-1}}$.

8 » **D.** 设两方程的根分别是 x_1，x_2；x_3，x_4，由题意可设公差为 d，根据根与系数的关系，得 $x_1 + x_2 = x_3 + x_4 = 1$，即 $S_4 = 2 \Rightarrow 4 \times \dfrac{1}{4} + \dfrac{4 \times (4-1)}{2}d = 2$，解得 $d = \dfrac{1}{6}$，故这四个根是 $\dfrac{1}{4}$，$\dfrac{5}{12}$，$\dfrac{7}{12}$，$\dfrac{3}{4}$，且 $\dfrac{1}{4}$，$\dfrac{3}{4}$ 是同一个方程的根，$\dfrac{5}{12}$，$\dfrac{7}{12}$ 是另一个方程的根，则 $a + b = x_1 x_2 + x_3 x_4 = \dfrac{1}{4} \times \dfrac{3}{4} + \dfrac{5}{12} \times \dfrac{7}{12} = \dfrac{31}{72}$.

9 » **B.** 由于 $S_9 = 9a_5 = 18$，所以 $a_5 = 2$. 故 $a_5 + a_{n-4} = a_1 + a_n = 32$.

从而得到 $S_n = \dfrac{n}{2}(a_1 + a_n) = 336 \Rightarrow n = 21$.

10 » **B.** 由题意，知 $q > 0$ 且 $q \neq 1$，$2a_1 q^2 = a_1 q + a_1 q^4 \Rightarrow 2q^2 = q + q^4 \Rightarrow q^3 - 2q + 1 = 0 \Rightarrow$

$(q-1)(q^2 + q - 1) = 0 \Rightarrow q = \dfrac{-1 + \sqrt{5}}{2}$.

11 ›› **E.** $S_1 = a_1$，$S_2 = a_1(1+q)$，$S_3 = a_1(1+q+q^2)$，S_1，$2S_2$，$3S_3$ 成等差数列，则 $4a_1(1+q) = a_1 + 3a_1(1+q+q^2)$，解得 $q = \dfrac{1}{3}$.

12 ›› **E.** 令 $n = 1$ 时，$a_1 + S_1 = 2a_1 = 1 \Rightarrow a_1 = \dfrac{1}{2}$. 又因为 $a_n + S_n = 1$，$a_{n-1} + S_{n-1} = 1$，两

式相减可得：$a_n = \dfrac{1}{2}a_{n-1}$，所以 $\{a_n\}$ 是等比数列，则 $a_n = \dfrac{1}{2^n}$，故 $\dfrac{S_n}{a_n} = \dfrac{1 - \dfrac{1}{2^n}}{\dfrac{1}{2^n}} = 2^n - 1$，

则 $\dfrac{S_1}{a_1} + \dfrac{S_2}{a_2} + \cdots + \dfrac{S_{10}}{a_{10}} = 2^1 + \cdots + 2^{10} - 10 = 2048 - 12 = 2036$，选 E.

13 ›› **C.** 从题目中很明显可以发现：$f(n) = \dfrac{a_{n+1}}{a_n} = 3^n$，故利用累乘法可得：

$a_n = a_1 \cdot f(1) \cdots f(n-1) = 3^{\frac{n^2-n-2}{2}}$，选 C.

14 ›› **A.** 根据构造等比数列的特征，数列满足 $a_n = qa_{n-1} + c$，则可令新数列 $b_n = a_n + k$，其

中 $k = \dfrac{c}{q-1}$，则 b_n 为 $a_n - 2$，可得 $b_n = \dfrac{1}{2} \cdot b_{n-1}$. $\{b_n\}$ 为等比数列，则选 A.

15 ›› **C.** $a_{n+1} = \dfrac{a_n}{2a_n + 1} \Rightarrow \dfrac{1}{a_{n+1}} = \dfrac{1}{a_n} + 2 \Rightarrow \dfrac{1}{a_n} = \dfrac{1}{a_1} + (n-1) \times 2 \Rightarrow \dfrac{1}{a_5} = \dfrac{1}{2} + 8 = \dfrac{17}{2} \Rightarrow a_5 =$

$\dfrac{2}{17}$，选 C.

16 ›› **D.** 由条件(1)，有 $\Delta = (-2b)^2 - 4ac = 0 \Rightarrow b^2 = ac \Rightarrow a$，$b$，$c$ 成等比数列，充分.

由条件(2)，有 $a:b = b:c$，故 a，b，c 成等比数列，也充分.

17 ›› **C.** 由条件(1)，得 $3x \cdot 5z = (4y)^2 \Rightarrow 16y^2 = 15xz$；

由条件(2)，得 $\dfrac{1}{x} + \dfrac{1}{z} = \dfrac{2}{y} \Rightarrow y = \dfrac{2xz}{x+z}$. 显然两条件单独都不充分. 考虑联合，有

$\dfrac{16 \cdot 4x^2z^2}{(x+z)^2} = 15xz$，又因为 $xyz \neq 0$，所以 $15(x^2 + z^2) = 34xz$，故 $\dfrac{x}{z} + \dfrac{z}{x} = \dfrac{34}{15}$.

18 ›› **A.** 设 $\{a_n\}$ 的公差是常数 d，由条件(1)，有 $b_{n+1} - b_n = a_{n+1} + a_{n+2} - (a_n + a_{n+1}) = 2d$，充
分；条件(2)：$b_{n+1} - b_n = (n+1)a_{n+1} - na_n = a_{2n+1}$，这不是常数，而是与 n 有关的数，
不充分.

19 ›› **C.** 显然单独均不充分，考虑联合. $a_{n+1} - a_n = a_1 q^{n-1}(q-1) > 0$，$a_1 > 0 \Rightarrow q > 1$.

20 ›› **E.** 显然单独均不充分，考虑联合，得出 $a_1 = \dfrac{3}{2}$ 或 $a_1 = 6$.

21 » **D.** 条件（1）：$\alpha + \beta = \dfrac{a_{n+1}}{a_n}$，$\alpha\beta = \dfrac{1}{a_n}$，代入 $6\alpha - 2\alpha\beta + 6\beta = 3$，有

$$6 \cdot \frac{a_{n+1}}{a_n} - \frac{2}{a_n} = 3 \Rightarrow 6\left(a_{n+1} - \frac{2}{3}\right) + 4 - 2 = 3\left(a_n - \frac{2}{3}\right) + 2 \Rightarrow \frac{a_{n+1} - \frac{2}{3}}{a_n - \frac{2}{3}} = \frac{1}{2}, \quad \text{充分.}$$

条件（2）：$a_n = \dfrac{1 \times \left[1 - \left(-\frac{1}{2}\right)^n\right]}{1 - \left(-\frac{1}{2}\right)} = \dfrac{2}{3} - \dfrac{2}{3}\left(-\frac{1}{2}\right)^n \Rightarrow a_n - \dfrac{2}{3} = -\dfrac{2}{3}\left(-\frac{1}{2}\right)^n = \dfrac{1}{3}\left(-\frac{1}{2}\right)^{n-1}$，

故 $\left\{a_n - \dfrac{2}{3}\right\}$ 是首项为 $\dfrac{1}{3}$，公比为 $-\dfrac{1}{2}$ 的等比数列，充分.

22 » **E.** 显然条件（1）、（2）单独均不充分，考虑联合，有 $S_{n+1} + S_n = 2a_{n+1}$，$S_n + S_{n-1} = 2a_n$.

当 $n \geqslant 2$ 时，$S_{n+1} - S_{n-1} = a_{n+1} + a_n = 2(a_{n+1} - a_n) \Rightarrow \dfrac{a_{n+1}}{a_n} = 3$，

故 $a_2 a_3 = 3a_2^2 = 108 \Rightarrow a_2 = 6$，$a_3 = 18$，$q = 3 \Rightarrow a_n = 2 \cdot 3^{n-1}$.

当 $n = 1$ 时，$S_2 + S_1 = a_2 + a_1 + a_1 = 2a_2 \Rightarrow a_1 = 3$. 故 $a_n = \begin{cases} 3, & n = 1, \\ 2 \cdot 3^{n-1}, & n \geqslant 2. \end{cases}$

23 » **D.** 条件（1）：$\lg(a_1 a_2 \cdots a_{20}) = \lg(a_9 a_{12})^{10} = \lg(10^3)^{10} = 30$，充分.

条件（2）：在等比数列 $\{a_n\}$ 中 $a_7^2 \cdot a_{14}^2 = 10^6$，由此推出 $\lg a_1 + \lg a_2 + \cdots + \lg a_{20} = \lg(a_1 a_2 \cdots a_{20}) = \lg(a_7^2 \cdot a_{14}^2)^5 = \lg(10^6)^5 = 30$，充分.

24 » **E.** 首先可以通过 $a_{n+1} = a_n + 3$ 推出 $a_n = -60 + 3(n-1)$，从而可以得到当 $n \geqslant 21$ 时，$a_n \geqslant 0$. 于是，由条件（1）得

$$|a_1| + |a_2| + |a_3| + \cdots + |a_n| = |a_1| + |a_2| + |a_3| + \cdots + |a_{10}|$$
$$= 60 + 57 + \cdots + 33 = \frac{93}{2} \times 10 = 465.$$

由条件（2）得

$$|a_1| + |a_2| + |a_3| + \cdots + |a_n| = |a_1| + |a_2| + |a_3| + \cdots + |a_{11}|$$
$$= 60 + 57 + \cdots + 30 = \frac{90}{2} \times 11 = 495.$$

因此条件（1）和（2）单独都不充分，联合也不充分，故选 E.

25 » **A.** 由条件（1），S_n 满足 $an^2 + bn + c$ 这样的形式，可知 a_n 是从第二项开始的等差数列.

因此可得，$d = \dfrac{a_4 - a_2}{4 - 2} = 3$，$a_{10} = 2 + 8 \times 3 = 26$，因此条件（1）充分.

由条件（2），$\dfrac{a_4}{a_2} = 4 = q^2 \Rightarrow q = \pm 2$，$a_{10} = a_2 q^8 = 2 \times (\pm 2)^8 = 2^9 = 512$，条件（2）不充分.

26 » **B.** 由条件（1），只可以得到 $a_1 > 0$，$0 < q < 1$ 或 $a_1 < 0$，$q > 1$ 这个结果.

由条件(2)，可以得到 $S = a_1\left(\dfrac{1}{1-q}\right) \Rightarrow \dfrac{S}{a_1} = \dfrac{1}{1-q} > 2 \xrightarrow{\{a_n\}\text{为递减数列}} 1 - q < \dfrac{1}{2} \Rightarrow q > \dfrac{1}{2}$，

所以条件(2)充分.

27 >> **B.** 由条件(1)，无法得到 S_n 的具体表达式，故无法判断，不充分.

由条件(2)，根据 $a_1 = 1, a_{n+1} = \dfrac{n+2}{n}S_n(n = 1,2,3,\cdots)$，知 $a_2 = \dfrac{1+2}{1}S_1 = 3a_1$，

$\dfrac{S_2}{2} = \dfrac{4a_1}{2} = 2, \dfrac{S_1}{1} = 1$，则 $\dfrac{\dfrac{S_2}{2}}{\dfrac{S_1}{1}} = 2$.

又 $a_{n+1} = S_{n+1} - S_n(n = 1,2,3,\cdots)$，则 $S_{n+1} - S_n = \dfrac{n+2}{n}S_n, nS_{n+1} = 2(n+1)S_n$，

$\dfrac{\dfrac{S_{n+1}}{n+1}}{\dfrac{S_n}{n}} = 2(n = 1,2,3,\cdots)$. 故数列 $\left\{\dfrac{S_n}{n}\right\}$ 是首项为 1，公比为 2 的等比数列，充分.

专项九　平面几何方法归类

第一节　核心绝例

专项简析

　　平面几何的考试内容包括（1）求长度；（2）求面积；（3）求角度；（4）三角形的四心五线．学习平面几何板块，重在积累，对于模型要了如指掌，这样才能看出题目的等量关系和图形特征，才能利用合适的方法进行求解．下面我们将平面几何常见的题型进行归类，旨在培养读者有一个清晰明确的解题方向，在提高解题速度的同时更容易取得高分．

题型1　平面几何常用定理

思　路　要学会利用平面几何中常见定理来迅速找到平面图形的等量关系，从而进行精准打击，快速求解．

考向1　勾股定理

思　路　当看到直角三角形求长度，率先想到勾股定理求解．

1　直角三角形三边均为整数，且最短的直角边为9，则三角形面积最大值为（　　）．
A. 180　　　B. 240　　　C. 360　　　D. 480　　　E. 540

2　设$\triangle ABC$是等腰直角三角形，$AB = AC$，D是斜边BC的中点，E，F分别是AB，AC边上的点，且$DE \perp DF$，若$BE = 12$，$CF = 5$，则线段EF的长为（　　）．
A. 13　　　B. 14　　　C. 15　　　D. 16　　　E. 12

考向2　射影定理

思　路　当看到在直角三角形中做高，要想到利用射影定理来求长度．并且注意射影定理的逆命题并不成立．

3　如图9－1所示，在$\triangle ABC$，$\angle BAC = 90°$，$AC > AB$，AD是高，M是BC的中点，$BC = 8$，$DM = \sqrt{3}$，则AD的长度为（　　）．
A. $\sqrt{11}$　　　B. $\sqrt{12}$　　　C. $\sqrt{13}$
D. $\sqrt{14}$　　　E. 3

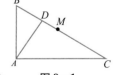

图9－1

4　若CD是$Rt\triangle ABC$斜边上的高线，AD、BD是方程$x^2 - 6x + 4 = 0$的

两根，则 $\triangle ABC$ 的面积是(   ).

A. 12   B. 10   C. 9   D. 8   E. 6

考向 3   **正弦定理**

思 路 （1）$\dfrac{a}{\sin A} = \dfrac{b}{\sin B} = \dfrac{c}{\sin C} = 2R_{外}$

（2）$R_{外} = \dfrac{abc}{4S}$

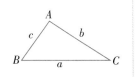

---

5 已知 $\triangle ABC$ 的三边的长度为 a, b, c，且三角形的面积与外接圆半径的乘积为 2，那么 $a + b + c$ 的最小值为 （   ）.

A. $2\sqrt[3]{2}$ B. 4   C. $2\sqrt[3]{4}$ D. 6   E. $4\sqrt[3]{2}$

考向 4   **余弦定理**

思 路 $\cos A = \dfrac{b^2 + c^2 - a^2}{2bc}, \cos B = \dfrac{a^2 + c^2 - b^2}{2ac}, \cos C = \dfrac{a^2 + b^2 - c^2}{2ab}$

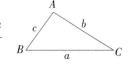

---

6 若 a, b, c 是 $\triangle ABC$ 的三边，且 $\dfrac{1}{a} + \dfrac{1}{b} < \dfrac{2}{c}$，则 $\angle C$ 的取值范围是 （   ）.

A. $\left(0, \dfrac{\pi}{3}\right)$ B. $\left(0, \dfrac{\pi}{4}\right)$ C. $\left(0, \dfrac{\pi}{2}\right)$ D. $\left(0, \dfrac{\pi}{6}\right)$ E. $\left(0, \dfrac{\pi}{8}\right)$

考向 5   **中线定理**

思 路 $AB^2 + AC^2 = 2(BD^2 + AD^2)$

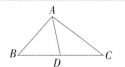

---

7 在 $\triangle ABC$ 中，$AB = 4, AC = 6, AD = \sqrt{10}$，$D$ 为 BC 的中点，则 $BC = $（   ）.

A. 6   B. 7   C. 8   D. 9   E. 10

考向 6   **角平分线定理**

思 路 $\dfrac{BD}{CD} = \dfrac{AB}{AC}$

$AD^2 = AB \cdot AC - BD \cdot CD$

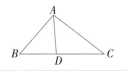

---

8 在 $\triangle ABC$ 中，已知 $AB = 6, AC = 8, BC$ 的长为 AB 和 AC 的等差中项，AD 是 $\angle A$ 的平分线，交 BC 于 D 点，则 AD 的长度为 （   ）.

A. 6   B. $\dfrac{25}{4}$ C. $\dfrac{13}{2}$

D. $3\sqrt{2}$ E. $\dfrac{23}{4}$

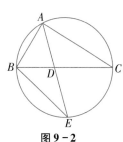

9 如图 9 - 2 所示，$\triangle ABC$ 的角平分线 AD 的延长线交它的外接圆于点 E，则可以确定 $\triangle ABE$ 与 $\triangle ABD$ 的面积比.

图 9 - 2

(1) $CD, \dfrac{\sqrt{2}}{2}BE, BD$ 成等比数列.　　　(2) $AC, \dfrac{\sqrt{2}}{2}AE, AB$ 成等比数列.

考向 7　等腰三角形四线合一定理

思　路　等腰和等边三角形这个知识点隐藏了一个非常关键的等价关系：（注意逆命题的使用）

(1) $\triangle ABC$ 为等腰三角形 $\Leftrightarrow$ 底边四线（角平分线、中线、垂线、中垂线）合一；

(2) $\triangle ABC$ 为等边三角形 $\Leftrightarrow$ 各边四线（角平分线、中线、垂线、中垂线）合一.

---

10 如图 9-3 所示，$\triangle PBC$ 的面积为 10，AP 垂直于 $\angle ABC$ 的平分线 BP 于 P，则 $\triangle ABC$ 的面积为（　　）.

A. 10　　　　B. 12　　　　C. 16

D. 20　　　　E. 24

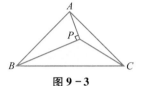

图 9-3

考向 8　张角定理

思　路　$\triangle ABC$ 中，当 AD 为角平分线时，

$\angle BAD = \alpha$，那么有 $\dfrac{1}{AB} + \dfrac{1}{AC} = \dfrac{2\cos\alpha}{AD}$.

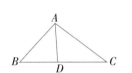

---

11 在 $\triangle ABC$ 中，$\angle A, \angle B, \angle C$ 所对的边分别为 a, b, c，$\angle ABC = 120°$，$\angle ABC$ 的角平分线交 AC 于 D，且 $BD = 4$，则 $a + 4c$ 的最小值为（　　）.

A. 72　　　B. 9　　　C. 18　　　D. 36　　　E. 24

考向 9　塞瓦定理

思　路　在 $\triangle ABC$ 内任取一点 O，延长 AO, BO, CO 分别交对边于 D, E, F，则 $\dfrac{BD}{DC} \cdot \dfrac{CE}{EA} \cdot \dfrac{AF}{FB} = 1$.

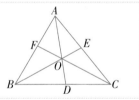

---

12 设 X, Y, Z 分别为 $\triangle ABC$ 的边 BC, CA, AB 上的一点，则 AX, BY, CZ 所在直线交于一点.

(1) AX, BY, CZ 均为角平分线.　　　(2) $\dfrac{AZ}{ZB} \cdot \dfrac{BX}{XC} \cdot \dfrac{CY}{YA} = 1$.

考向 10　弦切角定理

思　路　弦切角等于弦与切线夹的弧所对的圆周角，即 $\angle BAC = \angle ADC$

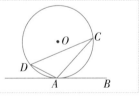

---

13 如图 9-4 所示，AB 是圆 O 的直径，D 为圆 O 上一点，过 D 作圆 O 的切线交 AB 延长线于点 C，若 $DA = DC$，则可以确定圆 O 的面积.

(1) 已知 CD 的长度.

(2) 已知 BC 的长度.

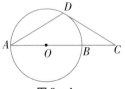

图 9-4

考向 11　切割线定理

思　路　$PA^2 = PB \cdot PC$

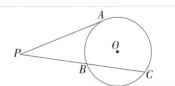

14 已知圆 $(x-3)^2 + y^2 = 4$ 和直线 $y = mx$ 的交点分别为 P，Q 两点，O 为坐标原点，则 $|OP| \cdot |OQ| = ($　　$)$．

A. $1 + m^2$　　　B. $\dfrac{5}{1+m^2}$　　　C. 5　　　　D. 10　　　　E. 6

考向 12　双割线定理

思　路　$PA \cdot PB = PC \cdot PD$

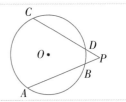

15 过圆 O 外一点 P 做两条直线分别与圆交于 A，B 和 C，D 点，则可以确定弦长 AB 的长度．

（1）已知 $PC \cdot PD$ 的值．

（2）已知 PB 的值．

考向 13　相交弦定理

思　路　$AE \cdot BE = CE \cdot DE$

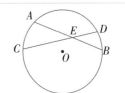

16 如图 $9-5$ 所示，两个同心圆，大圆的弦 AB 与小圆相切于 P，大圆的弦 CD 经过点 P，则两圆组成的圆环面积为 64π．

（1）$CD = 20$．

（2）$PD = 4$．

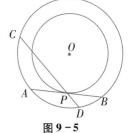

图 $9-5$

|| **题型 2**　求三角形面积的方法

考向 1　利用面积公式求面积

思　路　主要根据单个三角形三大面积公式进行展开，即 $S = \begin{cases} \dfrac{1}{2}ah \\ \dfrac{1}{2}ab\sin C \\ \sqrt{p(p-a)(p-b)(p-c)} \end{cases}$ ．

17 如图9-6所示，△ABC 的面积为16，点 D 是 BC 边上一点，且

$BD = \frac{1}{4}BC$，点 G 是 AB 上一点，点 H 在△ABC 内部，且四边形

$BDHG$ 是平行四边形，则图中阴影部分的面积是（　　）.

A. 3　　　　　　B. 4　　　　　　C. 5

D. 6　　　　　　E. 8

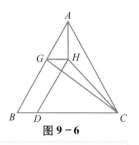

图9-6

考向2　山脊模型

思　路　当两三角形共顶点时，两三角形的高相同，此时为山脊模型.

18 如图9-7所示，$S_{\triangle ABC} = 1$，$BC = 5BD$，$AC = 4EC$，$DG = GS = SE$，

$AF = FG$，则 $S_{\triangle FGS} = $（　　）.

A. $\frac{1}{2}$　　　　　B. $\frac{1}{5}$　　　　　C. $\frac{1}{6}$

D. $\frac{1}{10}$　　　　E. $\frac{1}{20}$

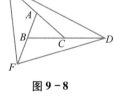

图9-7

19 如图9-8所示，延长△ABC 的边 BC 到点 D，使 $CD = BC$，延长

边 CA 到点 E，使 $AE = AC$，延长 AB 到点 F，使 $FB = AB$，连接

DE，FD，FE 得到△DEF，若 $S_{\triangle EFD} = 168$，则 $S_{\triangle ABC} = $（　　）.

A. 42　　　　　B. 28　　　　　C. 24

D. 21　　　　　E. 20

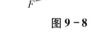

图9-8

考向3　风筝模型

思　路　如图所示，在四边形中有：$S_{\triangle ABC} : S_{\triangle ACD} = BO : OD$，

$S_{\triangle ABD} : S_{\triangle BCD} = AO : OC$.

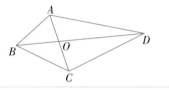

20 已知四边形 $ABCD$ 的对角线 AC、BD 相交于点 O，且 △ABC、△ACD、△ABD 的面积分别为

$S_1 = 5$，$S_2 = 10$，$S_3 = 6$. 则 △ABO 的面积为（　　）.

A. 2　　　B. 2.5　　　C. 2.6　　　D. 2.8　　　E. 3

考向4　鸟头模型

思　路　要学会用鸟头定理的三大模型来求解面积之比，即共角模型、对顶角模型、补角模型.

21 如图9-9所示，△ABC 被分成△BEF 和四边形 $AEFC$ 两部分，

$BE = 3$，$BF = 4$，$FC = 5$，$AE = 6$，那么△BEF 和四边形 $AEFC$ 的

面积比是（　　）.

A. 4:23　　　B. 4:25　　　C. 5:26

D. 1:6　　　E. 1:5

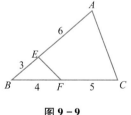

图9-9

考向 5　燕尾模型

思　路　当三角形内部有一个点与三顶点连线求面积的时候，要想到用燕尾模型进行求解.

22 如图 9−10 所示，D，E 分别是 $\triangle ABC$ 边 AB，BC 上的点，$AD = 2BD$，$BE = CE$，若 $S_{\triangle ABC} = 30$，则四边形 $BEFD$ 的面积为(　　).

A. 5　　　　　B. 7　　　　　C. 9　　　　　D. 10　　　　　E. 12

23 如图 9−11 所示，$\triangle ABC$ 内的线段 BD，CE 相交于点 O，已知 $OB = OD$，$OC = 2OE$，若 $\triangle BOC$ 的面积为 2，则四边形 $AEOD$ 的面积等于(　　).

A. 4　　　　　B. 5　　　　　C. 6　　　　　D. 7　　　　　E. 8

24 如图 9−12 所示，AD，BE，CF 交于 $\triangle ABC$ 内的一点 P，并将 $\triangle ABC$ 分成六个小三角形，其中四个小三角形的面积已在图中给出. 则 $\triangle ABC$ 的面积为　(　　).

A. 255　　　　B. 265　　　　C. 285　　　　D. 290　　　　E. 315

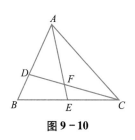

图 9−10

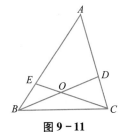

图 9−11

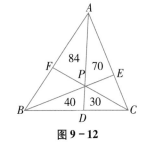

图 9−12

考向 6　全等和相似

思　路　相似问题是比例问题在几何内容中的延伸. 首先，要掌握知识点何时发挥用处，即折叠、平移、旋转找全等；平行找相似. 其次，在遇到直角三角形的相似、全等问题时可以利用三角函数这把利器来帮助求解，节约时间.

25 如图 9−13 所示，边长为 a 的等边三角形 ABC 中，D，E 分别是 BC，AC 上的一点，且 $\angle ADE = 60°$，若 $BD : DC = 1 : 2$，则 $\triangle ADE$ 的面积为(　　).

A. $\dfrac{5\sqrt{3}}{54}a^2$　　　B. $\dfrac{4\sqrt{3}}{27}a^2$　　　C. $\dfrac{7\sqrt{3}}{52}a^2$

D. $\dfrac{\sqrt{3}}{9}a^2$　　　E. $\dfrac{7\sqrt{3}}{54}a^2$

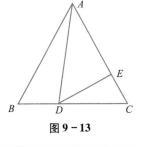

图 9−13

考向 7　整体法求面积

思　路　当各个参数不好求解的时候，若每个面积的表达式一样时，可以利用参数整体的值一次性求解.

26 直线 l 上依次摆放着七个正方形（如图 9−14 所示），已知斜放置的三个正方形的面积分别是 1，2，3，正放置的四个正方形的面积依次是 S_1，S_2，S_3，S_4，则 $S_1 + S_2 + S_3 + S_4 = $(　　).

A. 3　　　　　B. 2　　　　　C. 4　　　　　D. 5　　　　　E. 6

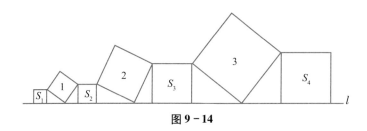

图 9 - 14

题型 3 求四边形及多边形面积的方法

考向 1 蝶形定理

思　路　任意四边形均有蝶形定理, 即对角线分割成的四部分中, 相对面积相乘的积相等.

27 如图 9 - 15 所示, 该四边形的面积最小值为 (　　).

A. 16　　　　　B. 18

C. 20　　　　　D. 25

E. 36

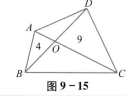

图 9 - 15

考向 2 四边形与三角形结合求面积

思　路　看到不规则四边形往往要拆分成三角形或者通过三角形面积转化进行求解.

28 如图 9 - 16 所示, 已知 E, F 分别为平行四边形 $ABCD$ 边上的点, 则阴影部分的面积为 (　　).

A. 60　　　　　B. 80　　　　　C. 100

D. 120　　　　E. 160

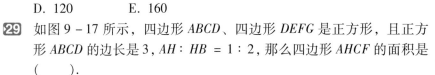

图 9 - 16

29 如图 9 - 17 所示, 四边形 $ABCD$、四边形 $DEFG$ 是正方形, 且正方形 $ABCD$ 的边长是 3, $AH : HB = 1 : 2$, 那么四边形 $AHCF$ 的面积是 (　　).

A. 4　　　　　B. 5　　　　　C. 6

D. 7　　　　　E. 8

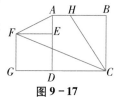

图 9 - 17

考向 3 矩形求面积

思　路　在矩形中主要利用作高的方法来求解面积, 找到面积的等量关系.

30 如图 9 - 18 所示, 已知正方形的各个中点与其内部一个点的连线, 则阴影部分的面积为(　　).

A. 20　　　　B. 25　　　　　C. 30

D. 35　　　　E. 40

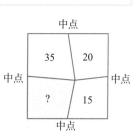

图 9 - 18

31 如图 9 - 19 所示, 矩形 $ABCD$ 中, E, F 为 AB, BC 的中点, 则可以确定矩形 $ABCD$ 的面积.

(1) 已知 $\triangle FHC$ 的面积.

(2) 已知多边形 $EBFHG$ 的面积.

32 国庆到来之际, 某年级的 350 名学生要排练节目, 现要将一个长方形操场按照人数的比例划分成四块区域. 如图 9 - 20 所示, 已知一班的同学有 50 人, 三班的同学有 70

人，那么四班的人数为（　　）.

A. 150　　　B. 155　　　C. 175　　　D. 180　　　E. 185

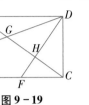

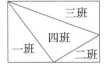

图9－19　　　　　　　　　图9－20

考向4　梯形求面积

思　路　要掌握常见的梯形面积求解方法，利用相似法和辅助线法是梯形的常见思路，还要注意蝴蝶定理的应用.

33 如图9－21所示，在四边形 $ABCD$ 中，$AB /\!/ CD$，AB 与 CD 的长分别为4和8. 若 $\triangle ABE$ 的面积为4，则四边形 $ABCD$ 的面积为（　　）.

A. 24　　　B. 30　　　C. 32

D. 36　　　E. 4

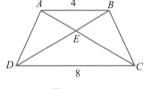

图9－21

34 如图9－22所示，梯形 $ABCD$ 的上底为2，下底为6，对角线 BD 为8，AC 为4，则梯形的面积是（　　）.

A. $2\sqrt{15}$　　B. $4\sqrt{15}$　　C. 24

D. $2\sqrt{13}$　　E. 15

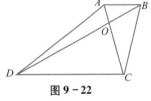

图9－22

题型4　圆弧相关面积

考向1　反面求解法

思　路　当整体和空白均为规则图形时，阴影部分的面积＝整体的面积－空白的面积.

35 如图9－23所示，在正方形 $ABCD$ 中，以 A 为顶点作等边 $\triangle AEF$，交 BC 边于 E，交 DC 边于 F；又以 A 为圆心，AE 的长为半径作 $\overset{\frown}{EF}$. 若 $\triangle AEF$ 的边长为2，则阴影部分的面积约是（　　）.（参考数据：$\sqrt{2} \approx 1.414$，$\sqrt{3} \approx 1.732$，π 取3.14）

A. 0.64　　　B. 1.64　　　C. 1.68

D. 0.36　　　E. 1

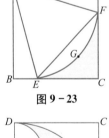

图9－23

36 如图9－24所示，正方形 $ABCD$ 的面积为1，以 A 为圆心作 $\dfrac{1}{4}$ 圆 $\overset{\frown}{BD}$，以 AB 为直径作半圆 $\overset{\frown}{AB}$，M 是 AD 上一点，以 DM 为直径作半圆 $\overset{\frown}{DM}$ 与半圆 $\overset{\frown}{AB}$ 外相切，则图中阴影部分的面积为（　　）.

A. $\dfrac{5\pi}{16}$　　B. $\dfrac{5\pi}{32}$　　C. $\dfrac{5\pi}{72}$

D. $\dfrac{5\pi}{64}$　　E. $\dfrac{\pi}{16}$

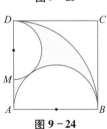

图9－24

考向 2　割补法求面积

思　路　割补法体现的思路为化零为整，当不规则图形能拼成（或拆成）规则图形时，利用等价转化的思路求解，利用规则求解不规则是关键.

37 如图 9-25 所示，在 Rt△ABC 中，∠ACB = 90°，∠BAC = 30°，AB = 2. 将△ABC 绕顶点 A 顺时针方向旋转至△AB′C′ 的位置，B，A，C′ 三点共线，则线段 BC 扫过的区域面积为(　　).

A. $\dfrac{1}{12}\pi$　　　　B. $\dfrac{1}{6}\pi$　　　　C. $\dfrac{1}{4}\pi$　　　　D. $\dfrac{1}{3}\pi$　　　　E. $\dfrac{5}{12}\pi$

38 图 9-26 中 4 个圆的圆心是正方形的 4 个顶点，它们的公共点是该正方形的中心. 如果每个圆的半径都是 1，那么阴影部分的总面积是(　　). (π 取 3.14)

A. 6　　　　B. 7　　　　C. 8　　　　D. 7.5　　　　E. 8.5

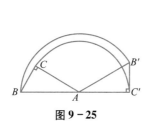

图 9-25

图 9-26

考向 3　分块编号法求面积

思　路　当阴影面积不太好直接求解时，可以利用整体之间的关系来迂回求解，以达到求解的目的.

39 如图 9-27 所示，△ABC 是直角三角形，阴影部分①比阴影部分②的面积小 28，直径 AB 长为 40，则 BC = (　　). (π 取 3.14)

A. 32.8　　　　B. 33.8　　　　C. 34.8　　　　D. 35　　　　E. 32.5

40 图 9-28 中两圆的四分之一部分相交，则阴影部分的面积是(　　).

A. $\dfrac{31\pi}{4} - 10$　　B. $\dfrac{27\pi}{4} - 10$　　C. $\dfrac{29\pi}{4} - 10$　　D. $40 - \dfrac{29\pi}{4}$　　E. $38 - \dfrac{29\pi}{4}$

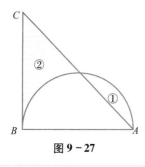

图 9-27

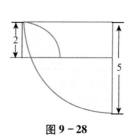

图 9-28

考向 4　对称法

思　路　当出现多个图形相同的情况下，可以利用一块的面积乘以个数来快速求解.

41 如图 9-29 所示，用一块面积为 36 平方厘米的圆形铝板下料，从中裁出了 7 个同样大小的圆铝板. 则所余下的边角料的总面积是( )平方厘米.

A. 6 B. 7 C. 8 D. 10 E. 12

42 平面上有 7 个大小相同的圆，位置如图 9-30 所示. 如果每个圆的面积都是 10，那么阴影部分的面积是( ).

A. 16 B. 18 C. 20 D. 22 E. 25

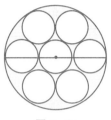

图 9-29

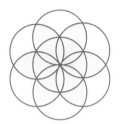

图 9-30

考向 5 等积转换法

思 路 利用转换的思想，将不好求的面积转换成好求的面积，从而一步到位进行求解.

---

43 如图 9-31 所示，在 $\triangle ABC$ 中，$BC=4$，以点 A 为圆心，2 为半径的 $\odot A$ 与 BC 相切于点 D，交 AB 于点 E，交 AC 于点 F，点 P 是 $\odot A$ 上的一点，且 $\angle EPF=45°$，则图中阴影部分的面积为( ).

A. $4-\pi$ B. $4-2\pi$

C. $8+\pi$ D. $8-2\pi$

E. $6-2\pi$

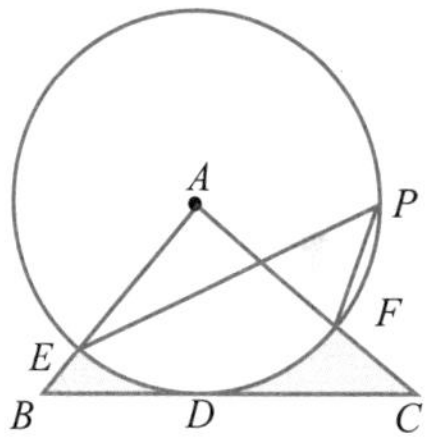

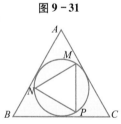

图 9-31

44 如图 9-32 所示，三角形 MNP 是正三角形 ABC 的内切圆中的一个正三角形，已知阴影图形的面积为 1500，则正三角形 ABC 的面积等于( ).

A. 1000 B. 2000

C. 2100 D. 2200

E. 2300

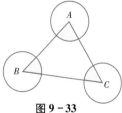

图 9-32

考向 6 整体法求解

思 路 当各图形的核心参数一致的时候，可以将其放在一起来进行求解.

---

45 如图 9-33 所示，圆 A，圆 B，圆 C 两两不相交，且半径均为 2，则图中的三个扇形的面积之和为( ).

A. $\dfrac{\pi}{4}$ B. $\dfrac{\pi}{2}$ C. π

D. 2π E. 4π

图 9-33

➤ 核心绝例解析 ◀

1 ₎ **A.** 假设三边为 a，b，c，不妨令 $a \leq b < c$，且 $a = 9$，根据勾股定理有 $9^2 + b^2 = c^2 \Rightarrow c^2 - b^2$

$= 81 \Rightarrow (c + b)(c - b) = 81 \Rightarrow \begin{cases} c + b = 81 \\ c - b = 1 \end{cases} \Rightarrow \begin{cases} c = 41 \\ b = 40 \end{cases}$ 或 $\begin{cases} c + b = 27 \\ c - b = 3 \end{cases} \Rightarrow \begin{cases} c = 15 \\ b = 12 \end{cases}$，故直角三角形的

面积可能为 $\frac{1}{2} \times 9 \times 40 = 180$ 或 $\frac{1}{2} \times 9 \times 12 = 54$，那么面积最大为180。

2 ₎ **A.** 如图 9 – 34 所示，连接 AD，$AD = CD$，$\angle ADE = \angle CDF$，

$\angle EAD = \angle C$，则 $\triangle ADE \cong \triangle CDF$。

从而 $AE = 5$，$AF = 12$，在 $\text{Rt} \triangle AEF$ 中，根据勾股定理，得 $EF =$
13。

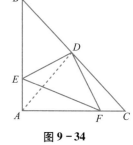

图 9 – 34

3 ₎ **C.** 根据射影定理，$AD^2 = BD \times CD = (4 - \sqrt{3})(4 + \sqrt{3}) = 13 \Rightarrow AD =$
$\sqrt{13}$，选 C。

4 ₎ **E.** 由射影定理可得，$\triangle ABC$ 的面积是6，选 E。

5 ₎ **D.** 根据正弦定理：$R_{外} = \frac{abc}{4S}$，故 $4SR_{外} = abc = 8$；再根据均值定理：$a + b + c \geq 3 \sqrt[3]{abc}$

$= 6$，所以 $a + b + c$ 的最小值为6，选 D。

6 ₎ **A.** 已知 $(a + b)\left(\frac{1}{a} + \frac{1}{b}\right) \geq 4$，则 $\frac{1}{a} + \frac{1}{b} \geq \frac{4}{a + b}$，故 $\frac{4}{a + b} < \frac{2}{c}$，即 $c < \frac{a + b}{2}$。

$\cos C = \frac{a^2 + b^2 - c^2}{2ab} > \frac{1}{2ab}\left(a^2 + b^2 - \frac{a^2 + 2ab + b^2}{4}\right) = \frac{1}{8ab}(3a^2 - 2ab + 3b^2) = \frac{3(a^2 + b^2)}{8ab}$

$- \frac{1}{4} \geq \frac{6ab}{8ab} - \frac{1}{4} = \frac{1}{2}$，所以 $\angle C$ 取值范围为 $\left(0, \frac{\pi}{3}\right)$，选 A。

7 ₎ **C.** 根据中线定理：$AB^2 + AC^2 = \frac{1}{2}BC^2 + 2AD^2 \Rightarrow BC = 8$，选 C。

8 ₎ **A.** 根据题意，$BC = \frac{6 + 8}{2} = 7$，根据 $\frac{BD}{CD} = \frac{AB}{AC} = \frac{3}{4} \Rightarrow BD = 3, CD = 4$；又由角平分线

定理，有 $AD^2 = AB \cdot AC - BD \cdot CD = 48 - 12 = 36 \Rightarrow AD = 6$，选 A。

9 ₎ **D.** 由已知条件，根据 AD 为角平分线，可得 $\angle BAE = \angle CAD$。

因为 $\angle AEB$ 与 $\angle ACB$ 是同弧上的圆周角，所以 $\angle AEB = \angle ACD$，

故 $\triangle ABE \backsim \triangle ADC$，得到 $\frac{S_{\triangle ABE}}{S_{\triangle ACD}} = \left(\frac{BE}{CD}\right)^2 = \left(\frac{AB}{AD}\right)^2 = \left(\frac{AE}{AC}\right)^2$，

而 $\triangle ABD$ 与 $\triangle ADC$ 等高，面积比等于底之比，得到 $\frac{S_{\triangle ABD}}{S_{\triangle ACD}} = \frac{BD}{CD}$，

再根据角平分线性质得到：$\frac{BD}{CD} = \frac{AB}{AC}$，

$$\frac{S_{\triangle ABE}}{S_{\triangle ABD}} = \frac{\left(\frac{BE}{CD}\right)^2}{\frac{BD}{CD}} = \frac{BE^2}{CD \cdot BD} \text{ 或 } \frac{S_{\triangle ABE}}{S_{\triangle ABD}} = \frac{\left(\frac{AE}{AC}\right)^2}{\frac{AB}{AC}} = \frac{AE^2}{AC \cdot AB}.$$

由条件 (1)，CD，$\frac{\sqrt{2}}{2} BE$，BD 成等比数列，得到 $CD \cdot BD = \frac{1}{2} BE^2$，充分；

由条件 (2)，AC，$\frac{\sqrt{2}}{2} AE$，AB 成等比数列，得到 $AC \cdot AB = \frac{1}{2} AE^2$，充分.

10 » **D.** 如图 9 - 35 所示，延长 AP 交 BC 于点 Q. 因为 AP 垂直 $\angle ABC$ 的
平分线 BP 于 P，所以 $AP = QP$，所以 $S_{\triangle ABP} = S_{\triangle BQP}$，$S_{\triangle APC} = S_{\triangle PQC}$，
所以 $S_{\triangle ABC} = 2S_{阴影} = 20$，故选 D.

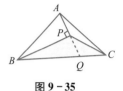

图 9 - 35

11 » **D.** 根据张角定理，$\frac{1}{a} + \frac{1}{c} = \frac{2\cos 60°}{4} = \frac{1}{4}$，所以 $a + 4c =$

$4(a + 4c)\left(\frac{1}{a} + \frac{1}{c}\right) \geqslant 36$，故选 D.

12 » **D.** 条件 (1)，三条角平分线的交点为内心，充分；
条件 (2)，如图 9 - 36 所示，过 A 点作 BC 的平行线，延长
CZ、BY 到 E、D，假设 AX 不经过 BY 与 CZ 的交点 P，则连接
AP，并延长 AP 与 BC 交于 X_1，则 X_1 与 X 一定不为同一个点，此
时应有 $CX \neq CX_1$. 由条件 $\frac{AZ}{ZB} \cdot \frac{BX}{XC} \cdot \frac{CY}{YA} = 1$ 得 $\frac{BX}{XC} = \frac{ZB}{AZ} \cdot \frac{YA}{CY}$，

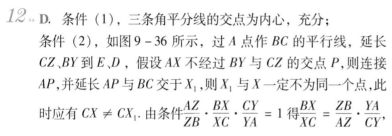

图 9 - 36

由塞瓦定理又有 $\frac{AZ}{ZB} \cdot \frac{BX_1}{X_1 C} \cdot \frac{CY}{YA} = 1$，则 $\frac{BX_1}{X_1 C} = \frac{ZB}{AZ} \cdot \frac{YA}{CY}$，所以 $\frac{BX_1}{X_1 C} = \frac{BX}{XC}$. 又 $BX = BC - CX$，

$BX_1 = BC - CX_1$，则 $\frac{BC - CX}{CX} = \frac{BC - CX_1}{CX_1} \Rightarrow \frac{BC}{CX} - 1 = \frac{BC}{CX_1} - 1 \Rightarrow \frac{BC}{CX} = \frac{BC}{CX_1}$，得 $CX = CX_1$，

与 $CX \neq CX_1$ 矛盾. 所以 AX，BY，CZ 交于一点，充分.

13 » **D.** 本题主要考查三角形、圆的有关知识，考查推理论证能力.
如图 9 - 37 所示，连结 OD、BD.
因为 AB 是圆 O 的直径，所以 $\angle ADB = 90°$，$AB = 2OB$.
因为 DC 是圆 O 的切线，所以 $\angle CDO = 90°$.
又因为 $DA = DC$，所以 $\angle DAC = \angle DCA$，
于是 $\triangle ADB \cong \triangle CDO$，从而 $AB = CO$.
即 $2OB = OB + BC$，得 $OB = BC$. 故 $AB = 2BC$.

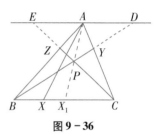

图 9 - 37

条件 (1)，已知 CD 的长度，在 Rt $\triangle ODC$ 中，根据勾股定理可求得半径 OD 的长度，故可确定
圆 O 的面积，充分.
条件 (2)，已知 BC 的长度，即已知圆半径，故可确定圆 O 的面积，充分.

14 » **C.** 用特殊值法：①取 $m = 0$，则 $P(1, 0)$，$Q(5, 0)$，$|OP| \cdot |OQ| = 5$；②若直线与圆

相切，则 $m \neq 0$，圆心 $M(3, 0)$，则 $|OP| \cdot |OQ| = |OM|^2 - r^2 = 3^2 - 2^2 = 5$．综上 $|OP| \cdot |OQ| = 5$．

15 » C．根据双割线定理，$PC \cdot PD = PA \cdot PB$，故联立可求出 PA 的值，进而可以求得 AB 的值．

16 » C．单独显然不充分，现考虑联立，利用相交弦定理，$AP \times PB = CP \times PD$，又因为 AB 为小圆的切线，那么 $AP = PB = \sqrt{CP \times PD} = 8$．根据圆环的面积等于两圆的面积相减，那么圆环的面积为 $S = (OB^2 - OP^2)\pi = PB^2 \cdot \pi = 64\pi$，选 C．

17 » B．设 $\triangle ABC$ 底边 BC 上的高为 h，$\triangle AGH$ 底边 GH 上的高为 h_1，$\triangle CGH$ 底边 GH 上的高为 h_2，则有 $h = h_1 + h_2$．故

$$S_{\triangle ABC} = \frac{1}{2} BC \cdot h = 16,$$

$$S_{阴影} = S_{\triangle AGH} + S_{\triangle CGH} = \frac{1}{2} GH \cdot h_1 + \frac{1}{2} GH \cdot h_2$$

$$= \frac{1}{2} GH \cdot (h_1 + h_2) = \frac{1}{2} GH \cdot h.$$

因为四边形 $BDHG$ 是平行四边形，且 $BD = \frac{1}{4} BC$，则 $GH = BD = \frac{1}{4} BC$．所以

$$S_{阴影} = \frac{1}{4} \left(\frac{1}{2} BC \cdot h \right) = \frac{1}{4} S_{\triangle ABC} = 4.$$

故选 B．

18 » D．（1）根据 $BD : DC = 1 : 4 \Rightarrow S_{\triangle ADC} = \frac{4}{5} S_{\triangle ABC} = \frac{4}{5}$；（2）根据 $AE : EC = 3 : 1 \Rightarrow S_{\triangle ADE} = \frac{3}{4} S_{\triangle ADC} = \frac{3}{5}$；（3）根据 $DG : GE = 1 : 2 \Rightarrow S_{\triangle AGE} = \frac{2}{3} S_{\triangle ADE} = \frac{2}{5}$；

（4）根据 F 为 AG 中点，可以得到 $S_{\triangle GFE} = \frac{1}{2} S_{\triangle AGE} = \frac{1}{5}$；（5）根据 S 为 GE 中点，可以得到 $S_{\triangle FGS} = \frac{1}{2} S_{\triangle FGE} = \frac{1}{10}$，选 D．

19 » C．如图 9-38 所示，分别连接 AD，BE，CF．因为 $CD = BC$，$AE = AC$，$FB = AB$，所以 $S_{\triangle AED} = S_{\triangle ACD}$，$S_{\triangle ABC} = S_{\triangle ACD}$，所以 $S_{\triangle AED} = S_{\triangle ACD} = S_{\triangle ABC}$．

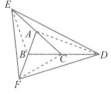

图 9-38

同理可得 $S_{\triangle ABE} = S_{\triangle FBE} = S_{\triangle FDC} = S_{\triangle BCF} = S_{\triangle ABC}$，因为 $S_{\triangle EFD} = 168$，所以 $S_{\triangle ABC} = 168 \div 7 = 24$．故选 C．

20 » A．首先，推导 $\triangle ABC$ 与 $\triangle ACD$ 的面积比等于 BO 与 DO 的比．过 B，D 分别作 AC 的垂线，垂足分别为 E，F，如图 9-39 所示．

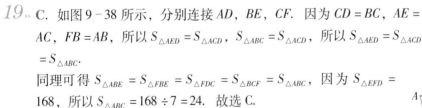

图 9-39

于是 $Rt\triangle BEO \backsim Rt\triangle DFO$，所以 $\dfrac{BE}{DF} = \dfrac{BO}{DO}$.

又 $\dfrac{S_{\triangle ABC}}{S_{\triangle ACD}} = \dfrac{\dfrac{1}{2} \cdot AC \cdot BE}{\dfrac{1}{2} \cdot AC \cdot DF} = \dfrac{BE}{DF} = \dfrac{BO}{DO}$.

故 $\dfrac{BO}{DO} = \dfrac{S_{\triangle ABC}}{S_{\triangle ACD}} = \dfrac{S_1}{S_2} = \dfrac{5}{10} = \dfrac{1}{2}$，则 $\dfrac{BO}{BD} = \dfrac{1}{3}$.

设 $S_{\triangle AOB} = S$，则 $\dfrac{S}{S_3} = \dfrac{BO}{BD} = \dfrac{1}{3}$，所以 $S = \dfrac{1}{3}S_3 = \dfrac{1}{3} \times 6 = 2$.

21 ›› **A.** 如图 9 - 40 所示，连接 AF.

因为 $BE = 3$，$AE = 6$，所以 $AB = 9$，因为 $\triangle BEF$ 的边 BE 上的高和

$\triangle ABF$ 边 AB 上的高相等，所以 $\dfrac{S_{\triangle BEF}}{S_{\triangle ABF}} = \dfrac{BE}{AB} = \dfrac{1}{3}$，即 $S_{\triangle BEF} =$

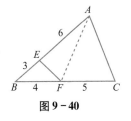

图 9 - 40

$\dfrac{1}{3}S_{\triangle ABF}$.

同理 $BF = 4$，$CF = 5$，所以 $BC = 9$，得出 $S_{\triangle ABF} = \dfrac{4}{9}S_{\triangle ABC}$，推出 $S_{\triangle BEF} = \dfrac{4}{27}S_{\triangle ABC}$，所以

$S_{\triangle BEF} : S_{四边形AEFC} = 4 : 23$，故选 A.

22 ›› **B.** 如图 9 - 41 所示，作 $DM \parallel AE$，交 BC 于 M.

因为 $AD = 2BD$，所以 $\dfrac{EM}{BM} = \dfrac{AD}{BD} = \dfrac{2}{1}$，故 $EM = \dfrac{2}{3}BE$，

又 $BE = CE$，所以 $\dfrac{EC}{EM} = \dfrac{3}{2}$.

因为 $DM \parallel AE$，所以 $\dfrac{CF}{DF} = \dfrac{EC}{EM} = \dfrac{3}{2}$，故 $\dfrac{CF}{CD} = \dfrac{3}{5}$，$\dfrac{DF}{CD} = \dfrac{2}{5}$，从而

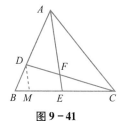

图 9 - 41

$\dfrac{S_{\triangle ADF}}{S_{\triangle ACD}} = \dfrac{2}{5}$.

因为 $AD = 2BD$，所以 $S_{\triangle ACD} = \dfrac{2}{3}S_{\triangle ABC} = \dfrac{2}{3} \times 30 = 20$，所以 $S_{\triangle ADF} = \dfrac{2}{5} \times 20 = 8$.

因为 $S_{\triangle ABE} = S_{\triangle ACE} = \dfrac{1}{2}S_{\triangle ABC} = 15$，所以 $S_{四边形BDFE} = S_{\triangle ABE} - S_{\triangle ADF} = 15 - 8 = 7$. 故选 B.

23 ›› **D.** 如图 9 - 42 所示，连接 OA. 因为 $OB = OD$，所以 $S_{\triangle BOC} = S_{\triangle COD}$

$= 2$，因为 $OC = 2OE$，所以 $S_{\triangle BOE} = \dfrac{1}{2}S_{\triangle BOC} = 1$.

因为 $OB = OD$，所以 $S_{\triangle AOB} = S_{\triangle AOD}$，所以 $S_{\triangle BOE} + S_{\triangle AOE} = S_{\triangle AOD}$，即

$$1 + S_{\triangle AOE} = S_{\triangle AOD} \qquad ①$$

因为 $OC = 2OE$，所以 $S_{\triangle AOC} = 2S_{\triangle AOE}$，所以 $S_{\triangle AOD} + S_{\triangle COD} = 2S_{\triangle AOE}$，

即

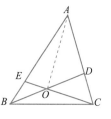

图 9 - 42

$$S_{\triangle AOD} + 2 = 2S_{\triangle AOE} \qquad ②$$

联立①和②，解得 $S_{\triangle AOE}=3$，$S_{\triangle AOD}=4$，所以 $S_{\text{四边形}AEOD}=S_{\triangle AOE}+S_{\triangle AOD}=7$，故选 D.

24 ›› **E.** 如果能把未知的两个小三角形的面积求出，那么 $\triangle ABC$ 的面积即可得知.

设未知的两个小三角形的面积为 x 和 y，如图 9－43 所示.

则 $\dfrac{BD}{DC}=\dfrac{40}{30}=\dfrac{84+x}{70+y}$，即 $\dfrac{84+x}{70+y}=\dfrac{4}{3}$. ①

又 $\dfrac{AE}{EC}=\dfrac{70}{y}=\dfrac{84+x}{40+30}$，即 $\dfrac{84+x}{70}=\dfrac{70}{y}$. ②

① $\div$ ② 得 $\dfrac{70}{70+y}=\dfrac{4}{3}\cdot\dfrac{y}{70}$，$y=35$. 再由 ② 得 $x=56$.

因此 $S_{\triangle ABC}=84+70+56+35+40+30=315$.

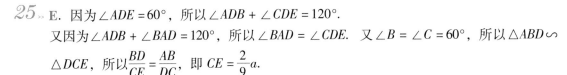

图 9－43

25 ›› **E.** 因为 $\angle ADE=60°$，所以 $\angle ADB+\angle CDE=120°$.

又因为 $\angle ADB+\angle BAD=120°$，所以 $\angle BAD=\angle CDE$. 又 $\angle B=\angle C=60°$，所以 $\triangle ABD\backsim$ $\triangle DCE$，所以 $\dfrac{BD}{CE}=\dfrac{AB}{DC}$，即 $CE=\dfrac{2}{9}a$.

设 $\triangle ABC$ 的面积为 S，所以 $S_{\triangle CDE}=\dfrac{2}{3}\times\dfrac{2}{9}S=\dfrac{4}{27}S$. 因为 $\triangle ADE$ 与 $\triangle DCE$ 面积之比等于 AE 与 CE 之比，故得到 $S_{\triangle ADE}=\dfrac{7}{2}S_{\triangle CDE}=\dfrac{14}{27}S=\dfrac{14}{27}\times\dfrac{\sqrt{3}}{4}a^2=\dfrac{7\sqrt{3}}{54}a^2$.

26 ›› **C.** 设正放置的四个正方形的边长分别为 a，b，c，d，根据三角形全等，则有 $a^2+b^2=1$，$b^2+c^2=2$，$c^2+d^2=3\Rightarrow a^2+b^2+c^2+d^2=4$.

27 ›› **D.** 根据蝶形定理，上下两块的面积之和 $\geqslant 2\sqrt{4\times9}=12$，所以面积最小为 $12+13=25$.

28 ›› **D.** 设 $S_{\triangle EGH}=x$，$S_{\triangle DIC}=y$，阴影面积为 z. 根据平行四边形面积关系，$S_{\triangle AFB}+S_{\triangle FDC}$ $=\dfrac{1}{2}S_{ABCD}$，$S_{\triangle EDC}=\dfrac{1}{2}S_{ABCD}$. 那么有：$x+y+z=(60+x+40)+(20+y)\Rightarrow z=60+40+20=120$，选 D.

29 ›› **C.** 如图 9－44 所示，连接 FD,AC，因为 $FD\ /\!/\ AC$，故四边形 $AFDC$ 为梯形，那么 $S_{\triangle AFC}=S_{\triangle ADC}$，那么四边形 $AHCF$ 的面积等于三角形 ADC 的面积与三角形 ACH 的面积之和，根据 $AH:HB=1:2$，那么四边形 $AHCF$ 的面积为 $3^2-\dfrac{1}{2}\times\dfrac{2}{3}AB\times BC=6$，选 C.

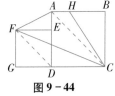

图 9－44

30 ›› **C.** 如图 9－45 所示，连接正方形的各边中点产生新的正方形，将各个区域进行标记. 利用矩形特征，可知 $a+c=b+d$. 而 e 区域的面积相等，均为正方形面积的 $\dfrac{1}{8}$. 所以 $(a+e)+(c+e)=(b+e)+(d+e)\Rightarrow 35+15=20+(d+e)\Rightarrow d+e=30$，选 C.

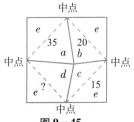

图 9－45

31 ≫ **D.** 条件（1）中，由于 $\triangle FHC \backsim \triangle AHD \Rightarrow \dfrac{AH}{HC} = \dfrac{AD}{FC} = \dfrac{2}{1}$，所以 H 为 AC 的三等分点，

同理 G 也为 AC 的三等分点. 根据鸟头定理，$\dfrac{S_{\triangle HFC}}{S_{\triangle ABC}} = \dfrac{HC \times FC}{AC \times BC} = \dfrac{1}{6}$，又因为 $S_{\triangle ABC} =$

$\dfrac{1}{2} S_{ABCD}$，所以 $S_{\triangle HFC} = \dfrac{1}{12} S_{ABCD}$；故 $S_{ABCD} = 12 S_{\triangle FHC}$，条件（1）充分；由条件

（1）$S_{\triangle HFC} = \dfrac{1}{12} S_{ABCD}$，同理也有 $S_{\triangle AEG} = \dfrac{1}{12} S_{ABCD}$，所以 多边形 $EBFHG$ 的面积 $= \dfrac{1}{3} S_{ABCD}$，

故根据条件（2）已知多边形 $EBFHG$ 的面积，也可求得矩形的面积，充分. 选 D.

32 ≫ **B.** 设长方形的长为 35，宽为 10，一班的人数为 50，三班的人数为 70，

根据底高的数量关系可求得，二班的人数为 75，那么四班的人数为 $350 -$ $(50 + 70 + 75) = 155$. 选 B.

33 ≫ **D.** 根据蝴蝶定理，梯形被对角线分割成 4 块的面积比为 1:2:2:4，所以面积为 36.

34 ≫ **B.** 过 B 点作 AC 的平行线，交 DC 的延长线于 E，则在 $\triangle ABD$ 和 $\triangle BCE$ 中，底边相等、

高相等，则面积相等，故梯形的面积就可以转化成 $\triangle BDE$ 的面积来算. $\triangle BDE$ 三边长

度分别为 $BD = 8$，$BE = AC = 4$，$DE = 2 + 6 = 8$，所以面积 $S = \dfrac{1}{2} \times 4 \times \sqrt{8^2 - 2^2} = 4\sqrt{15}$.

35 ≫ **A.** 因为 $AE = AF$，$AB = AD$，所以 $\triangle ABE \cong \triangle ADF$，所以 $BE = DF$，$EC = CF$，又 $\angle C =$

$90°$，所以 $\triangle ECF$ 是等腰直角三角形，所以

$$EC = EF\cos 45° = 2 \times \dfrac{\sqrt{2}}{2} = \sqrt{2}, \quad S_{\triangle ECF} = \dfrac{1}{2} \times \sqrt{2} \times \sqrt{2} = 1.$$

又因为 $S_{\text{扇形} AEF} = \dfrac{60}{360} \pi \times 2^2 = \dfrac{2}{3} \pi$，$S_{\triangle AEF} = \dfrac{1}{2} \times 2 \times 2 \sin 60° = \dfrac{1}{2} \times 2 \times 2 \times \dfrac{\sqrt{3}}{2} = \sqrt{3}$，所以

$$S_{\text{弓形} EGF} = S_{\text{扇形} AEF} - S_{\triangle AEF} = \dfrac{2}{3} \pi - \sqrt{3},$$

$$S_{\text{阴影}} = S_{\triangle ECF} - S_{\text{弓形} EGF} = 1 - \left(\dfrac{2}{3} \pi - \sqrt{3}\right) \approx 0.64.$$

故选 A.

36 ≫ **C.** 设 $DM = 2x$，则

$$(1 - x)^2 + \left(\dfrac{1}{2}\right)^2 = \left(\dfrac{1}{2} + x\right)^2,$$

解得 $x = \dfrac{1}{3}$，所以阴影部分面积 $= \dfrac{1}{4} \pi - \dfrac{1}{2} \pi \left(\dfrac{1}{2}\right)^2 - \dfrac{1}{2} \pi \left(\dfrac{1}{3}\right)^2 = \dfrac{5\pi}{72}$.

37 ≫ **E.** 因为 $\text{Rt}\triangle ABC$ 中，$\angle ACB = 90°$，$\angle BAC = 30°$，$AB = 2$，所以

$$BC = \dfrac{1}{2} AB = \dfrac{1}{2} \times 2 = 1, \quad AC = 2 \times \dfrac{\sqrt{3}}{2} = \sqrt{3}, \quad \angle BAB' = 150°,$$

所以 $S_{\text{阴影}} = AB$ 扫过的扇形面积 $- AC$ 扫过的扇形面积

$$= \frac{150\pi \times 2^2}{360} - \frac{150\pi \times (\sqrt{3})^2}{360} = \frac{5}{12}\pi.$$

38» **C.** **方法一** 可以将题干图中空白部分分成 8 个形状相同、面积相等的小图形，其在圆内的位置如图 9 - 46 所示，弓形部分的面积为四分之一圆与等腰直角三角形 *ABO* 的面积差，

即为 $\frac{1}{4} \times 1^2 \times \pi - \frac{1}{2} \times 1 \times 1 \approx \frac{1}{4} \times 3.14 - 0.5 = 0.285$.

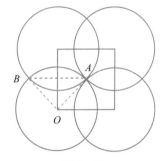

题干图中的整个图形的面积为 4 个圆的面积减去公共的 4 个

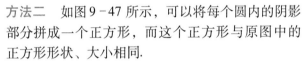 的面积（即 8 个  的面积），而阴影部分面积

又等于整个图形面积减去 4 个  的面积（即 8 个

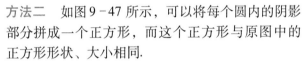 的面积）. 那么，题干图中阴影部分面积等于 4 个圆

面积减去 16 个  的面积.

图 9 - 46

所以，题干图中阴影部分总面积为 $4 \times 1^2 \times \pi - 16 \times 0.285 \approx$

$4 \times 3.14 - 4.56 = 8$.

方法二 如图 9 - 47 所示，可以将每个圆内的阴影
部分拼成一个正方形，而这个正方形与原图中的
正方形形状、大小相同.

每个正方形的面积为 $(1 \times 1 \div 2) \times 4 = 0.5 \times 4 = 2$，
所以阴影部分的总面积为 $2 \times 4 = 8$.

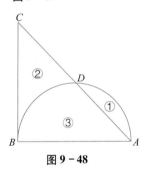

图 9 - 47

39» **A.** 图 9 - 48 中半圆的直径为 *AB*，所以半圆面积为 $\frac{1}{2} \times 20^2 \times \pi$

$= 200 \times 3.14 = 628$.

空白部分③与阴影部分①的面积和为 628，又② - ① = 28，所

以，②，③部分的面积和为 $628 + 28 = 656$. 又直角三角形

ABC 的面积为 $\frac{1}{2} \cdot AB \cdot BC = \frac{1}{2} \cdot 40 \cdot BC = 656$，所以 $BC =$

32.8.

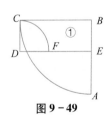

图 9 - 48

40» **C.** 如图 9 - 49 所示，为了方便说明标上字母，并记曲边四边形
BCFE 的面积为 "①".

将扇形 *ABC* 的面积称为 "大扇形"，扇形 *CDF* 的面积称为 "小扇
形"，长方形 *BCDE* 的面积称为 "长方形"，则列出以下公式：阴影
面积 = 大扇形 - ①，① = 长方形 - 小扇形.

所以，阴影面积 = 大扇形 - （长方形 - 小扇形）= 大扇形 + 小扇形 -
长方形，即

$$\frac{1}{4} \times 5^2 \times \pi + \frac{1}{4} \times 2^2 \times \pi - 2 \times 5 = \frac{29\pi}{4} - 10.$$

图 9 - 49

41» **C.** 小圆直径的 3 倍为大圆的直径，所以小圆的面积是大圆的 $\left(\frac{1}{3}\right)^2 = \frac{1}{9}$，现在剪去 7

个小圆，它们的面积和为 $7 \times \dfrac{1}{9} = \dfrac{7}{9}$ 大圆面积，所以剩下的边角料的面积为大圆面积

的 $1 - \dfrac{7}{9} = \dfrac{2}{9}$.

故所余下的边角料的总面积是 $36 \times \dfrac{2}{9} = 8$.

42 >> C. 题干图中阴影面积可以视为一个完整的圆与 6 个  阴影部分的面积和. 图形

可以通过割补得到图形  ，而图形  是一个圆心角为 60° 的扇形，即 $\dfrac{1}{6}$ 圆.

所以，题干图中阴影部分面积为 1 个完整圆与 6 个 $\dfrac{1}{6}$ 圆，即 2 个圆的面积，$2 \times 10 = 20$.

43 >> A. 如图 9 - 50 所示，连接 AD，$\triangle ABC$ 的面积是 $\dfrac{1}{2} BC \cdot AD = \dfrac{1}{2} \times 4$

$\times 2 = 4$，又 $\angle EAF = 2\angle EPF = 90°$，

则扇形 EAF 的面积是 $\dfrac{90\pi \times 2^2}{360} = \pi$.

故阴影部分的面积 $= \triangle ABC$ 的面积 $-$ 扇形 EAF 的面积 $= 4 - \pi$. 故

选 A.

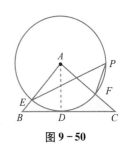

图 9 - 50

44 >> B. 将 M，N，P 旋转到三边中点，可以发现空白面积占正三角形 ABC 面积的 $\dfrac{1}{4}$，所以

阴影图形的面积占 $\dfrac{3}{4}$，故正三角形 ABC 面积为 2000，选 B.

45 >> D. 因为内角和为 180 度，可以直接利用整体半圆计算，答案为 $\dfrac{1}{2}\pi r^2 = 2\pi$.

第二节 顿悟练习

1. 周长相同的圆、正方形和正三角形的面积分别为 a，b 和 c，则（ ）.
   A. $a > b > c$ B. $b > c > a$ C. $c > a > b$ D. $a > c > b$ E. $b > a > c$

2. 将一张矩形纸对折再对折（如图 9 - 51），然后沿着图中的虚线剪下，得到①，②两部分，将①展开后得到的平面图形是（ ）.
   A. 矩形   B. 三角形   C. 梯形   D. 菱形   E. 凹四边形

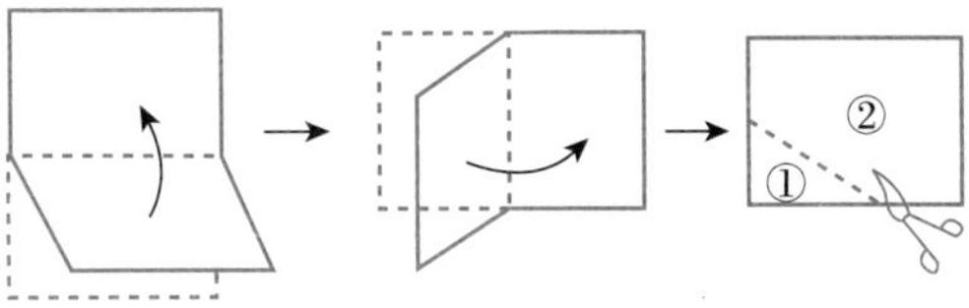

图 9 - 51

3. 到△ABC 的三个顶点距离相等的点是△ABC 的(   ).

    A. 三条边的垂直平分线的交点   B. 三条高的交点

    C. 三条中线的交点   D. 三条角平分线的交点

    E. 这个点是不存在的

4. 如图 9–52 所示，在△ABC 中，若∠AED = ∠B，DE = 6，AB = 10，AE = 8，则 BC 的长为(   ).

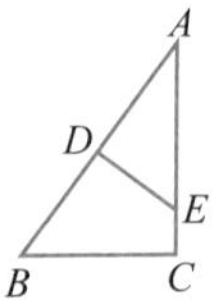

    A. $\dfrac{15}{4}$ B. 7   C. $\dfrac{15}{2}$ D. $\dfrac{24}{5}$ E. $\dfrac{40}{3}$

图 9–52

5. 如图 9–53 所示，三个小圆的周长之和是大圆周长的(   ).

    A. $\dfrac{1}{2}$倍   B. 1 倍   C. 2 倍

    D. 3 倍   E. 4 倍

6. △ABC 中，AB = 5，AC = 3，则该三角形 BC 边上的中线长的取值范围是

    (   ).

图 9–53

    A. (0, 5)   B. (1, 4)   C. (3, 4)   D. (2, 5)   E. (1, 5)

7. 设 Ω 是边长为 a 的正方形，Ω_1 是以 Ω 四边的中点为顶点的正方形，Ω_2 是以 Ω_1 四边的中点为顶点的正方形，则 Ω_2 的面积与周长分别是(   ).

    A. $\dfrac{1}{4}a^2$，a   B. $\dfrac{1}{4}a^2$，2a   C. $\dfrac{1}{2}a^2$，$\sqrt{2}a$

    D. $\dfrac{1}{2}a^2$，$2\sqrt{2}a$ E. a^2，a

8. 如图 9–54 所示，某城市公园的雕塑是由 3 个直径为 1 米的圆两两相垒立在水平的地面上，则雕塑的最高点到地面的距离为(   )米.

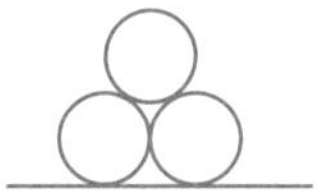

    A. $\dfrac{2+\sqrt{3}}{2}$ B. $\dfrac{3+\sqrt{3}}{2}$ C. $\dfrac{2+\sqrt{2}}{2}$

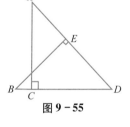

图 9–54

    D. $\dfrac{3+\sqrt{2}}{2}$ E. 2

9. 如图 9–55 所示，△ACD，△BDE 都是等腰直角三角形，5BC = CD，△ACD 的面积为 75. 则△BDE 的面积为(   ).

    A. 48   B. 50   C. 54

    D. 68   E. 70

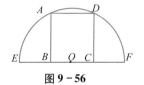

10. 已知某正方形面积是 1，能盖住该正方形的最小圆的面积为

    (   ).

图 9–55

    A. $\dfrac{1}{3}\pi$ B. $\dfrac{1}{2}\pi$ C. $\dfrac{2}{3}\pi$ D. $\dfrac{3}{4}\pi$ E. π

11. 如图 9–56 所示，半圆的直径 EF = 8，正方形 ABCD 的顶点 A，D 在半圆上，边 BC 在 EF 上，则这个正方形的面积为(   ).

    A. 16   B. 15.4   C. 12.8

    D. 12   E. 9

图 9–56

12. 在图 9－57 中，$AE = 12$，$BC = 6$，$ED = 3$，$\angle C = 135°$，$\angle B = 90°$，$AE \perp CD$，则四边形 $ABCD$ 的面积为（   ）.

A. 72   B. 64   C. 55

D. 60   E. 80

13. 如图 9－58 所示，每个四边形都是平行四边形，其中三个平行四边形的面积分别为 10，15，24，那么阴影部分的面积是（   ）.

A. 30   B. 32   C. 36   D. 40   E. 48

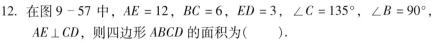

图 9－57

14. 如图 9－59 所示，直径分别是 15 和 5 的两圆外切于某点，AB 分别切两圆于 A 和 B，则梯形 $AOO'B$ 的面积与周长分别是（   ）.

A. $25\sqrt{3}$，$5(4 + \sqrt{3})$ B. $50\sqrt{3}$，$5(4 + \sqrt{3})$ C. $25\sqrt{3}$，$10(4 + \sqrt{3})$

D. $50\sqrt{3}$，$10(4 + \sqrt{3})$ E. $50\sqrt{3}$，$10(2 + \sqrt{3})$

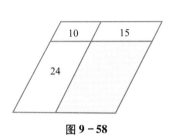

图 9－58

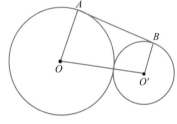

图 9－59

15. 若一个三角形的周长是偶数，且已知两边长分别是 4 和 2001，则满足条件的三角形共有 （   ） 个.

A. 3   B. 6   C. 10   D. 20   E. 30

16. 一个长为 8 厘米，宽为 6 厘米的长方形木板在桌面上做无滑动的滚动（顺时针方向），如图 9－60 所示，第二次滚动中被一小木块垫住而停止，使木板边沿 AB 与桌面成 30° 角，则木板滚动中，点 A 经过的路径长为（   ）厘米.

A. 4π B. 5π C. 6π

D. 7π E. 8π

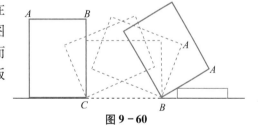

图 9－60

17. 在 $\triangle ABC$ 中，BC 边的长为 8，且这边上的高 AD 的长为 3，则 $\triangle ABC$ 的周长的最小值为 （   ）.

A. 16   B. 18   C. 20   D. $8 + 4\sqrt{6}$ E. $8 + 2\sqrt{6}$

18. $m = 3$.

（1） 满足到两点 A，B 的距离相等的直线 l 的条数为 m.

（2） 在平面中三角形外部到各边距离相等的点的个数为 m.

19. $a = 2$.

（1） 由已知点 P 到圆上各点的最大距离为 5，最小距离为 1，则圆的半径为 a.

（2） 已知两圆的圆心距是 9，两圆的半径是方程 $2x^2 - 17x + 35 = 0$ 的两根，则两圆有 a 条公切线.

20. 如图 9－61 所示，圆 O_1 与圆 O_2 内切，O_1O_2 的延长线交圆 O_1 于点 P，作
    圆 O_2 的切线 PA，切点为 A，则 $PA = 2\sqrt{6}$．
    （1）半径分别为 3 和 1.
    （2）半径分别为 4 和 2.

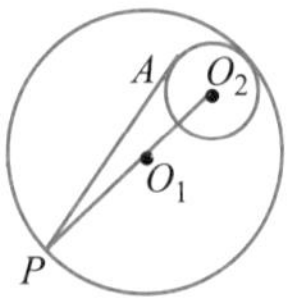

图 9－61

21. 如图 9－62 所示，如果 $OP < OQ$，则 $S_{\triangle OPQ} > 48$．
    （1）P 点坐标为（6，8）．
    （2）Q 点坐标为（13，0）．

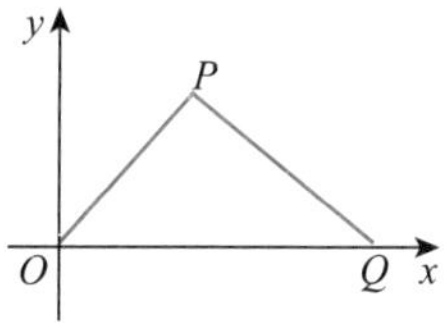

22. 在 Rt$\triangle ABC$ 中，AD 是斜边 BC 上的高，如果 $\angle B = 30°$，则 $BC = 1$．
    （1）AD 为 $\dfrac{\sqrt{3}}{4}$．   （2）AD 为 $\dfrac{\sqrt{2}}{4}$．

图 9－62

23. 如图 9－63 所示，PA 切⊙O 于点 A，PC 交⊙O 于点 B 和点 C，若
    $PA = 5$，则 PC 的长是 $5\sqrt{2}$．
    （1）$PB = BC$．
    （2）$PB = \dfrac{1}{2}BC$．

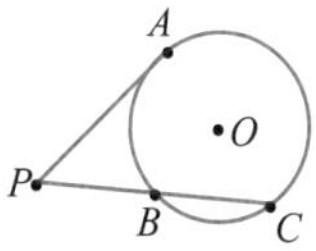

图 9－63

24. $S_{\triangle ABC} = 16$．
    （1）在等腰直角 $\triangle ABC$ 中，$\angle C = 90°$，$AB = 8$．
    （2）在 $\triangle ABC$ 中，$\angle C = 90°$，$AB = 10$，点 C 到 AB 的距离为 4．

25. 如图 9－64 所示，两个圆心角均为 $90°$ 的扇形相重叠，则阴影部分
    的面积为 $\pi - \dfrac{3}{4}\sqrt{3}$．

    （1）$AB = 3$．   （2）$AB = \sqrt{3}$．

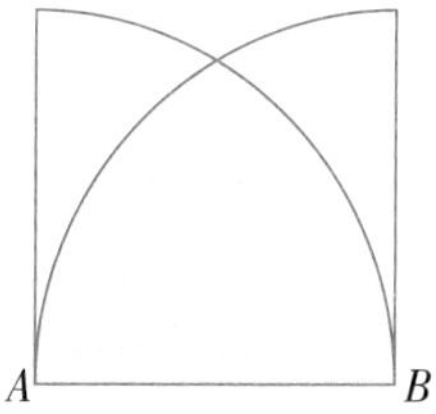

26. 给定两个直角三角形，则这两个直角三角形相似．
    （1）每个直角三角形的边长成等比数列．
    （2）每个直角三角形的边长成等差数列．

图 9－64

27. 已知 a，b，c 为三角形 ABC 的三边，则三角形为等腰直角三角形．
    （1）$a^4 + b^2c^2 - a^2c^2 - b^4 = 0$．
    （2）$c^2 - (\sqrt{2}+1)ac + \sqrt{2}a^2 = 0$．

28. $\triangle ABC$ 的三边长为 a，b，c，则 $\triangle ABC$ 为直角三角形．
    （1）$\lg(a-b)$，$\lg c$，$\lg(a+b)$ 成等差数列．
    （2）$x^2 - 2ax + b^2 + c^2 = 0$ 有两个相等的实根．

❖ 顿悟练习解析 ❖

1 » **A.** 设周长均为 $3l$，正三角形面积为 $\dfrac{\sqrt{3}}{4}l^2 = c$；正方形的面积为 $\left(\dfrac{3}{4}l\right)^2 = \dfrac{9}{16}l^2 = b$；圆的面

积为 $\pi\left(\dfrac{3l}{2\pi}\right)^2 = \dfrac{9l^2}{4\pi} = a$，显然 $a > b > c$．

2 » **D.** ①展开后，所得平面图形是由四个全等的三角形所构成的菱形．

3» **A.** 三条边的垂直平分线的交点是三角形的外心，到三顶点的距离相等. 三条高的交点为垂心；三条中线的交点为重心；三条角平分线的交点为内心.

4» **C.** 由题意可知，$\triangle ADE \backsim \triangle ACB$，则 $\dfrac{DE}{CB} = \dfrac{AE}{AB}$，有 $BC = \dfrac{DE \cdot AB}{AE} = \dfrac{15}{2}$.

5» **B.** 设大圆半径为 r，三小圆的半径依次为 r_1，r_2，r_3，则有 $2r = 2r_1 + 2r_2 + 2r_3$，故周长的关系有 $2\pi r = 2\pi r_1 + 2\pi r_2 + 2\pi r_3$.

6» **B.** 取值范围是 $\left(\dfrac{5-3}{2}，\dfrac{5+3}{2}\right) = (1，4)$.

7» **B.** 由题意可知 Ω_1 的边长为 $\dfrac{\sqrt{2}}{2}a$，Ω_2 的边长为 $\dfrac{\sqrt{2}}{2}a \times \dfrac{\sqrt{2}}{2} = \dfrac{1}{2}a$. 于是 Ω_2 的面积和周长分别为 $\dfrac{1}{4}a^2$ 和 $2a$.

8» **A.** 如图 $9-65$ 所示，最高点 A 到地面的距离为 $AB + BH +$

$HE = \dfrac{1}{2} + BH + \dfrac{1}{2}$，而 BH 为正三角形 BCG 的高，为 $\dfrac{\sqrt{3}}{2}$ 米，

所以 A 点到地面的距离为 $\dfrac{2+\sqrt{3}}{2}$ 米.

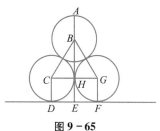

图 $9-65$

9» **C.** 由 $\triangle ACD$ 的面积为 75，可得 $CD = \sqrt{150}$，则 $BD =$

$\sqrt{150} \times \dfrac{6}{5}$，于是 $BE = \sqrt{150} \times \dfrac{6}{5} \times \dfrac{\sqrt{2}}{2}$，故 $\triangle BDE$ 的面积 $S = \dfrac{1}{2}BE^2 = 54$.

10» **B.** 其实所求圆恰好是正方形的外接圆，由题可得所求圆的半径 $r = \dfrac{\sqrt{2}}{2}$，然后根据圆的面积公式求得 $S = \pi r^2 = \dfrac{1}{2}\pi$.

11» **C.** 连接 OA，正方形的边长记为 a，在 $\triangle ABO$ 中，有 $a^2 + \dfrac{1}{4}a^2 = 4^2$，则 $a^2 = 12.8$.

12» **A.** 在题干图中，作 AB，DC 的延长线交于点 F，$S_{四边形ABCD} = S_{\triangle AED} + S_{\triangle AEF} - S_{\triangle BCF}$，结合 $\angle C = 135°$，则 $\angle F = 45°$，即可求出面积 $S_{四边形ABCD} = \dfrac{1}{2} \times 12 \times 3 + \dfrac{1}{2} \times 12 \times 12 - \dfrac{1}{2} \times 6 \times 6 = 72$.

13» **C.** 由题意，可列式求得阴影部分的面积为 $24 \times (15 \div 10) = 36$.

14» **A.** 由题意可知梯形的高为 AB，两圆半径和 $OO' = 10$，可推出 $AB = 5\sqrt{3}$，所以梯形面积为 $25\sqrt{3}$，周长为 $5(4 + \sqrt{3})$.

15» **A.** 设三角形另一边为 a，则有 $a + 4 + 2001 =$ 偶数，所以 a 必为奇数，且三角形三边还

要满足 $\begin{cases} a > 2001 - 4 \\ a < 2001 + 4 \end{cases}$，所以 a 可以取 1999、2001、2003 三个值.

16 » **D.** 此次滚动分成两部分：第一部分是以 C 为旋转中心，中心角为 $90°$，半径为 10 厘米 的圆弧；第二部分是以 B 为旋转中心，中心角为 $60°$，半径为 6 厘米的圆弧；总共路径长为 $l_1 + l_2 = \dfrac{90°}{180°}\pi \times 10 + \dfrac{60°}{180°}\pi \times 6 = 5\pi + 2\pi = 7\pi$（厘米）.

17 » **B.** 如图 9-66 所示，周长 $L = AB + AC + BC = 8 + AB + AC = 8 + \sqrt{3^2 + BD^2} + \sqrt{3^2 + CD^2}$，则 $BD^2 + CD^2$ 取到最小值时，L 有最小值，而 $BD + CD = 8$，由 $BD^2 + CD^2 \geqslant 2BD \cdot CD$，当 $BD = CD = 4$ 时取最小，此时，$AB = AC = 5$，则周长为 18.

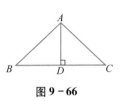

图 9-66

18 » **B.** 条件(1)：满足到两点 A，B 的距离相等的直线 l，只需 l 为 AB 的平行线或过 AB 中点的直线，而与 AB 平行的线有无数条，即 l 有无数条，不充分. 条件(2)：在三角形外部到各边距离相等的点其实是三角形的任意两个外角的角平分线的交点，如图 9-67 所示，这样的交点共有 3 个，充分.

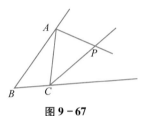

图 9-67

19 » **E.** 条件(1)情况有两种，如图 9-68 所示，从而可知 $a = 3$ 或 $a = 2$，不充分；条件(2)：解题中方程得两圆的半径为 5 和 3.5，于是可判定两圆相离，有 4 条公切线，不充分. 显然联合亦不充分.

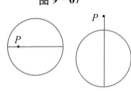

图 9-68

20 » **A.** 连接 AO_2，依题意知 $(PO_1 + O_1O_2)^2 = PA^2 + AO_2^2$，那么由条件(1)知，$PA = 2\sqrt{6}$；由条件(2)知，$PA = 4\sqrt{2}$.

21 » **C.** 条件(1)：显然 $OQ > OP = 10$，有 $S_{\triangle OPQ} > \dfrac{1}{2} \times 10 \times 8 = 40$，不充分. 同理，条件(2)也不充分. 考虑联合，则有 $S_{\triangle OPQ} = \dfrac{1}{2} \times 13 \times 8 = 52 > 48$，充分.

22 » **A.** 如图 9-69 所示，要使 $BC = 1$，必须使 $AB = \dfrac{\sqrt{3}}{2}$，从而必须使 $AD = \dfrac{\sqrt{3}}{4}$，显然条件(1)能使结论成立.

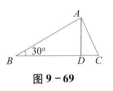

图 9-69

23 » **A.** 连接 AB，AC，根据题意，有 $\angle PAB = \angle PCA$（弦切角 = 圆周角），故有 $\triangle PAB \backsim \triangle PCA$，从而 $\dfrac{PA}{PC} = \dfrac{PB}{PA}$，即 $PA^2 = PB \cdot PC$. 条件(1)：有 $PB = \dfrac{1}{2}PC$，$PA^2 = PB \cdot PC = \dfrac{1}{2}PC^2$，解得 $PC = 5\sqrt{2}$，充分. 同理条件(2)，解得 $PC = 5\sqrt{3}$，不充分.

24 » **A.** 条件（1）：$S_{\triangle ABC} = \dfrac{1}{2} \times 8 \times \dfrac{\sqrt{2}}{2} \times 8 \times \dfrac{\sqrt{2}}{2} = 16$，充分.

条件（2）：$S_{\triangle ABC} = \dfrac{1}{2} \times 10 \times 4 = 20$，不充分.

25 » **B.** 如图 9 – 70 所示，连接 AC，BC，则 $AC = BC = AB = r$，

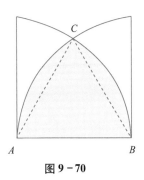

图 9 – 70

$S_{\triangle ABC} = \dfrac{1}{2} AC \cdot AB \sin \dfrac{\pi}{3} = \dfrac{\sqrt{3}}{4} r^2$.

以 AC 为弧、B 为圆心的扇形 BAC 面积为 $\dfrac{1}{6} \pi r^2$；

以 BC 为弧、A 为圆心的扇形 ABC 面积为 $\dfrac{1}{6} \pi r^2$.

阴影部分面积为

扇形 BAC + 扇形 ABC − $S_{\triangle ABC} = \dfrac{1}{3} \pi r^2 - \dfrac{\sqrt{3}}{4} r^2$，

代入条件（1）不成立，条件（2）成立.

26 » **D.** 已知两个三角形为直角三角形，那么均满足 $a^2 + b^2 = c^2$，其中 a，b 为直角边，c 为斜边.

根据条件（1），则有 $ac = b^2$，公比为 q（$q > 1$），则有 $\dfrac{b}{a} = \dfrac{c}{b} = q$，$\dfrac{c}{a} = q^2$. $a^2 + ac = c^2$，两边同除以 a^2，则有 $\left(\dfrac{c}{a} \right)^2 - \dfrac{c}{a} - 1 = 0 \Rightarrow q^4 - q^2 - 1 = 0$，所以 $q^2 = \dfrac{1 + \sqrt{5}}{2}$，$q^2 = \dfrac{1 - \sqrt{5}}{2}$（舍）. 那么，$q = \sqrt{\dfrac{1 + \sqrt{5}}{2}}$，$q = -\sqrt{\dfrac{1 + \sqrt{5}}{2}}$（舍）. 根据推导，则三边的比例 q 是唯一确定的值，所以这两个三角形的形状固定，故相似.

根据条件（2），则有 $a + c = 2b$，则有 $a^2 + \left(\dfrac{a + c}{2} \right)^2 = c^2 \Rightarrow 5a^2 + 2ac - 3c^2 = 0 \Rightarrow$ $(a + c)(5a - 3c) = 0$，由于三边均大于 0，所以 $5a = 3c$，所以这个三角形的三边的比例为 $3 : 4 : 5$ 是唯一固定值. 故充分.

27 » **E.** 条件（1）中，

$a^4 + b^2 c^2 - a^2 c^2 - b^4 \Leftrightarrow (a^2 - b^2)(a^2 + b^2) + c^2(b^2 - a^2) = (a^2 + b^2 - c^2)(a^2 - b^2) = 0$，

三角形为等腰三角形或直角三角形，不充分.

条件（2）中，$c^2 - (\sqrt{2} + 1)ac + \sqrt{2}a^2 = (c - a)(c - \sqrt{2}a) = 0$，不充分.

现考虑联合，当 $a = c$ 时，三角形也不为等腰直角三角形，故联合也不充分，选 E.

28 » **D.** 条件（1），由等差数列可得 $\lg(a - b) + \lg(a + b) = 2\lg c \Rightarrow \lg(a^2 - b^2) = \lg c^2$，故 $a^2 - b^2 = c^2$，三角形为直角三角形，条件（1）充分；

条件（2），$\Delta = (2a)^2 - 4(b^2 + c^2) = 4a^2 - 4b^2 - 4c^2 = 0 \Rightarrow a^2 = b^2 + c^2$，三角形为直角三角形，条件（2）充分，故选 D.

专项十 解析几何

 **第一节** 核心绝例

专项简析

解析几何部分是以直线、抛物线、圆的方程为起点，探讨位置关系、轴对称、中心对称、最值问题，以定量化研究为目的. 所以在本专项当中，要注重表达式的构建，理解未知数与参数的意义，提升参数计算的能力，积累题型的解法，才能完美解决解析几何内容.

题型1 确定图像位置

思 路 确定所给图像位置是对图像特点的基本考查. 对于直线，可以根据斜率和截距来分析；对于圆，可以根据圆心和半径来分析.

1 若直线 $y = 3x - 1$ 与 $y = x - k$ 的交点在第四象限，则 k 的取值范围为( ).

A. $k < \dfrac{1}{3}$ B. $\dfrac{1}{3} < k < 1$ C. $k > 1$

D. $k > 1$ 或 $k < \dfrac{1}{3}$ E. $\dfrac{1}{3} \leqslant k \leqslant 1$

2 下面给出的点中，到直线 $x - y + 1 = 0$ 的距离为 $\dfrac{\sqrt{2}}{2}$，且位于 $\begin{cases} x + y - 1 < 0 \\ x - y + 1 > 0 \end{cases}$ 表示的平面区域内的点是( ).

A. $(1, 1)$ B. $(-1, 1)$ C. $(-1, -1)$

D. $(1, -1)$ E. $(1, -2)$

题型2 直线和圆的方程

思 路 直线必须通过两个要素确定：斜率和点、两点、斜率和截距、两个截距. 圆也要通过两个要素来确定：圆心和半径.

3 圆 C 的圆心是直线 $x - y + 1 = 0$ 与 x 轴的交点，且圆 C 与直线 $x + y + 3 = 0$ 相切，则圆 C 必经过点( ).

A. $(-1, \sqrt{2})$ B. $(-2, \sqrt{2})$ C. $(-1, -2)$

D. $(1, \sqrt{2})$ E. $(-2, 2)$

4 直线 $(2m^2 - 5m + 2)x - (m^2 - 4)y + 4 = 0$ 的倾斜角为 $\frac{\pi}{4}$，则实数 m 的值为（　　）.

　　A. 2　　　　　　B. 3　　　　　　C. 2 或 3　　　　D. -3　　　　E. -2

5 经过点 $A(4, -1)$，并且与圆 $x^2 + y^2 + 2x - 6y + 5 = 0$ 相切于点 $M(1, 2)$ 的圆必经过点（　　）.

　　A. $(2, 3)$　　B. $(2, 4)$　　C. $(3, 2)$　　D. $(3, 4)$　　E. $(4, 2)$

6 与直线 $x + y - 2 = 0$ 和曲线 $x^2 + y^2 - 12x - 12y + 54 = 0$ 都相切的半径最小的圆必经过点（　　）.

　　A. $(2, 3)$　　　B. $(2, 4)$　　C. $(3, 3)$　　D. $(3, 4)$　　E. $(4, 3)$

7 直线 l 过点 $P(2, 1)$，则直线 l 只有两种情况.

　　(1) 直线 l 与直线 $x - y + 1 = 0$ 的夹角为 $\frac{\pi}{4}$.

　　(2) 直线 l 与两坐标轴围成三角形的面积为 4.

题型3　解析几何位置关系

思　路　位置关系的题目是每年的必考内容，要学会根据点、直线、圆的核心参数来寻找它们之间的位置关系.

考向1　点与点的位置关系

思　路　两点之间主要通过两点的距离公式、中点、斜率等建立等量关系.

8 设 a，b，c 是互不相等的三个实数，则 $A(a, a^3)$，$B(b, b^3)$，$C(c, c^3)$ 无法构成三角形.

　　(1) $a + b + c = 0$.　　　　　　　　(2) $a + b - c = 0$.

考向2　点与直线的位置关系

思　路　(1) 要会通过一般式判断点在直线的区域问题；(2) 利用点到直线的距离来寻找等量关系.

9 已知直线 l 经过直线 $3x - y - 1 = 0$ 与 $x + y - 3 = 0$ 的交点，且与点 A（3，3）、点 B（5，2）的距离相等. 则直线 l 的方程不经过点（　　）.

　　A. $(2, -7)$　　B. $(1,2)$　　C. $(-3,4)$　　D. $(-5,1)$　　E. $(-23, -2)$

10 经过点 $A(2,1)$ 且与直线 $3x - y + 4 = 0$ 垂直的直线必经过点（　　）.

　　A. $(3, 1)$　　B. $(4, 2)$　　C. $(4, -2)$　　D. $(-4, 3)$　　E. $(4, -3)$

11 经过点 $(2, 3)$，且与点 $(1, 1)$ 的距离为 1 的直线方程为（　　）.

　　A. $4x - 3y + 6 = 0$　　　　　　B. $3x - 4y + 6 = 0$　　　　　　C. $3x + 4y + 6 = 0$

　　D. $4x + 3y + 6 = 0$　　　　　　E. $3x - 4y + 6 = 0$ 或 $x = 2$

考向3　点与圆的位置关系

思　路　(1) 通过点与圆的位置关系来求参数；(2) 要学会写切点直线方程和切点弦直线方程.

12 过定点 $(1, 2)$ 作两直线与圆 $x^2 + y^2 + kx + 2y + k^2 - 15 = 0$ 相切，则 k 的取值范围中包含的整数有( )个.

A. 0   B. 1   C. 2   D. 3   E. 4

13 A 和 B 是圆周 $(x - 4)^2 + (y - 2)^2 = 2$ 上的两点，分别过 A, B 的两条切线的交点为 $P(5, 4)$，则 A, B 所在直线与两个坐标轴围成的三角形的面积为 ( ).

A. 25   B. 24   C. 22   D. 20   E. 18

14 已知直线 l 过点 $(-2, 0)$，则直线 l 与圆 $x^2 + y^2 = 2x$ 有两个交点.

(1) 直线 l 的斜率 k 的取值范围为 $0 < k < \dfrac{\sqrt{2}}{4}$.

(2) 直线 l 的斜率 k 的取值范围为 $-\dfrac{\sqrt{2}}{4} < k < 0$.

15 过点 P $(3, 4)$ 作 $x^2 + y^2 = 9$ 的两条切线，分别切于 A、B 两点，则点 P 到 AB 直线的距离为( ).

A. 10   B. 6   C. 8   D. $\dfrac{8}{5}$ E. $\dfrac{16}{5}$

考向 4　直线与圆的位置关系

思　路　直线与圆的位置关系主要通过圆心到直线的距离与半径来建立等量关系.

---

16 在平面直角坐标系 xOy 中，已知圆 $x^2 + y^2 = 4$ 上有且仅有四个点到直线 $12x - 5y + c = 0$ 的距离为 1，则实数 c 的取值范围是( ).

A. $[-13, 13]$ B. $(-13, 0)$ C. $(0, 13)$
D. $(-13, 13)$ E. $(-14, 14)$

17 直线 $y = kx + 3$ 与圆 $(x - 3)^2 + (y - 2)^2 = 4$ 相交于 M，N 两点，若 $|MN| \geq 2\sqrt{3}$，则 k 的取值范围是( ).

A. $\left[-\dfrac{3}{4}, 0\right]$ B. $\left(-\infty, -\dfrac{3}{4}\right) \cup [0, +\infty)$

C. $\left[-\dfrac{\sqrt{3}}{3}, \dfrac{\sqrt{3}}{3}\right]$ D. $\left[-\dfrac{2}{3}, 0\right]$ E. $\left[-\dfrac{4}{3}, 0\right]$

18 已知圆 C：$x^2 + y^2 - 2x - 4y + m = 0$ 与直线 $x + 2y - 4 = 0$ 交于 M，N 两点，且 $OM \perp ON$（O 为坐标原点），m 的值为( ).

A. 1   B. -1 C. 2   D. -2 E. $\dfrac{8}{5}$

19 已知直线 $\dfrac{x}{a} + \dfrac{y}{b} = 1$（$a$，$b$ 是非零常数）与圆 $x^2 + y^2 = 100$ 有公共点，且公共点的横坐标和纵坐标均为整数，那么这样的直线共有( ).

A. 60 条   B. 66 条   C. 72 条   D. 78 条   E. 82 条

考向 5　直线与直线的位置关系

思　路　这部分考题常考查通过直线与直线的关系去求解参数的问题.

20 直线 l 过点 $M(-1,2)$ 且与以 $P(-2,-3)$，$Q(4,0)$ 为端点的线段相交，则 l 的斜率范围为 （　　）.

A. $\left[-\dfrac{2}{3},5\right]$　　　　　B. $\left[-\dfrac{2}{5},0\right)\cup(0,5]$　　C. $\left(-\infty,-\dfrac{2}{5}\right]\cup[5,+\infty)$

D. $\left[-\dfrac{2}{5},\dfrac{\pi}{2}\right)\cup\left(\dfrac{\pi}{2},5\right)$　　E. $\left[-\dfrac{2}{5},5\right]$

考向 6　圆与圆的位置关系

思　路　首先要掌握圆与圆位置关系的判定，其次要学会圆与圆关系的应用.

21 已知两圆 $x^2+y^2=10$ 和 $(x-1)^2+(y-3)^2=20$ 相交于 A，B 两点，则直线 AB 的方程是（　　）.

A. $x+3y=0$　　　　　B. $x-3y=0$　　　　　C. $3x+y=0$

D. $3x-y=0$　　　　　E. $x+2y=0$

22 已知两圆 C_1：$x^2+y^2=1$，C_2：$(x-2)^2+(y-2)^2=5$，则经过点 $P(0,1)$ 且被两圆截得弦长相等的直线方程是（　　）.

A. $x+y-1=0$　　　　B. $x=0$　　　　　C. $x+y-1=0$ 或 $x=0$

D. $x+y+1=0$ 或 $x=1$　　E. $x-y+1=0$ 或 $x=0$

考向 7　直线与多边形

思　路　直线若将平行四边形面积二等分，那么该直线必将过平行四边形的中心.

23 $ABCD$ 为平行四边形，若点 $A(3,-1)$、$C(2,-3)$，点 D 在直线 $3x-y+1=0$ 上移动，则点 B 所在的直线方程经过点 （　　）.

A. $(-6,1)$　　　　　B. $(7,1)$　　　　　C. $(-3,-5)$

D. $(-5,-3)$　　　　E. $(5,-2)$

24 如图 $10-1$ 所示，在平面直角坐标系 xOy 中，多边形 $OABCDE$ 的顶点坐标分别是 $O(0,0)$，$A(0,6)$，$B(4,6)$，$C(4,4)$，$D(6,4)$，$E(6,0)$. 则直线 l 将多边形 $OABCDE$ 分割成面积相等的两部分.

(1) 直线 l 的方程为 $x+3y-11=0$.

(2) 直线 l 的方程为 $2x+5y-11=0$.

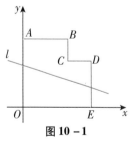

图 $10-1$

考向 8　直线与抛物线

思　路　判定直线与抛物线的位置关系主要通过联立的方式来进行分析.

25 Rt$\triangle ABC$ 的三个顶点 A，B，C 均在抛物线 $y=x^2$ 上，并且斜边 AB 平行于 x 轴. 若斜边上的高为 h，则 （　　）.

A. $h<1$　　　B. $h=1$　　　C. $1<h<2$　　D. $h>2$　　　E. $h=2$

题型 4 　两种对称

思　路　对称是解析几何的重要应用，要掌握五种基本的对称：点关于点、点关于直线、直线关于点、相交直线对称、平行直线对称.

26 点 P （-3，-1）关于直线 $3x+4y-12=0$ 的对称点 P_0 是(　　).

A. （2，8）　　　B. （1，3）　　　C. （8，2）　　　D. （3，7）　　　E. （7，3）

27 直线 l_1：$3x+4y-3=0$ 关于直线 l：$6x+8y+3=0$ 对称的直线 l_2 与两坐标轴围成的面积是(　　).

A. $\dfrac{3}{4}$　　　　B. $\dfrac{3}{2}$　　　　C. 3　　　　D. 6　　　　E. 9

28 直线 $x-2y+1=0$ 关于直线 $x=1$ 对称的直线方程是(　　).

A. $x+2y-1=0$　　　　　B. $2x+y-1=0$　　　　　C. $2x+y-3=0$

D. $2x+y-5=0$　　　　　E. $x+2y-3=0$

29 光线的入射线在直线 l_1：$2x-y-3=0$ 上，经过 x 轴反射到直线 l_2 上，再经过 y 轴反射到直线 l_3 上，则直线 l_3 的方程为(　　).

A. $x-2y+3=0$　　　　　B. $2x-y+3=0$　　　　　C. $2x+y-3=0$

D. $2x-y+6=0$　　　　　E. $2x+y+6=0$

30 圆 $x^2+y^2-2x+2y-2=0$ 关于直线 $x-2y-2=0$ 对称的圆方程为(　　).

A. $\left(x-\dfrac{3}{5}\right)^2+\left(y-\dfrac{1}{5}\right)^2=2$　　　　　　　B. $\left(x-\dfrac{3}{5}\right)^2+\left(y+\dfrac{1}{5}\right)^2=4$

C. $\left(x-\dfrac{3}{5}\right)^2+\left(y-\dfrac{1}{5}\right)^2=4$　　　　　　　D. $\left(x-\dfrac{3}{5}\right)^2+\left(y+\dfrac{1}{5}\right)^2=2$

E. $\left(x+\dfrac{3}{5}\right)^2+\left(y-\dfrac{1}{5}\right)^2=4$

31 过点 $A(0,1)$ 作直线 l，使它夹在直线 $x-3y+10=0$ 和 $2x+y-8=0$ 间的线段被 A 平分，则 l 与两坐标轴围成的三角形面积为 (　　).

A. 2　　　　B. 2.5　　　　C. 3　　　　D. 4　　　　E. 6

32 直线 l：$3x+y-2=0$ 关于点 A （-4，4）对称的直线 l' 与两坐标轴围成的面积为 (　　).

A. 60　　　　B. 56　　　　C. 54　　　　D. 45　　　　E. 36

题型 5 　恒过定点

思　路　利用代数方程的恒成立来表示几何中的恒过定点，即转化主元，通过 x，y 取得的特值，使得参数为任意实数时方程恒成立.

33 设圆 C 的方程为 $(x-2)^2+(y-3)^2=25$，直线 l 的方程为 $(3m+2)x+(1-2m)y-13-9m=0$ （$m\in\mathbf{R}$），则圆被直线所截得的弦长最短为(　　).

A. 2　　　　B. 4　　　　C. 6　　　　D. 8　　　　E. 16

34 曲线 $ax^2 + by^2 = 1$ 通过 4 个定点.

（1）$a + b = 1$.　　　　　　（2）$a + b = 2$.

┃题型6　数形结合判定法

> 思　路　当方程含参数的时候，通过画图的方法来求解参数的范围.

35 当 $-2 \leqslant x \leqslant 1$ 时，直线 $y = (2k - 3)x + k + 2$ 的图像均在 x 轴上方，则 k 的允许取值范围是（　　）.

A. $\dfrac{1}{3} < k < \dfrac{8}{3}$　　　　　　B. $\dfrac{1}{3} \leqslant k \leqslant \dfrac{8}{3}$　　　　　　C. $-2 < k < \dfrac{2}{3}$

D. $-2 \leqslant k \leqslant \dfrac{2}{3}$　　　　　E. $-2 \leqslant k < 1$

36 已知曲线 C 的方程是：$y = \sqrt{1 - x^2}$，直线 l 的方程是：$kx - y + 2 - k = 0$，则曲线与直线的交点只有一个时，k 的取值范围是（　　）.

A. $k = \dfrac{3}{4}$　　　　　　B. $k \geqslant 1$　　　　　　C. $\dfrac{3}{4} < k < 2$

D. $k = \dfrac{3}{4}$ 或 $k > 1$　　　　E. $k = \dfrac{3}{4}$ 或 $k \geqslant 1$

37 过原点的直线与圆 $x^2 + y^2 + 4x + 3 = 0$ 相切，若切点在第三象限，则该直线的方程是（　　）.

A. $y = \dfrac{\sqrt{3}}{3}x$　　　　　　B. $y = \sqrt{3}x$　　　　　　C. $y = -\sqrt{3}x$

D. $y = -\dfrac{\sqrt{3}}{3}x$　　　　　E. $y = 3x$

◈ **核心绝例解析** ◈

1 » **B.** 首先联立两条直线，解出交点坐标

$$\begin{cases} y = 3x - 1 \\ y = x - k \end{cases} \Rightarrow \begin{cases} x = \dfrac{1 - k}{2} \\ y = \dfrac{1 - 3k}{2} \end{cases}.$$

由于交点在第四象限，所以得到 $\begin{cases} x = \dfrac{1 - k}{2} > 0 \\ y = \dfrac{1 - 3k}{2} < 0 \end{cases} \Rightarrow \dfrac{1}{3} < k < 1.$

2 » **C.** 除了 D，E 选项，给出的其他三个点中，到直线 $x - y + 1 = 0$ 的距离都为 $\dfrac{\sqrt{2}}{2}$.

因为 $\begin{cases} -1-1-1<0 \\ -1-(-1)+1>0 \end{cases}$，所以位于 $\begin{cases} x+y-1<0 \\ x-y+1>0 \end{cases}$ 表示的平面区域内的点是 $(-1,-1)$.

3》 **A.** 本题主要考查直线的参数方程、圆的方程及直线与圆的位置关系等基础知识，属于基础题. 令 $y=0$，得 $x=-1$，所以直线 $x-y+1=0$ 与 x 轴的交点为 $(-1,0)$.

因为直线 $x+y+3=0$ 与圆相切，所以圆心到直线的距离等于半径，即 $r=\dfrac{|-1+0+3|}{\sqrt{2}}=$

$\sqrt{2}$，所以圆 C 的方程为 $(x+1)^2+y^2=2$. 故圆 C 过点 $(-1,\sqrt{2})$.

4》 **B.** 斜率 $k=\dfrac{2m^2-5m+2}{m^2-4}=1$，解得 $m=2$ 或 3，但 $m=2$ 不成立.

5》 **A.** 圆 $x^2+y^2+2x-6y+5=0$ 的圆心为 $C(-1,3)$，设所求圆的圆心为 $O(a,b)$，半径为 r. AM 的中垂线方程为

$$x-y-2=0,\qquad\qquad\qquad ①$$

直线 MC 的方程为

$$x+2y-5=0\qquad\qquad\qquad ②$$

联立式①、式②解得圆心 $O(a,b)$ 的坐标为 $O(3,1)$，半径为 $r=|OM|=\sqrt{5}$，故所求圆的方程为 $(x-3)^2+(y-1)^2=5$. 经过点 $(2,3)$.

6》 **C.** 如图 $10-2$ 所示，曲线化为 $(x-6)^2+(y-6)^2=18$，其圆心到直线 $x+y-2=0$ 的距离为 $d=\dfrac{|6+6-2|}{\sqrt{2}}=$

$5\sqrt{2}$. 所求的最小圆的圆心在直线 $y=x$ 上，该圆心到直线 $x+y-2=0$ 的距离为 $\dfrac{5\sqrt{2}-\sqrt{18}}{2}=\sqrt{2}$，圆心坐标为 $(2,2)$.

标准方程为 $(x-2)^2+(y-2)^2=2$. 所以经过点 $(3,3)$.

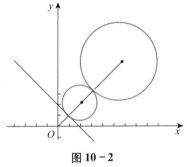

图 $10-2$

7》 **A.** 由条件(1)，画图可得直线有两条，一条为水平的直线，一条为竖直的直线.

由条件(2)，设直线方程为 $y=k(x-2)+1$. 在 x 轴的截距为 $\dfrac{2k-1}{k}$，在 y 轴的截距为 $1-2k$，直线与两个坐标轴围成的三角形面积为

$$S=\dfrac{1}{2}\left|\dfrac{2k-1}{k}\cdot(1-2k)\right|=4\Rightarrow k=-\dfrac{1}{2},\dfrac{3}{2}\pm\sqrt{2},$$

所以有三条线. 故条件(1)充分，条件(2)不充分.

8》 **A.** 当三点在同一直线上时，无法构成三角形，所以根据 A，B，C 三点共线，得到斜率 $k_{AB}=k_{AC}$，即 $\dfrac{a^3-b^3}{a-b}=\dfrac{a^3-c^3}{a-c}$，化简得 $a^2+ab+b^2=a^2+ac+c^2$，从而 $b^2-c^2+ab-ac=0$，故 $(b-c)(a+b+c)=0$，又 a，b，c 互不相等，$b-c\neq0$，所以 $a+b+c=0$.

故条件(1)充分，条件(2)不充分.

9 »» **A.** 直线 $3x - y - 1 = 0$ 与直线 $x + y - 3 = 0$ 相交于点 $(1,2)$. 过点 $(1,2)$ 且与 $A(3,3)$，$B(5,2)$ 距离相等的直线 l 要么与直线 AB 平行，要么过线段 AB 的中点. 直线 AB 为 $y = -\dfrac{1}{2}(x - 3) + 3 = -\dfrac{1}{2}x + \dfrac{9}{2}$，则过点 $(1,2)$ 且平行于直线 AB 的直线 l 方程为 $y = -\dfrac{1}{2}(x - 1) + 2 = -\dfrac{1}{2}x + \dfrac{5}{2}$. 因为线段 AB 中点为 $\left(4, \dfrac{5}{2}\right)$，那么过点 $(1,2)$ 与 AB 中点的直线 l 方程为 $y = \dfrac{1}{6}(x - 1) + 2$. 故在选项中只有点 $(2, -7)$ 不在这两条直线上，故选 A.

10 »» **D.** 两条直线垂直，斜率互为负倒数，并且经过 A 点，得到所求方程为 $x + 3y - 5 = 0$，从而经过点 $(-4, 3)$.

11 »» **E.** 若斜率存在，设所求直线方程为 $y - 3 = k(x - 2)$，即 $kx - y - 2k + 3 = 0$，由题意得，$\dfrac{|k \times 1 - 1 - 2k + 3|}{\sqrt{k^2 + 1}} = 1$，则 $k = \dfrac{3}{4}$，故方程为 $3x - 4y + 6 = 0$. 若斜率不存在，则方程为 $x = 2$.

12 »» **D.** 如果点在圆外，则过该点可以作两条直线与圆相切，将点 $(1, 2)$ 代入圆的方程，有
$$1^2 + 2^2 + k + 4 + k^2 - 15 > 0 \Rightarrow k^2 + k - 6 > 0 \Rightarrow k < -3 \text{ 或 } k > 2.$$
但还要注意，圆的方程 $x^2 + y^2 + kx + 2y + k^2 - 15 = 0$，要求
$$k^2 + 4 - 4(k^2 - 15) > 0 \Rightarrow -\dfrac{8\sqrt{3}}{3} < k < \dfrac{8\sqrt{3}}{3}.$$
综上，$-\dfrac{8\sqrt{3}}{3} < k < -3$ 或 $2 < k < \dfrac{8\sqrt{3}}{3}$.
从而包含 -4，3，4 三个整数. 选 D.

13 »» **A.** 若点在圆外，那么将点代入圆的标准式按照 "留一换一" 的方式，即为圆的弦切线方程，那么直线 AB 的方程为 $(5 - 4)(x - 4) + (4 - 2)(y - 2) = 2 \Rightarrow x + 2y - 10 = 0$. 故直线与两个坐标轴围成的面积为 $S = \dfrac{10^2}{2 \times 1 \times 2} = 25$，选 A.

14 »» **D.** 把圆化为标准式为 $(x - 1)^2 + y^2 = 1$，圆心在 $(1, 0)$ 点，半径为 1. 设过直线 l 的斜率为 k，利用点斜式可得：$y = k(x + 2) \Rightarrow kx - y + 2k = 0$. 由于圆与直线有 2 个交点，所以圆心到直线的距离小于半径，则利用点到直线的距离 $\dfrac{|k + 2k|}{\sqrt{k^2 + 1^2}} < 1$，则 k 的取值范围是 $-\dfrac{\sqrt{2}}{4} < k < \dfrac{\sqrt{2}}{4}$，则条件（1）和（2）均充分，选 D.

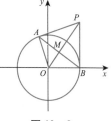

15 »» **E.** 如图 $10 - 3$ 所示，$OP = \sqrt{3^2 + 4^2} = 5$，则 $AP = \sqrt{5^2 - 3^2} = 4$，根据射影定理，有 $AP^2 = PM \cdot PO \Rightarrow PM = \dfrac{AP^2}{PO} = \dfrac{16}{5}$.

图 $10 - 3$

16» **D.** 圆 $x^2 + y^2 = 4$ 的半径为 2，当圆心 $(0, 0)$ 到直线 $12x - 5y + c = 0$ 的距离小于 1 时，有且仅有四个点到直线 $12x - 5y + c = 0$ 的距离为 1，即 $\dfrac{|c|}{13} < 1$，c 的取值范围是 $(-13, 13)$.

17» **A.** 考查直线与圆的位置关系、点到直线的距离公式，重点考查数形结合的应用.

数形结合，如图 10-4 所示，由垂径定理得夹在两直线之间即可，但不能无限增大，排除 B，考虑区间不对称，排除 C，利用斜率估值，选 A.

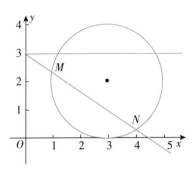

图 10-4

18» **E.** 设 $M(x_1, y_2)$，$N(x_2, y_2)$，由 $OM \perp ON$ 得 $x_1 x_2 + y_1 y_2 = 0$.

将直线方程 $x + 2y - 4 = 0$ 与圆 C 方程 $x^2 + y^2 - 2x - 4y + m = 0$ 联立并消去 y 得 $5x^2 - 8x + 4m - 16 = 0$.

由韦达定理得

$$x_1 + x_2 = \frac{8}{5}, \qquad \qquad ①$$

$$x_1 x_2 = \frac{4m - 16}{5}. \qquad \qquad ②$$

又由 $x + 2y - 4 = 0$ 得 $y = \dfrac{1}{2}(4 - x)$，所以

$$x_1 x_2 + y_1 y_2 = x_1 x_2 + \frac{1}{2}(4 - x_1) \cdot \frac{1}{2}(4 - x_2) = \frac{5}{4} x_1 x_2 - (x_1 + x_2) + 4 = 0.$$

将式①、式②代入，得 $m = \dfrac{8}{5}$.

19» **A.** 可知直线的横、纵截距都不为零，即与坐标轴不垂直，不过坐标原点，而圆 $x^2 + y^2 = 100$ 上的整数点共有 12 个，分别为 $(6, \pm 8)$，$(-6, \pm 8)$，$(8, \pm 6)$，$(-8, \pm 6)$，$(\pm 10, 0)$，$(0, \pm 10)$，前 8 个点中，过任意一点的圆的切线满足条件，有 8 条；12 个点中过任意两点，构成 $C_{12}^2 = 66$ 条直线，其中有 4 条直线垂直 x 轴，有 4 条直线垂直 y 轴，还有 6 条直线过原点（圆上点的对称性），故满足题设的直线有 52 条. 综上可知，满足题设的直线共有 $52 + 8 = 60$（条）.

20» **C.** MP 的斜率为 $k_1 = \dfrac{2 - (-3)}{-1 - (-2)} = 5$，

MQ 的斜率为 $k_2 = \dfrac{2 - 0}{-1 - 4} = -\dfrac{2}{5}$，

从图 10-5 中可知，如果与线段 PQ 相交，则所求直线斜率范围为 $\left(-\infty, -\dfrac{2}{5}\right] \cup [5, +\infty)$.

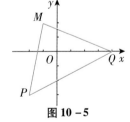

图 10-5

21 »» **A.**
$$(x-1)^2 + (y-3)^2 = 20 \Rightarrow x^2 - 2x + y^2 - 6y = 10, \qquad ①$$
$$x^2 + y^2 = 10. \qquad ②$$

由式①−②得到：$2x + 6y = 0$，即 $x + 3y = 0$.

22 »» **C.** 情况一：设直线方程为 $y = kx + b$，C_1 与 C_2 相交于点（0，1），直线过点（0，1），

则直线方程可写为 $y = kx + 1$，而（0，0）点和（2，2）点连线的中点（1，1）与

（0，1）点所确定的直线垂直于所求直线，$k_1 = \dfrac{1-1}{0-1} = 0$，所以所求直线的斜率不存在.

则其直线方程为 $x = 0.$

情况二：设直线的方程为 $y = kx + 1.$

C_1：$x^2 + y^2 = 1$，圆心（0，0）到直线的距离 $d_1 = \dfrac{|1|}{\sqrt{k^2+1}}$，弦长 $= 2\sqrt{\dfrac{k^2}{k^2+1}}.$

C_2：$(x-2)^2 + (y-2)^2 = 5$，圆心（2，2）到直线的距离 $d_2 = \dfrac{|2k-2+1|}{\sqrt{k^2+1}}$，弦长 =

$2\sqrt{\dfrac{k^2+4k+4}{k^2+1}}.$

由弦长相等，解得 $k = -1$，所以直线方程为 $y = -x + 1.$

当 $x = 0$ 时，C_1 所截弦长是其直径长为 2. C_2 所截弦长需根据原点坐标和半径构造出直角三角形，运用勾股定理求得半弦长为 1，故其所截弦长也是 2.

23 »» **B.** 点 B 所在的直线方程必然与点 D 所在直线方程关于线段 AC 中点对称.

AC 中点为 $\left(\dfrac{5}{2}, -2\right)$. 若两条直线关于某点对称，那么这两条直线必然平行，且到对称

中心距离相等. 设 B 所在直线方程为 $3x - y + c = 0$. 且 $\left|\dfrac{15}{2} + 2 + c\right| = \left|\dfrac{15}{2} + 2 + 1\right|$，

所以 $c = -15 - 4 - 1 = -20$. 故直线方程为 $3x - y - 20 = 0$. 直线经过点 $(7,1)$.

24 »» **A.** 将图形分成两个矩形，当直线过两个矩形的中心时，面积是等分关系.

如图 $10-6$ 所示，延长 BC 交 x 轴于点 F；连接 OB，AF，且相交于点 M；连接 CE，DF，且相交于点 N.

由已知得点 $M(2,3)$ 是 OB，AF 的中点，即点 M 为矩形 $ABFO$ 的中心，所以直线 l 把矩形 $ABFO$ 分成面积相等的两部分. 又因为点 $N(5,2)$ 是矩形 $CDEF$ 的中心，所以，过点 $N(5,2)$ 的直线把矩形 $CDEF$ 分成面积相等的两部分.

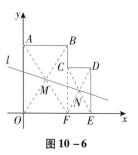

图 $10-6$

于是，直线 MN 即为所求的直线 l.

设直线 l 的函数表达式为 $y = kx + b$，则 $\begin{cases} 2k + b = 3, \\ 5k + b = 2, \end{cases}$

解得 $\begin{cases} k = -\dfrac{1}{3} \\ b = \dfrac{11}{3} \end{cases}$，故所求直线 l 的函数表达式为 $y = -\dfrac{1}{3}x + \dfrac{11}{3}$. 条件（1）充分.

25» B. 设点 A 的坐标为 (a, a^2)，点 C 的坐标为 (c, c^2)（$|c| < |a|$），则点 B 的坐标为 $(-a, a^2)$，那么 $h = |a^2 - c^2|$. 由垂直可得：$k_{AC} \cdot k_{BC} = -1$，那么 $\dfrac{c^2 - a^2}{c - a} \cdot \dfrac{c^2 - a^2}{c + a} = -1 \Rightarrow c^2 - a^2 = -1 \Rightarrow h = 1$.

26» D. 设点 P_0 为 (x_0, y_0)，根据点关于直线对称的条件，有

$$\begin{cases} 3 \times \dfrac{x_0 - 3}{2} + 4 \times \dfrac{y_0 - 1}{2} - 12 = 0 \\ \dfrac{y_0 + 1}{x_0 + 3} = \dfrac{4}{3} \end{cases}$$，求出 P_0 坐标为 $(3, 7)$. 选 D.

27» B. 将 l_1 扩大 2 倍：$6x + 8y - 6 = 0$，与对称轴平行，根据公式，对称后的直线应为：$ax + by + 2c - c_1 = 0$. 所以，直线 l_2：$6x + 8y + 2 \times 3 + 6 = 6x + 8y + 12 = 0$，所以直线与坐标轴围成的面积 $S = \dfrac{12^2}{2 \times 6 \times 8} = \dfrac{3}{2}$. 选 B.

28» E. 根据直线 $x - 2y + 1 = 0$ 关于直线 $x = 1$ 对称的直线斜率互为相反数得答案为 A 或 E，再根据两直线交点在直线 $x = 1$ 上，选 E.

29» B. 设入射线为 $Ax + By + C = 0$，如果在 x 轴，y 轴上反射，则其反射一次的反射线为 $Ax - By + m = 0$（其中 $m = C$ 或 $-C$）；反射两次的反射线为 $Ax + By - C = 0$.

30» B. 圆关于直线的对称，只需求出圆心关于直线的对称点，再由半径不变求出方程. 圆 $x^2 + y^2 - 2x + 2y - 2 = 0$ 配方得到：$(x - 1)^2 + (y + 1)^2 = 4$.
设圆心 $(1, -1)$ 关于直线 $x - 2y - 2 = 0$ 的对称点为 (a, b)，则根据对称特征得到：

$$\begin{cases} \dfrac{b + 1}{a - 1} = -2 \\ \dfrac{a + 1}{2} - 2 \times \dfrac{b - 1}{2} - 2 = 0 \end{cases} \Rightarrow \begin{cases} a = \dfrac{3}{5} \\ b = -\dfrac{1}{5} \end{cases}$$

故所求圆的方程为 $\left(x - \dfrac{3}{5}\right)^2 + \left(y + \dfrac{1}{5}\right)^2 = 4$.

31» A. 设 l 和 $x - 3y + 10 = 0$ 的交点为 $P(a, b)$，则 l 和 $2x + y - 8 = 0$ 的交点为 $Q(-a, 2 - b)$，根据题意，有 $\begin{cases} a - 3b + 10 = 0 \\ 2 \times (-a) + (2 - b) - 8 = 0 \end{cases}$，解得 $\begin{cases} a = -4 \\ b = 2 \end{cases}$.

所求直线即 AP，方程为 $\dfrac{y - 1}{2 - 1} = \dfrac{x - 0}{-4 - 0}$，即 $x + 4y - 4 = 0$.

直线与坐标轴围成的三角形面积为 $\dfrac{4^2}{2 \times 1 \times 4} = 2$.

32 »» **C.** 根据公式，直线 l：$3x + y - 2 = 0$ 关于点 A（-4，4）对称的直线 l' 为 $3(-8-x) + (8-y) - 2 = 0$，整理可得 $3x + y + 18 = 0$，所以围成的面积为 $S = \dfrac{c^2}{2|ab|} = \dfrac{18 \times 18}{2 \times 3 \times 1} = 54$.

33 »» **D.** $(3m+2)x + (1-2m)y - 13 - 9m = 0$，重新组合可以变为 $(3x-2y-9)m + (2x+y-13) = 0$，所以该直线系恒过的定点为 $\begin{cases} 3x - 2y - 9 = 0 \\ 2x + y - 13 = 0 \end{cases}$，即（5，3）. 将该点代入圆的方程 $(5-2)^2 + (3-3)^2 = 9 < 25$，所以点在圆内，则最短的弦长为垂直于圆心与该点连线的弦，长度为 $2\sqrt{5^2 - 3^2} = 8$，选 D.

34 »» **D.** 条件(1)：将 $a + b = 1$ 代入 $ax^2 + by^2 = 1$，得 $ax^2 + by^2 = a + b$.
即 $a(x^2 - 1) + b(y^2 - 1) = 0$，故当 $x^2 = 1$，$y^2 = 1$ 时，不论 a，b 取何值，上式都成立.
所以图像必过（1，1），（1，-1），（-1，1），（-1，-1）这四个点.
条件（2），同理可知，图像必过 $\left(\dfrac{\sqrt{2}}{2}, -\dfrac{\sqrt{2}}{2}\right)$，$\left(-\dfrac{\sqrt{2}}{2}, \dfrac{\sqrt{2}}{2}\right)$，$\left(\dfrac{\sqrt{2}}{2}, \dfrac{\sqrt{2}}{2}\right)$，$\left(-\dfrac{\sqrt{2}}{2}, -\dfrac{\sqrt{2}}{2}\right)$ 这四个点，所以两条件均充分，选 D.

35 »» **A.** 因为直线方程必然是单调函数，所以只需要直线在（-2，1）范围内的两个端点位置大于 0 即可.
令 $f(x) = (2k-3)x + k + 2$，则只需满足 $\begin{cases} f(-2) > 0 \\ f(1) > 0 \end{cases}$，所以化简可得 $\dfrac{1}{3} < k < \dfrac{8}{3}$，选 A.

36 »» **D.** 曲线 C 代表上半圆，直线 l 代表恒过定点的直线，可以利用画图法来做，如图 10-7 所示.
将直线整理可得 $y = k(x-1) + 2$，可以看出该直线为恒过点（1，2）的直线系，先找到只有 1 个交点的边界点：当 $k = \dfrac{3}{4}$ 或 k 不存在（即 $x = 1$）时，直线与圆相切；当 $k = 1$ 时，也恰好为 2 个交点的边界点，所以根据图像进行旋转可得 k 的取值区间为 $k = \dfrac{3}{4}$ 或 $k > 1$，选 D.

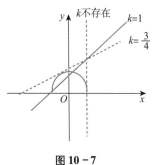

图 10-7

37 »» **A.** 设直线为 $y = kx$，化为一般式为 $kx - y = 0$，圆 $x^2 + y^2 + 4x + 3 = 0$ 化为标准式为 $(x+2)^2 + y^2 = 1$，圆心在（-2，0），半径为 1. 则圆心到直线的距离为 $\dfrac{|2k|}{\sqrt{k^2 + 1}} = r = 1$，所以 $k = \pm\dfrac{\sqrt{3}}{3}$. 由于直线与圆的切点在第三象限，所以直线的斜率应该大于 0，所以该直线为 $y = \dfrac{\sqrt{3}}{3}x$.

第二节 顿悟练习

1. 下列方程中表示的图形为一条直线的是( ).

   A. $\lg x - \lg y = 0$ B. $\dfrac{x^2 - y^2}{x + y} = 1$ C. $\sqrt{(x-y)^2} = 1$

   D. $e^{x-y} = 1$ E. $y = |x|$

2. 方程 $x^4 - y^4 - 4x^2 + 4y^2 = 0$ 所表示的曲线是( ).

   A. 一个半圆和一个圆   B. 两条相交直线

   C. 两条平行直线和一个圆   D. 两条相交直线或一个圆   E. 两个圆

3. 直线 l 过点 $A(-2, -3)$ 且在两坐标轴上截距的绝对值相等，则满足条件的直线的条数是( ).

   A. 1 条   B. 2 条   C. 3 条   D. 4 条   E. 5 条

4. 直线 $l_1: x + 2y - 7 = 0$ 与直线 $l_2: x - 3y + 1 = 0$ 的夹角是( ).

   A. $\dfrac{\pi}{6}$ B. $\dfrac{\pi}{5}$ C. $\dfrac{\pi}{4}$ D. $\dfrac{\pi}{3}$ E. $\dfrac{\pi}{2}$

5. 直线 $y = x + k$ 与曲线 $x = \sqrt{1 - y^2}$ 恰有一个公共点，则 k 的取值范围是( ).

   A. $k = \pm\sqrt{2}$ B. $(-\infty, -\sqrt{2}] \cup [\sqrt{2}, +\infty)$

   C. $(-\sqrt{2}, \sqrt{2})$ D. $k = -\sqrt{2}$ 或 $k \in (-1, 1]$

   E. $k = -\sqrt{2}$

6. 圆 $x^2 + y^2 + 2x - 4y - 4 = 0$ 与直线 $x + 2y - 2 = 0$ 的位置关系是( ).

   A. 相交且直线过圆心   B. 相交且直线不过圆心   C. 相切

   D. 相离   E. 弦长为 2

7. 已知圆 O_1 与圆 O_2 的半径为 2 和 3，圆心距 $O_1 O_2$ 为 6，则公切线的条数为( ).

   A. 1   B. 2   C. 3   D. 4   E. 0

8. 已知两点 $P(-2, -2)$，$Q(0, -1)$，取一点 $R(2, m)$ 使 $|PR| + |RQ|$ 最小，则 $m = $ ( ).

   A. $\dfrac{1}{2}$ B. 0   C. -1 D. $-\dfrac{4}{3}$ E. $\dfrac{4}{3}$

9. 光线经过点 $P(2, 3)$，射到直线 $x + y + 1 = 0$ 上后，反射经过点 $Q(3, -2)$，则反射线所在直线的方程是( ).

   A. $x - 7y - 17 = 0$ B. $7x - y - 11 = 0$ C. $5x + y - 13 = 0$

   D. $7x + 5y + 13 = 0$ E. $5x + 2y - 13 = 0$

10. 已知直线 $(a+1)x - y = 2a$ 与 $a^2 x + ay - 9 = x + y + 6$ 平行，则实数 a 的值为( ).

    A. 1   B. -1 C. 1 或 -1 D. 0   E. 2

11. 可以确定直线方程是 $x + y - 2 = 0$.

    (1) 直线过点 $P(6, -4)$.   (2) 直线被圆：$x^2 + y^2 = 20$ 所截得弦长为 $6\sqrt{2}$.

12. l_1 与 l 间的距离是 $\dfrac{12}{5}$.

(1) l 是圆 C：$(x-2)^2+(y-1)^2=25$ 的切线且过点 $M(-2,4)$.

(2) l_1：$ax+3y+2a=0$ 与 l 平行.

13. 坐标平面上直线 l 向 x 轴正方向平移 3 个单位长度，再向 y 轴负方向平移 5 个单位长度，那么最后它和原来的直线 l 重合.

(1) 直线 l 的斜率为 $-\dfrac{5}{3}$. (2) 直线 l 的斜率为 $-\dfrac{3}{5}$.

14. 曲线与直线 $y=x$ 恰有两个公共点.

(1) C_1：$\log_4 x - \log_4 y^2 = 0$. (2) C_2：$xy=2$.

15. $\dfrac{5}{12} < k \leqslant 1$.

(1) 曲线 $y=\sqrt{4-x^2}$ 与直线 $y=k(x-2)+3$ 有两个不同的公共点.

(2) 曲线 $y=\sqrt{4-x^2}$ 与直线 $y=k(x-2)+3$ 仅有一个公共点.

16. 直线 l_1：$2x+(m-2)y+3=0$ 与直线 l_2：$(m^2-4)x+3y+1=0$ 相互垂直.

(1) $m=-\dfrac{7}{2}$. (2) $m=2$.

17. 直线 l_1：$2x+(m-4)y+m=0$ 与直线 l_2：$(m+1)x+3y-6=0$ 相互平行.

(1) $m=5$. (2) $m\neq -2$.

18. r 的最大值为 $2-\sqrt{2}$.

(1) $M=\{(x,y)\,|\,x^2+y^2\leqslant 4\}$，$N=\{(x,y)\,|\,(x-1)^2+(y-1)^2\leqslant r^2\}\,(r>0)$，满足 $M\cap N=N$.

(2) 两圆有交点，圆心距为 $3-\sqrt{2}$，一个圆半径为 $r_1=1$，另外一圆半径为 r.

19. 直线 $ax+by+c=0$ 被 $x^2+y^2=1$ 所截得弦长为 $\sqrt{2}$.

(1) $a^2+b^2-2c^2=0$. (2) $a^2+b^2-3c^2=0$.

20. 直线 l 与直线 $y-3x=2$ 关于 $y+x=0$ 对称.

(1) l：$y=\dfrac{x}{3}+\dfrac{2}{3}$. (2) l：$y=-3x+2$.

21. 直线 l' 的方程为 $y=3x-12$.

(1) 直线 $y-3x=2$ 关于点 $(1,-2)$ 对称的直线方程为 l'.

(2) 直线 $y-3x=2$ 关于点 $(1,6)$ 对称的直线方程为 l'.

22. 直线 l 的方程为 $x+y+3=0$.

(1) 直线 l 经过点 $P(2,-5)$.

(2) 点 $A(3,-2)$ 和点 $B(-1,6)$ 到 l 的距离之比为 $1:2$.

23. 已知圆 C 的方程为 $x^2+y^2-6y+8=0$，圆 D 和圆 C 相切，则圆 D 的半径为 2.

(1) 圆 D 过点 $A(2,0)$. (2) 圆 D 的圆心 D 在 x 轴上.

24. 直线 l：$ax+by+c=0$ 必过第三象限.

(1) $ab\leqslant 0$，$bc\leqslant 0$. (2) $ab\leqslant 0$，$bc>0$.

🔷 顿悟练习解析 🔷

1 ›› **D.** 对于选项 A，$\lg x - \lg y = 0 \Rightarrow x = y > 0$ 是一条不完整的直线；B 选项分母不能为 0；C 选项表示 $|x - y| = 1$，是两条平行直线；E 选项表示折线.

2 ›› **D.** 对题中方程变形如下：$x^4 - 4x^2 = y^4 - 4y^2 \Rightarrow (x^2 - 2)^2 = (y^2 - 2)^2 \Rightarrow |x^2 - 2| = |y^2 - 2| \Rightarrow x^2 + y^2 = 4$（圆）或 $x = \pm y$（两相交直线）.

3 ›› **C.** 过第一、三、四象限的一条；过第二、三、四象限的一条；过第一、三象限的一条（即过原点）.

4 ›› **C.** 依题意，有 $k_1 = -\dfrac{1}{2}$，$k_2 = \dfrac{1}{3}$，则 $\tan \theta = \left| \dfrac{k_1 - k_2}{1 + k_1 k_2} \right| = 1 \Rightarrow \theta = \dfrac{\pi}{4}$.

5 ›› **D.** 如图 10-8 所示，知 $k = -\sqrt{2}$ 或 $k \in (-1, 1]$.

6 ›› **B.** 由圆心 $(-1, 2)$ 到直线的距离为 $\dfrac{\sqrt{5}}{5} < 3$，而 3 是圆的半径，知圆与直线相交且直线不过圆心. 应选 B.

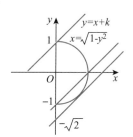

图 10-8

7 ›› **D.** 由题意，可判定两圆外离，则公切线有 4 条.

8 ›› **D.** 先求出 $Q(0, -1)$ 关于 $x = 2$ 的对称点 $Q'(4, -1)$，连接 PQ'，该直线与 $x = 2$ 的交点就是所求 R 点，纵坐标为 $m = -\dfrac{4}{3}$.

9 ›› **A.** 由于 Q 在所求直线上，代入选项排除 B，D，E，作图可知反射光线斜率不可能为 -5 那么陡，应该是倾斜幅度较小的一条直线，故选择 A.

10 ›› **B.** 因为平行，所以两直线方程中 x 和 y 的系数交叉相乘相等，即
$$(a+1)(a-1) = (a^2 - 1) \times (-1),$$
解得 $a = -1$ 或 $a = 1$.
但 $a = 1$ 时第二条直线不存在，故选 B.

11 ›› **E.** 显然要联立，设所求直线为 $y - (-4) = k(x - 6) \Rightarrow kx - y - 6k - 4 = 0$. 依题意，圆心到直线的距离为 $\sqrt{2} = \dfrac{|6k + 4|}{\sqrt{k^2 + 1}} \Rightarrow k = -1$ 或 $k = -\dfrac{7}{17}$，从而直线为 $x + y - 2 = 0$ 或 $7x + 17y + 26 = 0$，不充分.

12 ›› **C.** 单独不成立，考虑联立. 设切线 l 的方程为 $ax + 3y + b = 0$，l 过点 $M(-2, 4)$，代入可得 $b = 2a - 12$，故 l 的方程为 $ax + 3y + 2a - 12 = 0$，圆心 $(2, 1)$ 到 l 的距离为

$$\frac{|2a+3+2a-12|}{\sqrt{a^2+9}}=5 \Rightarrow a=-4，从而两平行线的距离为\frac{12}{5}，充分.$$

13»» **A**. 设直线方程为 $Ax+By+C=0$，根据平移性质，得 $A(x-3)+B(y+5)+C=0 \Rightarrow$

$Ax+By-3A+5B+C=0$ 与 $Ax+By+C=0$ 是同一直线，则 $-3A+5B+C=C \Rightarrow \dfrac{-A}{B}=$

$-\dfrac{5}{3}$，即直线 l 的斜率为 $-\dfrac{5}{3}$.

14»» **B**. 条件(1)：两个方程联立有 $\log_4 x-\log_4 x^2=0 \Rightarrow x=1$，所以只有一个公共点，不充

分. 条件(2)：同样联立方程，解得 $x=\pm\sqrt{2}$，有两个公共点，充分.

15»» **A**. 如图 $10-9$ 所示，$y=\sqrt{4-x^2}$ 表示圆心在原点，半径为 2

的上半圆，$y=k(x-2)+3$ 表示恒过点$(2,3)$的直线. 故当

$k>\dfrac{3}{4}$或$k=\dfrac{5}{12}$时，直线与半圆有一个交点；当$\dfrac{5}{12}<k\le\dfrac{3}{4}$时，

直线与半圆有两个不同的公共点，所以条件(1)充分.

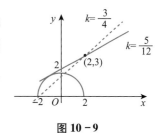

图 $10-9$

16»» **D**. 根据两直线互相垂直的条件，应有 $2(m^2-4)+3(m-2)$

$=0$，解得 $m=2$ 或 $m=-\dfrac{7}{2}$.

17»» **A**. 根据两直线互相平行的条件，应有 $\dfrac{2}{m+1}=\dfrac{m-4}{3}\ne\dfrac{m}{-6}$，解得 $m=5$ 或 $m=-2$.

18»» **A**. 由条件(1)，得到 $M\cap N=N$ 意味着两圆面是包含关系. 如果要 r 最大，那么两圆内

切. 因此 $2-r=\sqrt{2}$，可得 $r=2-\sqrt{2}$，充分.

由条件(2)，两圆有交点，且另外一圆的半径 r 要最大，那么也是内切. 因此可得 $r-1$

$=3-\sqrt{2}$，可得 $r=4-\sqrt{2}$，不充分.

19»» **A**. 由点到直线的距离公式，可得 $\dfrac{|c|}{\sqrt{a^2+b^2}}=\sqrt{1-\dfrac{1}{2}}$，

化简后可得 $a^2+b^2-2c^2=0$. 所以条件(1)充分，条件(2)不充分.

20»» **A**. 把 $y-3x=2$ 中的 x 换成 $-y$，y 换成 $-x$ 即可，可得 $y=\dfrac{x}{3}+\dfrac{2}{3}$.

21»» **A**. 显然知道对称直线为 $y-3x+c=0$. 条件(1)：取直线 $y-3x=2$ 上的点$(-1,-1)$

（取的点是任意满足方程 $y-3x=2$ 的点），则它关于点$(1,-2)$对称的点$(3,-3)$一定

满足 $y-3x+c=0$，即 $-3-3\times3+c=0 \Rightarrow c=12$，从而对称直线为 $y-3x+12=0$，充

分. 条件(2)：点$(1,6)$在 $y-3x=2$ 的上方，所以其中心对称直线应在该点上方，而

$y-3x+12=0$ 在该点下方，所以不充分.

22 » E. 设直线方程为 $ax + by + c = 0$.

由条件（1）可得

$$2a - 5b + c = 0 \qquad\qquad ①$$

即条件（1）不充分.

由条件（2）可得

$$\frac{|3a - 2b + c|}{|-a + 6b + c|} = \frac{1}{2} \qquad\qquad ②$$

即条件（2）不充分.

联立①、②可知，条件（1）和条件（2）联合也不充分.

23 » E. 单独显然不成立，考虑联合.

设圆 D 圆心坐标为 $(a, 0)$，半径为 $|a - 2|$，方程可表示为

$$(x - a)^2 + y^2 = (a - 2)^2.$$

若圆 D 和圆 C 外切，$\sqrt{a^2 + 3^2} = 1 + |a - 2|$，得 $a = 0$，半径为 2.

若圆 C 内切于圆 D，则 $\sqrt{a^2 + 3^2} = |a - 2| - 1$，得 $a = -4$，半径为 6.

联合不充分.

24 » B. 条件（1）中，举反例，令 $a = 0$，此时直线 $l: y = -\dfrac{c}{b} \geq 0$ 为一条过一、二象限的直线，不过第三象限. 条件（2）中，令 $a = 0$，此时直线 $l: y = -\dfrac{c}{b} < 0$ 为一条过三、四象限的直线；令 $a \neq 0$，此时直线 $l: y = -\dfrac{a}{b}x - \dfrac{c}{b}$，此时直线过一、三、四象限，故充分，选 B.

专项十一 立体几何

第一节 核心绝例

> **专项简析**
>
> 立体几何模块主要考查考生的空间想象能力,在此模块中,一方面要掌握各个几何体的基本表面积和体积公式,另一方面要通过立体几何在日常生活中的应用来建立数学模型. 立体几何模块是必拿分内容,要想学好立体几何的知识点,只有找好切入角度,方可事半功倍.

题型 1 空间重构

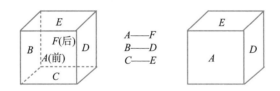

（1）**考题情况**

①特征:两个相对面能且只能看到一个面.

②应用:一组相对面同时出现的选项——排除.

（2）**展开图如何判别相对面**

①如图所示,同行或同列相隔一个面

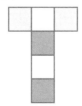

②"Z"字形两端(紧邻"Z"字中线的面)

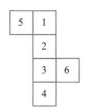 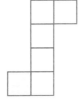 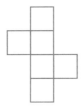 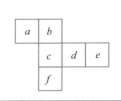

1 如图 11-1 所示，五个构造相同的正方体数字积木排在一起，那么这五个数字积木下底面的数字之和是（ ）.

A. 12　　　　B. 14　　　　C. 15

D. 16　　　　E. 18

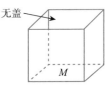

图 11-1

2 如图 11-2 所示，有一个无盖的正方体纸盒，下底标有字母"M"，将其剪开展成平面图形，则这个平面图形是（ ）.

A. 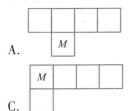　　　　B.

C.　　　　D.

E. 以上都不对

无盖

图 11-2

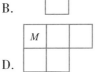

题型 2 外接球、内切球

> **思　路**　要掌握常见几何体，比如长方体、正方体、圆柱体的内切球和外接球的计算关系式. 此外，对于半球的情况，也要有所了解.

3 正三棱柱内有一内切球，半径为 R，则这个正三棱柱的体积是（ ）.

A. $6\sqrt{3}R^3$　　　B. $3\sqrt{3}R^3$　　　C. $4\sqrt{2}R^3$　　　D. $8\sqrt{3}R^3$　　　E. $2\sqrt{6}R^3$

4 一个长方体，有共同顶点的三个面的对角线长分别为 a，b，c，则它的外接球表面积为（ ）.

A. $(a^2+b^2+c^2)\pi$

B. $\dfrac{3(a^2+b^2+c^2)\pi}{4}$

C. $\dfrac{3(a^2+b^2+c^2)\pi}{2}$

D. $\dfrac{(a^2+b^2+c^2)\pi}{4}$

E. $\dfrac{(a^2+b^2+c^2)\pi}{2}$

5 如图 11-3 所示，半球内有一内接正方体，正方体的一个面在半球的底面圆内，若正方体的棱长为 $\sqrt{6}$，则半球的表面积和体积分别为（ ）.

A. 27π，18π

B. 27π，16π

C. 22π，27π

D. 18π，27π

E. 21π，18π

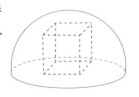

图 11-3

6 已知 a，b，c 为长方体的长、宽、高，则可确定长方体外接球的表面积.

（1）已知 a，b，c 的平均值.　（2）已知 a，b，c 的方差.

║题型 3 ┃拼接、切割、熔合问题┃

思　路 拼接、切割、熔合都不会对物体的体积生产改变，但是表面积一定会变. 本部分要注重整体思维，从整体的角度来分析表面积的变化，而不是逐步分析.

7 一个棱长为 6 厘米的正方体木块，如果把它锯成棱长为 2 厘米的正方体若干块，表面积增加（　　）平方厘米.

A. 412　　　　B. 424　　　　C. 432　　　　D. 448　　　　E. 482

8 把一个大金属球表面涂漆，需油漆 2 千克，若把这个金属球熔化，制成 27 个半径相等的小金属球，将这些小金属球表面涂漆需要（　　）千克油漆.

A. 2　　　　B. 4　　　　C. 6　　　　D. 8　　　　E. 12

9 在一个正方体左右两边添加两个相同的正方体，将原来的小正方体变成了一个长方体，则原来的小正方体变成长方体后，表面积增加了 40，则原来小正方体的表面积为（　　）.

A. 18　　　　B. 24　　　　C. 30　　　　D. 36　　　　E. 42

║题型 4 ┃挖开、堆积、涂漆问题┃

思　路（1）对于挖开模型，主要通过挖开的位置来分析表面积的变化.

（2）对于堆积模型，利用整体思维，通过截面法来求解.

（3）对于涂漆模型，通过 1 个面、2 个面、3 个面的个数来分析.

10 图 11-4 是一个棱长为 2 的正方体，在正方体上表面的正中，向下挖一个棱长为 1 的正方体小洞，接着在小洞的底面正中向下挖一个棱长为 $\frac{1}{2}$ 的正方体小洞，第三个正方体小洞的挖法和前两个相同，棱长为 $\frac{1}{4}$，则最后得到的立体图形的表面积是（　　）.

图 11-4

A. $29\frac{1}{4}$　　　B. $29\frac{1}{2}$　　　C. $30\frac{1}{4}$

D. $30\frac{1}{2}$　　　E. $31\frac{1}{4}$

11 如图 11-5 所示，把 11 块相同的长方体砖拼成一个大长方体. 已知每块砖的体积是 288，则大长方体的表面积为（　　）.

A. 1268　　　　B. 1328　　　　C. 1368

D. 1398　　　　E. 1428

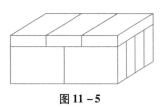

图 11-5

12 将 25 个棱长为 1 的正方体拼成某个几何体，表面积最小为（　　）.

A. 54　　　　　B. 55　　　　　C. 56　　　　　D. 57　　　　　E. 58

题型 5　与水相关的体积

思　路 根据水的体积不变来建立等量关系.

13 有一个底面积为 20，容积为 160 的圆柱形容器，里面装满水，现在把高为 10，底面积为 5 的一个圆柱形小木棒垂直放入，使其底部与容器底面接触，这时一部分水会溢出. 现在将小棒从容器中抽出，则现在容器内水的高度为（　　）.

A. 7.5　　　　B. 8　　　　　C. 5.5　　　　D. 6　　　　　E. 5

14 圆柱形容器内盛有高度为 8 的水，若放入三个相同的球形钢珠（球的半径与圆柱的底面半径相同）后，水恰好淹没最上面的球（如图 11-6 所示），则球的半径是（　　）.

A. 2.8　　　　B. 3　　　　　C. 3.2

D. 3.5　　　　E. 4

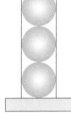

图 11-6

题型 6　截面

思　路 看到截面要立体图形平面化，利用平面几何的知识来降维打击立体几何.

15 某游乐园在一个平地中央挖了一个球形下沉广场，广场直径为 200 米，最深处为 50 米，那么这个球形的直径为（　　）米.

A. 125　　　　B. 200　　　　C. 225　　　　D. 250　　　　E. 300

16 如图 11-7 所示，圆柱体的底面半径为 2，高为 3，垂直于地面的平面截圆柱体所得截面为矩形 $ABCD$，若弦 AB 所对的圆心角是 $\dfrac{\pi}{3}$，则截掉部分（较小部分）的体积为（　　）.

A. $\pi - 3$　　　B. $2\pi - 6$　　　C. $\pi - \dfrac{3\sqrt{3}}{2}$

D. $2\pi - 3\sqrt{3}$　　　E. $\pi - \sqrt{3}$

图 11-7

17 如图 11-8 所示，正方体的棱长为 2，B、D 为所在棱的中点，则四边形 $ABCD$ 的面积为（　　）.

A. $6\sqrt{2}$　　　B. $4\sqrt{3}$　　　C. $2\sqrt{5}$

D. 5　　　　E. $2\sqrt{6}$

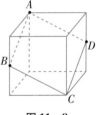

图 11-8

◇ 核心绝例解析 ◆

1 ›› **E.** 根据各侧面的数字得到底面的数字，分别为 1 和 3 为对立面，2 和 6 为对立面，4 和 5 为对立面，那么底面的所有数字和为 $4+6+3+1+4=18$，选 E.

2 ›› **A.** 我们可以对四个选项用排除法，根据正方体展开图的特征，选项 D 不能折成无盖的正方体纸盒；选项 A，B，C 都能折成无盖的正方体纸盒，选项 B，C 中字母 "*M*" 都在侧面，只有选项 A 折成无盖的正方体纸盒后，下底标有字母 "*M*"，故选 A.

3 ›› **A.** 根据球半径为 R，则正三棱柱高为 $2R$，底面边长为 $2\sqrt{3}R$，底面三角形的高为 $3R$，故正三棱柱体积为 $\frac{1}{2} \times 2\sqrt{3}R \times 3R \times 2R = 6\sqrt{3}R^3$.

4 ›› **E.** 假设长方体的长、宽、高为 m，n，k，则 $a^2+b^2+c^2=2(m^2+n^2+k^2)$，因为长方体外接球表面积为 $(m^2+n^2+k^2)\pi$，所以答案为 $\frac{a^2+b^2+c^2}{2}\pi$，选 E.

5 ›› **A.** 设球的半径为 r，过正方体与半球底面垂直的对角面作截面 α，则 α 截半球面得半圆，α 截正方体得一矩形，且矩形内接于半圆，如图 11 − 9 所示，则矩形一边长为 $\sqrt{6}$，另一边长为 $\sqrt{2} \times \sqrt{6} = 2\sqrt{3}$. 所以 $r^2 = (\sqrt{6})^2 + (\sqrt{3})^2 = 9$，解得 $r = 3$，故 $S_{半球} = 2\pi r^2 + \pi r^2 = 27\pi$，$V_{半球} = \frac{2}{3}\pi r^3 = 18\pi$.

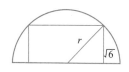

图 11 − 9

6 ›› **C.** 根据平均值与方差的公式可得到 $a^2+b^2+c^2$ 的值，故选 C.

7 ›› **C.** 把棱长为 6 厘米的正方体锯成棱长为 2 厘米的正方体，可以按图 11 − 10 中的线共锯 6 次，每锯一次增加的面积为 $2 \times 6 \times 6 = 72$（平方厘米），锯 6 次共增加 $72 \times 6 = 432$（平方厘米）的面积. 因此，锯好后表面积增加 432 平方厘米.

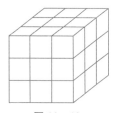

图 11 − 10

8 ›› **C.** $\frac{4}{3}\pi R^3 = \frac{4}{3}\pi r^3 \cdot 27 \Rightarrow \left(\frac{R}{r}\right)^3 = 27 \Rightarrow R = 3r$. 一个大金属球的表面积为 $4\pi R^2$，27 个小金属球的表面积为 $27 \times 4\pi r^2$，所以表面积之比为 $\frac{4\pi R^2}{27 \times 4\pi r^2} = \frac{1}{3}$. 即表面积扩大为 3 倍. 所以涂漆的重量应为原来的 3 倍，$2 \times 3 = 6$（千克）. 选 C.

9 ›› **C.** 增加了 8 个面的面积为 40，所以 1 个面的面积为 5，则原来小正方体的表面积为 $5 \times 6 = 30$. 选 C.

10 ›› **A.** 我们仍然从 3 个方向考虑. 平行于上下表面的各面面积之和：$2 \times 2 \times 2 = 8$. 左右方

向、前后方向：$2 \times 2 \times 4 = 16$，$1 \times 1 \times 4 = 4$，$\frac{1}{2} \times \frac{1}{2} \times 4 = 1$，$\frac{1}{4} \times \frac{1}{4} \times 4 = \frac{1}{4}$. 这个立体图形的表面积为 $8 + 16 + 4 + 1 + \frac{1}{4} = 29\frac{1}{4}$.

11» **C.** 要求大长方体的表面积，必须知道它的长、宽和高.

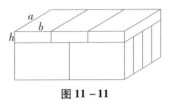

如图 11−11 所示，我们用 a、b、h 分别表示小长方体的长、宽、高，显然，$a = 4h$，即 $h = \frac{1}{4}a$，$2a = 3b$，即 $b = \frac{2a}{3}$，

砖的体积是 $V = abh = a \cdot \frac{2a}{3} \cdot \frac{a}{4} = \frac{a^3}{6} = 288$，

解得 $a = 12, b = 8, h = 3$.

所以大长方体的长是 $12 \times 2 = 24$，宽是 12，高是 $8 + 3 = 11$，

从而表面积为 $2 \times (24 \times 12 + 12 \times 11 + 24 \times 11) = 1368$.

图 11−11

12» **A.** 如图 11−12 所示，当正方体互相重合的面最多时表面积最小，先设想 27 块棱长为 1 的正方体，当拼成 $3 \times 3 \times 3$ 的大正方体时，表面积最小. 现在要去掉 2 个小正方体，只有在两个角上各去掉一个，或者在同一个角去掉两个相邻的小正方体，表面积不会增加，因此该几何体的表面积为 $S = 6 \times 3^2 = 54$.

图 11−12

13» **D.** 圆柱形的容器高为 8，小木棒最多浸入高度为 8，而不是 10. 故现在容器内的高度为：$8 - (5 \times 8) \div 20 = 6$，选 D.

14» **E.** 设球半径为 r，则由 $3V_{球} + V_{水} = V_{柱}$，可得 $3 \times \frac{4}{3}\pi r^3 + \pi r^2 \times 8 = \pi r^2 \times 6r$，解得 $r = 4$.

15» **D.** 设该球的半径为 R，根据题意可以建立方程 $(R - 50)^2 + 100^2 = R^2 \Rightarrow R = 125$，故球的直径为 250 米，选 D.

16» **D.** 截掉较小部分的体积 = 底面积×高，底面为一个弓形，$S_{弓形} = S_{扇形} - S_{\triangle} = \frac{1}{6} \times \pi \times 2^2 - \frac{\sqrt{3}}{4} \times 2^2 = \frac{2}{3}\pi - \sqrt{3}$，体积 $V = \left(\frac{2}{3}\pi - \sqrt{3}\right) \times 3 = 2\pi - 3\sqrt{3}$.

17» **E.** 由原图可以得到：$AB = BC = CD = AD = \sqrt{5}$，所以四边形为菱形，

求出对角线的长度 $BD = 2\sqrt{2}$，$AC = 2\sqrt{3}$，

菱形面积等于对角线之积的一半，故 $S = \frac{2\sqrt{2} \times 2\sqrt{3}}{2} = 2\sqrt{6}$.

第二节　顿悟练习

1. 如果球的一个内接长方体的三条棱长分别为 1，2，3，那么该球的表面积为(　　).

   A. $\dfrac{7\sqrt{14}}{6}\pi$　　　B. 7π　　　　C. $\dfrac{7\sqrt{14}}{3}\pi$　　　D. 14π　　　E. 28π

2. 能切割为球的圆柱，切割下来部分的体积占球体积至少为(　　).

   A. $\dfrac{3}{4}$　　　B. $\dfrac{2}{3}$　　　C. $\dfrac{1}{2}$　　　D. $\dfrac{1}{4}$　　　E. $\dfrac{1}{3}$

3. 把一个半球切割成底面半径为球半径一半的圆柱，则半球体积和圆柱体积之比为(　　).

   A. 4:1　　　B. 8:3　　　C. 16:3　　　D. $16:3\sqrt{2}$　　　E. $16:3\sqrt{3}$

4. 有两个半径分别为 6 厘米和 8 厘米、深度相等的圆柱形容器甲和乙，把装满容器甲里的水倒入容器乙中，水深比容器乙深度的 $\dfrac{2}{3}$ 低 1 厘米，那么容器的深度为(　　)厘米.

   A. 9　　　　　　　　B. 9.6　　　　　　　　C. 10

   D. 12　　　　　　　E. 12.3

5. 一个两头密封的水桶，里面装了一些水，水桶水平横放时桶内有水部分占水桶截面圆周长的 $\dfrac{1}{4}$（截面如图 11－13），当水桶直立时，水的高度与桶的高度之比是(　　).

   A. $\dfrac{1}{4}$　　　　　B. $\dfrac{1}{4}-\dfrac{1}{2\pi}$　　　C. $\dfrac{1}{4}-\dfrac{1}{\pi}$

   D. $\dfrac{\pi}{4}$　　　　　E. $\dfrac{\pi-1}{4}$

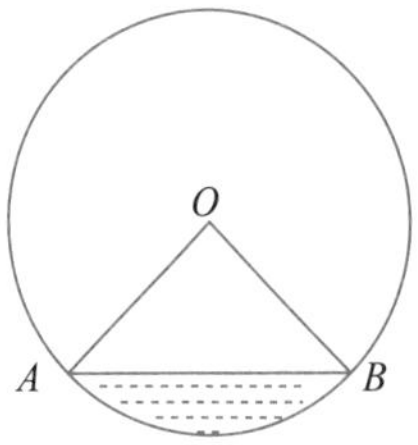

图 11－13

6. 体积相等的正方体、等边圆柱（轴截面是正方形）和球，它们的表面积分别为 S_1，S_2，S_3，则有(　　).

   A. $S_3<S_1<S_2$　　　　B. $S_1<S_3<S_2$　　　　C. $S_2<S_3<S_1$

   D. $S_1<S_2<S_3$　　　　E. $S_3<S_2<S_1$

7. 长方体的三条棱长的比是 3:2:1，表面积是 88，则最长的一条棱的棱长等于(　　).

   A. 8　　　B. 11　　　C. 12　　　D. 14　　　E. 6

8. 一个长方体，长和宽之比是 2:1，宽和高之比是 3:2，若长方体的全部棱长之和是 220，则长方体的体积是(　　).

   A. 2880　　　B. 7200　　　C. 4600　　　D. 4500　　　E. 3600

9. 一个长方体共一顶点的三个面的面积分别是 $\sqrt{2}$，$\sqrt{3}$，$\sqrt{6}$，这个长方体体对角线的长是(　　).

   A. $2\sqrt{3}$　　　B. $3\sqrt{2}$　　　C. 6　　　D. $\sqrt{6}$　　　E. $2\sqrt{6}$

10. 甲、乙两个圆柱体，甲的底面周长是乙的 2 倍，甲的高度是乙的 $\frac{1}{2}$，则甲的体积是乙的（   ）．

    A. $\frac{1}{2}$ 倍   B. 1 倍   C. 2 倍   D. 4 倍   E. 3 倍

11. 一个圆柱的侧面展开图是正方形，那么它的侧面积是底面积的（   ）．

    A. 2 倍   B. 4 倍   C. 4π 倍   D. π 倍   E. 2π 倍

12. 一张长是 12、宽是 8 的矩形铁皮卷成一个圆柱体的侧面，已知高是 12，则这个圆柱体的体积是（   ）．

    A. $\frac{288}{\pi}$ B. $\frac{192}{\pi}$ C. $\frac{288}{\pi}$ 或 $\frac{192}{\pi}$

    D. $\frac{96}{\pi}$ E. 288π

13. 两个球体容器，若将大球中的 $\frac{2}{5}$ 的溶液倒入小球中，正巧可装满小球，那么大球与小球的半径之比等于（   ）．

    A. $5:3$ B. $8:3$ C. $\sqrt[3]{5}:\sqrt[3]{2}$ D. $\sqrt[3]{20}:\sqrt[3]{5}$ E. $5:2$

14. 球的内接正方体的棱长为 $\sqrt{2}$，则此球的表面积是（   ）．

    A. 2π B. $2\sqrt{2}\pi$ C. $4\sqrt{2}\pi$ D. 6π E. 8π

15. 如图 11－14 所示，一个底面半径为 R 的圆柱体量杯中装有适量的水，若放入一个半径为 r 的实心铁球，水面高度恰好升高 r，则 $\frac{R}{r}=$（   ）．

    A. $\frac{2\sqrt{3}}{3}$ B. $\frac{4\sqrt{3}}{3}$ C. $\frac{\sqrt{3}}{3}$

    D. $\frac{5\sqrt{3}}{3}$ E. $\frac{7\sqrt{3}}{3}$

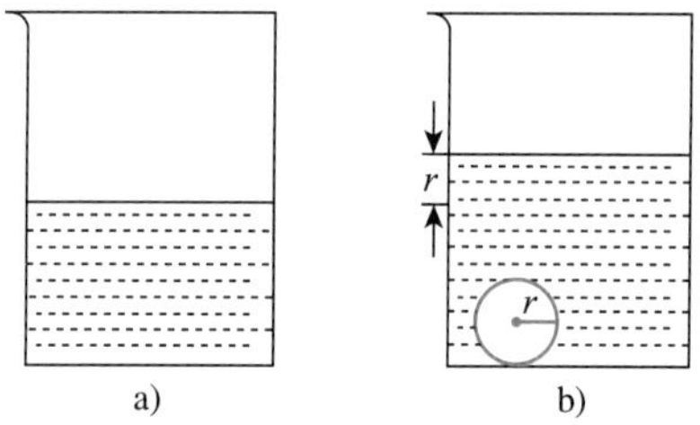

图 11－14

16. 三个球中，最大球的体积是另两个球体积和的 3 倍．（   ）．

    （1）三个球的半径之比为 $1:2:3$．

    （2）大球的半径是另两个球的半径之和．

17. 圆柱的体积是正方体体积的 $\frac{4}{\pi}$ 倍．

    （1）圆柱与正方体的高相等．

    （2）圆柱与正方体的侧面积相等．

18. 一个高为 $3r$，底面半径为 $2r$ 的无盖圆柱体容器内装有水，水高为 $2r$．则水能从容器内溢出．

    （1）向桶内放入 12 颗半径为 $\frac{2}{3}r$ 的实心钢球．

    （2）向桶内放入一个棱长为 $2r$ 的实心正方体钢块．

19. 长方体的表面积为 88.
    （1）长方体的共点三条棱长之比为 1：2：3.
    （2）长方体的体积是 48.

20. 可以确定一个长方体的体积.
    （1）已知长方体的表面积.
    （2）已知长方体的体对角线长.

21. 两圆柱体的侧面积相等. 则能求出两者体积之比为 3：2.
    （1）两者的底半径分别为 6 和 4.
    （2）两者的底半径分别为 3 和 2.

22. 在一个直径为 32 的圆柱体盛水容器中，放入一个实心铁球后，水面升高了 9（假设铁球完全浸没水中且水没有溢出）.
    （1）铁球直径为 24.
    （2）铁球的表面积为 144π.

❯ 顿悟练习解析 ◈

1 ›› **D.** 长方体的体对角线长为 $\sqrt{1^2+2^2+3^2}=\sqrt{14}$，则球的半径 $R=\dfrac{1}{2}\sqrt{14}$，从而

$$S_{球}=4\pi R^2=14\pi.$$

2 ›› **C.** 设球半径为 R，当球恰好内切于圆柱时，有

$$V_{球}=\frac{4}{3}\pi R^3,\quad V_{圆柱}=\pi R^2\cdot 2R=2\pi R^3,$$

从而 $\dfrac{V_{圆柱}-V_{球}}{V_{球}}=\dfrac{1}{2}$.

3 ›› **E.** 设球的半径为 R，则圆柱体的高 $h=\sqrt{R^2-\left(\dfrac{1}{2}R\right)^2}=\dfrac{\sqrt{3}}{2}R$，从而

$$V_{半球}:V_{圆柱}=\frac{2}{3}\pi R^3:\left[\pi\left(\frac{1}{2}R\right)^2\frac{\sqrt{3}}{2}R\right]=16:3\sqrt{3}.$$

4 ›› **B.** 设容器深度为 h 厘米，根据题意，$\pi\cdot 6^2\cdot h=\pi\cdot 8^2\cdot\left(\dfrac{2}{3}h-1\right)$，

则 $h=9.6$.

5 ›› **B.** 设桶高为 h，水桶直立时水高为 l，根据题意，劣弧 AB 所对的圆心角为 $90°$，因此

$$S_{阴影}=\frac{1}{4}\pi r^2-\frac{1}{2}r^2,\quad V_{水}=\pi r^2\cdot l=S_{阴影}\cdot h=\left(\frac{1}{4}\pi r^2-\frac{1}{2}r^2\right)h,\quad 则\frac{l}{h}=\frac{1}{4}-\frac{1}{2\pi}.$$

6 ›› **E.** 设体积均为 1，正方体的棱长、等边圆柱的底面圆的半径、球的半径分别为 a，r，R，则 $a^3=1$，$\pi r^2\cdot 2r=1$，$\dfrac{4}{3}\pi R^3=1$. 从而 $S_1=6a^2=6$，$S_2=2\pi r^2+2\pi r\cdot 2r=6\sqrt[3]{\dfrac{\pi}{4}}$，$S_3=$

$4\pi R^2 = 6\sqrt[3]{\dfrac{\pi}{6}}$，因此，$S_3 < S_2 < S_1$.

7 ᐅ **E.** 设长方体三条棱长分别是 $3a$，$2a$，$a\,(a>0)$，则有 $22a^2 = 88 \Rightarrow a = 2 \Rightarrow 3a = 6$.

8 ᐅ **D.** 由题意，可知长:宽:高 $= 6:3:2$，设长、宽、高分别为 $6a$，$3a$，$2a$，则 $4 \times (6a + 3a + 2a) = 220 \Rightarrow a = 5$，故长方体的体积为 $V = 30 \times 15 \times 10 = 4500$.

9 ᐅ **D.** 由题意设共此顶点的三条棱的长分别是 a，b，c，则有 $ab = \sqrt{2}$，$bc = \sqrt{3}$，$ca = \sqrt{6}$，可得 $abc = \sqrt{6}$，解得 $a = \sqrt{2}$，$b = 1$，$c = \sqrt{3}$. 于是长方体体对角线长是 $\sqrt{1 + 2 + 3} = \sqrt{6}$.

10 ᐅ **C.** 由题意，有 $r_甲 = 2r_乙$，$h_甲 = \dfrac{1}{2}h_乙$，故 $\dfrac{V_甲}{V_乙} = \dfrac{\pi r_甲^2 \cdot h_甲}{\pi r_乙^2 \cdot h_乙} = 2$.

11 ᐅ **C.** 由题意，有 $h = 2\pi r$，故 $\dfrac{S_侧}{S_底} = \dfrac{2\pi r \cdot h}{\pi r^2} = 4\pi$.

12 ᐅ **B.** 由题意，有 $2\pi r = 8 \Rightarrow r = \dfrac{4}{\pi} \Rightarrow V = \pi r^2 \cdot h = \dfrac{192}{\pi}$.

13 ᐅ **C.** 由题意，有 $\dfrac{V_大}{V_小} = \dfrac{\frac{4}{3}\pi R^3}{\frac{4}{3}\pi r^3} = \left(\dfrac{R}{r}\right)^3 = \dfrac{5}{2} \Rightarrow \dfrac{R}{r} = \dfrac{\sqrt[3]{5}}{\sqrt[3]{2}}$.

14 ᐅ **D.** 由题意，有 $2R = \sqrt{2 + 2 + 2} = \sqrt{6} \Rightarrow R = \dfrac{\sqrt{6}}{2} \Rightarrow S = 4\pi R^2 = 6\pi$.

15 ᐅ **A.** 根据小球的体积等于水面升高的水体积，可得 $\dfrac{4}{3}\pi r^3 = \pi R^2 r$，即 $\dfrac{R}{r} = \dfrac{2\sqrt{3}}{3}$.

16 ᐅ **A.** 由条件（1），设三个球的半径分别为 r，$2r$，$3r$，则最大球的体积为 $V_1 = \dfrac{4}{3}\pi \cdot (3r)^3 = 36\pi r^3$，另两个球的体积和为 $V_2 = \dfrac{4}{3}\pi(2r)^3 + \dfrac{4}{3}\pi r^3 = 12\pi r^3$，充分；由条件（2），取反例，设大球的半径为 2，另两个球的半径均为 1，根据体积公式，显然不充分.

17 ᐅ **C.** 显然两个条件需要联合分析，设正方体的棱长为 a，圆柱的高也为 a，圆柱的底面半径为 r，根据两者的侧面积相等，可得 $2\pi r a = 4a^2 \Rightarrow r = \dfrac{2a}{\pi}$，从而两者的体积之比为

$$\dfrac{V_柱}{V_正} = \dfrac{\pi\left(\frac{2a}{\pi}\right)^2 a}{a^3} = \dfrac{4}{\pi}.$$

18 ᐅ **A.** 由题意，可得圆柱体容器体积为 $V_1 = \pi(2r)^2 3r = 12\pi r^3$，原有水的体积为 $V_2 = \pi(2r)^2 \cdot 2r = 8\pi r^3$. 由条件（1），实心钢球的体积总共为 $V_3 = 12 \cdot \dfrac{4}{3}\pi\left(\dfrac{2}{3}r\right)^3 = \dfrac{128}{27}\pi r^3$，

由于 $V_2 + V_3 > V_1$，故水能从容器中溢出，充分；由条件（2），正方体钢块体积为 $V_4 = (2r)^3 = 8r^3$，由于 $V_2 + V_4 < V_1$，故水不能从容器中溢出，不充分.

19 »» C. 显然需要联合分析，由条件（1），设三条棱长分别为 a，$2a$，$3a$，再根据条件（2），可列出等式 $V = 6a^3 = 48$，得 $a = 2$，故表面积为 $S = 2(2a^2 + 3a^3 + 6a^2) = 22a^2 = 88$.

20 »» E. 要求体积，必须知道长、宽、高三个参数，而两个条件即使联合也得不到长、宽、高的具体值，故不充分.

21 »» D. 由条件（1）和条件（2）两者的半径之比均为 3:2，根据圆柱侧面积相等，有 $2\pi r_1 h_1 = 2\pi r_2 h_2$，得到两者的高之比为 2:3，故体积之比为 $\dfrac{V_1}{V_2} = \dfrac{\pi r_1^2 h_1}{\pi r_2^2 h_2} = \dfrac{3}{2}$，两条件均充分.

22 »» A. 由题意，设实心铁球的半径为 r，则根据体积关系得到 $\dfrac{4}{3}\pi r^3 = \pi \times 16^2 \times 9 \Rightarrow r = 12$. 由条件（1），得到球半径为 12，充分；由条件（2），得到球半径为 6，不充分.

专项十二　排列组合

核心绝例

专项简析

　　排列组合每年考 2 道题左右，这类知识点不仅可以单独出题，也是古典概率的基础性知识点．这部分因为很多文科同学在高中阶段没有深入学习过，导致部分同学很抵触．其实排列组合属于入门难，但是容易精通的知识，所以学习要有条理性，只要找到方法，克服心中的恐惧就会达到质变．在学习排列组合知识点的过程中，一定要进行归纳汇总，再将题目做熟，一切就变得非常顺利了．

题型 1　六大符号（＋，－，×，÷，C_n^m，$m!$）

考向 1　先分类后分步（＋，×）

思　路　对于排列组合题目，首先要考虑是否需要分类和分步，尤其当两个原理同时使用时，要先分类再分步．

1 旅行社有豪华游 5 种和普通游 4 种，某单位欲从中选择 4 种，其中至少有豪华游与普通游各一种的选择法共有（　　）种．
A. 60　　　　B. 100　　　　C. 120　　　　D. 140　　　　E. 150

2 平面上有 10 个点，其中 4 个点在一条直线上，其余再无三点共线，则连接这些点的直线共有（　　）条．
A. 35　　　　B. 36　　　　C. 38　　　　D. 40　　　　E. 42

3 设集合 $I=\{1,2,3,4,5\}$．选择 I 的两个非空子集 A 和 B，要使 B 中最小的数大于 A 中最大的数，则不同的选择方法共有（　　）种．
A. 50　　　　B. 49　　　　C. 48　　　　D. 47　　　　E. 46

考向 2　先选取后排序（$m!$，C_n^m）

思　路　首先，要掌握何时用选取，何时用排序，注意符号的前提三要素：（1）不同元素，（2）任意选，（3）选完是否排序；其次，要用对符号，选取用 C_n^m（C_n^m 自带消序，所以无序），排序用 $m!$；最后，如果选取和排序同时出现，永远都是先选取后排序．

4 现安排甲、乙、丙、丁、戊 5 名同学参加上海世博会志愿者服务活动，每人从事翻译、导游、礼仪、司机四项工作之一，每项工作至少有一人参加. 甲、乙不会开车但能从事其他三项工作，丙、丁、戊都能胜任四项工作，则不同安排方案的种数是（　　）.

　　A. 152　　　　B. 126　　　　C. 90　　　　D. 84　　　　E. 64

5 从 3 名男生和 4 名女生中选出 4 人参加植树活动，则

（1）男生小明必须参加植树活动，有（　　）种选法.

（2）选 2 名男生和 2 名女生，且男生小明必须参加植树活动，有（　　）种选法.

（3）男生小明和女生小红至少有一人参加，且 4 人中必须有男生，有（　　）种选法.

　　A. 12　　　　B. 20　　　　C. 25　　　　D. 29　　　　E. 32

6 某台小型晚会由 6 个节目组成，演出顺序有如下要求：节目甲不能排在第四位、节目乙不能排在第一位，节目丙必须排在最后一位，该台晚会节目演出顺序的编排方案共有（　　）种.

　　A. 66　　　　B. 78　　　　C. 88　　　　D. 94　　　　E. 102

考向 3　正面难则反着做（"－"号）

思　路　当出现"至少、至多""否定用语"等正面较难分类的题目，可以采用反面进行求解，注意部分反面的技巧以及"且、或"的反面用法.

---

7 从 10 名大学毕业生中选 3 个人担任村主任助理，则甲、乙至少有 1 人入选，而丙没有入选的不同选法的种数为（　　）.

　　A. 85　　　　B. 56　　　　C. 49　　　　D. 28　　　　E. 80

8 已知甲篮球队共 6 名队员，乙篮球队共 5 名队员，每个篮球队都有一个队长，现要从这 11 人中选取 5 人来组成一支篮球队，按照下列条件各有多少种选法？

（1）既有甲队球员，又有乙队球员；

（2）5 人篮球队中至少有一个队长；

（3）既有队长，又有乙队球员.

　　A. 455　　　　B. 336　　　　C. 331　　　　D. 243　　　　E. 256

9 某高校从某系的 10 名优秀毕业生中选 4 人分别到西部四个城市参加西部开发建设，其中甲不到第一个城市，乙不到第二个城市，则不同派遣方案有（　　）种.

　　A. 3699　　　　B. 4088　　　　C. 4028　　　　D. 3788　　　　E. 4188

考向 4　看到相同，定序用除法消序（÷号）

思　路　÷号的用法就在于消序，当题目需要消除顺序的时候，就是÷号登场的时候.

---

①部分相同、定序

10 书架上某层有 6 本书，新买了 3 本书放进该层，要保持原来 6 本书先后顺序不变，则不同排法种数是（　　）.

　　A. 500　　　　B. 504　　　　C. 508　　　　D. 512　　　　E. 516

11 某工程队有 6 项工程需要先后单独完成，其中工程乙必须在工程甲完成后才能进行，工程丙必须在工程乙完成后才能进行，又工程丁必须在工程丙完成后立即进行，那么安排这 6 项工程的不同排法种数是（　　）.

A. 18   B. 36   C. 20   D. 50   E. 80

12 用0，0，2，2，4，5组成的六位数的个数是（   ）.

A. 60   B. 120   C. 240   D. 480   E. 720

13 现有三串糖葫芦，第一串是草莓糖葫芦，上面有4个草莓，第二串是山楂糖葫芦，上面有2个山楂，第三串是枣泥糖葫芦，上面有2个枣泥. 每次吃时可以随便挑一串糖葫芦但只能吃1个，必须从上往下吃，那么全部吃完共有（   ）种不同的吃法.

A. 105   B. 210   C. 420   D. 840   E. 8!

14 身高互不相同的9个人排成3横行3纵列，要求前一行的每一个人都比他同列的身后的人个子矮，则所有不同的排法种数为（   ）.

A. 1680   B. 1580   C. 1480   D. 1380   E. 1280

②环排问题

15 6人（3男3女）去餐馆聚餐，围着桌子坐一圈，要求恰有2个女生相邻，则有（   ）种坐法.

A. 120   B. 72   C. 54   D. 36   E. 48

③分组问题

16 6本不同的书平均分成3堆，每堆2本共有（   ）种分法.

A. 90   B. 20   C. 15   D. 60   E. 120

题型 2 列举、穷举法

思 路 对于条件比较复杂的排列组合题，不易用公式进行运算，往往利用穷举法或画出树状图会达到意想不到的效果.

17 从长度为3，5，7，9，11的五条线段中，取三条作三角形，能组成的不同三角形的个数为（   ）个.

A. 14   B. 12   C. 11   D. 9   E. 7

18 将骰子投两次，所得点数分别为b，c，则方程$x^2 + bx + c = 0$，有实数根的情况数为（   ）种.

A. 19   B. 12   C. 11   D. 9   E. 7

题型 3 一个位置一个元素问题

考向 1 先特殊后一般

思 路 先处理特殊元素或位置，再处理一般元素或位置.

①排座位

19 从7个不同的文艺节目中选5个编成一个节目单，如果某女演员的独唱节目一定不能排在第二个节目的位置上，则共有（   ）种不同的排法.

A. 2060   B. 2080   C. 2120   D. 2160   E. 2180

20 有两排座位，前排 11 个座位，后排 12 个座位，现安排 2 人就座，规定前排中间的 3 个座位不能坐，并且这 2 个人左右不相邻，那么不同的排法有(　　)种.

A. 234　　　　B. 346　　　　C. 350　　　　D. 363　　　　E. 235

②**数字问题（先末后首再其余）**

21 用 0，2，3，4，5 五个数字组成没有重复数字的三位数，其中偶数共有(　　)种.

A. 24　　　　B. 30　　　　C. 40　　　　D. 60　　　　E. 81

22 用 0，2，3，4，5 五个数字组成没有重复数字的三位数，其中能被 3 整除的有(　　)个.

A. 20　　　　B. 22　　　　C. 24　　　　D. 28　　　　E. 32

23 从 1，3，5，7 中任取 2 个数字，从 0，2，4，6，8 中任取 2 个数字，组成没有重复数字的四位数，其中能被 5 整除的不同四位数共有(　　)个.

A. 300　　　　B. 282　　　　C. 280　　　　D. 262　　　　E. 260

24 从 1 到 30 的正整数中，取三个数相加使它们的和必须被 3 整除，选法种数为(　　).

A. 1300　　　　B. 1360　　　　C. 1380　　　　D. 1230　　　　E. 1330

25 用数字 0，1，2，3，4，5 组成没有重复的数字，且比 20000 大的五位偶数共有(　　).

A. 288 个　　　　B. 240 个　　　　C. 144 个　　　　D. 126 个　　　　E. 150 个

考向 2 　相邻、不相邻问题

思　路　相邻用捆绑打包法；不相邻用插空法；当相邻问题与不相邻问题同时出现在题干中，需要按照先解决相邻再解决不相邻问题的顺序来求解.

26 4 名学生和 2 名教师排成一排照相，两位教师不能在两端且要相邻的排法种数为(　　).

A. 72　　　　B. 108　　　　C. 144　　　　D. 288　　　　E. 320

27 马路上一边 8 盏路灯提供照明，晚上 12 点以后，该市为了节约用电，计划同时熄灭掉其中 3 盏灯，要求这 3 盏灯不能相邻，则熄灯的方法共有(　　)种.

A. 16　　　　B. 18　　　　C. 20　　　　D. 22　　　　E. 24

28 用 1，2，3，4，5，6，7，8，9 组成没有重复数字的九位数，在 1 和 5 之间夹有两个数，且这两个数都是偶数，并且 3，7，9 三个奇数不能相邻，这样的九位数有(　　)个.

A. 12^3　　　　B. 3×12^3　　　　C. 2×12^3　　　　D. 2×12^2　　　　E. 3×12^2

29 5 个男生和 5 个女生站成一排照相，男生不相邻，女生也不相邻的排法有(　　)种.

A. $(5!)^2$　　　B. $2(5!)^2$　　　C. $3(5!)^2$　　　D. $C_6^5 \cdot 5!$　　　E. $4(5!)^2$

30 五个人排成一排，甲、乙不相邻，且甲、丙也不相邻的不同排法有(　　)种.

A. 60　　　　B. 48　　　　C. 36　　　　D. 24　　　　E. 18

31 某人射击 8 枪，命中 4 枪，其中恰有 3 枪连中的有(　　)种.

A. 72　　　　B. 24　　　　C. 20　　　　D. 19　　　　E. 28

32 有 8 个人站成一排，4 名男生，4 名女生，其中恰有 3 名男生相邻的有(　　)种.

A. 1720　　　　B. 12400　　　　C. 12080　　　　D. 11980　　　　E. 11520

题型4 一个位置多个元素（观察元素与对象采用不同策略）

分房问题特征：（1）1个房间可容纳多个人；（2）每个人都只能去一间房.

①元素不同，对象不同，对元素无限定，则可重复使用——用方幂法；

②元素不同，对象不同，对元素有限定，元素与对象有对应关系——用对号不对号；

③元素不同，对象不同，对元素有限定，分组中有同样的数量——先分堆后分配；

④元素不同，对象相同——只分堆，不分配；

⑤元素相同，对象不同——先满足后隔板；

⑥元素相同，对象相同——穷举，列举法.

考向1 方幂法

思 路 允许重复的排列问题的特点是以元素为研究对象，元素不受位置的约束，可以逐一安排各个元素的位置. 一般，n 个不同的元素没有限制地安排在 m 个位置上的排列数为 m^n.

33 3人去4个城市旅游，每个人均可以至多选3个城市（可以不去旅游），那么共有（   ）种不同的安排方法.

A. 24   B. 64   C. 10^3 D. 14^3 E. 15^3

34 某7层大楼一楼电梯上来7名乘客，他们到各自的一层下电梯，则下电梯的方法有（   ）种.

A. 6^6 B. 7^5 C. 6^7 D. 7^6 E. 7^7

考向2 对号不对号

思 路 "不对号"问题可以这样记住答案：2个元素不对号，1种方法；3个元素不对号，2种方法；4个元素不对号，9种方法；5个元素不对号，44种方法.

35 设有编号1，2，3，4，5的五个球和编号1，2，3，4，5的五个盒子，现将5个球投入这五个盒子内，要求每个盒子放一个球，并且恰好有两个球的编号与盒子的编号相同，有（   ）种投法.

A. 10   B. 12   C. 14   D. 20   E. 26

36 将标号为1，2，…，10的10个球放入标号为1，2，…，10的10个盒子里，每个盒内放一个球，恰好4个球的标号与其所在盒子的标号不一致的放入方法种数为（   ）.

A. 1810   B. 1820   C. 1860   D. 1890   E. 1940

考向3 分组分配

思 路 对于分组问题，如果出现相同数量的分组，要除以相同数量组数的阶乘，以消除等数量分组的重复排序问题.

37 将6本不同的书分成3堆.

（1）若分给三人，每人2本，则不同分法种数是（   ）.

A. 90   B. 120   C. 150   D. 180   E. 210

（2）甲得 4 本，乙与丙两人各得 1 本，不同的分法种数是(　　).

　　A. 18　　　　　B. 30　　　　　C. 60　　　　　D. 90　　　　　E. 180

（3）如果一堆 3 本、一堆 2 本、一堆 1 本，分给甲、乙、丙，则不同的分法种数是(　　).

　　A. 60　　　　　B. 120　　　　　C. 240　　　　　D. 360　　　　　E. 720

38 5 本不同的书全部分给 4 个学生，每个学生至少一本，不同的分法种数为(　　).

　　A. 480　　　　B. 260　　　　C. 120　　　　D. 96　　　　E. 240

39 将 8 个人平均分成两组，其中包含 3 个老同事，5 个年轻的同事，则 3 个老同事不能同组的总数有(　　)种.

　　A. 20　　　　　B. 30　　　　　C. 60　　　　　D. 90　　　　　E. 120

40 一个团体一起出去团建，将 8 个人分成"猛虎队""雄鹰队"，每队 4 人，其中甲与乙必须同组，丙与丁不能同组，则总共有(　　)种方法.

　　A. 12　　　　　B. 16　　　　　C. 32　　　　　D. 64　　　　　E. 96

41 将 7 人分为 3 组，分别为 3 人，2 人，2 人，甲乙不同组，则不同的分组方式有(　　)种.

　　A. 20　　　　　B. 30　　　　　C. 60　　　　　D. 50　　　　　E. 80

42 将 7 人分为 3 组，分别为 3 人，2 人，2 人，甲乙同组，与丙不同组，则不同的分组方式有(　　)种.

　　A. 10　　　　　B. 12　　　　　C. 22　　　　　D. 30　　　　　E. 45

43 现有 6 名男生 3 名女生，若将这 9 人分为 3 组，每组 3 人，恰有 2 个女生同组，则不同的安排方式有(　　)种.

　　A. 90　　　　　B. 120　　　　　C. 150　　　　　D. 180　　　　　E. 360

考向 4　隔板法

思　路　对于将相同元素分给不同对象时，要利用隔板法思考.

44 方程 $a+b+c+d=12$ 有(　　)组正整数解.

　　A. 165　　　　B. 185　　　　C. 205　　　　D. 225　　　　E. 245

题型 5　其他问题

考向 1　先选双再选只（配对问题）

思　路　对于配对问题，先挑选成双的，然后挑选不成双的，也就是挑选单只的.

45 从五双不同号码的鞋中任取 4 只，这 4 只鞋中至少有 2 只配成一双的不同取法共有(　　)种.

　　A. 96　　　　　B. 120　　　　　C. 130　　　　　D. 140　　　　　E. 160

考向 2　全能元素（根据全能元素来进行分类）

思　路　"全能"元素，即这个元素具备所有属性，但只能充当一个角色. 对于这种问题，首先要考虑被选中的情况，然后进行分类求解.

46 9人组成篮球队，其中7人善打前锋，3人善打后卫，现从中选5人（两卫三锋，且前锋分左、中、右，后卫分左、右）组队出场，有（　　）种不同的组队方法.

　A. 600　　　B. 660　　　C. 720　　　D. 780　　　E. 900

47 在一次演唱会上共10名演员，其中8人能唱歌，5人会跳舞. 现要演出一个2人唱歌2人伴舞的节目，有（　　）种选派方法.

　A. 126　　　B. 168　　　C. 179　　　D. 186　　　E. 199

考向 3　涂色问题

思　路　涂色一般要求相邻区域不同色，每个区域只能涂一种颜色. 按照题目所给的图形，按顺序将每个区域涂好即可.

48 如图12-1所示，用6种不同的颜色给图中的4个格子涂色，每个格子只能涂一种颜色，要求相邻的两个格子颜色不同，且两端的格子的颜色也不同，则不同的涂色方法共有（　　）种.

图 12-1

　A. 540　　　B. 560　　　C. 580

　D. 620　　　E. 630

49 如图12-2所示，将一个四棱锥 $S-ABCD$ 的每个顶点染上一种颜色，并使同一条棱的两端点异色，如果只有5种颜色可供使用，那么不同的染色方法有（　　）种.

　A. 486　　　B. 440　　　C. 460

　D. 420　　　E. 480

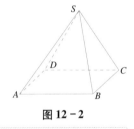

图 12-2

考向 4　整体思路进行求解

思　路　对于直接不好分析的题目，将题目进行转换. 化归转换策略是指从数量少的慢慢寻找规律，得到数量多的计算方法.

50 25人排成5×5方阵，现从中选3人，要求3人不在同一行也不在同一列，不同的选法有（　　）种.

　A. 620　　　B. 600　　　C. 640　　　D. 650　　　E. 660

51 有红、黄、蓝色的球各5只，分别标有 A, B, C, D, E 5个字母，现从中取5只，要求各字母均有且三色齐全，则共有（　　）种不同的取法.

　A. 120　　　B. 140　　　C. 150　　　D. 160　　　E. 180

 核心绝例解析

1 »» C. 选择方法有如下3种：

豪华游3种与普通游1种，选择的种数为 $C_5^3 C_4^1 = 40$；

豪华游2种与普通游2种，选择的种数为 $C_5^2 C_4^2 = 60$；

豪华游1种与普通游3种，选择的种数为 $C_5^1 C_4^3 = 20$.

根据加法原理，答案为 120.

2 » **D.** 已知除了 4 个点是在同一条直线上，其他再找不到 3 个点在一条直线上了. 分类讨论如下：

（1）除共线的 4 个点，另外 6 个点可以构成 $C_6^2 = 15$（条）直线.

（2）在同一条直线上的 4 个点构成 1 条直线.

（3）共线的 4 个点中取 1 点，其余的 6 个点中取 1 点，可构成 $6 \times 4 = 24$（条）直线.

一共可以构成：$15 + 1 + 24 = 40$（条）直线.

3 » **B.** 分四种情况：(1)B 中最小数为 5，则 A 为 $\{1,2,3,4\}$ 的非空子集，由于 $\{1,2,3,\cdots, n\}$ 的非空子集有 $2^n - 1$ 个，因此有 15 种选择方法；(2)B 中最小数为 4，则 B 有 2 种，A 为 $\{1,2,3\}$ 的非空子集，有 7 种，因此有 $2 \times 7 = 14$（种）方法；(3)B 中最小数为 3，则 B 有 $2^2 = 4$（种），A 为 $\{1,2\}$ 的非空子集，有 3 种，因此有 $4 \times 3 = 12$（种）方法；(4)B 中最小数为 2，则 B 有 $2^3 = 8$（种），A 为 $\{1\}$ 的非空子集，有 1 种，因此有 $8 \times 1 = 8$（种）方法，综上共有 $15 + 14 + 12 + 8 = 49$（种）方法.

4 » **B.** 分类讨论：若有 2 人从事司机工作，则方案有 $C_3^2 \times 3! = 18$（种）；

若有 1 人从事司机工作，则方案有 $C_3^1 \times C_4^2 \times 3! = 108$（种），

所以共有 $18 + 108 = 126$（种）.

5 » （1）**B.** 小明直接选出，再从剩下 6 人中选 3 人出来即可，共有 $C_6^3 = 20$（种）.

（2）**A.** 剩下 2 个男生中选一个，再从 4 名女生中选 2 人即可，共有 $C_2^1 \times C_4^2 = 12$（种）.

（3）**D.** 利用反面法求解，总数减去没有小明和小红或没有男生的情况：$C_7^4 - (C_5^4 + C_4^4 - 0) = 35 - 6 = 29$（种）.

6 » **B.** 由于丙必须在最后一位，则最后一位确定，考虑前面五位，按照甲的情况分两类讨论：

第一类：甲排第一位，其他任意，共有 $4! = 24$（种）排法；

第二类：甲不排在第一位，从二、三、五中选一个，乙也有 3 种选法，其他任意，共有 $C_3^1 C_3^1 \times 3! = 54$（种）排法，所以总共有 $24 + 54 = 78$（种）.

7 » **C.** 本题可以采用部分反面：在丙没有入选的情况下，减去甲乙也没有入选的情况数即为正确答案：$C_9^3 - C_7^3 = 84 - 35 = 49$（种），选 C.

8 » （1）**A.** 反面：总数 – 没有甲或没有乙情况数量 $= C_{11}^5 - (C_6^5 + C_5^5) = 455$（种）情况，选 A.

（2）**B.** 反面：总数 – 没有队长的情况数量 $= C_{11}^5 - C_9^5 = 336$（种）情况，选 B.

（3）**C.** 反面：总数 – 没有队长或没有乙队球员的情况数量 $= C_{11}^5 - (C_9^5 + C_6^5 - C_5^5) = 331$（种）情况，选 C.

9 » **B.** 因为甲、乙有限制条件，所以按照是否含有甲、乙来分类，有以下四种情况：

①若甲、乙都不参加，则有派遣方案 $C_8^4 4!$ 种；②若甲参加而乙不参加，先安排甲有 3 种

方法，然后安排其余学生有 $C_8^3 3!$ 种方法，所以共有 $3C_8^3 3!$ 种；③若乙参加而甲不参加同理也有 $3C_8^3 3!$ 种；④若甲、乙都参加，则先安排甲、乙，有 7 种方法，然后再安排其余人到另外两个城市有 $C_8^2 2!$ 种，共有 $7C_8^2 2!$ 种方法. 所以不同的方法总数为 4088 种.

10» **B.** 9 本书全部排序，而原来的 6 本相当于没有顺序，所以要消序. 那么总共有 $\dfrac{9!}{6!} = 504$（种）.

11» **C.** 由于工程丁必须在工程丙完成后立即进行，所以将丙、丁打包看成一个对象，总共看成 5 项工程的排序，相当于有甲、乙、（丙、丁）三个对象的定序，故有 $\dfrac{5!}{3!} = 20$（种）不同的排法.

12» **B.** 因为 0 不能在首位，所以先给 0 从第二到第六位选两个位置放入，有 C_5^2 种；再从剩余四个位置中选出两个位置放 2，有 C_4^2 种；剩余 2 个数字可以全排序有 2! 种. 那么根据乘法原理，共有 $C_5^2 \times C_4^2 \times 2! = 120$（种）.

13» **C.** 利用宏观思路：总共吃 8 次就可以吃完，那么从 8 次中挑 4 次吃第一串，再从剩余的 4 次中挑 2 次吃第二串，剩余的就是第三串，则共有 $C_8^4 \times C_4^2 \times C_2^2 = 420$（种）.

14» **A.** 先选 3 人排在第一列有 C_9^3，再从剩下的 6 人中选 3 人排在第二列有 C_6^3，余下 3 人排在第三列有 C_3^3，因此共有 $C_9^3 \cdot C_6^3 \cdot C_3^3 = 1680$（种）排法.

15» **B.** 如图 12 – 3 所示，先选 2 个女生，将这 2 个女生打成 1 个包，并拉成一条直线，此时将包固定，那么剩余 1 个女生只能在 2 号和 3 号中间选 1 个，另外 3 个位置让 3 个男生排序即可，那么总共有 $C_3^2 \times 2! \times C_2^1 \times 3! = 72$（种），选 B.

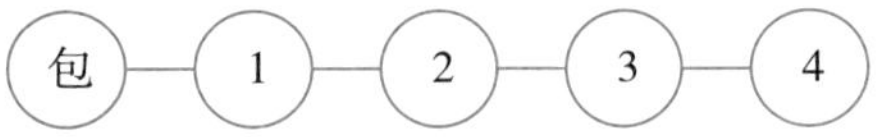

图 12 – 3

16» **C.** 分三步取书得 $C_6^2 C_4^2 C_2^2$ 种方法，但这里出现重复计数的现象，不妨记 6 本书为 *ABCDEF*，若第一步取 *AB*，第二步取 *CD*，第三步取 *EF*，该分法记为（*AB*，*CD*，*EF*），则 $C_6^2 C_4^2 C_2^2$ 中还有（*AB*，*EF*，*CD*），（*CD*，*AB*，*EF*），（*CD*，*EF*，*AB*），（*EF*，*CD*，*AB*），（*EF*，*AB*，*CD*），共有 3! 种取法，而这些分法仅是（*AB*，*CD*，*EF*）一种分法，故共有 $\dfrac{C_6^2 C_4^2 C_2^2}{3!} = 15$（种）分法.

17» **E.** 列举可得，能得到不同三角形的个数有 7 个，选 E.

18» **A.** 列举可得，有实数根的情况数为 19 种，选 A.

19» **D.** 从剩余 6 人中选 1 人放到第二个位置，直接再从剩余 6 人中选 4 人放到其余位置，那么总共有 $C_6^1 \times C_6^4 \times 4! = 2160$（种），选 D.

20 » **B.** 前、后两排共有 23 个座位，有 3 个座位不能坐，故共有 20 个座位两人可以坐，包括两人相邻的情况，共有 $C_{20}^2 \cdot 2!$ 种排法．考虑到两人左右相邻的情况，若两人均坐后排，采用捆绑法，把两人看成一体，共有 $11 \cdot 2!$ 种坐法．若两人坐前排，因中间 3 个座位不能坐，故只能坐左边 4 个或右边 4 个座位，共有 $2 \times 3 \times 2!$ 种坐法，故题目所求的坐法种数共有 $C_{20}^2 \cdot 2! - 11 \cdot 2! - 2 \times 3 \times 2! = 346$（种）．

21 » **B.** 三位数为偶数时，末位必须是 0，2，4．第一类，"0" 在尾数时，有 $C_4^2 \cdot 2! = 12$（种）．第二类，"0" 不在末尾时，则有 $C_2^1 \cdot C_3^1 \cdot C_3^1 = 18$（种）．所以总共有 $12 + 18 = 30$（种）．选 B．

22 » **A.** 能被 3 整除，则三位数的各个位数之和为 3 的倍数，有（0，2，4），（0，4，5），（2，3，4），（3，4，5）这 4 种，那么共有 $(C_2^1 \times 2! + 3!) \times 2 = 20$（种）情况，选 A．

23 » **A.** 由已知，此四位数的末位只能是 0 或 5，且 0 不能在首位，故 0，5 为特殊元素，而且二者中至少要选一个．根据题意，可分三类：有 5 无 0，不同的四位数有 $C_3^1 C_4^1 3!$ 个；有 0 无 5，不同的四位数有 $C_3^2 C_4^1 3!$ 个；0，5 同时存在，当 0 在末位时，不同的四位数有 $C_3^1 C_4^1 3!$ 个，当 5 在末位时，不同的四位数有 $C_3^1 C_4^1 C_2^1 2!$ 个．所以满足条件的不同的四位数共有 $C_3^1 C_4^2 3! + C_3^2 C_4^1 3! + C_3^1 C_4^1 (3! + C_2^1 2!) = 300$（个）．

24 » **B.** 首先对事件中的元素分类，1 ~ 30 中有些数除以 3 余 1（如图 12 - 4a），记为集合 A，有些除以 3 余 2（如图 12 - 4b），记为集合 B，有些能被 3 整除（如图 12 - 4c），记为集合 C．所以从 A 或 B 或 C 中取 3 个数相加一定符合题意；另外从三个集合中分别取一个数相加，也符合题意．

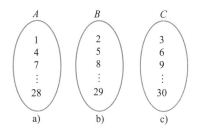

图 12 - 4

则有 $C_{10}^3 + C_{10}^3 + C_{10}^3 + C_{10}^1 C_{10}^1 C_{10}^1 = 1360$（种）选法．

25 » **B.** 对个位是 0 和个位不是 0 两类情形分类计数；对每一类情形按 "个位 - 最高位 - 中间三位" 分步计数：①个位是 0 且比 20000 大的五位偶数有 $1 \times 4 \times C_4^3 \cdot 3! = 96$（个）；②个位不是 0 且比 20000 大的五位偶数有 $2 \times 3 \times C_4^3 \cdot 3! = 144$（个）．故共有 $96 + 144 = 240$（个）．

26 » **C.** 先让 4 名学生全排列，从他们之间的 3 个空位中（不包括两端）选一个位置给两位教师，再考虑教师全排列，所以有 $4! C_3^1 2! = 144$（种）排法．

27 » **C.** 假定 8 盏灯还未安装，要求 5 盏灯是亮着的，3 盏灯不亮，这样原问题就等价于：将 5 盏亮着的灯与 3 盏不亮的灯排成一排，使 3 盏不亮的灯不相邻（灯是相同的）．5 盏亮着的灯之间产生 6 个间隔（包括两边），从中插入 3 盏不亮的灯作为熄灭的灯——就是我们经常解决的 "相邻与不相邻" 问题，采用 "插空法"，得其答案为 $C_6^3 = 20$（种）．

28» C. 先从 4 个偶数中选出 2 个偶数放在 1 与 5 之间，并将这四个数捆绑打包，共有 $C_4^2 \cdot 2! \cdot 2!$ 种方法；再将这个包看成一个整体，与剩下两个偶数进行全排列，有 $3!$ 种；最后把 3，7，9 三个奇数插入到上面的四个空位中，有 $C_4^3 \cdot 3!$ 种. 根据分步计数乘法原理共有 $C_4^2 \cdot 2! \cdot 2! \cdot 3! \cdot C_4^3 \cdot 3! = 2 \times 12^3$ （种）排法.

29» B. 先将 5 个男生排好，有 $5!$ 种；再将女生插入到他们之间的空位中，女生只能选前 5 个空位或后 5 个空位，所以有 $2 \cdot 5!$ 种；根据分步计数的乘法原理，共有 $2 \cdot 5! \cdot 5! = 2(5!)^2$ （种）排法.

30» C. 五个人排成一排，其中甲、乙不相邻且甲、丙也不相邻的排法可分为两类：一类是甲、乙、丙互不相邻，此类方法有 $2! \cdot 3! = 12$ （种）（先把除甲、乙、丙外的两个人排好，有 $2!$ 种方法，再把甲、乙、丙插入其中，有 $3!$ 种方法，因此有 $2! \cdot 3! = 12$ （种））；另一类是乙、丙相邻但不与甲相邻，此类方法有 $C_3^2 2! \cdot 2! \cdot 2! = 24$ （种）方法（先把除甲、乙、丙外的两人排好，有 $2!$ 种方法，再从这两人所形成的三个空位中任选 2 个，作为甲和乙、丙的位置，此类方法有 $C_3^2 2! \cdot 2! \cdot 2! = 24$ （种））. 综上所述，满足题意的方法种数共有 $12 + 24 = 36$，选 C.

31» C. 将 3 枪连中的捆绑在一起，由于命中的情况是没有区别的，不用排序；再将 4 枪没有命中的排好，由于未命中的情况也是没有区别的，不用排序；最后将 3 枪命中的捆绑与 1 枪命中插入未命中的 4 枪组成的 5 个空位中，故有 $C_5^2 \cdot 2! = 20$ （种）排法.

32» E. 先将 3 名男生捆绑在一起，有 $C_4^3 3!$ 种；再将 4 名女生排好，有 $4!$ 种；最后将 3 名男生的捆绑与 1 名男生看成两个对象，插入女生组成的 5 个空位中，有 $C_5^2 \cdot 2!$ 种；根据分步计数的乘法原理，共有 $C_4^3 3! 4! C_5^2 \cdot 2! = 11520$ （种）排法.

33» E. 每个人总共有 $C_4^0 + C_4^1 + C_4^2 + C_4^3 = 15$ （种）旅游方法，那么 3 人总共有 15^3 种方法.

34» C. 某 7 层大楼一楼电梯上来乘客，每人有 6 个楼层可选择（一层除外），共有 6^7 种不同的方法.

35» D. 从 5 个球中取出 2 个与盒子对号有 C_5^2 种，还剩下 3 球 3 盒序号不能对应，利用实际操作法，如图 12-5 所示，假设剩下 3，4，5 号球，3，4，5 号盒，当 3 号球投入 4 号盒时，则 4，5 号球有且只有 1 种投法.

5	3	4
3号盒	4号盒	5号盒

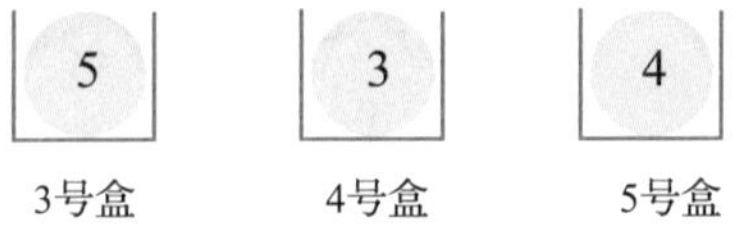

图 12-5

同理，当 3 号球投入 5 号盒时，4，5 号球有且只有 1 种投法. 由分步计数乘法原理有 $2C_5^2$ 种投法.

36» D. 从 10 个球中取出 6 个与盒子对号有 C_{10}^6 种，还剩下 4 球与 4 盒序号不能对应，利用结论，4 个元素不对号有 9 种方法，由分步计数乘法原理有 $9C_{10}^6 = 1890$ （种）.

37 $\gg$ （1）A. $\dfrac{C_6^2 \cdot C_4^2 \cdot C_2^2}{3!} \cdot 3! = 90$（种），选 A.

（2）B. $C_6^4 \cdot C_2^1 = 30$（种）. 选 B.

（3）D. $C_6^3 \cdot C_3^2 \cdot C_1^1 \cdot 3! = 360$（种），选 D.

38 $\gg$ E. 每个学生至少一本，则只能是 2，1，1，1 本. 因为对象是人，所以对象不同要分配. 根据题意有 $C_5^2 \cdot 4! = 240$（种），选 E.

39 $\gg$ B. 3 个老同事不能同组，则必然是被分为 2，1 两组. 本题只分组，不涉及分配，所以不要乘以 2!. 两组当中的老同事的数量为 2 和 1，所以总共有 C_3^2 种. 剩余 5 个人的分组方案有 C_5^3 种，则总共有 $C_3^2 \cdot C_5^3 = 30$（种），选 B.

40 $\gg$ B. 两个队名不一样，所以先分组之后不要忘记分配. 根据题意：丙丁不同组，所以有 2! 种. 甲、乙同组，所以有 C_2^2 种方法. 目前有一个队伍中已经有了 3 个人，所以只需要再从这剩下的 4 个人中，选出 1 个人进行配对即可，有 C_4^1 种，所以总数为 $2! \cdot C_2^2 \cdot C_4^1 = 16$（种），选 B.

41 $\gg$ E. 根据题意，分成两类. 第一类，考虑甲乙都来自 2 人组：第一步，从其余 5 人中选 3 人到 1 个小组，有 C_5^3 种；第二步，剩余 2 个人分别分配到甲乙各自所在的 2 人组，有 2! 种. 利用乘法原理，共有 $C_5^3 \times 2! = 20$（种）.

第二类，考虑甲乙一人来自 3 人组另外一人来自 2 人组：第一步，剔除甲、乙，剩余 5 人应按照 2，2，1 进行分组，有 $\dfrac{C_5^2 C_3^2 C_1^1}{2!}$ 种；第二步，从甲乙选 1 人进入 1 个 2 人组，另外 1 人必须进入 1 人组，有 $C_2^1 C_2^1 C_1^1$ 种；根据乘法原理，共有 $\dfrac{C_5^2 C_3^2 C_1^1}{2!} \times C_2^1 C_2^1 C_1^1 = 60$（种）；

综上所述，利用加法原理，总共有 $20 + 60 = 80$（种）方法.

42 $\gg$ C. 根据题意，可以分成两类.

第一类，甲乙在三人组中，选 1 个人给甲乙组（此人不能是丙），有 C_4^1 种；再考虑丙在两人组，要选 1 人给丙组成两人组，有 C_3^1 种；剩下 2 人在一组，有 1 种方法，根据乘法原理，共有 $C_4^1 \times C_3^1 \times C_2^2 = 12$（种）；

第二类，甲乙在两人组，有 1 种情况；丙可能在三人组，也可能在两人组：若丙在三人组，需要从剩余 4 人中选 2 人给丙组成一个小组；若丙在两人组，需要从剩余 4 人中选 1 人给丙组成一个小组；不论哪种情况，最后剩余的人都在 1 个小组，有 1 种；故共有 $1 \times (C_4^2 \times C_2^2 + C_4^1 \times C_3^3) = 10$（种）.

综上所述，根据加法原理，共有 $12 + 10 = 22$（种）方法.

43 $\gg$ D. 根据题干，三组分为：3 男，2 男 1 女，1 男 2 女. 先将男生按照 3，2，1 进行分组，有 $C_6^3 C_3^2 C_1^1$ 种；再从 3 个女生中选 1 人进入 2 个男生的小组，另外 2 个女生进入只有 1 个男生的小组，有 $C_3^1 C_2^2$ 种. 根据乘法原理，共有 $C_6^3 C_3^2 C_1^1 \times C_3^1 C_2^2 = 180$（种）.

44 » **A.** 建立隔板模型：将 12 个完全相同的球排成一排，在它们之间形成的 11 个间隙中任意插入 3 块隔板，把球分成 4 堆，每一种分法所得 4 堆球的各堆球的数目，对应为 a，b，c，d 的一组正整数解，故原方程的正整数解的组数共有 $C_{11}^3 = 165$（种）.

45 » **C.** 注意到配成一双的鞋子只能从成双的鞋子中选取，故问题可以分成两类. 一类是只配成一双的情况，可分成两步：先选取成双的情况，有 5 种选法，再选取另两只，有 $C_4^2 C_2^1 C_2^1 = 24$（种），根据乘法原理，得 120 种. 另外一类是 4 只成两双的情况，有 $C_5^2 = 10$（种）. 所以根据加法原理得取法总数为 130.

46 » **E.** 由题设知，其中有 1 人既善打前锋，又善打后卫，则只善打前锋的有 6 人，只善打后卫的有 2 人，如表 12-1 所列.

表 12-1

不同选法	6 人只善打前锋	2 人只善打后卫	1 人既善打前锋又善打后卫	结果
	3	2	—	$C_6^3 \cdot 3! \cdot 2!$
	3	1	1（卫）	$C_6^3 \cdot 3! \cdot C_2^1 \cdot 2!$
	2	2	1（锋）	$C_6^2 \cdot 3! \cdot 2!$

由表 12-1 知，共有 $C_6^3 \cdot 3! \cdot 2! + C_6^3 \cdot 3! \cdot C_2^1 \cdot 2! + C_6^2 \cdot 3! \cdot 2! = 900$（种）方法.

47 » **E.** 10 名演员中有 5 人只会唱歌，2 人只会跳舞，3 人为全能演员. 以选上唱歌人员为标准进行研究：只会唱的 5 人中没有人选上唱歌人员共有 $C_3^2 C_3^2$ 种，只会唱的 5 人中只有 1 人选上唱歌人员有 $C_5^1 C_3^1 C_4^2$ 种，只会唱的 5 人中有 2 人选上唱歌人员有 $C_5^2 C_5^2$ 种，由分类计数原理共有 $C_3^2 C_3^2 + C_5^1 C_3^1 C_4^2 + C_5^2 C_5^2 = 199$（种）.

48 » **E.** 分为三类：第一类是只用两种颜色，则为 $C_6^2 \cdot 2! = 30$（种）；

第二类是用三种颜色，则为 $C_6^2 \cdot 2! \cdot C_4^1 \cdot C_2^1 = 240$（种）；

第三类是用四种颜色，则为 $C_6^4 \cdot 4! = 360$（种）. 故共计为 630 种.

49 » **D.** $C_5^1 [(4-1)^4 + (4-1) \times (-1)^4] = 420$，选 D.

50 » **B.** 将问题退化成 9 人排成 3×3 方阵，现从中选 3 人，要求 3 人不在同一行也不在同一列，如图 12-6 所示，这样每行必有 1 人. 从其中的一行中选取 1 人后，把这人所在的行列都划掉，如此继续下去. 从 3×3 方队中选 3 人的方法有 $C_3^1 C_2^1 C_1^1$ 种. 再从 5×5 方阵选出 3×3 方阵便可解决问题. 从 5×5 方阵中选取 3 行 3 列有 $C_5^3 C_5^3$ 种选法，所以从 5×5 方阵选不在同一行也不在同一列的 3 人有 $C_5^3 C_5^3 C_3^1 C_2^1 C_1^1 = 600$（种）选法.

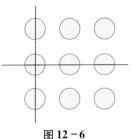

图 12-6

51 » **C.** 根据题干，先保证三色齐全，再从每种颜色中取字母. 得到的情况数如表 12-2 所列.

表 12 - 2

红	1	1	1	2	2	3
黄	1	2	3	1	2	1
蓝	3	2	1	2	1	1
取法	$C_5^1 C_4^1$	$C_5^1 C_4^2$	$C_5^1 C_4^3$	$C_5^2 C_3^1$	$C_5^2 C_3^2$	$C_5^3 C_2^1$

从而可知，共有 $C_5^1 C_4^1 + C_5^1 C_4^2 + C_5^1 C_4^3 + C_5^2 C_3^1 + C_5^2 C_3^2 + C_5^3 C_2^1 = 150$（种）不同的取法.

第二节　顿悟练习

1. 由数字 0，1，2，3，4，5 可以组成无重复数字且奇偶数字相间的六位数的个数有（　　）.

　A. 72　　　　B. 60　　　　C. 48　　　　D. 52　　　　E. 36

2. 不同的五种商品在货架上排成一排，其中甲、乙必须排在一起，丙、丁不能排在一起，则不同的排法种数为（　　）.

　A. 12　　　　B. 20　　　　C. 24　　　　D. 48　　　　E. 60

3. 5 人站成一排，其中 A 不在左端也不和 B 相邻的排法种数为（　　）.

　A. 48　　　　B. 54　　　　C. 60　　　　D. 66　　　　E. 80

4. 4 名学生和 2 名教师排成一排照相，两位教师不能在两端且要相邻的排法种数为（　　）.

　A. 72　　　　B. 108　　　　C. 144　　　　D. 288　　　　E. 320

5. A，B，C，D，E 五人站成一排，如果 A，B 必须相邻且 B 在 A 的右边，那么不同的排法数为（　　）.

　A. 60　　　　B. 48　　　　C. 36　　　　D. 24　　　　E. 28

6. 有 6 个座位连成一排，安排 3 人就座，恰有两个空位相邻的不同坐法有（　　）.

　A. 36 种　　　B. 48 种　　　C. 72 种　　　D. 96 种　　　E. 38 种

7. 有 8 个不同元素排成两排，每排 4 个元素，其中 a，b 不可以相邻和相对，则不同排法种数是（　　）.

　A. 25780　　B. 25920　　C. 26780　　D. 26920　　E. 26580

8. 标号为 1，2，3，4 的红球与标号为 1，2 的白球排成一排，要求每个白球的两边都有红球，且要求 2 号白球与 4 号红球排在一起，不同的排法种数为（　　）.

　A. 66　　　　B. 72　　　　C. 78　　　　D. 65　　　　E. 74

9. 有红、黄、蓝三种颜色的球各 7 个，每种颜色的 7 个球分别标有数字 1，2，3，4，5，6，7，从中任取 3 个标号不同的球，这 3 个球颜色互不相同且所标数字互不相邻的取法种数为（　　）.

　A. 50　　　　B. 60　　　　C. 70　　　　D. 80　　　　E. 90

10. 现有 30 块相同的糖，分给 6 个小朋友.

（1）每人至少分 1 块，分法种数为（　　）.

A. C_{29}^4　　　　B. C_{29}^5　　　　C. C_{29}^6　　　　D. C_{30}^5　　　　E. C_{30}^6

（2）每人至少分 2 块，分法种数为（　　）.

A. C_{23}^4　　　　B. C_{23}^5　　　　C. C_{24}^6　　　　D. C_{24}^5　　　　E. C_{23}^6

11. 将 20 个相同的小球放入编号分别为 1，2，3，4 的四个盒子中，要求每个盒子中的小球数量不少于它的编号数，则不同的放法种数为（　　）.

A. 280　　　　B. 286　　　　C. 292　　　　D. 298　　　　E. 300

12. 某外商计划在 4 个候选城市投资 3 个不同的项目，且在同一个城市投资的项目不超过 2 个，则该外商不同的投资方案有（　　）.

A. 16 种　　　B. 36 种　　　C. 42 种　　　D. 60 种　　　E. 72 种

13. 从 5 位男教师和 4 位女教师中选出 3 位教师，派到 3 个班担任班主任（每班 1 位班主任），要求这 3 位班主任中男、女教师都要有，则不同的选派方案共有（　　）.

A. 210 种　　B. 420 种　　C. 630 种　　D. 840 种　　E. 960 种

14. 从 5 名团委中选出 3 名，分别担任团支部书记、宣传委员和组织委员，其中甲、乙二人不能担任宣传委员，则不同的选法共有（　　）.

A. 24 种　　B. 36 种　　C. 32 种　　D. 30 种　　E. 26 种

15. 平面上有 10 个点，有且只有 4 点在一条直线上，其他任意 3 点不共线，组成不同的三角形有（　　）.

A. 106 个　　B. 116 个　　C. 126 个　　D. 136 个　　E. 146 个

16. 在 10 件产品中，有 3 件次品，现在从中任意抽出 4 件，其中至少有 2 件次品的抽法有（　　）.

A. 66 种　　B. 70 种　　C. 72 种　　D. 76 种　　E. 80 种

17. 有甲、乙、丙三项任务，甲需 2 人承担，乙、丙各需 1 人承担，从 10 人中选出 4 人承担这三项任务，不同的选法种数是（　　）.

A. 1260　　B. 2025　　C. 2520　　D. 5040　　E. 2880

18. 用 1，2，3，4，5，6 这六个数字可组成无重复数字且不能被 5 整除的五位数，则不同的选法种数是（　　）.

A. 500　　B. 600　　C. 700　　D. 800　　E. 900

19. 从黄瓜、白菜、油菜、扁豆 4 种蔬菜品种中选出 3 种，分别种在不同土质的三块土地上，其中黄瓜必须种植，不同的种植方法共有（　　）.

A. 16 种　　B. 18 种　　C. 21 种　　D. 15 种　　E. 24 种

20. 某交通岗共有 3 人，从周一到周日的七天中，每天安排一人值班，每人至少值 2 天，其不同的排法共有（　　）.

A. 5040 种　　B. 1260 种　　C. 210 种　　D. 630 种　　E. 480 种

21. 高三年级的三个班到甲、乙、丙、丁四个工厂进行社会实践，其中甲工厂必须有班级去，其他可自由选择，则不同的分配方案有（　　）.

A. 16 种　　B. 18 种　　C. 37 种　　D. 48 种　　E. 80 种

22. 6 个身高不同的人分成 2 排，每排 3 人，每排从左到右，由低到高，且后排的人比他身前的人高，则排法种数是(　　　).

    A. 4　　　　　　B. 5　　　　　　C. 3　　　　　　D. 6　　　　　　E. 7

23. 甲、乙两人从 4 门课程中各选修 2 门，则甲、乙所选的课程中恰有 1 门相同的选法有(　　　).

    A. 48 种　　　　B. 12 种　　　　C. 24 种　　　　D. 30 种　　　　E. 80 种

24. 甲组有 5 名男同学，3 名女同学；乙组有 6 名男同学，2 名女同学. 若从甲、乙两组中各选出 2 名同学，则选出的 4 人中恰有 1 名女同学的不同选法共有(　　　).

    A. 150 种　　　B. 180 种　　　C. 300 种　　　D. 345 种　　　E. 380 种

25. 从 5 名男医生，4 名女医生中选 3 名医生组成一个医疗小分队，要求其中男、女医生都有，则不同的组队方案共有(　　　).

    A. 70 种　　　　B. 80 种　　　　C. 100 种　　　D. 140 种　　　E. 90 种

26. 从 5 名志愿者中选派 4 人在星期五、星期六、星期日参加公益活动，每人一天，要求星期五有一人参加，星期六有两人参加，星期日有一人参加，则不同的选派方法有(　　　).

    A. 120 种　　　B. 96 种　　　　C. 60 种　　　　D. 48 种　　　　E. 80 种

27. 政府召集 5 家企业的负责人开会，其中甲企业有 2 人到会，其余 4 家企业各有 1 人到会，会上有 3 人发言，则这 3 人来自 3 家不同企业的可能情况的种数为(　　　).

    A. 14　　　　　B. 16　　　　　C. 20　　　　　D. 12　　　　　E. 18

28. 从 10 名大学毕业生中选 3 个人担任村主任助理，则甲、乙至少有 1 人入选，而丙没有入选的不同选法的种数为(　　　).

    A. 85　　　　　B. 56　　　　　C. 49　　　　　D. 28　　　　　E. 80

29. 移动公司推出一组手机卡号码，卡号的前七位数字固定，从“××××××0000”到“××××××9999”共 10000 个号码. 公司规定：凡卡号的后四位带有数字“4”或“7”的一律作为“优惠卡”，则这组号码中“优惠卡”的个数为(　　　).

    A. 200　　　　　B. 4096　　　　C. 5904　　　　D. 8320　　　　E. 6880

30. 在一块并排 10 垄的田地中，选择 2 垄分别种植 A，B 两种作物，每种作物种植一垄. 为有利于生长，要求 A，B 两种作物的间隔不小于 6 垄，则不同的选垄方法种数为(　　　).

    A. 8　　　　　　B. 12　　　　　C. 16　　　　　D. 15　　　　　E. 10

31. 有 11 名翻译人员，其中 5 名英语翻译员，4 名日语翻译员，另 2 人英语、日语都精通. 从中找出 8 人，使他们组成两个翻译小组，其中 4 人翻译英文，另 4 人翻译日文，这两个小组能同时工作. 则这样的分配名单共可开出(　　　).

    A. 168 张　　　B. 185 张　　　C. 183 张　　　D. 178 张　　　E. 188 张

32. 某外语组有 9 人，每人至少会英语和日语中的一门，其中 7 人会英语，3 人会日语，从中选出会英语和日语各 1 人，则不同的选法种数是(　　　).

    A. 18　　　　　B. 20　　　　　C. 16　　　　　D. 22　　　　　E. 24

33. 从编号 1，2，3，4，5，6 的六个小球中任取 4 个，放在标号为 A，B，C，D 的四个盒子中，每盒一球，且 2 号球不能放在 B 中，4 号球不能放在 D 中，则不同放法的种数是(　　　).

A. 96　　　　　B. 180　　　　　C. 252　　　　　D. 280　　　　　E. 290

34. 把同一排6张座位编号为1，2，3，4，5，6的电影票全部分给4个人，每人至少1张，至多2张，且这两张票具有连续的编号，那么不同的分法种数是(　　　).

A. 168　　　　　B. 96　　　　　C. 72　　　　　D. 144　　　　　E. 188

35. 5名乒乓球队员中，有2名老队员和3名新队员，现从中选出3名队员排成1，2，3号参加团体比赛，则入选的3名队员中至少有1名老队员，且1，2号中至少有1名新队员的排法种数是(　　　).

A. 48　　　　　B. 36　　　　　C. 43　　　　　D. 50　　　　　E. 80

36. 在由数字1，2，3，4，5组成的所有没有重复数字的五位数中，大于23145且小于43521的数共有(　　　).

A. 56 个　　　　B. 57 个　　　　C. 58 个　　　　D. 60 个　　　　E. 80 个

37. 球队的10名队员中有3名主力队员．现派5名队员参加比赛，3名主力队员要安排在第一、三、五位置，其余7名队员选2名安排在第二、四位置，不同的出场安排共有(　　　).

A. 256 种　　　B. 252 种　　　C. 118 种　　　D. 238 种　　　E. 280 种

38. 将标号为1，2，…，10的10个小球放入标号为1，2，…，10的10个盒子内，每个盒内放一个球．则恰好有3个球的标号与其所在盒子的标号不一致的放入的方法共有(　　　).

A. 120 种　　　B. 240 种　　　C. 260 种　　　D. 220 种　　　E. 80 种

39. 将9个人（含甲、乙）平均分成三组，甲、乙分在同一组，则不同分组方法的种数为(　　　).

A. 70　　　　　B. 140　　　　C. 280　　　　D. 840　　　　E. 1680

40. 8本不同的书，按照以下要求分配，各有多少种不同的分法.

(1) 平均分给甲、乙、丙、丁四人. (　　　)

A. 2500　　　　B. 2520　　　　C. 2540　　　　D. 2560　　　　E. 2580

(2) 给三人一人4本，一人2本，一人2本. (　　　)

A. 1240　　　　B. 1160　　　　C. 1280　　　　D. 1300　　　　E. 1260

41. 6名旅客安排在3个房间，每个房间至少安排一名旅客，则安排方法种数是(　　　).

A. 420　　　　　B. 510　　　　C. 520　　　　D. 530　　　　E. 540

42. 7个人参加义务劳动，按下列方法分组有多少种不同的分法.

(1) 分成三组，分别为1人、2人、4人. (　　　)

A. 100　　　　　B. 105　　　　C. 110　　　　D. 115　　　　E. 120

(2) 选出5个人再分成两组，一组2人，另一组3人. (　　　)

A. 200　　　　　B. 230　　　　C. 220　　　　D. 210　　　　E. 240

43. 将9个人（含甲、乙）平均分成三组，甲、乙分在不同组，则不同分组方法的种数为(　　　).

A. 220　　　　　B. 240　　　　C. 420　　　　D. 210　　　　E. 180

44. 某校从8名教师中选派4名教师同时去4个边远地区支教（每地1人），其中甲和乙不同去，甲和丙只能同去或同不去，则不同的选派方案共有(　　　).

  A. 480 种   B. 400 种   C. 430 种   D. 500 种   E. 600 种

45. 将 9 本不同的书分成 3 堆.

  (1) ①每堆 3 本，则不同的分法种数是(　　　).

  A. 260   B. 280   C. 300   D. 320   E. 340

  ②若分给三人，每人 3 本，则不同分法种数是(　　　).

  A. 1660   B. 1680   C. 1700   D. 1720   E. 1740

  (2) 一堆 5 本，其余两堆各 2 本，若分给甲、乙、丙 3 人.

  ①每人拿一堆，则不同的分法种数是(　　　).

  A. 2260   B. 2268   C. 2420   D. 2210   E. 2180

  ②若甲得 5 本，乙与丙各得 2 本，不同的分法种数是(　　　).

  A. 753   B. 756   C. 767   D. 763   E. 758

  (3) 如果一堆 4 本、一堆 3 本、一堆 2 本，不同的分法种数是(　　　).

  A. 1200   B. 1160   C. 1420   D. 1210   E. 1260

46. 从 0，1，2，3，4 中每次取出不同的三个数字组成三位数，那么这些三位数的个位数字之和为(　　　).

  A. 80   B. 90   C. 110   D. 120   E. 150

47. AB 和 CD 为平面内两条相交直线，AB 上有 m 个点，CD 上有 n 个点，且两直线上各有一点与交点重合，则以这 $m+n-1$ 个点为顶点的三角形的个数是(　　　).

  A. $C_m^1 C_n^2 + C_n^1 C_m^2$ B. $C_{n-1}^1 C_m^2 + C_m^1 C_n^2$ C. $C_{m-1}^1 C_n^1 + C_m^1 C_n^2$

  D. $C_{m-1}^1 C_n^2 + C_{n-1}^1 C_{m-1}^2$ E. $C_{m-1}^1 C_n^2 + C_m^1 C_{n-1}^2$

48. 由数字 1，2，3 组成五位数，要求这个五位数中 1，2，3 至少各出现一次，那么这样的五位数共有(　　　).

  A. 60 个   B. 90 个   C. 150 个   D. 240 个   E. 540 个

49. 某种产品有 4 只次品和 6 只正品，每只产品均不相同且可区分. 今每次取出一只测试，直到 4 只次品全部测出为止. 则最后一只次品恰好在第五次测试时被发现的不同的情况种数是(　　　).

  A. 24   B. 144   C. 576   D. 720   E. 856

50. 有 5 名男教师，4 名女教师，高矮各不相同，现坐成一排照相，要求男、女教师分别相邻而坐，女教师必须从左向右从矮到高排列，则排法种数是(　　　).

  A. 9!   B. 4!5!   C. 5!$C_6^1$4!   D. 5!   E. 2!5!

51. 文艺团体下基层宣传演出，准备的节目表中原有 4 个歌舞节目，如果保持这些节目的相对顺序不变，拟再添 2 个小品节目，则不同的排列方法数是(　　　).

  A. 20   B. 30   C. 26   D. 24   E. 28

52. 将三封信投入 4 个信箱，则在下列两种情形下投法种数为

  (1) 每个信箱至多只许投入一封信.　(　　　)

  A. 22   B. 24   C. 26   D. 28   E. 30

  (2) 每个信箱允许投入的信的数量不受限制.　(　　　)

A. 60   B. 64   C. 68   D. 72   E. 76

53. 运动会上有四项比赛的冠军将在甲、乙、丙三人中产生，不同的夺冠情况共有(   ).

A. $C_4^3 \cdot 3!$ 种   B. 4^3 种   C. 3^4 种   D. C_4^3 种   E. $4!$ 种

54. 4 个不同的小球放入甲、乙、丙、丁 4 个盒中，恰有一个空盒的放法种数是(   ).

A. $C_4^1 C_4^2$ B. $C_4^3 \cdot 3!$ C. $C_4^1 \cdot 4!$ D. $C_4^3 C_3^1$ E. $C_4^3 C_4^2 \cdot 3!$

55. 10 封不同的信，投到 3 个相同的邮筒中，若一个邮筒里投 2 封信，另外两个邮筒各投 4 封信，不同的投法种数是(   ).

A. $C_{10}^4 C_6^4 C_2^2$ B. $C_{10}^4 C_6^4 C_2^2 \cdot 3!$ C. $\dfrac{C_{10}^4 C_6^4 C_2^2}{3!}$ D. $\dfrac{C_{10}^4 C_6^4 C_2^2}{2!}$ E. $C_{10}^4 C_6^4 C_2^2 \cdot 2!$

56. 如图 12 – 7 所示，一个地区分为 5 个行政区域，现给地图着色，要求相邻区域不得使用同一颜色，现有 4 种颜色可供选择，则不同的着色方法有(   ).

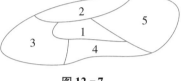

图 12 – 7

A. 72 种   B. 78 种   C. 76 种

D. 86 种   E. 64 种

57. 4 种不同的颜色涂在如图 12 – 8 所示的 6 个区域，且相邻两个区域不能同色的方法有(   ).

A. 110 种   B. 120 种   C. 100 种

D. 90 种   E. 130 种

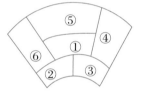

58. 将 3 种作物种植在一排的 5 块试验田里，每块种植一种作物且相邻的试验田不能种植同一作物，不同的种植方法种数是(   ).

图 12 – 8

A. 42   B. 48   C. 52   D. 66   E. 38

59. 从 6 人中选出 4 人分别到巴黎、伦敦、悉尼、莫斯科四个城市游览，不同的选择方案共有 240 种.

（1）要求每个城市有一人游览，每人只游览一个城市.

（2）这 6 人中甲、乙两人不去巴黎游览.

60. 不同的分配方案共有 36 种.

（1）4 名教师分配到 3 所中学任教，每所中学至少 1 名教师.

（2）3 名教师分配到 4 所中学任教，每所中学至多 1 名教师，且教师都必须分出去.

61. $N = 144$.

（1）四个不同的小球放入编号为 1，2，3，4 的四个盒中，恰有一个空盒的放法为 N 种.

（2）四个不同的小球放入编号为 1，2，3，4 的四个盒中，恰有一个盒中放两个小球的放法为 N 种.

62. $p = 1 - \dfrac{C_{365}^{30} \cdot 30!}{365^{30}}$.

（1）某班 30 名同学，一年按 365 天计算，至少有两人生日在同一天的概率为 p.

（2）某班 30 名同学，一年按 365 天计算，恰有两人生日在同一天的概率为 p.

63. 用四种颜色对下列各图的 A，B，C，D，E 五个区域染色，要求相邻的区域染不同的颜色，则共有 72 种不同的染法.

（1）图形如图 12 - 9 所示.　　　　（2）图形如图 12 - 10 所示.

图 12 - 9

图 12 - 10

顿悟练习解析

1»B. 首位是奇数或偶数有 2 种情况，3 个奇数和 3 个偶数分别有 3! 种排法，减去 0 排首位的情况，所以有 $2 \cdot 3! \cdot 3! - 2! \cdot 3! = 60$（种）.

2»C. 甲、乙在一起可调换位置，有 2! 种排法，把甲、乙看作一个整体，与最后一种商品排列有 2! 种排法，因为甲、乙被看作一个整体，所以在已排好的两个位置中构成 3 个空位，丙、丁用插空法，则有 $C_3^2 \cdot 2!$ 种方法，所以有 $2! \cdot 2! \cdot C_3^2 \cdot 2! = 24$（种）排法.

3»B. 分两种情况.（1）B 在左端有 $C_3^1 3!$ 种；（2）B 不在左端有 $C_3^1 2! C_3^2 2!$ 种，则共有 $C_3^1 3! + C_3^1 2! C_3^2 2! = 54$（种）.

4»C. 先让 4 名学生全排列，从他们之间的 3 个空位中（不包括两端）选一个位置给两位教师，再考虑教师全排列，所以有 $4! C_3^1 2! = 144$（种）排法.

5»D. 把 A，B 视为一人，且 B 固定在 A 的右边，则本题相当于 4 人的全排列，即共有 $4! = 24$（种）.

6»C. 先让 3 个人坐好，有 3! 种；此时剩下三个空位，将 2 个打包，与另一个空位插空，共有 $3! C_4^2 2! = 72$（种）.

7»B. 首先把 a，b 两个元素安排好，其他的元素就可以随着排列，但此题仍然需要分类.
第一类情况：a 在 4 个角位的任一个，则 b 可以排的位置如图 12 - 11 所示的空白格.
a 在四个角上的情况都相同，所以有 $C_4^1 \cdot C_5^1 \cdot 6!$ 种方案.
第二类情况：a 在除 4 个角位的任一个位置，则 b 可以排的位置如图 12 - 12 所示的空白格. 这时有 $C_4^1 \cdot C_4^1 \cdot 6!$ 种方案. 所以共有 $C_4^1 \cdot C_5^1 \cdot 6! + C_4^1 \cdot C_4^1 \cdot 6! = 25920$（种）排法.

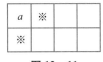

图 12 - 11

图 12 - 12

8»B. 首先首尾只能是红球. 本题采用分类法，分成两类进行分析：首尾不包含红球 4 和首尾有红球 4.
第一类用插空法求解. 1，2，3 三个红球排好后，有 $3 \times 2 = 6$（种）排法，此时中间就有

了两个空，剩下的三个球可以以 8 种组态插入到这两个空里. 故此类种数为 $6 \times 8 = 48$.

第二类用对称法求解. 红 4 在首和红 4 在尾的排列总数是相等的. 红 4 在首，则下个球必定为白 2，再下个球为红球，且尾部的球必为红球. 这样，只需将 1，2，3 三个红球全排列，从其中间形成的两个空位中选一个空位将白 1 插入即可，得到的排列种数为 12. 同理，红 4 在尾也为 12，则此类种数为 24.

故总种数为 $48 + 24 = 72$.

9 » **B.** 先考虑数字：1，2，3，4，5，6，7 里面取 3 个不相邻的数字. 设最小的数字为 1，则有 $3 + 2 + 1 = 6$（种）选择；最小的数字为 2，则有 $2 + 1 = 3$（种）选择；最小的数字为 3，则有 1 种选择；当最小数字大于等于 4 时，就不可能实现了. 一共有 10 种可能性.

按下来考虑这 3 个球的颜色，也就是 3 个球的全排列：$3! = 6$.

所以本题一共有 $6 \times 10 = 60$（种）取法.

10 »（1）**B.** 将 30 块糖排成一排，在中间的 29 个空位中插入 5 块隔板，就可以将其分为 6 份，分别给 6 个小朋友，故有 C_{29}^5 种分法.

（2）**B.** 若要使每人至少分 2 块糖，先让每个小朋友取一块糖，那么还剩下 24 块糖，然后每人再至少分 1 块就可以了，故有 C_{23}^5 种分法.

11 » **B.** 第一步，先在编号 1，2，3，4 的四个盒子内分别放 1，2，3，4 个球，有 1 种放法；第二步，把剩下的 10 个相同的球放入编号为 1，2，3，4 的盒子里，其中有的盒子可以不用放，有 $C_{13}^3 = 286$（种）放法.

12 » **D.** 所有的投资方案减去同一个城市投资的项目超过 2 个的投资方案即为所求，即有 $4^3 - 4 = 60$（种）不同的投资方案.

13 » **B.** 从反面思考，有 $(C_9^3 - C_5^3 - C_4^3)3! = 420$（种）.

14 » **B.** 采用分步法. 先把宣传委员选定 C_3^1，再选定团支部书记、组织委员 $C_4^2 2!$，最后所有的种类数为：$C_3^1 C_4^2 2! = 36$.

15 » **B.** 因为共线的 4 点不能组成三角形，分为一类；其他 6 个点分为一类. 组成三角形的可能为：①共线 4 点中的两点，线外一点；②共线 4 点中的一点，线外两点；③其他 6 点中的任意 3 点. 所以，答案为 $C_4^2 C_6^1 + C_4^1 C_6^2 + C_6^3 = 116$. 另外一种思路是在总数中减去不符合题设的：$C_{10}^3 - C_4^3 = 116$.

16 » **B.** "至少有 2 件次品"是指"恰有 2 件次品或恰有 3 件次品".

（间接法）不论次品、合格品抽法共有 C_{10}^4，恰有 1 件次品的抽法种数有 $C_3^1 C_7^3$，没有次品的种数为 C_7^4，至少有 2 件次品为 $C_{10}^4 - C_3^1 C_7^3 - C_7^4 = 70$（种）.

17 » **C.** 先考虑分组，即 10 人中选 4 人分为三组，其中两组各 1 人，另一组 2 人，共有

$\dfrac{C_{10}^1 C_9^1 C_8^2}{2!}$ 种分法. 再考虑排列, 甲任务需 2 人承担, 因此 2 人的那个组只能承担甲任务, 而 1 个人的两组既可承担乙任务又可承担丙任务, 所以共有 $\dfrac{C_{10}^1 C_9^1 C_8^2}{2!} 2! = 2520$ （种）选法.

18 » B. 由 1~6 这六个数组成的五位数有 6!个, 去掉 1~6 这 6 个数组成的可被 5 整除的五位数 $C_5^4 4!$个. 因此, 所求的五位数共有 $6! - C_5^4 4! = 720 - 120 = 600$ （个）.

19 » B. 在这里黄瓜是特殊的元素, 必须选出有 1 种选法, 然后再从其他 3 个品种中选出 2 种有 C_3^2 种选法, 最后进行排列有 3!种排法. 由分步计数原理, 共有 $1 \cdot C_3^2 \cdot 3! = 18$ （种）.

20 » D. 一周七天各不相同, 人与人也不相同, 可以分配的方法是: 2, 2, 3. 根据从左往右法直接列出式子: $\dfrac{C_7^2 C_5^2 3!}{2!} = 630$ （种）.

21 » C. 用间接法. 先计算三个班自由选择去任何工厂的总数, 再减去甲工厂无班级去的情况, 即: $4 \times 4 \times 4 - 3 \times 3 \times 3 = 37$ （种）方案.

22 » B. 穷举法（如图 12-13）. 6 个人, 由低到高记为 1, 2, 3, 4, 5, 6, 则 1, 6 的位置固定, 5 或者在第二排中间, 或在第一排末尾, 现基于 5 的位置分类讨论:
若 5 在第二排中间, 确定第二排左边是谁, 则另外两个位置亦可确定, 此时排法种数为 3; 若 5 在第一排末尾, 第二排左边可能是 2, 3, 不可能是 4, 此时排法种数是 2. 由加法原理可知排法总数是 5.

1	
	6

图 12-13

23 » C. 可先求出所有两人各选修 2 门的种数 $C_4^2 C_4^2 = 36$, 再求出两人所选两门都相同和都不同的种数均为 $C_4^2 = 6$, 故只恰好有 1 门相同的选法有 $36 - 6 - 6 = 24$ （种）.

24 » D. 按照女生所在组分两类: ①甲组中选出一名女生有 $C_5^1 \cdot C_3^1 \cdot C_6^2 = 225$ （种）选法; ②乙组中选出一名女生有 $C_5^2 \cdot C_6^1 \cdot C_2^1 = 120$ （种）选法. 故共有 345 种选法.

25 » A. （间接法）任意选取 $C_9^3 = 84$ （种）, 其中都是男医生有 $C_5^3 = 10$ （种）, 都是女医生有 $C_4^3 = 4$ （种）, 于是符合条件的有 $84 - 10 - 4 = 70$ （种）.

26 » C. 5 人中选 4 人有 C_5^4 种方法, 周五一人有 C_4^1 种, 周六两人则有 C_3^2 种, 周日一人则有 C_1^1 种, 故共有 $C_5^4 C_4^1 C_3^2 = 60$ （种）.

27 » B. 由间接法得 3 人来自 3 家不同企业的种数为 $C_6^3 - C_2^2 \cdot C_4^1 = 20 - 4 = 16$.

28 » C. 按照甲、乙入选的情况可分为两类: 一类是甲、乙两人只去一个的选法有

$C_2^1 \cdot C_7^2 = 42$（种），另一类是甲、乙都去的选法有 $C_2^2 \cdot C_7^1 = 7$（种），所以共有 $42 + 7 = 49$（种）.

29 »» **C.** 从反面思考，10000 个号码中不含 4，7 的个数为 $8^4 = 4096$，所以这组号码中"优惠卡"的个数为 $10000 - 4096 = 5904$.

30 »» **B.** 先考虑 A 种在左边的情况，有三类：A 种植在最左边第一垄上时，B 有 3 种不同的种植方法；A 种植在左边第二垄上时，B 有 2 种不同的种植方法；A 种植在左边第三垄上时. B 只有 1 种种植方法. 又 B 在左边种植的情况与 A 在左边时相同. 故共有 $2 \times (3 + 2 + 1) = 12$（种）不同的选垄方法.

31 »» **B.** 假设先安排英文翻译，后安排日文翻译. 第一类，从 5 名只能翻译英文的人员中选 4 人任英文翻译，其余 6 人中选 4 人任日文翻译（若"多面手"被选中也翻译日文），则有 $C_5^4 C_6^4$ 种；第二类，从 5 名只能翻译英文的人员中选 3 人任英文翻译，另从"多面手"中选 1 人任英文翻译，其余剩下 5 人中选 4 人任日文翻译，有 $C_5^3 C_2^1 C_5^4$ 种；第三类，从 5 名只能翻译英文的人员中选 2 人任英文翻译，另外安排 2 名"多面手"也任英文翻译，其余剩下 4 人全部任日文翻译，有 $C_5^2 C_2^2 C_4^4$ 种. 三种情形相加即得 185 种.

32 »» **B.** 从 9 人中选出会英语与日语各 1 人，由题意可知，9 人中仅会英语的有 6 人，既会英语又会日语的有 1 人，仅会日语的有 2 人. 因此可根据既会英语又会日语的人是否当选，将所有选法分为三类：①此人不当选有 6×2 种；②此人按日语当选有 6×1 种；③此人按英语当选有 2×1 种. 根据加法原理，共有 $6 \times 2 + 6 \times 1 + 2 \times 1 = 20$（种）不同的选法.

33 »» **C.** ①不管条件，从 6 个球中任取 4 个进行全排列，有 $C_6^4 4! = 360$（种）；
②令 2 在 B 中，在剩下的 5 个球中任取 3 个进行全排列，有 $C_5^3 3! = 60$（种）；
③令 4 在 D 中，在剩下的 5 个球中任取 3 个进行全排列，有 $C_5^3 3! = 60$（种）；
④令 2 在 B 中，4 在 D 中，在剩下的 4 个球中任选 2 个进行全排列，有 $C_4^2 2! = 12$（种）.
综上，不同的放法有 $360 - 60 - 60 + 12 = 252$（种）.

34 »» **D.** 先将电影票按照连号的情况分组如下：编号为 1 ~ 6 的电影票按连续编号可以分为：$[12, 34]$，$[23, 45]$，$[34, 56]$，$[12, 56]$，$[23, 56]$，$[12, 45]$ 共 6 种（剩下两张为单张），然后每种分给 4 个人，可以全排列 $4!$，所以总的分法有 $6 \times 4! = 144$（种）.

35 »» **A.** ①入选的 3 名队员有 1 名老队员且排在 1 或 2 或 3 号，故有 $C_2^1 C_3^1 C_3^2 2! = 36$（种）排法；
②入选的 3 名队员有 2 名老队员且排在 1 和 3 或 2 和 3 号，故有 $2C_3^1 2! = 12$（种）排法.
所以共有 48 种.

36 »» **C.** 依题意，$23145 \sim 25431$ 有 17 个（不包括 23145）；

31245 ~ 35421 有 $4 \times 3 \times 2 \times 1 = 24$ （个）；

41235 ~ 43521 有 17 个（不包括 43521）．所以共 $17 + 24 + 17 = 58$ （个）．

37 » **B.** 3 名主力在第一、三、五位置时有全排列 $3! = 6$ （种）排法；剩余 7 名队员中选出 2 名放在第二、四位置，有 $C_7^2 = 21$ （种），再全排列有 $2! = 2$ （种），则不同的出场安排有 $6 \times 21 \times 2 = 252$ （种）．

38 » **B.** 恰好有 3 个球的标号与其所在盒子的标号不一致的放入的方法有 $C_{10}^3 \cdot 2 = 240$ （种）．

39 » **A.** 从其余 7 人中选出一人和甲、乙同组，其他 6 人分成 2 组，因为先选的 3 人和后选的 3 人没有排序，所以要除以 $2!$，故不同的分组方法的种数为 $C_7^1 \dfrac{C_6^3 C_3^3}{2!} = 70$．

40 » （1）**B.** 属平均分组不定向分配问题，先分组有 $\dfrac{C_8^2 C_6^2 C_4^2 C_2^2}{4!}$ 种分法，再分配，与顺序有关，有 $4!$ 种排列，因此共有 $\left(\dfrac{C_8^2 C_6^2 C_4^2 C_2^2}{4!}\right) 4! = 2520$ （种）不同的分配方法．

（2）**E.** 属部分平均分组不定向分配问题，先分组，再分配，与顺序有关，有 $\left(C_8^4 \dfrac{C_4^2 C_2^2}{2!}\right) 3! = 1260$ （种）不同分法．

41 » **E.** 整体分三类：

①先把 6 名旅客分成 1，1，4 三组，有 $C_6^4 \dfrac{C_2^1 C_1^1}{2!}$ 种分法，再分配到 3 个房间有 $3!$ 种情况，由分步计数原理可得有 $\left(C_6^4 \dfrac{C_2^1 C_1^1}{2!}\right) 3! = 90$ （种）安排方法；

②先把 6 名旅客分成 1，2，3 三组，有 $C_6^1 C_5^2 C_3^3$ 种分法，再分配到 3 个房间有 $3!$ 种情况，由分步计数原理可得有 $(C_6^1 C_5^2 C_3^3) 3! = 360$ （种）安排方法；

③先把 6 名旅客分成 2，2，2 三组，有 $\dfrac{C_6^2 C_4^2 C_2^2}{3!}$ 种分法，再分配到 3 个房间有 $3!$ 种情况，由分步计数原理可得有 $\left(\dfrac{C_6^2 C_4^2 C_2^2}{3!}\right) 3! = 90$ （种）安排方法．

由分类计数原理，共有不同的安排种数为 $90 + 360 + 90 = 540$．

42 » （1）**B.** 选出 1 人的方法有 C_7^1 种，再由剩下的 6 个人中选出 2 人的方法有 C_6^2 种，剩下的 4 人为一组有 C_4^4 种，由分步计数原理得分组的方法有 $C_7^1 \cdot C_6^2 \cdot C_4^4 = 105$ （种）．

（2）**D.** 可直接从 7 人中选出 2 人的方法有 C_7^2 种，再由余下的 5 个人中选 3 人的方法有 C_5^3 种，所以由分步计数原理，分组的方法有 $C_7^2 \cdot C_5^3 = 210$ （种）．也可先选取 5 人，再分为两组，分组的方法有 $C_7^5 \cdot C_5^2 \cdot C_3^3 = 210$ （种）．

43 » **D.** 从正面思考，先从其他 7 人里面选 2 人给甲，再从剩下 5 人中选 2 人给乙，最后 3 人成一组，有 $C_7^2 \cdot C_5^2 \cdot C_3^3 = 210$（种），或者从反面思考，用总种数减去两人在同一组的情况数即可.

44 » **E.** 按照甲、乙、丙三人的去留情况可分为三类：①甲、丙去（乙不去），有 $C_5^2 \cdot 4! = 240$（种）选派方案；②乙去（甲、丙不去），有 $C_5^3 \cdot 4! = 240$（种）选派方案；③甲、乙、丙都不去，有 $C_5^4 \cdot 4! = 120$（种）选派方案. 共 600 种选派方案.

45 » （1）①**B**；②**B**. 此分堆是"均分"问题，且不计顺序，故分堆方法共有 $\dfrac{C_9^3 C_6^3 C_3^3}{3!} = 280$（种）；若分给三人，则有顺序，故分组方法有 $\dfrac{C_9^3 C_6^3 C_3^3}{3!}3! = 1680$（种）.

（2）①**B**；②**B**. 有两堆均分，故为 $\dfrac{C_9^5 C_4^2 C_2^2}{2!}$ 种. 分给甲、乙、丙 3 人，①每人拿一堆，有顺序，故有 $\dfrac{C_9^5 C_4^2 C_2^2}{2!} \cdot 3! = 2268$（种）；②由于乙与丙分得的堆是有序的分组，故为 $\dfrac{C_9^5 C_4^2 C_2^2}{2!} \cdot 2! = 756$（种）.

（3）**E.** 是"非均匀分组"问题，哪一堆 4 本、哪一堆 3 本、哪一堆 2 本没明确，故有 $C_9^4 C_5^3 C_2^2 = 1260$（种）分法.

46 » **B.** 因为求选出的三位数的个位数字之和，故个位为 0 的三位数不影响所求结果，所以只考虑个位数字不为 0 的情况. 个位为 1 的三位数有两种情况：一种十位为 0，则只选百位即可，有 C_3^1 种；另一种为十位不为 0，则有 $C_3^2 \cdot 2!$ 种. 故个位为 1 的三位数有 $C_3^1 + C_3^2 \cdot 2! = 9$（种），同理，个位为 2，3，4 的三位数各有 9 种，则选出的三位数的个位数字之和为 $9 \times (1 + 2 + 3 + 4) = 90$.

47 » **D.** 三角形的顶点分布有两种情况：第一种，有两个点在 CD 上，有 $C_{m-1}^1 C_n^2$ 个；另一种，有两个点在 AB 上，但考虑到不与第一种重复，交点除外，故有 $C_{n-1}^1 C_{m-1}^2$ 个. 从而共有 $(C_{m-1}^1 C_n^2 + C_{n-1}^1 C_{m-1}^2)$ 个三角形.

48 » **C.** 依题意可知应分两种情况：有一个数字重复用 3 次，有 $\dfrac{C_3^1 \cdot 5!}{3!} = 60$（种）排法；有两个数字各重复使用 2 次，有 $\dfrac{C_3^2 \cdot 5!}{2! \cdot 2!} = 90$（种）排法. 因此所求五位数的个数是 $60 + 90 = 150$.

49 » **C.** 第一步，4 只次品中选出 1 只安排在第五次被发现；
第二步，前面 4 次必须检测出 3 只次品，剩下的为一只正品.
所以有 $C_4^1 C_3^3 C_6^1 \cdot 4! = 576$（种）情况.

50 » E. 要求男女教师分别相邻而坐，故先将男女教师分别打包，当作两个大元素进行排列，有 $2!$ 种情况. 在两个大元素内部，女教师的排列顺序题干已经指定了，即由左向右从矮到高排列，只有 1 种情况；5 名男教师进行全排列，有 $5!$ 种情况. 故总共的排法有 $2!5!$ 种.

51 » B. 先让 6 个节目全排列，再除以 4 个节目的全排列，有 $\dfrac{6!}{4!}=30$ （种）方法.

52 »（1） B. 显然是无重复排列问题，投法的种数为 $C_4^3 3!=24$.
　　（2） B. 这是可重复排列问题，投法的种数为 $4^3=4\times4\times4=64$.

53 » C. 四项比赛的冠军将在甲、乙、丙三人中产生，每项冠军都有 3 种选取方法，由乘法原理共有 $3\times3\times3\times3=3^4$ （种）.

54 » E. 从 4 个盒中选一个作空盒 $C_4^1\to$ 任选二球作为一组 $C_4^2\to$ 三组全排列 $3!\to C_4^1 C_4^2\cdot 3!\to$ $C_4^3 C_4^2\cdot 3!$.

55 » D. 首先是根据题意知，一个邮筒里投 2 封信，另外两个邮筒各投 4 封信，即 $C_{10}^4 C_6^4 C_2^2$，又因为有两个邮筒是一样的，所以再除以相同部分的排序 $2!$，最后结果为 $\dfrac{C_{10}^4 C_6^4 C_2^2}{2!}$.

56 » A. 1 号行政区域有 4 种着色法，2 号有 3 种，3 号有 2 种，如果 4 号和 2 号着同一色，则 5 号有 2 种着色法，若 4 号和 2 号着不同色，则 5 号只有一种着色法. 则不同的着色方法种数是
$$C_4^1 C_3^1 C_2^1(C_2^1+1)=72.$$

57 » B. 依题意只能选用 4 种颜色，要分五类：
第一类②与⑤同色、④与⑥同色，有 $4!$ 种涂色方法；
第二类③与⑤同色、④与⑥同色，有 $4!$ 种涂色方法；
第三类②与⑤同色、③与⑥同色，有 $4!$ 种涂色方法；
第四类③与⑤同色、②与④同色，有 $4!$ 种涂色方法；
第五类②与④同色、③与⑥同色，有 $4!$ 种涂色方法.
根据加法原理得涂色方法总数为 $5\cdot4!=120$.

58 » A. 将 3 种作物种植在 5 块试验田里（连成一排），每块种一种作物，且相邻的试验田不能种同一种作物，就是第一块可以种 3 种不同的作物，第二块与第一块不同，就只能种 2 种不同的作物，余下的几块都只能种 2 种不同的作物. 但要注意：这样会出现 5 块田只种 2 种作物的情况，应排除之. 故不同的种植方法种数为 $C_3^1 C_2^1 C_2^1 C_2^1 C_2^1-2C_3^2=42$.

59 » C. 单独显然不充分，考虑联立，分三种情况：甲、乙两人都去有 $C_2^2 2! C_3^2 2!$ 种方案；甲、乙两人去了一个人有 $2C_4^3 C_3^1 3!$ 种方案，甲、乙两人都没有去有 $4!$ 种方案，则共有

$C_4^2 2! C_3^2 2! + 2C_4^3 C_3^1 3! + 4! = 240$（种）方案.

60. A. 根据条件(1)有 $C_4^2 \cdot 3! = 36$（种）方案，根据条件(2)有 $C_4^3 3! = 24$（种）方案.

61. D. 两个条件等价，放法有 $C_4^2 \cdot C_4^1 \cdot 3! = 144$（种）.

62. A. 条件(1)：没有两名同学在同一天出生的概率为 $\dfrac{C_{365}^{30} \cdot 30!}{365^{30}}$，则至少有两人生日在同

一天的概率为 $1 - \dfrac{C_{365}^{30} \cdot 30!}{365^{30}}$.

条件(2)：恰有两人生日在同一天的概率为 $\dfrac{C_{30}^2 C_{365}^{29} \cdot 29!}{365^{30}}$.

63. B. 由条件(1)，按照 A，B，C，D，E 依次染色，可供选择的颜色依次为 4 种，3 种，2 种，2 种，2 种，则共有 $4 \times 3 \times 2 \times 2 \times 2 = 96$（种）染法；

由条件(2)，按照 A，B，E，C，D 依次染色，分两类：当 B 与 E 同色时，有 $4 \times 3 \times 1 \times 2 \times 2 = 48$（种）；当 B 与 E 不同色时，有 $4 \times 3 \times 2 \times 1 \times 1 = 24$（种）. 共 72 种染法.

专项十三　概率初步

第一节　核心绝例

》》》》 专项简析 《《《《

　　概率初步在考试中主要考查两种理想化的模型：一种为"古典概率"，主要依靠"等可能"特征来求概率，利用所求结论的个数除以总数得到的分数来表示概率，当条件是排列组合语言求概率时，用古典概率模型求解，重点在于计算能力的考查；另外一种为独立事件，以"互不干扰"为模型，利用多个独立事件同时发生的概率等于多个概率直接相乘所得，当条件是已知概率求概率时，用独立事件模板进行求解，重点在于过程的梳理.

题型1　古典概型

考向1　取样问题

思　路　古典概率的取样问题，是考试频率较高的考题. 一方面从样品的类型分析，另一方面从取样方式（一次取样，逐次取样）来进行考查.

1 已知甲盒内有大小相同的 3 个红球和 4 个黑球，乙盒内有大小相同的 5 个红球和 4 个黑球. 现从甲、乙两个盒内各任取 2 个球.

（1）取出的 4 个球均为红球的概率为(　　).

A. $\dfrac{7}{126}$　　　　B. $\dfrac{5}{126}$　　　　C. $\dfrac{4}{63}$　　　　D. $\dfrac{11}{126}$　　　　E. $\dfrac{2}{63}$

（2）取出的 4 个球中恰有 1 个红球的概率为(　　).

A. $\dfrac{31}{126}$　　　　B. $\dfrac{39}{126}$　　　　C. $\dfrac{37}{126}$　　　　D. $\dfrac{16}{63}$　　　　E. $\dfrac{17}{63}$

2 一个坛子里有编号为 1，2，…，12 的 12 个大小相同的球，其中 1 到 6 号球是红球，其余的是黑球，若从中任取 2 个球，则取到的都是红球，且至少有 1 个球的号码是偶数的概率是(　　).

A. $\dfrac{1}{22}$　　　　B. $\dfrac{1}{11}$　　　　C. $\dfrac{3}{22}$　　　　D. $\dfrac{2}{11}$　　　　E. $\dfrac{3}{11}$

3 k 个坛子各装 n 个球，编号为 1，2，…，n，从每个坛子中各取一个球，所取到的 k 个球中最大编号是 $m(1 \leqslant m \leqslant n)$ 的概率是(　　).

A. $\dfrac{m^{k}-(m-1)^{k}}{n^{k}}$　　　　B. $\dfrac{km^{k}}{n^{k}}$　　　　C. $\dfrac{k(m-1)^{k}}{n^{k}}$

D. $\dfrac{m^k}{n^k}$ E. $\dfrac{m^k - (m-2)^k}{n^k}$

4 某市共有 8 个旅游景点，其中有 2 个卫生不合格，现上级部门来抽查卫生情况．若在 8 个景点中抽查 5 个，则至少抽查到一个不合格景点的概率为( )．

A. $\dfrac{25}{28}$ B. $\dfrac{23}{28}$ C. $\dfrac{19}{28}$ D. $\dfrac{27}{28}$ E. $\dfrac{17}{28}$

5 要从 10 名学生（其中 6 名男生 4 名女生）中选出 4 人参加学生座谈会，则选出的 4 人中至多有 3 名男生的概率为( )．

A. $\dfrac{25}{28}$ B. $\dfrac{23}{28}$ C. $\dfrac{19}{28}$ D. $\dfrac{27}{28}$ E. $\dfrac{13}{14}$

考向 2　分房问题

思　路　分房问题是考生容易出错的一类题目，要结合排列组合的方幂法和分组法分析．

---

6 将 4 个小球随机地放入 6 个盒子中（每个盒子可以放足够多的球），根据下列 A ~ E 的描述，概率为 $\dfrac{25}{216}$ 的情况是( )．

A. 每个盒子至多一个球　　　　　　　　　B. 第一个盒子中恰有 2 个小球

C. 4 个小球去指定的 4 个盒子中　　　　　D. 恰有 4 个盒子各有 1 个球

E. 至少有 2 个球在同一个盒子中

7 将 4 个相同小球随机地放入 6 个盒子中（每个盒子可以放足够多的球），根据下列 A ~ E 的描述，概率为 $\dfrac{1}{126}$ 的情况是( )．

A. 每个盒子至多一个球　　　　　　　　　B. 第一个盒子中恰有 2 个小球

C. 4 个小球去指定的 4 个盒子中　　　　　D. 恰有 4 个盒子各有 1 个球

E. 至少有 2 个球在同一个盒子中

8 随机地将 9 名篮球爱好者平均分入三个组中，这 9 名运动员中，有 3 位是职业运动员，求

（1）每一组中都有职业运动员的概率．

（2）这 3 位职业运动员都在一个组的概率．

（3）3 位职业运动员不能在同组的概率．

A. $\dfrac{1}{28}$ B. $\dfrac{1}{4}$ C. $\dfrac{9}{28}$ D. $\dfrac{19}{28}$ E. $\dfrac{27}{28}$

考向 3　数字问题

思　路　数字问题的难点在于分类讨论，尤其出现数字 0 时，要根据 0 的位置分情况讨论．此外，考试中的数字问题往往要用列举法分析．

---

9 在某地的奥运火炬传递活动中，有编号为 1，2，3，…，18 的 18 名火炬手．若从中任选 3 人，则选出的火炬手的编号能组成以 3 为公差的等差数列的概率为( )．

A. $\dfrac{1}{51}$ B. $\dfrac{1}{68}$ C. $\dfrac{1}{306}$ D. $\dfrac{1}{408}$ E. $\dfrac{1}{418}$

10 从 1，2，3，4，5，6，7，8，9 中任意选出三个数，则事件 A 的概率为 $\dfrac{4}{21}$.

(1) 事件 A 表示三个数的和为 3 的倍数.

(2) 事件 A 表示三个数的和为 5 的倍数.

11 电子钟一天显示的时间从 00:00 到 23:59 的每一时刻都是由四个数字组成，则一天中任一时刻的四个数字之和为 23 的概率为(　　).

A. $\dfrac{1}{180}$　　　B. $\dfrac{1}{288}$　　　C. $\dfrac{1}{360}$　　　D. $\dfrac{1}{480}$　　　E. $\dfrac{1}{580}$

12 先后抛掷两枚均匀的正方体骰子（它们的六个面分别标有点数 1，2，3，4，5，6），骰子朝上的面的点数分别为 x，y，则 $\log_{2x} y = 1$ 的概率为(　　).

A. $\dfrac{1}{6}$　　　B. $\dfrac{5}{36}$　　　C. $\dfrac{1}{12}$　　　D. $\dfrac{1}{2}$　　　E. $\dfrac{5}{8}$

题型 2　试密码类型

思　路　只要看到逐次取，那么不论在哪一次取得所求物品种类的概率相同.

13 储蓄卡上的密码是一种四位数字号码，每位上的数字可在 0 到 9 这 10 个数字中选取.

(1) 如果随意按下一个四位数号码，正好按对这张储蓄卡密码的概率为(　　).

(2) 某人忘记密码，则恰好第三次尝试成功的概率为(　　).

(3) 若连续输错 3 次，则银行卡将被锁定，若某人忘记密码，他能尝试成功的概率为(　　).

A. $\dfrac{1}{10^4}$　　　B. $\dfrac{3}{10^4}$　　　C. $\dfrac{1}{720}$　　　D. $\dfrac{5}{720}$　　　E. $\dfrac{7}{10^4}$

14 10 人依次从 10 件礼物中各取 1 件不放回，其中 5 个玩偶，3 个水枪，2 个糖果，则 $P = \dfrac{1}{2}$.

(1) 若小明第 5 位取礼物，且取到玩偶的概率为 P.

(2) 若小明第 9 位取礼物，且取到玩偶的概率为 P.

题型 3　几何概型

思　路　几何概率模型的定义：如果每个事件发生的概率只与构成该事件区域的长度（面积或体积）成比例，则称这样的概率模型为几何概率模型；几何概率模型的概率公式：

$$P(A) = \frac{\text{构成事件 } A \text{ 的区域长度（面积或体积）}}{\text{试验的全部结果所构成的区域长度（面积或体积）}}.$$

15 如图 13-1 所示，已知正方形 $ABCD$ 中，边长为 2，O 为 AB 的中点，则在矩形的 4 条边上取任何一点 Q，则 $QO > \sqrt{2}$ 的概率为(　　).

A. $\dfrac{1}{4}$　　　B. $\dfrac{1}{2}$　　　C. $\dfrac{3}{4}$　　　D. $\dfrac{7}{8}$　　　E. 1

16 某人在玩扔飞镖游戏, 如图 13-2 所示, 该靶子是一个圆形. 已知飞镖必定命中靶子, 则飞镖落到该阴影图形上的概率为 ( ).

A. $\dfrac{1}{\pi}$　　　　B. $\dfrac{4}{\pi}$　　　　C. $\dfrac{2}{\pi}$　　　　D. $\dfrac{\pi}{4}$　　　　E. $\dfrac{1}{2}$

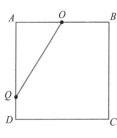　　　　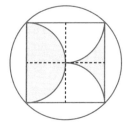

图 13-1　　　　　　　　　　图 13-2

17 小赵和小王约定在早上 7:00 至 7:30 之间到某公交站搭乘公交车去上学. 已知在这段时间内, 共有 3 班公交车到达该站, 到站的时间分别为 7:10, 7:20, 7:30, 如果他们约定见车就搭乘, 则小赵和小王恰好能搭乘同一班公交车去上学的概率为 ( ).

A. $\dfrac{1}{3}$　　　　B. $\dfrac{1}{2}$　　　　C. $\dfrac{1}{4}$　　　　D. $\dfrac{1}{6}$　　　　E. $\dfrac{1}{8}$

18 两人约定上午 9:00 至 10:00 在公园会面, 则一人要等另外一人半小时以上的概率为 ( ).

A. $\dfrac{1}{4}$　　　　B. $\dfrac{1}{5}$　　　　C. $\dfrac{1}{6}$　　　　D. $\dfrac{1}{8}$　　　　E. $\dfrac{1}{12}$

题型 4　独立事件

考向 1　根据结论正面分类

思　路　在独立事件中当条件较复杂时, 应该将结论所包含的内容先分类, 再根据独立事件的公式求解概率.

19 三支球队中, 甲队胜乙队的概率为 0.4, 乙队胜丙队的概率为 0.5, 丙队胜甲队的概率为 0.6. 比赛顺序: 第一局是甲队对乙队, 第二局是第一局中胜者对丙队, 第三局是第二局胜者对第一局中败者, 第四局是第三局胜者对第二局败者. 则乙队连胜四局的概率为 ( ).

A. 0.08　　　　B. 0.09　　　　C. 0.1　　　　D. 0.12　　　　E. 0.15

考向 2　至少一个成功

思　路　独立事件中有时在题目中隐藏了 "至少一个成功" 的条件, 考生应当挖掘出来此信息, 再用 "1-都不成功" 的方法进行求解.

20 某学生在上学路上要经过 3 个路口, 假设在各路口遇到红灯或绿灯是等可能的, 遇到红灯时停留的时间都是 2 分钟. 设这名学生在上学路上到第三个路口时首次遇到红灯的概率为 p_1; 只遇到一次红灯的概率为 p_2; 因遇到红灯停留的总时间至多是 4 分钟的

概率为 p_3. 则下列叙述正确的为(　　).

A. $p_2 - p_1 = \dfrac{1}{2}$ B. $p_3 - p_1 = \dfrac{1}{2}$ C. $p_3 - p_1 = \dfrac{3}{4}$

D. $p_3 - p_2 = \dfrac{1}{4}$ E. $p_3 = \dfrac{5}{8}$

21 甲、乙、丙三人参加一家公司的招聘面试,面试合格者可签约. 甲表示只要面试合格就签约,乙、丙则约定:两人面试都合格就一同签约,否则两人都不签约. 设每人面试合格的概率都是 $\dfrac{1}{2}$,且面试是否合格互不影响,设至少一人面试合格的概率为 p_1;没有人签约的概率为 p_2. 则下列叙述正确的为(　　).

A. $p_1 = \dfrac{3}{8}$ B. $p_1 = \dfrac{5}{8}$ C. $p_1 - p_2 = \dfrac{3}{4}$

D. $p_1 - p_2 = \dfrac{1}{4}$ E. $p_1 + p_2 = \dfrac{5}{4}$

22 设每门高射炮命中飞机的概率为 0.6,若今有一飞机来犯,使得以不低于 99% 的概率命中它,至少需要(　　)门高射炮射击.

A. 3   B. 4   C. 5   D. 6   E. 7

23 甲、乙两名跳高运动员一次试跳 2 米高度成功的概率分别为 0.7,0.6,且每次试跳成功与否相互之间没有影响. 设:①甲试跳三次,第三次才能成功的概率为 p_1;②甲、乙两人在第一次试跳中至少有一人成功的概率为 p_2;③甲、乙各试跳两次,甲比乙的成功次数恰好多一次的概率为 p_3. 则下列叙述正确的为(　　).

A. $p_1 = 0.056$ B. $p_2 = 0.84$ C. $p_3 = 0.36$

D. $p_2 - p_1 = 0.817$ E. $p_3 = 0.42$

24 加工某一零件共需要经过四道工序,设第一、二、三、四道工序的次品率分别为 10%,20%,10%,25%. 假设各道工序是互不影响的,则加工出来的零件的次品率为(　　).

A. 42.4%   B. 44.2%   C. 45.3%   D. 51.4%   E. 48.6%

考向3　电路问题

思　路　要学会将电路问题转化为独立事件进行解决,常见的电路有三种:

(1) 串联电路:串联电路上的元件都要工作,电路才能顺利通电.

(2) 并联电路:并联电路上的元件至少一个工作,电路就会顺利通电.

(3) 串、并混联电路:运用化零为整的思维进行分析,将一部分看成整体,再根据整体来分析总电路为串联还是并联.

---

25 如图 13-3 所示,由 A,B,C 三种不同的元件连接成的两个系统 N_1 和 N_2. 当元件 A,B,C 都正常工作时,系统 N_1 正常工作;当元件 A 正常工作,且 B,C 中至少有一个正常工作时,系统 N_2 正常工作. 已知元件 A,B,C 正常工作的概率依次是 0.8,0.9,0.7,若系统 N_1,N_2 正常工作的概率分别为 p_1 和 p_2,则 $p_1 + p_2 = ($　　$)$.

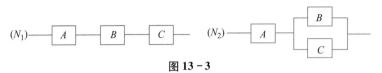

图 13 – 3

A. 1. 28   B. 1. 32   C. 1. 36   D. 1. 38   E. 1. 42

26 一个元件能正常工作的概率叫作这个元件的可靠性，设构成系统的每个元件的可靠性为 $p(0 < p < 1)$，且每个元件能否正常工作是相互独立的. 今有 6 个元件按图 13 – 4 所示的两种连接方式构成两个系统（Ⅰ）、（Ⅱ）. 设系统（Ⅰ）能正常工作的概率为 p_1，系统（Ⅱ）能正常工作的概率为 p_2，则下列叙述错误的为( ).

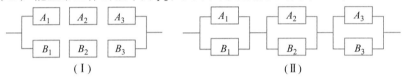

图 13 – 4

A. $p_1 = p^3(2 - p^3)$　　　　B. $p_2 = p^3(2 - p)^3$　　　　C. $p_1 < p_2$

D. $p_2 = \left[1 - (1 - p)^2\right]^3$　　　　E. $p_1 + p_2 = 4p^3$

题型 5 | 图形概率问题

思　路 图形概率问题往往要结合列举法进行分析求解.

27 如图 13 –5 是一个道路图，圆圈处有 128 个孩子，这群孩子从圆圈处开始，经过每个路口时都有一半人向上走，另一半人向右走. 则 A, B, C, D 四个路口经过的人数由多到少排序为( ).

A. $BCAD$　　　B. $BCDA$

C. $BDCA$　　　D. $CBAD$

E. $CBDA$

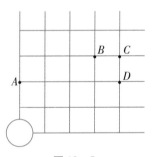

图 13 –5

28 图中有若干个点，任取三个点，则可构成三角形的概率大于 $\dfrac{6}{7}$.

（1）如图 　　　　　（2）如图 · · ·

29 若一个三角形的任意两条边都不相等，则称它为"不规则三角形". 用一个正方体上的任意 3 个顶点构成的所有三角形中，构成"不规则三角形"的概率是 ( ).

A. $\dfrac{3}{14}$　　　B. $\dfrac{3}{7}$　　　C. $\dfrac{3}{28}$　　　D. $\dfrac{5}{14}$　　　E. $\dfrac{5}{7}$

题型 6　比赛、闯关问题

思　路　这种问题是独立事件中最难的部分，难点在于：要从结论入手，对比赛的胜负情况进行全盘分析，考查考生的全面思考能力以及分析能力．做这种类型的题目，不要着急，不妨通过画树形图、列表格、举例子一步一步进行分析．

30 某陶瓷厂准备烧制甲、乙、丙三件不同的工艺品，制作过程必须先后经过两次烧制，当第一次烧制合格后方可进入第二次烧制，两次烧制过程相互独立．根据该厂现有的技术水平，经过第一次烧制后，甲、乙、丙三件产品合格的概率分别为 0.5，0.6，0.4，经过第二次烧制后，甲、乙、丙三件产品合格的概率分别为 0.6，0.5，0.75．

(1) 第一次烧制后恰有一件产品合格的概率为(　　)．

A. 0.32　　　B. 0.33　　　C. 0.34　　　D. 0.35　　　E. 0.38

(2) 经过前后两次烧制后，合格工艺品的个数为 m，则下列结论不正确的为(　　)．

A. $P\{m=0\}=0.343$ 　　　　　　　　B. $P\{m=1\}=0.453$

C. $P\{m=2\}=0.189$ 　　　　　　　　D. $P\{m=3\}=0.027$

E. $P\{m=2\}-P\{m=3\}=0.162$

31 栽培甲、乙两种果树，先要培育成苗，然后再进行移栽．已知甲、乙两种果树成苗的概率分别为 0.6，0.5，移栽后成活的概率分别为 0.7，0.9．

(1) 甲、乙两种果树至少有一种果树成苗的概率为(　　)．

A. 0.5　　　B. 0.55　　　C. 0.6　　　D. 0.7　　　E. 0.8

(2) 恰好有一种果树能培育成苗且移栽成活的概率为(　　)．

A. 0.492　　　B. 0.432　　　C. 0.542　　　D. 0.356　　　E. 0.368

32 某项选拔共有四轮考核，每轮设有一个问题，能正确回答问题者进入下一轮考核，否则即被淘汰．已知某选手能正确回答第一、二、三、四轮的问题的概率分别为 $\dfrac{4}{5}$，$\dfrac{3}{5}$，$\dfrac{2}{5}$，$\dfrac{1}{5}$，且各轮问题能否正确回答互不影响．

(1) 该选手进入第四轮才被淘汰的概率为(　　)．

A. $\dfrac{96}{625}$ 　　　B. $\dfrac{93}{625}$ 　　　C. $\dfrac{86}{625}$ 　　　D. $\dfrac{98}{625}$ 　　　E. $\dfrac{116}{625}$

(2) 该选手至多进入第三轮考核的概率为(　　)．

A. $\dfrac{91}{125}$ 　　　B. $\dfrac{93}{125}$ 　　　C. $\dfrac{101}{125}$ 　　　D. $\dfrac{106}{125}$ 　　　E. $\dfrac{111}{125}$

33 已知某人进行打靶训练，每次击中靶子的概率为 0.6．

(1) 射击 5 次，恰好命中 3 次的概率为 (　　)．

A. $0.6^3\times0.4^2$ 　　　　B. $0.6^2\times0.4^3$ 　　　　C. $C_5^3\times0.6^3\times0.4^2$

D. $C_5^3\times0.6^2\times0.4^3$ 　　　　E. 0.6^3

(2) 直到首次射击命中，发现共射击了 5 次的概率为 (　　)．

A. $0.4^4\times0.6$ 　　　　B. 0.4×0.6^4 　　　　C. $C_5^1\times0.4^4\times0.6$

D. $C_5^1 \times 0.4 \times 0.6^4$ E. 0.4^5

（3）在第 2 次成功命中后，发现总共射击了 5 次的概率为（   ）.

A. $0.4^3 \times 0.6^2$ B. $0.4^2 \times 0.6^3$ C. $C_4^3 \times 0.4^3 \times 0.6^2$

D. $C_4^3 \times 0.4^2 \times 0.6^3$ E. $C_5^2 \times 0.4^3 \times 0.6^2$

（4）在成功命中第 2 次之前，已经失败了 3 次的概率为（   ）.

A. $0.4^3 \times 0.6^2$ B. $0.4^2 \times 0.6^3$ C. $C_4^3 \times 0.4^3 \times 0.6^2$

D. $C_4^3 \times 0.4^2 \times 0.6^3$ E. $C_5^2 \times 0.4^3 \times 0.6^2$

（5）在第 5 次打靶之前，发现已经失败了 3 次的概率为（   ）.

A. $0.4^3 \times 0.6$ B. 0.4×0.6^3 C. $C_4^3 \times 0.4 \times 0.6^3$

D. $C_4^3 \times 0.4^3 \times 0.6$ E. $C_5^3 \times 0.4^3 \times 0.6^2$

题型 7 条件概率

思　路　在 A 事件已经发生的条件下 B 事件发生的概率称为条件概率，符号记为 $P(B|A)$，其计算公式为 $P(B|A) = \dfrac{P(AB)}{P(A)}$. 特别地，由于独立事件中 $P(AB) = P(A)P(B)$，故在独立事件中 $P(B|A) = \dfrac{P(AB)}{P(A)} = P(B)$.

34 把一枚骰子连续掷两次，已知在第一次抛出的是偶数点的情况下，第二次抛出的也是偶数点的概率为（   ）.

A. $\dfrac{1}{6}$ B. $\dfrac{1}{4}$ C. $\dfrac{1}{3}$ D. $\dfrac{1}{2}$ E. 1

35 一个盒子里有 20 个大小形状相同的小球，其中 5 个是红球，5 个是黄球，10 个是绿球，从盒中任取一球，若它不是红球，则它是绿球的概率是（   ）.

A. $\dfrac{5}{6}$ B. $\dfrac{3}{4}$ C. $\dfrac{2}{3}$ D. $\dfrac{1}{3}$ E. $\dfrac{1}{4}$

36 抛掷红、黄两颗骰子，当红色骰子的点数为 4 或 6 时，两颗骰子的点数之积大于 20 的概率是（   ）.

A. $\dfrac{1}{4}$ B. $\dfrac{1}{3}$ C. $\dfrac{1}{2}$ D. $\dfrac{3}{5}$ E. $\dfrac{4}{5}$

◈ 核心绝例解析 ◈

1 » （1）**B.** 设 "从甲盒内取出的 2 个球均为红球" 为事件 A，"从乙盒内取出的 2 个球均为红球" 为事件 B. 由于事件 A，B 相互独立，且

$$P(A) = \frac{C_3^2}{C_7^2} = \frac{1}{7}, \quad P(B) = \frac{C_5^2}{C_9^2} = \frac{5}{18},$$

故取出的 4 个球均为红球的概率是 $P(AB) = P(A)P(B) = \dfrac{1}{7} \times \dfrac{5}{18} = \dfrac{5}{126}$.

（2）**D.** 设"从甲盒内取出的 2 个球中，1 个是红球，1 个是黑球；从乙盒内取出的 2 个球均为黑球"为事件 C，"从甲盒内取出的 2 个球均为黑球；从乙盒内取出的 2 个球中，1 个是红球，1 个是黑球"为事件 D．由于事件 C，D 互斥，且

$$P(C) = \frac{C_3^1 C_4^1}{C_7^2} \cdot \frac{C_4^2}{C_9^2} = \frac{2}{21}, \quad P(D) = \frac{C_4^2}{C_7^2} \cdot \frac{C_5^1 C_4^1}{C_9^2} = \frac{10}{63},$$

故取出的 4 个球中恰有 1 个红球的概率为

$$P(C+D) = P(C) + P(D) = \frac{2}{21} + \frac{10}{63} = \frac{16}{63}.$$

2»**D.** 从中任取 2 个球共有 $C_{12}^2 = 66$（种）取法，其中，取到的都是红球，且至少有 1 个球的号码是偶数的取法有 $C_6^2 - C_3^2 = 12$（种），概率为 $\frac{12}{66} = \frac{2}{11}$．

3»**A.** 设事件 $A = \{$取到的 k 个球中最大编号是 $m\}$，如果每个坛子都从 1 至 m 号球中取一个，则 k 个球的最大编号不超过 m，这种取法共有 m^k 种等可能取法；如果每个坛子都从 1 至 $m-1$ 号球中取一个，则 k 个球的最大编号不超过 $m-1$，其等可能取法共 $(m-1)^k$ 种．因此

$$P(A) = \frac{m^k - (m-1)^k}{n^k}.$$

4»**A.** "至少抽查到一个不合格景点"的对立事件为"抽查到的景点都合格"，所以所求概率为

$$1 - \frac{C_2^0 C_6^5}{C_8^5} = 1 - \frac{3}{28} = \frac{25}{28}.$$

5»**E.** $1 - \frac{C_6^4 C_4^0}{C_{10}^4} = 1 - \frac{1}{14} = \frac{13}{14}$．

6»**B.** 将 4 个小球放入 6 个盒子，则总数用方幂法计算为 6^4．

A 选项中，这 4 个球要去不同的 4 个盒子：$P(A) = \frac{C_6^4 \cdot 4!}{6^4} = \frac{5}{18}$；

B 选项中，有 2 个球去第 1 个盒子，其余球去剩余的 5 个盒子：$P(B) = \frac{C_4^2 \cdot 5^2}{6^4} = \frac{25}{216}$；

C 选项中，4 个小球去指定的 4 个盒子中，球进行排序即可：$P(C) = \frac{4!}{6^4} = \frac{1}{54}$；

D 选项中，与 A 选项描述相同，则 $P(A) = P(D) = \frac{C_6^4 \cdot 4!}{6^4} = \frac{5}{18}$；

E 选项中，恰好与选项 D 为对立事件，则 $P(E) = 1 - P(D) = \frac{13}{18}$．

那么满足题意的，只有 B 选项．

7»**C.** 4 个相同球，放入 6 个不同的盒子，总数应该为隔板可空法：$C_{6+4-1}^{6-1} = 126$（种）．

A 选项中，这 4 个球要去不同的 4 个盒子，$P(A) = \dfrac{C_6^4}{126} = \dfrac{5}{42}$；

B 选项中，有 2 个球去第 1 个盒子，其余球去剩余的 5 个盒子：$P(B) = \dfrac{C_{2+5-1}^{5-1}}{126} = \dfrac{15}{126}$；

C 选项中，4 个小球去指定的 4 个盒子中，将球进行放入即可：$P(C) = \dfrac{1}{126}$；

D 选项中，与 A 选项描述相同，则 $P(A) = P(D) = \dfrac{C_6^4}{126} = \dfrac{5}{42}$；

E 选项中，恰好与选项 D 为对立事件，则 $P(E) = 1 - P(D) = \dfrac{37}{42}$.

那么满足题意的，只有 C 选项.

8 » 看到分组题目则先找到总数，再通过特殊的分组进行求解分子的数目.

可以看出总数为 9 个人的平均分组，则总共有 $\dfrac{C_9^3 \cdot C_6^3 \cdot C_3^3}{3!} = 280$（种）.

（1）**C.** 先将其余 6 人进行平均分组，然后再分给这 3 人，组成 3 组，每组 3 人.

$$P = \dfrac{\dfrac{C_6^2 \cdot C_4^2 \cdot C_2^2}{3!} \cdot 3!}{280} = \dfrac{9}{28}.$$

（2）**A.** 3 位职业运动都在一个组时，其余 6 人进行平均分组即可

$$P = \dfrac{\dfrac{C_6^3 \cdot C_3^3}{2!}}{280} = \dfrac{1}{28}.$$

（3）**E.** 3 位职业运动员不能在同组的概率为（2）的反面，则概率为

$$P = 1 - \dfrac{1}{28} = \dfrac{27}{28}.$$

9 » **B.** 本题考查古典概型. 基本事件总数为 $C_{18}^3 = 17 \times 16 \times 3$.

又因为选出火炬手编号为 $a_n = a_1 + 3(n-1)$，$1 \leqslant a_n \leqslant 18$.

所以当 $a_1 = 1$ 时，由 1，4，7，10，13，16 可得 4 种选法；当 $a_1 = 2$ 时，由 2，5，8，11，14，17 可得 4 种选法；当 $a_1 = 3$ 时，由 3，6，9，12，15，18 可得 4 种选法. 故所求概率为 $P = \dfrac{4+4+4}{17 \times 16 \times 3} = \dfrac{1}{68}$.

10 » **B.** （1），事件 A 表示三个数的和为 3 的倍数，根据除以 3 的余数分组，（3，6，9）；（1，4，7）；（2，5，8），因为三个数的和为 3 的倍数可以每组取一个或者各组取 3 个，共有 $C_3^1 C_3^1 C_3^1 + C_3^3 + C_3^3 + C_3^3 = 30$（个），故概率 $P = \dfrac{30}{C_9^3} = \dfrac{5}{14}$.

由条件（2），事件 A 表示三个数的和为 5 的倍数，根据除以 5 的余数分组，（5）；（1，6）；（2，7）；（3，8）；（4，9）. 因为三个数的和为 5 的倍数可以取一个被 5 整除的，再取一个余 1 和一个余 4 或者取一个余 2 和一个余 3 的；或者取两个余 2 的和一

个余 1 的；或者取一个余 3 的和两个余 1 的；或者取两个余 3 的和一个余 4 的；或者取两个余 4 的和一个余 2 的．

共有 $C_2^1 C_2^1 + C_2^1 C_2^1 + C_2^1 C_2^1 + C_2^1 C_2^2 + C_2^1 C_2^2 + C_2^1 C_2^2 = 16$（个），故概率 $P = \dfrac{16}{C_9^3} = \dfrac{4}{21}$．

11 » C. 一天显示的时间总共有 $24 \times 60 = 1440$（种），和为 23 有 09:59，18:59，19:49，19:58，总共有 4 种情形，故所求概率为 $\dfrac{1}{360}$．

12 » C. 总事件数为 36 种，而满足 $\log_{2x} y = 1$ 的 $(x，y)$ 为 $(1，2)$，$(2，4)$，$(3，6)$，共 3 种情形，故所求概率为 $P = \dfrac{3}{36} = \dfrac{1}{12}$．

13 » 储蓄卡的密码不管总数有多少，只有一种是能成功解开的．所以每次试开的概率均为 $\dfrac{1}{n}$．密码的首位可以为 0，所以四位数密码的总数为 10^4 种．

（1）A. $\dfrac{1}{n} = \dfrac{1}{10^4}$，选 A．

（2）A. $\dfrac{1}{n} = \dfrac{1}{10^4}$，选 A．

（3）B. 每次成功的概率均相同，所以 3 次之内能成功的概率为 $\dfrac{1}{10^4} \times 3 = \dfrac{3}{10^4}$，选 B．

14 » D. 根据试密码问题可知，因为一次一次取样，那么不论第几次取玩偶，概率均为 $\dfrac{5}{10} = \dfrac{1}{2}$．

15 » B. 在正方形中，通过勾股定理求长度．如图 13 - 6 所示，在正方形 $ABCD$ 中边长为 2，O 为 AB 的中点，则 $AO = OB = 1$．假设 E、F 为 AD、BC 的中点，连接 OE、OF，则通过勾股定理可以得知 $OE = OF = \sqrt{2}$，那么 Q 点只要不在 EA，AB，BF 上即可，所以概率为 $\dfrac{4}{8} = \dfrac{1}{2}$，选 B．

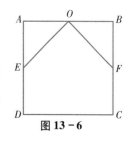

图 13 - 6

16 » A. 正方形外接一个圆，则可以设正方形的边长为 a，外接圆的半径为 $\dfrac{\sqrt{2}}{2} a$．将阴影图形进行割补，则阴影图形的面积为正方形图形面积的 $\dfrac{1}{2}$，外接圆的面积为 $S = \pi \left(\dfrac{\sqrt{2}}{2} a \right)^2 = \dfrac{1}{2} \pi a^2$．所以阴影部分的面积占整个圆的面积的 $\dfrac{1}{\pi}$．故选 A．

17 » A. 设小赵到达公交站的时刻为 x，小王到达公交站的时刻为 y，则 $7 \leqslant x \leqslant 7\dfrac{1}{2}$，$7 \leqslant y$

$\leqslant 7\dfrac{1}{2}$，小赵、小王两人到达公交站的时刻 (x, y) 所对应的区域在平面直角坐标系中画出是大正方形（如图 13 - 7）．将 3 班车到站的时刻在图形中画出，则小赵、小王两人要想乘同一班车，必须满足即 (x, y) 必须落在图形中的 3 个带阴影的小正方形内，所以由几何概型的计算公式得所求概率为 $p = \dfrac{\left(\dfrac{1}{6}\right)^2 \times 3}{\left(\dfrac{1}{2}\right)^2} = \dfrac{1}{3}$．

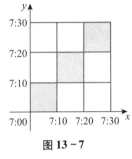

图 13 - 7

18 ›› **A.** 建立函数关系：$|x - y| > \dfrac{1}{2}$，$x \in [0, 1]$，$y \in [0, 1]$，根据画图可以得概率为 $\dfrac{1}{4}$．

19 ›› **B.** 设"乙队连胜四局"为事件 A，有下列情况：

第一局中乙胜甲（A_1），其概率为 $1 - 0.4 = 0.6$；第二局中乙胜丙（A_2），其概率为 0.5；

第三局中乙胜甲（A_3），其概率为 0.6；第四局中乙胜丙（A_4），其概率为 0.5．因各次比赛的事件相互独立，故乙队连胜四局的概率为 $P(A) = P(A_1 A_2 A_3 A_4) = 0.6^2 \times 0.5^2 = 0.09$．

20 ›› **C.** 设事件 A 为"第一个路口遇到红灯"，事件 B 为"第二个路口遇到红灯"，事件 C 为"第三个路口遇到红灯"，由题意，$P(A) = P(B) = P(C) = \dfrac{1}{2}$．

① 第三个路口时首次遇到红灯的概率为 $p_1 = P(\overline{A}) P(\overline{B}) P(C) = \dfrac{1}{8}$；

② 只遇到一次红灯的概率为

$$p_2 = P(A) P(\overline{B}) P(\overline{C}) + P(\overline{A}) P(B) P(\overline{C}) + P(\overline{A}) P(\overline{B}) P(C) = \dfrac{3}{8}；$$

③ 因遇到红灯停留的总时间多于 4 分钟的概率为 $P(A) P(B) P(C) = \dfrac{1}{8}$，所以停留的总时间至多是 4 分钟的概率为 $p_3 = 1 - \dfrac{1}{8} = \dfrac{7}{8}$．

综上得到，C 选项正确．

21 ›› **E.** 用 A，B，C 分别表示事件甲、乙、丙面试合格．由题意知 A，B，C 相互独立，且 $P(A) = P(B) = P(C) = \dfrac{1}{2}$．至少有一人面试合格的概率是

$$p_1 = 1 - P(\overline{A}\,\overline{B}\,\overline{C}) = 1 - P(\overline{A}) P(\overline{B}) P(\overline{C}) = 1 - \left(\dfrac{1}{2}\right)^3 = \dfrac{7}{8}．$$

没有人签约的概率为

$$p_2 = P(\overline{A} B \overline{C}) + P(\overline{A}\,\overline{B} C) + P(\overline{A}\,\overline{B}\,\overline{C})$$
$$= P(\overline{A}) P(B) P(\overline{C}) + P(\overline{A}) P(\overline{B}) P(C) + P(\overline{A}) P(\overline{B}) P(\overline{C})$$

$$= \left(\frac{1}{2}\right)^3 + \left(\frac{1}{2}\right)^3 + \left(\frac{1}{2}\right)^3 = \frac{3}{8}.$$

综上可得，$p_1 + p_2 = \dfrac{5}{4}$.

22 »» **D.** 设需要 n 门高射炮才能达到目的，用 A 表示"命中飞机"这一事件，用 A_i 表示"第 i 门高射炮命中飞机"，则 A_1，A_2，$\cdots$，A_n 相互独立，故 $\bar{A}_1$，$\bar{A}_2$，$\cdots$，$\bar{A}_n$ 也相互独立，故 $P(A) = 1 - P(\bar{A}) = 1 - P(\bar{A}_1 \bar{A}_2 \cdots \bar{A}_n)$

$$= 1 - P(\bar{A}_1)P(\bar{A}_2)\cdots P(\bar{A}_n) = 1 - (1 - 0.6)^n.$$

根据题意 $P(A) \geqslant 0.99$，所以 $1 - (1 - 0.6)^n \geqslant 0.99$，得 $n > 5$. 因此至少需要 6 门高射炮才能以不低于 99% 的概率命中飞机.

23 »» **D.** 记"甲第 i 次试跳成功"为事件 A_i，"乙第 i 次试跳成功"为事件 B_i.

依题意得 $P(A_i) = 0.7$，$P(B_i) = 0.6$，且 A_i，$B_i(i = 1, 2, 3)$ 相互独立.

①"甲试跳三次，第三次才能成功"为事件 $\bar{A}_1 \bar{A}_2 A_3$，且三次试跳相互独立，所以

$$p_1 = P(\bar{A}_1 \bar{A}_2 A_3) = P(\bar{A}_1)P(\bar{A}_2)P(A_3) = 0.3 \times 0.3 \times 0.7 = 0.063.$$

②"甲、乙两人在第一次试跳中至少有一人成功"为事件 C.

方法一　$C = A_1 \bar{B}_1 + \bar{A}_1 B_1 + A_1 B_1$，且 $A_1 \bar{B}_1$，$\bar{A}_1 B_1$，$A_1 B_1$ 彼此互斥，所以

$$p_2 = P(C) = P(A_1 \bar{B}_1) + P(\bar{A}_1 B_1) + P(A_1 B_1)$$
$$= P(A_1)P(\bar{B}_1) + P(\bar{A}_1)P(B_1) + P(A_1)P(B_1)$$
$$= 0.7 \times 0.4 + 0.3 \times 0.6 + 0.7 \times 0.6 = 0.88.$$

方法二　$p_2 = P(C) = 1 - P(\bar{A}_1)P(\bar{B}_1) = 1 - 0.3 \times 0.4 = 0.88.$

③设"甲在两次试跳中成功 i 次"为事件 $M_i(i = 0, 1, 2)$，"乙在两次试跳中成功 i 次"为事件 $N_i(i = 0, 1, 2)$.

因为事件"甲、乙各试跳两次，甲比乙的成功次数恰好多一次"可表示为 $M_1 N_0 + M_2 N_1$，且 $M_1 N_0$ 和 $M_2 N_1$ 为互斥事件，所以

$$p_3 = P(M_1 N_0 + M_2 N_1) = P(M_1 N_0) + P(M_2 N_1)$$
$$= P(M_1)P(N_0) + P(M_2)P(N_1)$$
$$= C_2^1 \times 0.7 \times 0.3 \times 0.4^2 + 0.7^2 \times C_2^1 \times 0.6 \times 0.4$$
$$= 0.0672 + 0.2352 = 0.3024.$$

24 »» **D.** 为使计算简便，应先计算合格品率.

设 $A_i = \{$第 i 道工序产生的次品$\}$，$D = \{$加工出的零件为次品$\}$，$D = A_1 + A_2 + A_3 + A_4$，则 $\bar{D}$ 表示加工出的零件为合格品，故有 $\bar{D} = \bar{A}_1 \bar{A}_2 \bar{A}_3 \bar{A}_4$. 由 $A_i(i = 1, 2, 3, 4)$ 的独立性，所以

$$P(\overline{D}) = P(\overline{A}_1)P(\overline{A}_2)P(\overline{A}_3)P(\overline{A}_4)$$
$$= (1-10\%)(1-20\%)(1-10\%)(1-25\%) = 48.6\%,$$
$$P(D) = 1 - P(\overline{D}) = 51.4\%.$$

25» **A.** 由已知分析得到：N_1 正常工作需要 A，B，C 同时正常工作，则概率
$$p_1 = P(ABC) = 0.8 \times 0.9 \times 0.7 = 0.504;$$
N_2 正常工作需要 A 正常工作，同时 B，C 至少有一个正常工作，则概率
$$p_2 = P(A)[1 - P(\overline{B}\,\overline{C})] = P(A)[1 - P(\overline{B})P(\overline{C})]$$
$$= 0.8 \times (1 - 0.1 \times 0.3) = 0.776.$$
故　　　　　　　　　$p_1 + p_2 = 0.504 + 0.776 = 1.28.$

26» **E.** 系统（I）有两条道路，它们能正常工作当且仅当两条道路至少有一条能正常工作，而每条道路能正常工作当且仅当它的每个元件能正常工作. 系统（I）每条道路正常工作的概率是 p^3，不能正常工作的概率是 $1 - p^3$，所以系统（I）不能正常工作的概率为 $(1 - p^3)^2$. 故系统（I）正常工作的概率是 $p_1 = 1 - (1 - p^3)^2 = p^3(2 - p^3)$.
系统（II）由 3 对并联元件串联而成，它能正常工作当且仅当每对并联元件都能正常工作，由于每对并联元件不能正常工作的概率为 $(1 - p)^2$，故每对并联元件正常工作的概率是 $1 - (1 - p)^2$，故系统（II）正常工作的概率是 $p_2 = [1 - (1 - p)^2]^3 = p^3(2 - p)^3$.
又 $p_1 - p_2 = p^3(2 - p^3) - p^3(2 - p)^3 = -6p^3(p-1)^2 < 0$，所以 $p_1 < p_2$.
综上可得，E 选项叙述错误.

27» **A.** 采用列举法，依次在图 13-8 上标注人数即可.
可以看出，A 点过 32 人，B 点过 40 人，C 点过 35 人，D 点过 30 人.

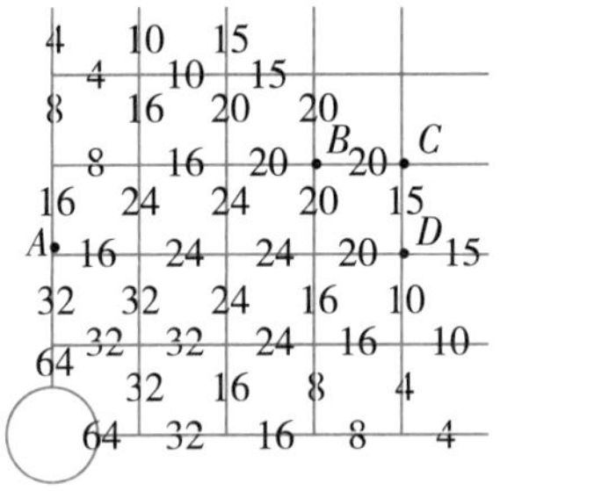

28» **B.** 不共线的三点可构成三角形，可以从反面思考.
由条件（1），概率 $P = 1 - \dfrac{2\mathrm{C}_4^3}{\mathrm{C}_8^3} = \dfrac{6}{7}$.（分子的 2 倍，指的是两行共线的情况）

图 13-8

由条件（2），概率 $P = 1 - \dfrac{8\mathrm{C}_3^3}{\mathrm{C}_9^3} = \dfrac{19}{21}$.（分子的 8 倍，指的是三行三列和两条对角线共线的情况）

29» **B.** 当选定一个面的一条对角线后，对应了两个"不规则三角形"，而每个面有 2 条对角线，一共 6 个面，则总共有 $2 \times 2 \times 6 = 24$（个）. 而总共可以产生的三角形个数有 $\mathrm{C}_8^3 = 56$（个），则概率为 $P = \dfrac{24}{56} = \dfrac{3}{7}$，选 B.

30» （1）**E.** 分别记甲、乙、丙经第一次烧制后合格为事件 A_1，A_2，A_3.

设 E 表示"第一次烧制后恰有一件产品合格",则

$$P(E) = P(A_1 \overline{A_2} \overline{A_3}) + P(\overline{A_1} A_2 \overline{A_3}) + P(\overline{A_1} \overline{A_2} A_3)$$

$$= 0.5 \times 0.4 \times 0.6 + 0.5 \times 0.6 \times 0.6 + 0.5 \times 0.4 \times 0.4 = 0.38.$$

（2）**B.** 分别记甲、乙、丙经过两次烧制后合格为事件 A，B，C，

则 $P(A) = P(B) = P(C) = 0.3$，所以

$$P\{m = 0\} = (1 - 0.3)^3 = 0.343；\quad P\{m = 1\} = C_3^1 (1 - 0.3)^2 \times 0.3 = 0.441；$$

$$P\{m = 2\} = C_3^2 (1 - 0.3) \times 0.3^2 = 0.189；\quad P\{m = 3\} = 0.3^3 = 0.027.$$

31 ≫ 分别记甲、乙两种果树成苗为事件 A_1 和 A_2，甲、乙两种果树移栽后成活为事件 B_1 和 B_2，则 $P(A_1) = 0.6$，$P(A_2) = 0.5$，$P(B_1) = 0.7$，$P(B_2) = 0.9$.

（1）**E.** 甲、乙两种果树至少有一种成苗的概率为

$$P(A_1 + A_2) = 1 - P(\overline{A_1} \overline{A_2}) = 1 - 0.4 \times 0.5 = 0.8.$$

（2）**A.** **方法一** 分别记甲、乙两种果树能培育成苗且移栽成活为事件 A 和 B，则

$$P(A) = P(A_1 B_1) = 0.42，\quad P(B) = P(A_2 B_2) = 0.45.$$

恰好有一种果树能培育成苗且移栽成活的概率为

$$P(A\overline{B} + \overline{A}B) = 0.42 \times 0.55 + 0.58 \times 0.45 = 0.492.$$

方法二 恰好有一种果树能培育成苗且移栽成活的概率为

$$P(A_1 B_1 \overline{A_2} + A_1 B_1 A_2 \overline{B_2} + \overline{A_1} A_2 B_2 + A_1 \overline{B_1} A_2 B_2) = 0.492.$$

32 ≫（1）**A.** 记"该选手能正确回答第 i 轮的问题"为事件 $A_i (i = 1, 2, 3, 4)$，则 $P(A_1) = \dfrac{4}{5}$，$P(A_2) = \dfrac{3}{5}$，$P(A_3) = \dfrac{2}{5}$，$P(A_4) = \dfrac{1}{5}$，所以该选手进入第四轮才被淘汰的概率为

$$p_1 = P(A_1 A_2 A_3 \overline{A_4}) = P(A_1) P(A_2) P(A_3) P(\overline{A_4}) = \frac{4}{5} \times \frac{3}{5} \times \frac{2}{5} \times \frac{4}{5} = \frac{96}{625}.$$

（2）**C.** **方法一** 正面求解.

$$p_2 = P(\overline{A_1} + A_1 \overline{A_2} + A_1 A_2 \overline{A_3}) = P(\overline{A_1}) + P(A_1) P(\overline{A_2}) + P(A_1) P(A_2) P(\overline{A_3})$$

$$= \frac{1}{5} + \frac{4}{5} \times \frac{2}{5} + \frac{4}{5} \times \frac{3}{5} \times \frac{3}{5} = \frac{101}{125}.$$

方法二 反面求解.

$$p_2 = 1 - P(A_1 A_2 A_3) = 1 - \frac{4}{5} \times \frac{3}{5} \times \frac{2}{5} = \frac{101}{125}.$$

33 ≫ 根据条件（1）～（5）的特殊情况来进行判定命中几次，未命中几次，哪一次是确定的.

（1）**C.** 根据题意有：概率为 $C_5^3 \times 0.6^3 \times 0.4^2$.

（2）**A.** 第 5 次是确定命中的，则概率为 $0.4^4 \times 0.6$.

（3）**C.** 根据题意，第五次一定命中，前 4 次有 3 次未命中，1 次命中：概率为 $C_4^3 \times 0.4^3 \times 0.6^2$.

（4）**C.** 根据题意，第五次一定命中，前 4 次有 3 次未命中，1 次命中：概率为 $C_4^3 \times$

$0.4^3 \times 0.6^2$.

（5）D. 根据题意，前四次中有 3 次失败，1 次成功：$C_4^3 \times 0.4^3 \times 0.6$.

34» D. 第一次已经是偶数了，则不需要考虑第一次了，只需要考虑第二次是偶数即可，则

概率为 $\dfrac{3}{6} = \dfrac{1}{2}$，选 D.

35» C. 已知不是红球了，所以只需要从剩下的 15 个球中，拿出 1 个是绿球即可，所以概

率为 $P = \dfrac{C_{10}^1}{C_{15}^1} = \dfrac{2}{3}$，选 C.

36» B. 要想结果大于 20，则（红色的点数，黄色的点数）＝ (4，6)，(6，4)，(6，5)，

(6，6) 这四个基本事件，所以概率为 $\dfrac{4}{2 \times 6} = \dfrac{1}{3}$.

第二节 顿悟练习

1. 3 位男生，3 位女生排成一排，恰好 3 位女生排在相邻位置的概率是(　　).

　A. $\dfrac{1}{5}$ 　　　B. $\dfrac{1}{20}$ 　　　C. $\dfrac{1}{120}$ 　　　D. $\dfrac{1}{30}$ 　　　E. $\dfrac{1}{10}$

2. 50 件运动衫中有 45 件是白色的，5 件是红色的，从中任取 3 件，至少有 1 件为红色的概

　率约为(　　).

　A. 0.18 　　　B. 0.28 　　　C. 0.38 　　　D. 0.48 　　　E. 0.22

3. 两部不同的长篇小说各由第一、二、三、四卷组成，每卷 1 本，共 8 本. 将它们任意地

　排成一排，左边 4 本恰好都属于同一部小说的概率是(　　).

　A. $\dfrac{19}{54}$ 　　　B. $\dfrac{35}{54}$ 　　　C. $\dfrac{38}{54}$ 　　　D. $\dfrac{1}{35}$ 　　　E. $\dfrac{1}{70}$

4. 将 7 个人（含甲、乙）分成三组，一组 3 人，另两组 2 人，不同的分组数为 a，甲、乙分

　到同一组的概率为 p，则 a 与 p 的值分别为(　　).

　A. $a = 105$，$p = \dfrac{5}{21}$ 　　　　B. $a = 105$，$p = \dfrac{4}{21}$ 　　　　C. $a = 210$，$p = \dfrac{5}{21}$

　D. $a = 210$，$p = \dfrac{4}{21}$ 　　　　E. $a = 220$，$p = \dfrac{5}{21}$

5. 从长度分别为 1，2，3，4，5 的五条线段中任取三条，不同取法共有 n 种. 在这些取法

　中，以取出的三条线段为边可组成的钝角三角形的个数为 m，则 $\dfrac{m}{n} = ($　　$)$.

　A. $\dfrac{1}{10}$ 　　　B. $\dfrac{1}{5}$ 　　　C. $\dfrac{33}{10}$ 　　　D. $\dfrac{2}{5}$ 　　　E. $\dfrac{1}{2}$

6. 若 10 把钥匙中只有 2 把能打开某锁，则从中任取 2 把能将该锁打开的概率为(　　).

A. $\frac{3}{10}$ B. $\frac{1}{12}$ C. $\frac{17}{45}$ D. $\frac{11}{12}$ E. $\frac{2}{9}$

7. 六位身高全不相同的同学拍照留念，摄影师要求前后两排各三人，则后排任何一人均比前排同学高的概率是(   ).

A. $\frac{2}{9}$ B. $\frac{17}{40}$ C. $\frac{1}{20}$ D. $\frac{7}{120}$ E. $\frac{7}{60}$

8. 将1，2，…，9这九个数平均分成三组，则每组的三个数都成等差数列的概率为(   ).

A. $\frac{1}{56}$ B. $\frac{1}{70}$ C. $\frac{1}{336}$ D. $\frac{1}{420}$ E. $\frac{2}{7}$

9. 在正方体上任选3个顶点连成三角形，则所得的三角形是直角三角形但非等腰直角三角形的概率为(   ).

A. $\frac{1}{7}$ B. $\frac{2}{7}$ C. $\frac{3}{7}$ D. $\frac{4}{7}$ E. $\frac{5}{7}$

10. 在三角形的每条边上各取三个分点（如图13-9），以这9个分点为顶点可画出若干个三角形. 若从中任意抽取一个三角形，其三个顶点分别落在原三角形的三条不同边上的概率为(   ).

A. $\frac{3}{10}$ B. $\frac{1}{3}$ C. $\frac{3}{7}$

D. $\frac{11}{12}$ E. $\frac{4}{9}$

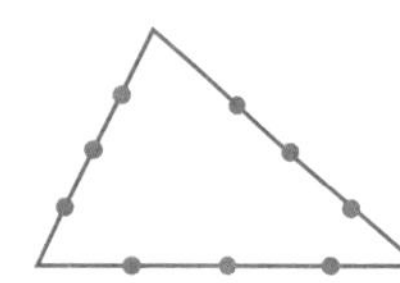

图13-9

11. 3名老师随机从3男、3女共6人中各带2名学生进行实验，其中每名老师各带1名男生和1名女生的概率为(   ).

A. $\frac{2}{5}$ B. $\frac{3}{5}$ C. $\frac{4}{5}$ D. $\frac{9}{10}$ E. $\frac{1}{5}$

12. 某人射击5枪，命中3枪，3枪中恰有2枪连中的概率为(   ).

A. $\frac{2}{5}$ B. $\frac{3}{5}$ C. $\frac{1}{10}$ D. $\frac{1}{20}$ E. $\frac{3}{10}$

13. 接种某疫苗后，出现发热反应的概率为0.8. 现有5人接种该疫苗，至少有3人出现发热反应的概率约为（精确到0.01）(   ).

A. 0.64   B. 0.74   C. 0.84   D. 0.94   E. 0.56

14. 投篮测试中，每人投3次，至少投中2次才能通过测试. 已知某同学每次投篮投中的概率为0.6，且各次投篮是否投中相互独立，则该同学通过测试的概率为(   ).

A. 0.648   B. 0.432   C. 0.36   D. 0.312   E. 0.324

15. 在4次独立重复试验中，随机事件A恰好发生一次的概率不大于其恰好发生两次的概率，则事件A在一次试验中发生的概率p的取值范围是(   ).

A. $[0.4, 0.8]$ B. $[0.6, 0.8]$ C. $[0.6, 1]$

D. $[0.8, 1]$ E. $[0.4, 1]$

16. 位于直角坐标系原点的一个质点P按下述规则移动：质点每次移动一个单位，移动的方向为向左或向右，并且向左移动的概率为$\frac{1}{3}$，向右移动的概率为$\frac{2}{3}$. 则质点P移动五次后位于点(1，0)的概率是(   ).

A. $\dfrac{4}{243}$ B. $\dfrac{8}{243}$ C. $\dfrac{40}{243}$ D. $\dfrac{80}{243}$ E. $\dfrac{97}{243}$

17. 将一枚硬币连掷 5 次，如果出现 k 次正面向上的概率等于出现 $k+1$ 次正面向上的概率，那么 k 的值为(   ).

A. 0   B. 1   C. 2   D. 3   E. 2 或 3

18. 从 1，2，$\cdots$，9 这九个数中，随机抽取 N 个不同的数，则这 N 个数的和为偶数的概率是 $\dfrac{11}{21}$.

（1） $N=2$.   （2） $N=3$.

19. 口袋内装有 10 个不同的球，其中 5 个球标有数字 0，另外 5 个球标有数字 1. 若从袋中摸出 5 个球，那么 $p=\dfrac{13}{126}$.

（1） 摸出的 5 个球所标数字之和小于 2 的概率是 p.

（2） 摸出的 5 个球所标数字之和大于 3 的概率是 p.

20. 一批零件共 100 个，其中有 95 个合格品，5 个次品，每次任取 1 个零件装配机器，则 $p_2=p_3$.

（1） 第 2 次取到合格品的概率是 p_2.

（2） 第 3 次取到合格品的概率是 p_3.

21. $p=\dfrac{1}{12}$.

（1） 将一颗骰子连续抛掷 4 次，它落地时向上的点数依次成等差数列的概率为 p.

（2） 将一颗骰子连续抛掷 3 次，它落地时向上的点数依次成等差数列的概率为 p.

22. $p=\dfrac{1}{n}$.

（1） 在编号为 1，2，3，$\cdots$，n 的 n 张奖券中，采取不放回的方式抽奖，若 1 号为获奖号码，则在第 $k(1\leqslant k\leqslant n)$ 次抽签时抽到 1 号奖券的概率是 p.

（2） 在编号为 1，2，3，$\cdots$，n 的 n 张奖券中，采取有放回的方式抽奖，若 1 号为获奖号码，则在第 $k(1\leqslant k\leqslant n)$ 次抽签时抽到 1 号奖券的概率是 p.

23. 掷 n 次均匀硬币出现正面的次数多于出现反面的次数的概率为 $\dfrac{1}{2}$.

（1） n 为偶数.   （2） n 为奇数.

24. $p=\dfrac{3}{10}$.

（1） 甲、乙、丙、丁、戊 5 人站成一排，则甲、乙相邻，甲、丙不相邻的概率为 p.

（2） 甲、乙、丙、丁、戊 5 人站成一排，则甲、乙、丙 3 人连在一起的概率为 p.

25. 停车场可把 12 辆车停放在一排，则 $p=\dfrac{9}{C_{12}^{8}}$.

（1） 当有 9 辆车已停放后而恰有 3 个空位连在一起，这样的事件发生的概率为 p.

（2） 当有 8 辆车已停放后而恰有 4 个空位连在一起，这样的事件发生的概率为 p.

26. $p = \dfrac{15}{16}$.

（1）5 封信随机投进甲、乙两个空信筒，两个信筒都有信的概率为 p.

（2）6 个运动队中有两个强队，先将 6 个队任意分为两组（每组 3 个队）进行比赛，则这两个强队被分到第一组的概率是 p.

27. 某组有学生 6 人，其中属 A 型血的 2 人，属 B 型血的 1 人，另外还有 AB 型血和 O 型血的人，则随机抽取 2 人，2 人血型相同的概率为 $\dfrac{2}{15}$.

（1）AB 型血有 2 人.　　　　　　　　　　（2）O 型血有 1 人.

28. $p = \dfrac{25}{72}$.

（1）有放回地取棋子．棋子有三种颜色：5 颗红色，4 颗黄色，3 颗白色．两次都取到同一种颜色的概率为 p.

（2）不放回地取棋子．棋子有三种颜色；5 颗红色，4 颗黄色，3 颗白色．两次都取到同一种颜色的概率为 p.

29. 在一小时内至多 2 台机床需要工人照看的概率是 0.9728.

（1）一台 X 型号自动机床在一小时内不需要工人照看的概率为 0.8.

（2）有四台这种型号的自动机床各自独立工作.

30. 可确定该射击选手一次射击的命中率是 $\dfrac{2}{3}$.

（1）一名射击选手向目标连续射击 4 次，至少命中一次的概率是 $\dfrac{80}{81}$.

（2）一名射击选手向目标连续射击 3 次，只有第二次未命中的概率是 $\dfrac{2}{27}$.

❧ 顿悟练习解析 ❧

1 ›› **A.** 将 3 位女生打包，再将这个包与 3 位男生全排，3 位女生排在相邻位置的排列种数为 3!4!，则相应概率为 $\dfrac{3!4!}{6!} = \dfrac{1}{5}$.

2 ›› **B.** 从反面计算：$1 - \dfrac{C_{45}^3}{C_{50}^3} \approx 0.28$.

3 ›› **D.** 两部小说的排列与各卷的排列都与顺序有关，故题中所求概率为

$$\dfrac{2 \cdot 4! \cdot 4!}{8!} = \dfrac{1}{35}.$$

4 ›› **A.** $a = C_7^3 \cdot \dfrac{C_4^2 C_2^2}{2!} = 105$，按照甲、乙所在组的人数可分两种情况，分别求之，可得

$$p = \frac{C_5^1 \dfrac{C_4^2 C_2^2}{2!} + C_5^3 C_2^2 \cdot 1}{105} = \frac{5}{21}.$$

5 » B. $n = C_5^3 = 10$，而可组成钝角三角形的只有$(2，3，4)$，$(2，4，5)$这两组，

故$\dfrac{m}{n} = \dfrac{2}{10} = \dfrac{1}{5}$.

6 » C. 所取的两把中只要有一把能开门即可，即$\dfrac{C_2^1 C_8^1 + C_2^2}{C_{10}^2} = \dfrac{17}{45}$.

7 » C. 选 3 个较高的站在后排即可，$\dfrac{3! \cdot 3!}{6!} = \dfrac{1}{20}$.

8 » A. 满足每组的三个数都成等差数列的共有五组$[(123)(456)(789)]$，$[(123)(468)$
$(579)]$，$[(135)(246)(789)]$，$[(147)(258)(369)]$，$[(159)(234)(678)]$，故概率为

$$\frac{5}{\dfrac{C_9^3 C_6^3 C_3^3}{3!}} = \frac{1}{56}.$$

9 » C. 直角三角形但非等腰直角三角形在 12 条面对角线以及两两相对所组成的 6 个平面截

成的矩形上取得，则所求概率为$\dfrac{6C_4^3}{C_8^3} = \dfrac{3}{7}$.

10 » B. $\dfrac{C_3^1 C_3^1 C_3^1}{C_9^3 - 3} = \dfrac{1}{3}$，其中分母减 3 是为了减去 3 个点都取自同一边的情况.

11 » A. 老师选男生的选法有$C_3^1 C_2^1 C_1^1$种，选女生的选法有$C_3^1 C_2^1 C_1^1$种，所以每名老师各带 1

名男生 1 名女生的概率为$\dfrac{C_3^1 C_3^1 C_2^1 C_2^1 C_1^1 C_1^1}{C_6^2 C_4^2 C_2^2} = \dfrac{2}{5}$.

12 » B. $\dfrac{C_2^1 C_3^2}{C_5^3} = \dfrac{3}{5}$.

13 » D. $C_5^3 (0.8)^3 (0.2)^2 + C_5^4 (0.8)^4 (0.2) + (0.8)^5 \approx 0.94$.

14 » A. 本题主要考查独立重复试验的概率公式与互斥事件. 根据独立重复试验公式得，该
同学通过测试的概率为$C_3^2 \times 0.6^2 \times 0.4 + 0.6^3 = 0.648$，故选 A.

15 » E. 由题设知$C_4^1 p(1-p)^3 \leqslant C_4^2 p^2 (1-p)^2$，解得$p \geqslant 0.4$，又$0 \leqslant p \leqslant 1$，
所以$0.4 \leqslant p \leqslant 1$.

16 » D. 依题意得，质点 P 移动五次后位于点$(1，0)$，则这五次移动中必有某两次向左移

动，另三次向右移动，因此所求的概率为$C_5^2 \left(\dfrac{1}{3}\right)^2 \cdot \left(\dfrac{2}{3}\right)^3 = \dfrac{80}{243}$.

17 » **C.** 由 $C_5^k \left(\dfrac{1}{2}\right)^k \cdot \left(\dfrac{1}{2}\right)^{5-k} = C_5^{k+1} \left(\dfrac{1}{2}\right)^{k+1} \cdot \left(\dfrac{1}{2}\right)^{5-k-1}$,

得 $C_5^k = C_5^{k+1}$, 故 $k + (k+1) = 5$, 即 $k = 2$.

18 » **B.** 条件(1)：概率为 $\dfrac{C_4^2 + C_5^2}{C_9^2} = \dfrac{4}{9}$, 不充分.

条件(2)：概率为 $\dfrac{C_5^2 C_4^1 + C_4^3}{C_9^3} = \dfrac{11}{21}$, 充分.

19 » **D.** 条件(1)：概率为 $p = \dfrac{C_5^5 + C_5^4 C_5^1}{C_{10}^5} = \dfrac{13}{126}$, 充分.

条件(2)：概率为 $p = \dfrac{C_5^5 + C_5^4 C_5^1}{C_{10}^5} = \dfrac{13}{126}$, 也充分.

20 » **C.** 显然两条件单独均不充分，考虑联合，$p_2 = \dfrac{C_{99}^1 C_{95}^1}{C_{100}^2 2!} = \dfrac{19}{20}$, $p_3 = \dfrac{C_{99}^2 2! \ C_{95}^1}{C_{100}^3 3!} = \dfrac{19}{20}$, 充分.

21 » **B.** 条件(1)：成等差数列的是 $\{1,1,1,1\}$, $\cdots$, $\{6,6,6,6\}$, $\{1,2,3,4\}$, $\{4,3,2,1\}$, $\{2,3,4,5\}$, $\{5,4,3,2\}$, $\{3,4,5,6\}$, $\{6,5,4,3\}$ 共 12 种，概率为 $\dfrac{12}{6^4} = \dfrac{1}{108}$, 不充分.

条件(2)：同样使用列举法，得到概率为 $\dfrac{1}{12}$, 充分.

22 » **D.** 条件(1)：只要从 $n-1$ 张奖券中抽取的前 $k-1$ 张都不是 1 号奖券即可，故概率为

$$\dfrac{C_{n-1}^{k-1} \cdot (k-1)!}{n(n-1)(n-2)\cdots(n-k+1)} = \dfrac{1}{n},$$ 充分.

条件(2)：显然其概率为 $\dfrac{1}{n}$, 也充分.

23 » **B.** 设 $A = \{正面次数 < 反面次数\}$, $B = \{正面次数 = 反面次数\}$, $C = \{正面次数 > 反面次数\}$, 显然 $P(A) = P(C)$, 且 $P(A) + P(B) + P(C) = 1 \Rightarrow P(C) = \dfrac{1}{2}[1 - P(B)]$. 当 n 为奇数时，$P(B) = 0 \Rightarrow P(C) = \dfrac{1}{2}$; 当 n 为偶数时，$P(B) > 0 \Rightarrow P(C) < \dfrac{1}{2}$.

24 » **D.** 条件(1)：$p = \dfrac{3! \cdot 2! \cdot 3}{5!} = \dfrac{3}{10}$, 充分.　条件(2)：$p = \dfrac{3! \cdot 3!}{5!} = \dfrac{3}{10}$, 充分.

25 » **B.** 条件(1)：概率为 $\dfrac{10}{C_{12}^9}$, 不充分.　条件(2)：概率为 $\dfrac{9}{C_{12}^8}$, 充分.

26 » **A.** 条件(1)：按对立事件求解，$p = 1 - \dfrac{2}{2^5} = \dfrac{15}{16}$, 充分.

条件(2)：两个强队被分到第一组的概率 $p = \dfrac{C_4^3}{C_6^3} = \dfrac{1}{5}$，不充分.

27 » **D.** 由条件(1)得到 O 型血的人有 1 人，因此 2 人血型相同的概率为 $\dfrac{C_2^2 + C_2^2}{C_6^2} = \dfrac{2}{15}$.

由条件(2)得到 AB 型血的人有 2 人，因此 2 人血型相同的概率为 $\dfrac{C_2^2 + C_2^2}{C_6^2} = \dfrac{2}{15}$.

28 » **A.** 由条件(1)，取到每种颜色棋子的概率见表 13 - 1：

表 13 - 1

颜色	红色	黄色	白色
p	$\dfrac{5}{12}$	$\dfrac{1}{3}$	$\dfrac{1}{4}$

因此两次取出棋子，同色分三个情况，红红，黄黄，白白. 所以概率为

$$\frac{5}{12} \times \frac{5}{12} + \frac{1}{3} \times \frac{1}{3} + \frac{1}{4} \times \frac{1}{4} = \frac{25 + 16 + 9}{144} = \frac{25}{72}.$$

由条件(2)，可得概率为 $\dfrac{C_5^2 + C_4^2 + C_3^2}{C_{12}^2} = \dfrac{10 + 6 + 3}{66} = \dfrac{19}{66}$.

29 » **C.** 显然两条件单独均不充分，考虑联合，则有 $C_4^2 (0.8)^2 (0.2)^2 + C_4^1 (0.8)^3 \times (0.2) + (0.8)^4 = 0.9728$，充分.

30 » **A.** 条件(1)：设一次射击的命中率为 p，则根据题意可知 $1 - (1-p)^4 = \dfrac{80}{81}$，

所以 $p = \dfrac{2}{3}$，充分.

条件(2)：根据题意可知 $p^2(1-p) = \dfrac{2}{27}$，解得 $p = \dfrac{1}{3}$ 或 $p = \dfrac{1+\sqrt{3}}{3}$，不充分.

专项十四　最值问题大总结

第一节　核心绝例

专项简析

最值问题是人们在生产和日常生活中最为普遍的一种数学问题，它的应用性和实用性非常广泛，无论是在生产实践中还是在科学研究领域我们都会遇到一些关于"最优""最好""最省""最大""最小"等问题，这些问题都要通通转化为最值问题进行求解．正因为应用性强、考试范围广，更能体现考生分析问题、解决问题的能力，所以最值问题在真题的占比为 $20\% \sim 40\%$．鉴于此，现将常考的最值问题进行归纳汇总，旨在提升考生解决最值问题的能力，利用"奇思妙想"来攻克考研中的"九九八十一难"，充分体现数学的美感．

题型 1　实数求最值

思　路　在数论中，实数求最值往往要先列举，通过找规律来求最值．

1 把 14 拆成几个自然数的和，要使这些数的乘积最大，最大的乘积是 k．
(1) $k = 162$．　　　　　　(2) $k = 144$．

2 将 50 拆分成 10 个质数之和，要求其中最大的质数尽可能大，这个最大的质数是(　　)．
A. 23　　　　B. 29　　　　C. 31　　　　D. 37　　　　E. 41

题型 2　至少至多问题

思　路　处理这类问题往往要通过"反面思想"和"极端思想"来进行求解．有时为了满足题干的要求，要学会"匀一匀"的技巧．

3 数列 $\{a_n\}$ 是递增的整数数列，且 $a_1 \geq 3, a_1 + a_2 + \cdots + a_n = 100$，则 n 的最大值为(　　)．
A. 9　　　　B. 10　　　　C. 11　　　　D. 12　　　　E. 13

4 一次数学考试（满分为 100 分），6 名同学平均分为 91 分，6 人得分均为整数且分数互不相同，其中得分最少的同学仅得 65 分．那么，排第三名的同学至少得(　　)分．
A. 92　　　　B. 93　　　　C. 94　　　　D. 95　　　　E. 96

5 某体育队共有 100 人，擅长打篮球的有 76 人，擅长打排球的有 83 人，擅长打乒乓球的有 90 人，擅长打羽毛球的有 84 人，擅长踢足球的有 70 人，则至少有（　　）人 5 项都擅长.

A. 1 　　　　 B. 2 　　　　 C. 3 　　　　 D. 4 　　　　 E. 5

6 电影院一排有 50 个座位，其中有些座位已经有人. 若新来一个人，他无论坐在何处，都有一个人与他相邻，则原来至少有（　　）人就座.

A. 17 　　　　 B. 18 　　　　 C. 19 　　　　 D. 20 　　　　 E. 25

题型 3　抽屉原理

思　路　抽屉原理 I：将 $n+1$ 件或更多件的物体随意地放到 n 个抽屉中去，那么，至少有一个抽屉中的物体个数不少于 2 个；

抽屉原理 II：将多于 $m \times n$ 个（即 $m \times n + 1$，$m \times n + 2$，⋯）物体任意放到 n 个抽屉中去，那么，至少有一个抽屉中的物体个数不少于 $(m+1)$ 个.

7 有黑色、白色、黄色的筷子各 8 根，混杂放在一起. 黑暗中想从这些筷子中取出颜色不同的两双筷子，则至少要取（　　）根才能保证达到要求.

A. 4 　　　　 B. 5 　　　　 C. 8 　　　　 D. 10 　　　　 E. 11

8 某学校高一年级有 165 个学生，都参加篮球、足球和乒乓球三项体育活动中的 1 项、2 项或 3 项，其中至少可以找到（　　）个同学参加项目相同的活动.

A. 3 　　　　 B. 7 　　　　 C. 23 　　　　 D. 24 　　　　 E. 25

9 从 1，2，3，4，⋯，50 这 50 个数中，最多可以选出（　　）个数，使得其中任意两个数的差都不等于 4.

A. 26 　　　　 B. 25 　　　　 C. 24 　　　　 D. 23 　　　　 E. 27

10 甲班共有 30 名学生，在一次满分为 100 分的考试中，全部平均成绩为 90 分，则成绩低于 60 分的同学至多有（　　）名.

A. 8 　　　　 B. 7 　　　　 C. 6 　　　　 D. 5 　　　　 E. 4

题型 4　工程问题求最值

思　路　工程问题求最值的模型有两种：（1）能者多劳；（2）优化分配.

11 加工一个零件，甲需 3 分钟，乙需 3.5 分钟，丙需 4 分钟，现有 1825 个零件要加工，为尽早完成任务，甲、乙、丙各加工一定数量零件，那么完成任务所需时间最少是（　　）小时.

A. 24 　　　　 B. 28 　　　　 C. 32 　　　　 D. 35 　　　　 E. 36

12 甲、乙两项工作，张单独完成甲工作要 10 天，单独完成乙工作要 15 天；李单独完成甲工作要 8 天，单独完成乙工作要 20 天. 如果每项工作都可以由两人合作，那么这两项工作都完成最少需要（　　）天.

A. 12 　　　　 B. 13 　　　　 C. 14 　　　　 D. 15 　　　　 E. 16

题型5　一次不等式组求最值

> **思　路**　一次不等式组求最值为线性规划问题，目的在于寻找最优解，一般情况下，可考虑可行域的端点及其附近.

13 变量 x，y 满足条件 $\begin{cases} x-4y\leqslant -3 \\ 3x+5y\leqslant 25 \\ x\geqslant 1 \end{cases}$，设 $z=2x+y$，z 的最大值和最小值分别为（　　）.

  A. 12，3 B. 14，3 C. 12，4 D. 14，4 E. 15，3

14 设 x 和 y 满足约束条件 $\begin{cases} 3x-y-6\leqslant 0 \\ x-y+2\geqslant 0 \\ x\geqslant 0,\ y\geqslant 0 \end{cases}$，若目标函数 $z=ax+by(a>0,\ b>0)$ 的最大值为 12，则 $\dfrac{2}{a}+\dfrac{3}{b}$ 的最小值为（　　）.

  A. $\dfrac{25}{6}$ B. 4 C. 5 D. $\dfrac{11}{3}$ E. $\dfrac{8}{3}$

题型6　一次绝对值求最值

> **思　路**　直接用分段讨论法难度较大，技巧为：利用尖点代入法进行比较求解.

15 若 $y=|x+1|-3|x-1|+|2x+6|$，则 y 的最大值为（　　）.
  A. 10 B. 9 C. 8 D. 7 E. 6

16 $x\in \mathbf{R}$，$|x-1|+|2x-3|+|x-2|$ 的最小值为（　　）.

  A. 0 B. $\dfrac{1}{2}$ C. $\dfrac{3}{2}$ D. 1 E. 2

题型7　绝对值三角不等式求最值

> **思　路**　利用 $|a\pm b|\leqslant |a|+|b|$ 的性质，将绝对值放大进行求解.

17 $|a|\leqslant 1$，$|b|\leqslant 1$.
  (1) $|a-b|\leqslant 1$.   (2) $|a+b|\leqslant 1$.

18 已知 a,b,c 为实数，且 $c>0$，则 $|a|+|b|$ 的最小值为 2.
  (1) $a+b+c=0$.   (2) $abc=2$.

题型8　利用非负性求最值

> **思　路**　非负性本身具有最小值为 0，要先将表达式变成常数 ± 非负性，再分析最大值和最小值. 常见的模型有：
> (1) 表达式 = 非负性 + 常数；表达式有最小值，即这个常数；
> (2) 表达式 = 常数 − 非负性；表达式有最大值，即这个常数.

⑲ $x \in \mathbf{R}_+$，函数 $f(x) = x^2 - x + \dfrac{1}{x}$ 的最小值为（　　　）.

    A. -3 B. -2 C. -1 D. 0 E. 1

⑳ 已知 x, y 为实数，则 $u = 5x^2 - 6xy + 2y^2 + 2x - 2y + 3$ 的最小值为（　　　）.

    A. 1 B. 2 C. 2.5 D. 3 E. 4

▎题型 9　对称轴法求最值

> **思　路**　当表达式为二次函数，并且对称轴在定义域内，可将对称轴直接代入求解最值.

㉑ 甲商店销售某种商品，该商品的进价为每件 90 元，若每件定价为 100 元，则一天内能售出 500 件，在此基础上，定价每增加一元，一天便能少售出 10 件. 甲商店欲获得最大利润，则该商品的定价应为（　　　）元.

    A. 115 B. 120 C. 125 D. 130 E. 135

▎题型 10　判别式法求最值

> **思　路**　利用转换主元法，将 y 看成参数，利用实数根的特征来求最值是二次函数中的"奇思妙想".

㉒ 函数 $y = \dfrac{ax^2 + 3x + b}{x^2 + 1}$ 的最大值为 $5\dfrac{1}{2}$，最小值为 $\dfrac{1}{2}$，则 $a + b = $（　　　）.

    A. 6 B. 4 C. 3 D. 2 E. 8

▎题型 11　放缩法求最值

> **思　路**　利用恒成立的不等式进行增项或减项来达到结论的形式从而证明不等式成立，这样的方法叫作"放缩"，需要考生有较强的分析问题和恒等变形的能力.

㉓ 已知 x, y 是实数，且满足 $x^2 + xy + y^2 = 3$，则 $u = x^2 - xy + y^2$ 的最大值和最小值的和为（　　　）.

    A. 1 B. 9 C. 10 D. 12 E. 16

㉔ 设 x, y, z 为正实数，那么 $A > B$.

    （1）$A = \sqrt{x^2 + xy + y^2} + \sqrt{z^2 + yz + y^2}$，$B = x + y + z$.

    （2）$A = \sqrt{x^2 + 3xy + y^2} + \sqrt{z^2 + 3yz + y^2}$，$B = x + y + z$.

▎题型 12　均值定理求最值

> **思　路**　均值不等式是求最值的重要内容，使用均值不等式的关键是要凑出定值来，其技巧口诀为：和为定值，积有最大值；积为定值，和有最小值.

㉕ 函数 $f(x) = x + \dfrac{4}{x} + 3$ 在 $(-\infty, \ -2]$ 上的最值为（　　　）.

　　A. 无最大值，有最小值 7　　　　　　　　B. 无最大值，有最小值 -1

　　C. 有最大值 7，有最小值 -1　　　　　　D. 有最大值 -1，无最小值

　　E. 无最大值也无最小值

㉖ 若函数 $f(x) = x + \dfrac{1}{x-2}(x > 2)$ 在 $x = a$ 处取最小值，则 $a = ($　　　$)$.

　　A. 1　　　　　B. 2　　　　　C. 3　　　　　D. 4　　　　　E. 5

㉗ 已知 $x > 1, y > 1$，且 $x + y = 15$，则 $D = (x-1)^2(y-2)$ 的最大值为（　　　）.

　　A. 128　　　　B. 256　　　　C. 512　　　　D. 1024　　　　E. 2096

㉘ $y = \dfrac{x^2 + 7x + 10}{x + 1}(x > -1)$ 的最小值为（　　　）.

　　A. 1　　　　　B. 2　　　　　C. 4　　　　　D. 6　　　　　E. 9

㉙ 已知 $x > 2$，则 $f(x) = \dfrac{x^2 - 4x + 5}{2x - 4}$ 的最小值为（　　　）.

　　A. 1　　　　　B. 2　　　　　C. 3　　　　　D. 4　　　　　E. 5

㉚ 设 $a > b > 0$，则 $a^2 + \dfrac{1}{ab} + \dfrac{1}{a(a-b)} \geq m$ 恒成立.

　　（1）m 为最小的质数.　　　　　　　　（2）m 为最小的合数.

题型 13　四大平均值求最值

> **思　路**　利用平方平均值、算术平均值、几何平均值、调和平均值的关系来推导判断求最值.

㉛ 已知正数 x，y，则 $xy > 1$.

　　（1）$\dfrac{2xy}{x+y} > 1$.　　　　　　　　　（2）$x + y > 2$.

㉜ 设 x，y 为实数，则 $|x + y| \leqslant 2$.

　　（1）$x^2 + y^2 \leqslant 2$.　　　　　　　　　（2）$xy \leqslant 1$.

题型 14　均值定理精髓求最值

> **思　路**　当和与积为定值时，多个未知数不仅能求最大值也能求最小值，主要依赖均值不等式的精髓来实现.

㉝ $a + b + c + d + e$ 的最大值为 133

　　（1）a，b，c，d，e 是大于 1 的自然数，且 $abcde = 2700$.

　　（2）a，b，c，d，e 是大于 1 的自然数，且 $abcde = 2000$.

题型 15　"1" 的妙用求最值

> **思　路**　"1" 的妙用情况：（1）将 "1" 看成是一个式子进行整体代换；（2）将 "1" 升幂；（3）将一个大数拆成 n 个相同的小数相加.

34 已知两个正实数 x，y 满足 $x+y=4$，则使不等式 $\dfrac{1}{x}+\dfrac{4}{y} \geq m$ 恒成立的实数 m 的取值范围中，m 最大可取（　　）.

A. 2　　　　B. $\dfrac{9}{4}$　　　　C. $\dfrac{13}{4}$　　　　D. 4　　　　E. 5

35 已知 a,b,c 为正实数，且 $abc=8$，则 $a^5+b^5+c^5+64$ 的最小值为（　　）.

A. 80　　　　B. 100　　　　C. 120　　　　D. 160　　　　E. 200

题型 16　齐次化求最值

思　路 当分子和分母的次数不统一时，可以利用齐次化来求最值.

36 已知 $a>0,b>0$，$a+2b=1$，则分式 $\dfrac{b^2+a+1}{2ab}$ 的最小值为（　　）.

A. $\dfrac{13}{2}$　　　　B. $\dfrac{25}{2}$　　　　C. $6+\sqrt{10}$　　　　D. $3+\sqrt{10}$　　　　E. $9+\sqrt{10}$

题型 17　换元法求最值

思　路 换元法通过引入新的元素将分散的条件联系起来，或者把隐含的条件显示出来，其理论根据是等量代换.

37 已知 $a>b>c$，且 $a-c=1$，则 $\dfrac{1}{a-b}+\dfrac{1}{b-c}$ 的最小值为（　　）.

A. 1　　　　B. 2　　　　C. 4　　　　D. 6　　　　E. 8

题型 18　双换元求最值

思　路 在求最值的题目中，当条件是两个未知数且可以因式分解时，利用双换元的方法可以简单直接求解最值.

38 已知 $a>0,b>0,a+3b+ab=9$，则 $a+3b$ 的最小值为（　　）.

A. 2　　　　B. 4　　　　C. 5　　　　D. 6　　　　E. 7

题型 19　地位等价法求最值

思　路 在求最值时，如果 x,y 互换位置，题目不变，我们称之为 x,y 的地位等价，可以使用地位等价法求最值.

39 若实数 x,y 满足 $x^2+y^2+xy=1$，则 $x+y$ 的最大值是（　　）.

A. $\dfrac{2\sqrt{3}}{3}$　　　　B. $-\dfrac{2\sqrt{3}}{3}$　　　　C. $\dfrac{\sqrt{3}}{3}$　　　　D. $-\dfrac{\sqrt{3}}{3}$　　　　E. $\sqrt{3}$

40 已知 $\log_2 a + \log_2 b \geq 1$，则 3^a+9^b 的最小值为（　　）.

  A. 6　　　　　B. 9　　　　　C. 16　　　　　D. 18　　　　　E. 24

题型 20　万能设 k 法求最值

思　路　题目给定关于 x,y 的一个二次式，要求另一个代数式的值，可以直接令此式子等于 k，然后用 y 表示 x，代入原式，得到一个关于 x 的一元二次方程，利用判别式大于等于零，得到一个不等式，解出 k 的范围即可.

41 设 x,y 为实数，若 $4x^2 + y^2 + xy = 5$，则 $2x + y$ 的最大值是（　　　）.

  A. 2　　　　　B. $2\sqrt{2}$　　　　　C. 4　　　　　D. $2\sqrt{3}$　　　　　E. 6

42 已知实数 a,b,c 满足 $a + b + c = 0$，且 $a^2 + b^2 + c^2 = 1$，则 a 的最大值为（　　　）.

  A. $\dfrac{\sqrt{6}}{3}$　　　　B. $\dfrac{\sqrt{6}}{2}$　　　　C. $\dfrac{\sqrt{6}}{4}$　　　　D. $\dfrac{\sqrt{6}}{5}$　　　　E. $\dfrac{\sqrt{6}}{6}$

题型 21　柯西不等式法求最值

思　路　当看到二次和一次的转化求解最值，或者一次和根号的转化求解最值时，可以利用柯西不等式来求解最值.

43 设 a，b，c，x，y，z 为实数，且 $a^2 + b^2 + c^2 = 25$，$x^2 + y^2 + z^2 = 36$，$ax + by + cz = 30$，则 $\dfrac{a + b + c}{x + y + z} = $（　　　）.

  A. $\dfrac{3}{4}$　　　　B. $\dfrac{5}{6}$　　　　C. $\dfrac{25}{36}$　　　　D. $\dfrac{1}{6}$　　　　E. $\dfrac{1}{5}$

44 $y = 3\sqrt{x - 1} + 4\sqrt{5 - x}$ 的最大值为（　　　）.

  A. 11　　　　　B. 12　　　　　C. 13　　　　　D. 15　　　　　E. 10

题型 22　权方和不等式法求最值

思　路　当出现分式求最值时，首先考虑用权方和不等式求最值，要注意权方和不等式使用条件和取等条件.

45 已知 a，b，$c \in \mathbf{R}_+$，且 $a + b + c = 1$，则 $\dfrac{1}{a} + \dfrac{4}{b} + \dfrac{9}{c}$ 的最小值为（　　　）.

  A. 6　　　　　B. 12　　　　　C. 24　　　　　D. 36　　　　　E. 72

46 设 a,b,c 都是正实数，且 $2a + 3b + c = 14$，则 $3a^3 + 2b^3 + 6c^3$ 的最小值为（　　　）.

  A. 6　　　　　B. 14　　　　　C. 42　　　　　D. 84　　　　　E. 144

题型 23　三角换元法求最值

思　路　当出现圆的方程 $(x - a)^2 + (y - b)^2 = r^2$，可以利用 $x = a + r\cos\alpha, y = b + r\sin\alpha$ 进行换元求解.

47 已知 $x^2 + y^2 = 1$，则 $x^2 + 2xy - y^2$ 的最大值为（　　）.

A. $\sqrt{2}$　　　　B. 2　　　　C. 4　　　　D. $2\sqrt{3}$　　　　E. $4\sqrt{2}$

题型 24　韦达定理求最值

> **思　路**　要先根据判别式判断参数的范围，然后根据参数范围求最值即可.

48 设 α，β 是关于 $x^2 - 2(k-1)x + k + 1 = 0$ 的两个实根，则 $\alpha^2 + \beta^2$ 的最小值为（　　）.

A. $-\dfrac{17}{4}$　　　B. $\dfrac{17}{4}$　　　C. -2　　　D. -1　　　E. 2

题型 25　指数、对数函数求最值

> **思　路**　本类题型主要根据单调性或者转化成一元二次函数求最值.

49 令 $a = 3^{555}$，$b = 4^{444}$，$c = 5^{333}$，那么它们之间的大小情况是（　　）.

A. $a > b > c$　　　　　　B. $b > a > c$　　　　　　C. $a > c > b$

D. $b > c > a$　　　　　　E. $c > a > b$

题型 26　分式不等式求最值

> **思　路**　当 $0 < a \leqslant b$，且 $m \geqslant 0$ 时，有 $\dfrac{a+m}{b+m} \geqslant \dfrac{a}{b}$.

50 设 x,y 都是正实数，则 $A > B$.

(1) $A = \dfrac{1}{1+x} + \dfrac{1}{1+y}, B = \dfrac{1}{1+xy}$.

(2) $A = \dfrac{1}{1-x} + \dfrac{1}{1-y}, B = \dfrac{1}{1-xy}$.

题型 27　无理函数求最值

> **思　路**　根据无理函数的定义域及单调性进行求解即可.

51 代数式 $\sqrt{x} + \sqrt{x-1} + \sqrt{x-2}$ 的最小值是（　　）.

A. 0　　　　B. $1 + \sqrt{2}$　　　C. 1　　　　D. 2　　　　E. -1

52 如图 14 - 1 所示，等腰梯形的上底与腰均为 x，下底为 $x + 10$，则 $x = 13$.

(1) 该梯形的上底与下底之比为 13:23.

(2) 该梯形的面积为 216.

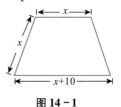

图 14 - 1

题型 28　max、min 函数求最值

> **思路**　$\min\{a, b, c\}$ 表示 a, b, c 中的最小值, 其本质可以理解为 $\min\{a, b, c\} \leqslant a$ 且 $\min\{a, b, c\} \leqslant b$ 且 $\min\{a, b, c\} \leqslant c$. $\max\{a, b, c\}$ 表示 a, b, c 中的最大值, 其本质可以理解为 $\max\{a, b, c\} \geqslant a$ 且 $\max\{a, b, c\} \geqslant b$ 且 $\max\{a, b, c\} \geqslant c$. 对于函数而言, $\min\{f(x), g(x)\}$ 表示各函数图像中最低的部分. $\max\{f(x), g(x)\}$ 表示各函数图像中最高的部分.

53 已知 $\triangle ABC$ 的三边边长为 a、b、$c(a \leqslant b \leqslant c)$, 则 $\triangle ABC$ 为等边三角形.

(1) $\max\left\{\dfrac{a}{b}, \dfrac{b}{c}, \dfrac{c}{a}\right\} \cdot \min\left\{\dfrac{a}{b}, \dfrac{b}{c}, \dfrac{c}{a}\right\} = 1$.

(2) $\max\left\{\dfrac{a}{b}, \dfrac{b}{c}, \dfrac{c}{a}\right\} = \min\left\{\dfrac{a}{b}, \dfrac{b}{c}, \dfrac{c}{a}\right\}$.

题型 29　分段函数求最值

> **思路**　根据分段函数的意义先画图, 再根据图像求解最值.

54 设 $f(x) = \begin{cases} -2x + 3, & x < 1 \\ \log_2(2x - 1), & x \geqslant 1 \end{cases}$, 则 $f(x)$ 的最小值为(　　).

A. 0　　　　　　B. 1　　　　　　C. 2　　　　　　D. 3　　　　　　E. -1

题型 30　复合函数求最值

> **思路**　主要通过内部函数的范围来求最值.

55 设函数 $f(x) = x^2 + ax$, 则 $f(x)$ 与 $f(f(x))$ 的最小值相等.

(1) $a \geqslant 2$.　　　　　　　　　　(2) $a \leqslant 0$.

题型 31　等差数列求最值

> **思路**　(1) 找到元素符号发生改变的点, 即为前 n 项和的最值; (2) 利用求和函数形式的对称轴求解.

56 等差数列 $\{a_n\}$ 中, $a_1 > 0$, $S_9 = S_{12}$, 则前(　　)项的和最大.

A. 9　　　　　B. 10　　　　　C. 11　　　　　D. 10 或 11　　　　　E. 12

57 设等差数列 $\{a_n\}$ 的前 n 项和为 S_n, $S_{12} > 0$, $S_{13} < 0$. 则 n 取(　　)时, S_n 最大.

A. 6　　　　　B. 7　　　　　C. 9　　　　　D. 10　　　　　E. 11

题型 32　等比数列求最值

> **思路**　先建立表达式的函数关系, 之后利用最值工具进行求解.

58 设 $\{a_n\}$ 是等比数列，公比 $q = \sqrt{2}$，S_n 为 $\{a_n\}$ 的前 n 项和. 令 $T_n = \dfrac{17S_n - S_{2n}}{a_{n+1}}$，

则 $n = ($ $)$时，T_n 最大.

A. 6   B. 4   C. 8   D. 9   E. 10

题型 33 递推数列求最值

思 路 先建立最值的表达式，之后利用最值工具进行求解.

59 已知数列 $\{a_n\}$ 满足 $a_1 = 33$，$a_{n+1} - a_n = 2n$，则 $\dfrac{a_n}{n}$ 的最小值为(   ).

A. $\dfrac{23}{2}$ B. $\dfrac{17}{2}$ C. $\dfrac{31}{2}$ D. $\dfrac{19}{2}$ E. $\dfrac{21}{2}$

题型 34 几何距离长度最值问题

思 路 此类题目较为灵活，通常要借助图像的帮助来进行分析或者借助常见模型的结论，才能保证做题又快又准确.

60 $\triangle ABC$ 中，$AB = 6$，$AC = 4$，当 $\angle A$ 在 $(0, \pi)$ 中变化时，该三角形 BC 边上的中线长的取值范围是(   ).

A. $(2, 10)$ B. $(1, 5)$ C. $(2, 5)$ D. $(4, 6)$ E. $(6, 8)$

61 已知圆的方程为 $x^2 + y^2 - 6x - 8y = 0$. 设该圆过点 $(3, 5)$ 的最长弦和最短弦分别为 AC 和 BD，则四边形 $ABCD$ 的面积为 (   ).

A. $10\sqrt{6}$ B. $20\sqrt{6}$ C. $24\sqrt{6}$ D. $30\sqrt{6}$ E. $40\sqrt{6}$

62 已知圆 C_1 的方程为：$x^2 + 4x + y^2 + 10y + 25 = 0$，圆 C_2 的方程为：$x^2 - 8x + y^2 - 6y + 16 = 0$. 点 A 在圆 C_1 上运动，点 B 在圆 C_2 上运动，则 $|AB|$ 的最短距离为(   ).

A. 2   B. 5   C. 8   D. 10   E. 15

63 由直线 $y = x + 1$ 上的一点向圆 $(x - 3)^2 + y^2 = 1$ 引切线，则切线长的最小值为(   ).

A. 1   B. 2   C. $\sqrt{7}$ D. 3   E. 4

64 如果点 P 在平面区域 $\begin{cases} 2x - y + 2 \geqslant 0 \\ x + y - 2 \leqslant 0 \\ 2y - 1 \geqslant 0 \end{cases}$ 内，点 Q 在曲线 $x^2 + (y + 2)^2 = 1$ 上，那么 $|PQ|$ 的

最小值为(   ).

A. $\dfrac{3}{2}$ B. $\dfrac{4}{\sqrt{5}} - 1$ C. $2\sqrt{2} - 1$ D. $\sqrt{2} - 1$ E. 2

题型 35 几何面积最值问题

思 路 先建立面积表达公式，再用单调性、均值定理、二次函数等进行求最值.

65 已知圆 C 的方程为 $x^2 - 2x + y^2 = 0$,点 C 为圆心. 直线 l: $kx - y + 2 - 2k = 0$ 交圆 C 于 A,B 两点,则当 $\triangle ABC$ 面积最大时,直线 l 的斜率 k 为( ).

    A. 1   B. 6   C. 1 或 7   D. 2 或 6   E. 8

66 直线 l 过点 $M(2,1)$,且分别交 x 轴、y 轴的正半轴于点 A 和 B,O 为坐标原点.

    (1) 当 $\triangle AOB$ 的面积最小时,直线 l 的方程为( ).

    A. $x + 2y - 4 = 0$ B. $x + y - 3 = 0$ C. $2x + y - 5 = 0$

    D. $x - y - 1 = 0$ E. $x + 3y - 5 = 0$

    (2) 当 $|MA| \cdot |MB|$ 取最小值时,直线 l 的方程为( ).

    A. $x + 2y - 4 = 0$ B. $x + y - 3 = 0$ C. $2x + y - 5 = 0$

    D. $x - y - 1 = 0$ E. $x + 3y - 5 = 0$

67 设点 $A(0,2)$ 和 $B(1,0)$,在线段 AB 上取一点 $M(x,y)$ $(0 < x < 1)$,则以 x,y 为两边长的矩形面积的最大值为( ).

    A. $\dfrac{5}{8}$ B. $\dfrac{1}{2}$ C. $\dfrac{3}{8}$ D. $\dfrac{1}{4}$ E. $\dfrac{1}{8}$

题型 36 两距离之和与两距离之差的最值问题

思 路 (1) 两距离之和所采用的原理为轴对称原理;(2) 两距离之差所采用的原理为三角形三边原理.

68 $f(x) = \sqrt{x^2 - 4x + 13} + \sqrt{x^2 - 10x + 26} + 3$ 的最小值为 ( ).

    A. 5   B. 6   C. 7   D. 8   E. 9

69 $f(x) = \sqrt{x^2 - 4x + 13} - \sqrt{x^2 - 10x + 26}$ 的最大值为 ( ).

    A. 2   B. 3   C. $2\sqrt{3}$ D. $\sqrt{13}$ E. 4

题型 37 $x^2 + y^2$ 的最值问题

思 路 要将 $x^2 + y^2$ 看成动点 (x,y) 到原点距离的平方.

70 已知动点 $P(x,y)$ 在圆 $(x - 2)^2 + y^2 = 1$ 上,则 $x^2 + y^2$ 的最大值为( ).

    A. 1   B. 3   C. 4   D. 9   E. 10

71 设实数 x,y 满足 $|x - 2| + |y - 2| \leqslant 2$,则 $x^2 + y^2$ 的取值范围是( ).

    A. $[2,18]$ B. $[2,20]$ C. $[2,36]$ D. $[4,18]$ E. $[4,20]$

题型 38 $\dfrac{y - b}{x - a}$ 的妙解

思 路 (1) 利用数形结合法将 $\dfrac{y - b}{x - a}$ 看成动点 (x,y) 到 (a,b) 的斜率最值;(2) 利用设 k 法看成直线求解;(3) 利用柯西不等式求解.

72 动点 $P(x, y)$ 在圆 $x^2 + y^2 = 1$ 上运动，则 $\dfrac{y+1}{x+2}$ 的最大值为（　　）.

A. $\dfrac{1}{3}$　　　　B. $\dfrac{2}{3}$　　　　C. $\dfrac{4}{3}$　　　　D. $\dfrac{5}{3}$　　　　E. 1

题型 39　$ax + by$ 的妙解

思　路 （1）利用数形结合法令 $ax + by = z$，利用 y 轴截距求解；（2）利用设 k 法，转化为判别式求解；（3）利用柯西不等式求解；（4）利用三角换元求解.

73 设区域 D 为 $(x-1)^2 + (y-1)^2 \leqslant 1$，在 D 内 $x + y$ 的最大值是（　　）.

A. 4　　　　B. $4\sqrt{2}$　　　　C. $\sqrt{2} + 2$　　　　D. 6　　　　E. 3

题型 40　空间距离的最值问题

思　路 对于图形折叠、展开问题，关键是要找全等，确定边长或角度，其本质内容是通过图形变换传递等量关系.

74 如图 14-2 所示，圆柱的底面半径为 3，高为 4，一只蚂蚁现欲从 A 点沿圆柱的侧面爬到 C 点，那么该蚂蚁最短需要爬行的距离为（　　）.

A. 5　　　　　　　　B. 4　　　　　　　　C. 3

D. $\sqrt{9\pi^2 + 16}$　　　　E. $\sqrt{4\pi^2 + 9}$

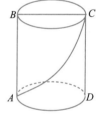

图 14-2

题型 41　空间重构的最值问题

思　路 这里主要利用极端值方法进行求解，即将所求部分部署在最极端的位置上来进行分析.

75 有一块正方形铁皮周长为 24 厘米，四个角剪去同样的小正方形，再沿虚线折起，做成一个无盖铁盒，则这个铁盒的容积最大时，剪去的小正方形的边长为（　　）厘米.

A. 1　　　　B. 2　　　　C. 3　　　　D. 4　　　　E. 6

76 有 64 个棱长为 1 的同样大小的小正方体，其中 34 个为白色的，30 个为黑色的. 现将它们拼成一个 $4 \times 4 \times 4$ 的大正方体，则在大正方体的表面上白色部分面积最大可以是（　　）.

A. 60　　　　B. 70　　　　C. 74　　　　D. 78　　　　E. 80

题型 42　概率求最值

思　路 本部分内容需要迂回求解：先根据题干信息建立表达式，再利用不等式求解.

77 袋中有红球和白球共 20 个，从中取出 2 个球，恰有一个红球的概率为 P，则 P 的最大值为（　　）.

　　A. $\dfrac{7}{19}$　　　　B. $\dfrac{8}{19}$　　　　C. $\dfrac{9}{19}$　　　　D. $\dfrac{10}{19}$　　　　E. $\dfrac{11}{19}$

78 某棋手与甲、乙、丙三位棋手各比赛一盘，各盘比赛结果相互独立. 已知该棋手与甲、乙、丙比赛获胜的概率分别为 p_1,p_2,p_3，且 $p_1 > p_2 > p_3 > 0$，记该棋手连胜两盘的概率为 P，则 P 为最大值.

　　（1）该棋手第二盘和甲比赛.　　　　　　　　（2）该棋手第二盘和乙比赛.

题型 43　方差求最值

> **思　路**　多个数离得越近方差越小，离得越远方差越大.

79 已知 6 个互不相等的整数从小到大分别是 14，16，a,b，24，26，其中位数为 20，要使得 6 个数的方差最小，则 $a = $（　　）.

　　A. 18　　　　　　B. 19　　　　　　C. 20　　　　　　D. 21　　　　　　E. 22

◈ 核心绝例解析 ◈

1》 **A.** 一般来讲，把一个给定的自然数拆分成若干个自然数的和，只有当这些自然数中全是 2 或 3，并且 2 至多为 2 个时，它的积才是最大的. 下面以本题为例，解释一下其中的道理.

首先，所拆分的数中不能有 1，因为有 1 时，积不是最大的，只要将 1 并入其他某个数，积将增加，所以这些自然数只可能是 2，3，4，…；其次，当这些自然数中出现 5，6 等数时，积也不是最大的，比如 $5 = 2 + 3$，而 $5 < 2 \times 3$；同样也不能是 4，因为 $4 = 2 \times 2$，而 $4 = 2 + 2$，即可以将 4 改写成 2 个 2 的和；当然积最大时，2 的个数不能多于 2 个，因为 $2 + 2 + 2 = 3 + 3$，而 $2^3 < 3^2$. 综上所述，把 14 拆成 $3 + 3 + 3 + 3 + 2$，此时的积最大，即 $3^4 \times 2 = 162$. 选 A.

2》 **C.** 最大的质数尽可能大，其余 9 个尽可能小，让其全为 2，那么最大的质数为 $50 - 2 \times 9 = 32$（不是质数）. 那么只能为 $50 - (2 \times 8 + 3) = 31$. 选 C.

3》 **C.** 若要使 n 尽可能大，则 $\{a_n\}$ 递增幅度要尽可能小，

不妨设数列 $\{a_n\}$ 是首项为 3，公差为 1 的等差数列，其前 n 项和为 S_n，

则 $a_n = n + 2$，$S_{11} = \dfrac{3 + 13}{2} \times 11 = 88 < 100$，$S_{12} = \dfrac{3 + 14}{2} \times 12 = 102 > 100$，

所以 n 的最大值为 11.

4》 **D.** 除得 65 分的同学外，其余 5 名同学的总分是 $91 \times 6 - 65 = 481$（分）. 第三名同学得

分要"至少"，也就意味着其他四人得分要尽可能地高，因此，第一、第二名分别得分 100 分和 99 分，剩余其他三个最接近的分数是 93，94，95，所以第三名至少要得 95 分．选 D.

5 » **C.** 利用反面求解，所以至少有

$$100 - [(100 - 76) + (100 - 83) + (100 - 90) + (100 - 84) + (100 - 70)] = 3 （人）．选 C.$$

6 » **A.** 只要两个人之间空的座位不多于 2 个，便可满足题设条件．$50 \div 3 = 16 \cdots 2$，所以原来至少有 $16 + 1 = 17$（人）就座．

7 » **E.** 黑色、白色、黄色可以看成 3 个抽屉．每抽出 4 根筷子，放入 3 个抽屉，必有某个抽屉中至少有 2 根，就是有 1 双．取出这 1 双筷子再补充 2 根筷子，则会有 4 根筷子，又可取出 1 双，但已取出的 2 双可能同色．最不利的情况下，可能取出 4 双同色的．此时这种颜色的筷子已经没有了，抽屉减少 1 个，故只要再放 3 根筷子，就又可得出 1 双与前面不同色的筷子．那么，至少要取 $8 + 3 = 11$（根）筷子．选 E.

8 » **D.** 报名参加比赛的情况总共有 7 种，故 $165 = 7 \times 23 + 4$，至少有 24 人参加同样的活动．

9 » **A.** 将 1，2，3，4，…，50，每 8 个数分为 1 组，分组情况如下：

$\{1，2，3，4，5，6，7，8\}$，$\{9，10，11，12，13，14，15，16\}$，…，$\{41，42，43，44，45，46，47，48\}$，$\{49，50\}$．

有 6 个组各含 8 个数，还有一个组含 2 个数．除最后一个小组中的 2 个数全取外，其余每组我们都只取数组中的前 4 个数，那么总共有 $24 + 2 = 26$（个）数．如果再多取一个数，那么就会使得这个数无论如何都进前面 6 个抽屉中的一个，会使得差等于 4 的情况发生，所以最多 26 个数，选 A.

10 » **B.** 设成绩低于 60 分的有 x 人，都按照 59 分算，其他人都按照 100 分算，从而 $59x + 100(30 - x) = 90 \times 30$，取整解得 $x = 7$，选 B.

11 » **D.** 三人同时加工，并且同一时间完成任务，所用时间最少，要同时完成，应根据工作效率之比，按比例分配工作量．

三人工作效率之比是 $\dfrac{1}{3} : \dfrac{1}{3.5} : \dfrac{1}{4} = 28 : 24 : 21$，则他们分别需要完成的工作量是：

甲完成 $1825 \times \dfrac{28}{28 + 24 + 21} = 700$（个）；

乙完成 $1825 \times \dfrac{24}{28 + 24 + 21} = 600$（个）；

丙完成 $1825 \times \dfrac{21}{28 + 24 + 21} = 525$（个）．

故所需时间是 $700 \times 3 = 2100$（分钟） $= 35$（小时）．

12 » A. 让张先做乙，李先做甲，等李做完甲之后帮助张去做乙，那么总共需要 $8 + \dfrac{1 - \dfrac{8}{15}}{\dfrac{1}{15} + \dfrac{1}{20}}$

= 12（天）.

13 » A. 不等式变等式，转变为 $\begin{cases} x - 4y = -3 \\ 3x + 5y = 25 \\ x = 1 \end{cases}$，解得交点为（1，1），$\left(1, \dfrac{22}{5}\right)$，（5，2）.

将 3 个边界值代入目标函数 $z = 2x + y$，则最大为 12，最小为 3，选 A.

14 » A. 不等式组表示的平面区域如图 14 - 3 阴影部分所示，
当直线 $z = ax + by$（$a > 0$，$b > 0$）过直线 $x - y + 2 = 0$ 与直线 $3x - y - 6 = 0$ 的交点（4，6）时，目标函数 $z = ax + by$（$a > 0$，$b > 0$）取得最大值 12，即 $4a + 6b = 12$，得到 $2a + 3b = 6$.

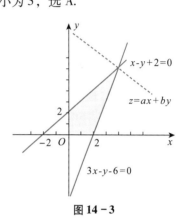

图 14 - 3

而 $\dfrac{2}{a} + \dfrac{3}{b} = \left(\dfrac{2}{a} + \dfrac{3}{b}\right) \cdot \dfrac{2a + 3b}{6} = \dfrac{13}{6} + \left(\dfrac{b}{a} + \dfrac{a}{b}\right) \geqslant \dfrac{13}{6} + 2 = \dfrac{25}{6}$，故选 A.

15 » A. 将 x 以 -3，-1，1 为节点分成四段区域，分别代入去掉绝对值，根据所得函数的增减性取得各段最大值.

16 » D. 根据几何意义，将系数大的尖点代入，即 $x = \dfrac{3}{2}$ 代入为最小值 1. 选 D.

17 » C. 显然联合分析，根据三角不等式，$2|a| = |(a - b) + (a + b)| \leqslant |a - b| + |a + b| \leqslant 2$ $\Rightarrow |a| \leqslant 1$，同理，$|b| \leqslant 1$，充分，选 C.

18 » C. 单独明显不成立，考虑联立有 $\begin{cases} a + b = -c \\ ab = \dfrac{2}{c} \end{cases}$，可将 a, b 看成关于 $x^2 + cx + \dfrac{2}{c} = 0$ 的两

实根，利用 $\Delta \geqslant 0 \Rightarrow c^2 - \dfrac{8}{c} \geqslant 0 \Rightarrow c^3 \geqslant 8 \Rightarrow c \geqslant 2$；又因为 $|a| + |b| \geqslant |a + b| = |c| \geqslant 2$，故 $|a| + |b|$ 的最小值为 2 成立，故选 C.

19 » E. 先估计 $f(x)$ 的下界，再说明这个下界是可以达到的. $f(x) = (x^2 - 2x + 1) + \left(x + \dfrac{1}{x} - 2\right) + 1 = (x - 1)^2 + \left(\sqrt{x} - \dfrac{1}{\sqrt{x}}\right)^2 + 1 \geqslant 1$，又当 $x = 1$ 时，$f(x) = 1$，所以 $f(x)$ 的最小值为 1. 选 E.

20 » B. $u = 5x^2 - 6xy + 2y^2 + 2x - 2y + 3$

$$= x^2 + y^2 + 1 - 2xy + 2x - 2y + 4x^2 - 4xy + y^2 + 2$$
$$= (x - y + 1)^2 + (2x - y)^2 + 2.$$

因为 x, y 为实数，所以 $(x - y + 1)^2 \geq 0$，$(2x - y)^2 \geq 0$，故 $u \geq 2$.

所以当 $\begin{cases} x - y + 1 = 0 \\ 2x - y = 0 \end{cases}$ 时，u 有最小值 2，此时 $x = 1$，$y = 2$.

21 » **B.** 设比原定价 100 元高 x 元，则根据题意，利润为

$$y = (100 + x - 90)(500 - 10x) = 10(10 + x)(50 - x) = -10[(x - 20)^2 - 400 - 500]，即$$
$x = 20$ 时利润最大，定价应为 120 元.

22 » **A.** 将原式化为 $(a - y)x^2 + 3x + (b - y) = 0$，$\Delta = 9 - 4(a - y)(b - y) \geq 0$，即

$4y^2 - 4(a + b)y + 4ab - 9 \leq 0$，显然 y 的值在此不等式所对应的二次方程的两根之间，

根据求根公式，有 $\begin{cases} a + b + \sqrt{(a - b)^2 + 9} = 11 \\ a + b - \sqrt{(a - b)^2 + 9} = 1 \end{cases} \Rightarrow \begin{cases} a + b = 6 \\ a - b = \pm 4 \end{cases} \Rightarrow \begin{cases} a = 5 \\ b = 1 \end{cases}$ 或 $\begin{cases} a = 1 \\ b = 5 \end{cases}$. 所以

$a + b = 6$.

23 » **C.** 将两式相减除以 2，可得 $xy = \dfrac{3 - u}{2} \Rightarrow \begin{cases} (x + y)^2 = \dfrac{9 - u}{2} \geq 0 \\ (x - y)^2 = \dfrac{3u - 3}{2} \geq 0 \end{cases} \Rightarrow 1 \leq u \leq 9$. 容易验证当

$x = \sqrt{3}$，$y = -\sqrt{3}$ 时，$u = 9$；当 $x = y = 1$ 时，$u = 1$.

24 » **D.** 由条件（1），$A = \sqrt{x^2 + xy + y^2} + \sqrt{z^2 + yz + y^2} = \sqrt{\left(x + \dfrac{1}{2}y\right)^2 + \dfrac{3}{4}y^2} +$

$\sqrt{\left(z + \dfrac{1}{2}y\right)^2 + \dfrac{3}{4}y^2} > \sqrt{\left(x + \dfrac{1}{2}y\right)^2} + \sqrt{\left(z + \dfrac{1}{2}y\right)^2} = x + y + z = B$，故条件（1）充分；

由条件（2），$A = \sqrt{x^2 + 3xy + y^2} + \sqrt{z^2 + 3yz + y^2} > \sqrt{x^2 + xy + y^2} + \sqrt{z^2 + yz + y^2}$，

那么条件（1）充分，条件（2）也充分. 选 D.

25 » **D.** 由 $x \leq -2$，所以 $f(x) = x + \dfrac{4}{x} + 3 = -\left[-x + \left(-\dfrac{4}{x}\right)\right] + 3 \leq -2\sqrt{(-x) \cdot \left(-\dfrac{4}{x}\right)} +$

$3 = -1$，当且仅当 $-x = -\dfrac{4}{x}$，即 $x = -2$ 时，取等号，从而 $f(x)$ 有最大值 -1，无最小

值，选 D.

26 » **C.** 将原函数变形为 $(x - 2) + \dfrac{1}{x - 2} + 2$，当且仅当 $x - 2 = \dfrac{1}{x - 2}$ 时，原函数取最小值，即

$x = 3$ 时，故 $a = 3$.

27 » **B.** $D = (x - 1)^2(y - 2) = \dfrac{1}{2}(x - 1)(x - 1)(2y - 4) \leq \dfrac{1}{2}\left(\dfrac{2x + 2y - 6}{3}\right)^3 = 256$，

选 B.

28 >> E. 本题看似无法运用均值不等式，不妨将分子配方凑出含有（$x+1$）的项，再将其分离．对于本题中的函数，可把 $x+1$ 看成一个整体，然后将函数用 $x+1$ 来表示，这样转化一下表达形式，可以暴露其内在的形式特点，从而能用均值定理来处理．

因为 $x > -1$，所以 $x+1 > 0$.

$$y = \frac{x^2+7x+10}{x+1} = \frac{(x+1)^2+5(x+1)+4}{x+1} = x+1+\frac{4}{x+1}+5.$$

当 $x > -1$，即 $x+1 > 0$ 时，$y \geq 2\sqrt{(x+1)\cdot\frac{4}{x+1}}+5 = 9$，

当且仅当 $x+1 = \frac{4}{x+1}$，即 $x = 1$ 时，等号成立．

故当 $x = 1$ 时，函数 $y = \frac{x^2+7x+10}{x+1}$（$x > -1$）取得最小值为 9．选 E.

29 >> A. $f(x) = \frac{x^2-4x+5}{2x-4} = \frac{(x-2)^2+1}{2(x-2)} = \frac{1}{2}\left[(x-2)+\frac{1}{x-2}\right] \geq 1$，当 $x = 3$ 时取最小值．

30 >> D. $a^2 + \frac{1}{ab} + \frac{1}{a(a-b)} = a^2 - ab + ab + \frac{1}{ab} + \frac{1}{a(a-b)}$

$$= ab + \frac{1}{ab} + a(a-b) + \frac{1}{a(a-b)} \geq 2 + 2 = 4，只要 m \leq 4，均充分．$$

当且仅当 $ab = 1, a(a-b) = 1$ 时等号成立，如取 $a = \sqrt{2}, b = \frac{\sqrt{2}}{2}$ 满足条件．

31 >> A. 条件（1）中，$\frac{2xy}{x+y} > 1 \Rightarrow 2xy > x+y \geq 2\sqrt{xy} \Rightarrow \sqrt{xy} > 1 \Rightarrow xy > 1$. 充分．

条件（2）中，不能证明到底 2 大还是 $2\sqrt{xy}$ 大，所以无法判断，故不充分．

32 >> A. 条件（1）$x^2+y^2 \leq 2$ 表示 x，y 在 $x^2+y^2 = 2$ 上或圆内，令 $x+y = c$，根据圆心到直线的距离 $d = \frac{|c|}{\sqrt{1^2+1^2}} \leq \sqrt{2} \Rightarrow |c| \leq 2 \Rightarrow |x+y| \leq 2$，充分．条件（2）取反例，当 $x = 3$，

$y = \frac{1}{3}$ 时满足条件却得不出结论，所以不充分．

33 >> B. 根据平均值定理，当乘积为定值时，和有最小值．当 a，b，c，d，e 越接近时，和越小；相反的，当 a，b，c，d，e 差别越大时，其和才会是最大的．因本题是要求解和的最大值，那么只需差别越大越好．

由条件（1），$abcde = 2700 = 2 \times 2 \times 3 \times 3 \times 75$，和的最大值为 $2+2+3+3+75 = 85$，不充分．

条件（2），$abcde = 2000 = 2 \times 2 \times 2 \times 2 \times 125$，和的最大值为 $2+2+2+2+125 = 133$，充分．

34 >> B. $\frac{1}{x} + \frac{4}{y} = \left(\frac{1}{x}+\frac{4}{y}\right) \times (x+y) \times \frac{1}{4} = \frac{5}{4} + \frac{y}{4x} + \frac{x}{y} \geq \frac{5}{4} + 2\sqrt{\frac{1}{4}} = \frac{9}{4}$. 所以 m 的取值范

围是 $\left(-\infty , \dfrac{9}{4} \right]$ ，选 B.

35 » **D.** 将 64 拆成 2 个 32 相加，那么 $a^5 + b^5 + c^5 + 64 = a^5 + b^5 + c^5 + 32 + 32 \geqslant$

$5 \sqrt[5]{(abc)^5 \times 32 \times 32} = 5 \times abc \times 2 \times 2 = 160$ ，选 D.

36 » **D.** 利用 "1" 的妙用，首先将分子齐次化：$\dfrac{b^2 + a + 1}{2ab} = \dfrac{b^2 + a(a + 2b) + (a + 2b)^2}{2ab}$.

其次，将分子展开利用分离求最值即可，即 $\dfrac{b^2 + a(a + 2b) + (a + 2b)^2}{2ab} = \dfrac{2a^2 + 6ab + 5b^2}{2ab}$

$= \dfrac{a}{b} + \dfrac{5b}{2a} + 3 \geqslant 3 + \sqrt{10}$. 选 D.

37 » **C.** 由 $a > b > c$ ，可得 $a - b > 0, b - c > 0, a - c > 0$ ，令 $a - b = x, b - c = y$ ，所

以 $a - c = x + y = 1$. 故 $\dfrac{1}{a - b} + \dfrac{1}{b - c} = \dfrac{1}{x} + \dfrac{1}{y}$ ，利用权方和不等式：$\dfrac{1^2}{x} + \dfrac{1^2}{y} \geqslant$

$\dfrac{(1 + 1)^2}{x + y} = 4$ ，那么 $\dfrac{1}{a - b} + \dfrac{1}{b - c}$ 的最小值为 4，选 C.

38 » **D.** 将条件因式分解：$a + 3b + ab = 9 \Rightarrow (a + 3)(b + 1) = 12$ ，令 $a + 3 = m, b + 1 =$

n ，故 $a + 3b = m - 3 + 3n - 3 = m + 3n - 6 \geqslant 2 \sqrt{3mn} - 6 = 2 \sqrt{36} - 6 = 6$ ，选 D.

39 » **A.** 很明显 x, y 的地位等价，令 $x = y$ ，则 $3x^2 = 1, x = \pm \dfrac{\sqrt{3}}{3}$ ，所以 $x + y = \dfrac{2\sqrt{3}}{3}$ 为最大

值. 选 A.

40 » **D.** 利用均值定理可得：$3^a + 9^b = 3^a + 3^{2b} \geqslant 2 \sqrt{3^{a+2b}}$. 将条件进行变形：$\log_2 a + \log_2 b$

$\geqslant 1 \Rightarrow ab \geqslant 2$ ，那么 $a(2b) \geqslant 4$ ，令 $a = 2b = 2$ 代入，那么可得最小值为 18，选 D.

41 » **B.** 令 $2x + y = k$ ，则 $y = k - 2x$ ，代入条件整理可得 $6x^2 - 3kx + k^2 - 5 = 0$. 因为 x 为

实数，则判别式大于等于 0，故 $\Delta = 9k^2 - 24(k^2 - 5) \geqslant 0$ ，解得 $k^2 \leqslant 8$ ，即 $-2\sqrt{2} \leqslant$

$k \leqslant 2\sqrt{2}$ ，所以 $2x + y$ 的最大值为 $2\sqrt{2}$ ，选 B.

42 » **A.** 令 $a = k$ ，则 $b = -k - c$ ，代入 $a^2 + b^2 + c^2 = 1$ ，整理可得 $2c^2 + 2kc + 2k^2 - 1 = 0$ ，

令 $\Delta \geqslant 0$ ，$-\dfrac{\sqrt{6}}{3} \leqslant k \leqslant \dfrac{\sqrt{6}}{3}$ ，选 A.

43 » **B.** 根据题干可以发现 $25 \times 36 = 30^2 \Rightarrow (a^2 + b^2 + c^2)(x^2 + y^2 + z^2) = (ax + by + cz)^2 \Rightarrow \dfrac{a}{x} = \dfrac{b}{y}$

$= \dfrac{c}{z} = k$ ，于是 $k(x^2 + y^2 + z^2) = 30 \Rightarrow k = \dfrac{5}{6}$ ，故 $\dfrac{a + b + c}{x + y + z} = k = \dfrac{5}{6}$.

44 » **E.** $y^2 = \left(3 \sqrt{x - 1} + 4 \sqrt{5 - x} \right)^2 \leqslant (3^2 + 4^2)(x - 1 + 5 - x) = 100 \Rightarrow y \leqslant 10$ ，选 E.

45» **D.** 利用权方和不等式：

$$\frac{1}{a}+\frac{4}{b}+\frac{9}{c}=\frac{1^2}{a}+\frac{2^2}{b}+\frac{3^2}{c}\geqslant\frac{(1+2+3)^2}{a+b+c}=36 ，所以最小值为 36.$$

46» **D.** 先凑出条件的形式 $3a^3+2b^3+6c^3=\dfrac{(2a)^3}{\frac{8}{3}}+\dfrac{(3b)^3}{\frac{27}{2}}+\dfrac{c^3}{\frac{1}{6}}=\dfrac{(2a)^3}{\left(\frac{2\sqrt{6}}{3}\right)^2}+\dfrac{(3b)^3}{\left(\frac{3\sqrt{6}}{2}\right)^2}+\dfrac{c^3}{\left(\frac{\sqrt{6}}{6}\right)^2}$，

之后利用权方和不等式：$\dfrac{(2a)^3}{\left(\frac{2\sqrt{6}}{3}\right)^2}+\dfrac{(3b)^3}{\left(\frac{3\sqrt{6}}{2}\right)^2}+\dfrac{c^3}{\left(\frac{\sqrt{6}}{6}\right)^2}\geqslant\dfrac{(2a+3b+c)^3}{\left(\frac{2\sqrt{6}}{3}+\frac{3\sqrt{6}}{2}+\frac{\sqrt{6}}{6}\right)^2}=84$，选 D.

47» **A.** 因为 $x^2+y^2=1$，令 $x=\cos\alpha,y=\sin\alpha$. $x^2+2xy-y^2=\cos^2\alpha+2\cos\alpha\sin\alpha-\sin^2\alpha$

$=\cos2\alpha+\sin2\alpha$，利用三角函数公式有原式 $=\sqrt{2}\sin\left(2\alpha+\dfrac{\pi}{4}\right)$，根据 $\sin$ 函数的值域，

那么 $\sqrt{2}\sin\left(2\alpha+\dfrac{\pi}{4}\right)\leqslant\sqrt{2}$ 恒成立，选 A.

48» **E.** 由于方程具有两实根，则判别式要大于等于 0，则 $\Delta=4(k-1)^2-4(k+1)=4k^2-12k$

$\geqslant0$，则 $k\leqslant0$ 或 $k\geqslant3$. $\alpha^2+\beta^2=(\alpha+\beta)^2-2\alpha\beta=4(k-1)^2-2(k+1)=4k^2-10k+2$，根据该函数开口朝上，距离对称轴越近越取最小值，则最小值为 $k=0$ 时，此时 $\alpha^2+\beta^2=2$ 为最小值.

49» **B.** 根据题意，可以将题干变成 $\begin{cases}a=(3^5)^{111}=243^{111}\\b=(4^4)^{111}=256^{111}\\c=(5^3)^{111}=125^{111}\end{cases}$，则可以得到 $b>a>c$. 选 B.

50» **A.** 由条件（1），$B=\dfrac{1}{1+xy}<\dfrac{1+(x+y)}{1+xy+(x+y)}<\dfrac{2+x+y}{(x+1)(y+1)}=\dfrac{x+1+y+1}{(x+1)(y+1)}$

$=\dfrac{1}{x+1}+\dfrac{1}{y+1}=A$，充分；

由条件（2），此时令 $x=y=2$，那么 $A=-2,B=-\dfrac{1}{3}\Rightarrow A<B$，不充分. 选 A.

51» **B.** 要使每个根号有意义，当 $x=2$ 时取最小值，选 B.

52» **D.** 由条件（1），根据比例 $\dfrac{x}{x+10}=\dfrac{13}{23}$，得 $x=13$，充分；由条件（2），利用等腰梯形中位线和高的乘积求面积 $(x+5)\sqrt{x^2-25}=216$，得 $x=13$，充分.

53» **B.** 条件（1），可以取反例：若 $\triangle ABC$ 为等腰三角形，如 $a=2,b=2,c=3$ 时，

则 $\max\left\{\dfrac{a}{b},\dfrac{b}{c},\dfrac{c}{a}\right\}=\dfrac{3}{2},\min\left\{\dfrac{a}{b},\dfrac{b}{c},\dfrac{c}{a}\right\}=\dfrac{2}{3}$，此时不充分.

条件（2），$\max\left\{\dfrac{a}{b},\dfrac{b}{c},\dfrac{c}{a}\right\}=\min\left\{\dfrac{a}{b},\dfrac{b}{c},\dfrac{c}{a}\right\}$，采用反证法，如果 $\triangle ABC$ 不是等边三角形，

边长有大有小，必然有 $\max\left\{\dfrac{a}{b},\dfrac{b}{c},\dfrac{c}{a}\right\} > 1 > \min\left\{\dfrac{a}{b},\dfrac{b}{c},\dfrac{c}{a}\right\}$. 所以 $\max\left\{\dfrac{a}{b},\dfrac{b}{c},\dfrac{c}{a}\right\} = 1 = \min\left\{\dfrac{a}{b},\dfrac{b}{c},\dfrac{c}{a}\right\}$ 时，即 $a = b = c$，则 $\triangle ABC$ 为等边三角形，充分.

54 ›› **A.** 此分段函数的最值在分段点取到，画图可以发现，当 $x = 1$ 时为最小值代入 $f(x)$，那么最小值为 $\log_2 1 = 0$.

55 ›› **D.** 依题得，$f(x)$ 的最小值与 $f(f(x))$ 的最小值相等，故 $-\dfrac{a^2}{4} \leqslant -\dfrac{a}{2}$，解得 $a \geqslant 2$ 或 $a \leqslant 0$，故两条件均充分，选 D.

56 ›› **D.** 由于 $S_9 = S_{12} \Rightarrow S_{12} - S_9 = 0 \Rightarrow a_{10} + a_{11} + a_{12} = 0 \Rightarrow 3a_{11} = 0 \Rightarrow S_{10} = S_{11}$ 为最大值，选 D.

57 ›› **A.** **方法一** 已知等差数列 S_n 的图像必过原点，则对称轴等于另外一根的一半. 因为 $S_{12} > 0$，$S_{13} < 0$，那么另外一根的范围在（12，13）中，所以对称轴在（6，6.5）中，根据离对称轴越近越取最值的原理，则 S_n 的最大值为 S_6.

方法二 $S_{12} = \dfrac{(a_1 + a_{12}) \times 12}{2} = 12a_{6.5} > 0$，同理 $S_{13} = 13a_7 < 0$，所以 $a_{6.5} > 0$，$a_7 < 0$，由于等差数列的通项为一次函数，则可得 $a_6 > 0$，所以 S_6 为最大值.

58 ›› **B.** 根据等比数列求和公式，可得

$$T_n = \dfrac{\dfrac{17a_1\left[1 - (\sqrt{2})^n\right]}{1 - \sqrt{2}} - \dfrac{a_1\left[1 - (\sqrt{2})^{2n}\right]}{1 - \sqrt{2}}}{a_1(\sqrt{2})^n} = \dfrac{1}{1 - \sqrt{2}} \cdot \dfrac{(\sqrt{2})^{2n} - 17(\sqrt{2})^n + 16}{(\sqrt{2})^n}$$

$$= \dfrac{1}{1 - \sqrt{2}} \cdot \left[(\sqrt{2})^n + \dfrac{16}{(\sqrt{2})^n} - 17\right].$$

由平均值定理得 $(\sqrt{2})^n + \dfrac{16}{(\sqrt{2})^n} \geqslant 8$，当且仅当 $(\sqrt{2})^n = 4$，即 $n = 4$ 时取等号，所以当 $n = 4$ 时 T_n 有最大值.

59 ›› **E.** 通过关系表达式：$a_{n+1} - a_n = 2n$，可以看出数列 $\{a_n\}$ 为类等差数列，所以经过累加可以得 $a_n = a_1 + 2 + 4 + \cdots + 2(n-1) = 33 + 2 + 4 + 6 + \cdots + 2(n-1) = 33 + n(n-1)$. 所以 $\dfrac{a_n}{n} = \dfrac{33}{n} + n - 1$. 当且仅当 $n = \sqrt{33}$ 时取最小，但是在数列中，n 为正整数，所以 $n \neq \sqrt{33}$，取左右两边的正整数进行比较求最值，当 $n = 5$ 时，$\dfrac{a_n}{n} = 10.6$. 当 $n = 6$ 时，$\dfrac{a_n}{n} = \dfrac{21}{2} = 10.5 < 10.6$，所以选 E.

60 ›› **B.** BC 边上的中线为 AD，作 AC 边中点 E，连接 DE，所以 $DE = \dfrac{1}{2}AB = 3$，$AE = \dfrac{1}{2}AC$

$= 2$，在 $\triangle ADE$ 中，根据三边的关系得 $DE - AE < AD < DE + AE$，所以 $1 < AD < 5$.

61» B. $x^2 + y^2 - 6x - 8y = 0$ 化成标准方程 $(x-3)^2 + (y-4)^2 = 25$，

过点 $(3,5)$ 的最长弦为 $AC = 10$，最短弦为 $BD = 2\sqrt{5^2 - 1^2} = 4\sqrt{6}$，

$S = \dfrac{1}{2} AC \cdot BD = 20\sqrt{6}$.

62» B. 先将两圆变为标准式，圆 C_1 为 $(x+2)^2 + (y+5)^2 = 4$，圆心在 $(-2, -5)$ 点，半径为 2. 圆 C_2 为 $(x-4)^2 + (y-3)^2 = 9$，圆心在 $(4, 3)$ 点，半径为 3. 两圆的圆心距为 $\sqrt{(4+2)^2 + (3+5)^2} = 10$. 所以 $|AB|$ 的最短距离为圆心距减去两半径之和，即 $10 - (2+3) = 5$，选 B.

63» C. 切线长的最小值是当直线 $y = x + 1$ 上的点与圆心距离最小时取得，圆心 $(3, 0)$ 到直线的距离为 $d = \dfrac{|3 - 0 + 1|}{\sqrt{2}} = 2\sqrt{2}$，圆的半径为 1，故切线长的最小值为 $\sqrt{d^2 - r^2} = \sqrt{7}$. 选 C.

64» A. 点 P 在平面区域 $\begin{cases} 2x - y + 2 \geqslant 0 \\ x + y - 2 \leqslant 0 \\ 2y - 1 \geqslant 0 \end{cases}$ 内，画出可行域，

如图 $14 - 4$ 所示，点 Q 在曲线 $x^2 + (y+2)^2 = 1$ 上，那么 $|PQ|$ 的最小值为圆上的点到直线 $y = \dfrac{1}{2}$ 的距离，即圆心 $(0, -2)$ 到直线 $y = \dfrac{1}{2}$ 的距离减去半径 1，得 $\dfrac{3}{2}$. 选 A.

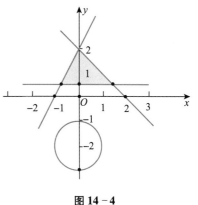

图 14 - 4

65» C. 将圆方程配方，变为 $(x-1)^2 + y^2 = 1 \Rightarrow$ 圆心为 $(1, 0)$，$r = 1$. 因为 $CA = r$，$CB = r$，当 $CA \perp CB$ 时，三角形面积最大. 那么此时圆心到直线的距离为 $\dfrac{\sqrt{2}}{2}$. 所以，$\dfrac{|2 - k|}{\sqrt{1 + k^2}} = \dfrac{\sqrt{2}}{2} \Rightarrow k = 1$，7. 选 C.

66» 由题意设 l：$y - 1 = k(x - 2)(k < 0)$，则 $A\left(2 - \dfrac{1}{k}, 0\right)$，$B(0, 1 - 2k)$.

(1) A. 由面积 $S = \dfrac{1}{2}(1 - 2k)\left(2 - \dfrac{1}{k}\right)$

$$= \dfrac{1}{2}\left(4 - 4k - \dfrac{1}{k}\right) \geqslant \dfrac{1}{2} \times \left[4 + 2\sqrt{(-4k) \cdot \left(-\dfrac{1}{k}\right)}\right] = 4,$$

当且仅当 $-4k = -\dfrac{1}{k}$，即 $k = -\dfrac{1}{2}$ 时等号成立，所以 $\triangle AOB$ 的面积最小值为 4.

此时 l 的方程是 $x + 2y - 4 = 0$.

(2) **B.** 因为 $|MA| \cdot |MB| = \sqrt{\dfrac{1}{k^2} + 1} \cdot \sqrt{4 + 4k^2}$

$$= \dfrac{2(1 + k^2)}{|k|} = 2\left[-\dfrac{1}{k} + (-k) \right] \geqslant 4,$$

当且仅当 $-k = -\dfrac{1}{k}$ 即 $k = -1$ 时等号成立，此时 l 的方程为 $x + y - 3 = 0$.

67 ⟩⟩ **B.** AB 所在的直线为 $2x + y = 2$，所以 $2xy \leqslant \left(\dfrac{2x + y}{2} \right)^2 \Rightarrow 2xy \leqslant 1 \Rightarrow xy \leqslant \dfrac{1}{2}$.

【技巧】 根据均值定理相等取最值，当动点在斜边的中点时取得面积最大，所以三角

形面积的一半为 $\dfrac{1}{2} S_{\triangle ABO} = \dfrac{1}{2} \times \left(\dfrac{1}{2} \times 2 \times 1 \right) = \dfrac{1}{2}$.

68 ⟩⟩ **D.** $f(x) = \sqrt{x^2 - 4x + 13} + \sqrt{x^2 - 10x + 26} + 3$

$$= \sqrt{(x - 2)^2 + (0 - 3)^2} + \sqrt{(x - 5)^2 + (0 - 1)^2} + 3,$$

其中 $\sqrt{(x - 2)^2 + (0 - 3)^2} + \sqrt{(x - 5)^2 + (0 - 1)^2}$ 可以看成 $(x, 0)$ 到 $(2, 3)$ 与 $(5, 1)$
两点距离的和，利用轴对称方法可知 $\sqrt{(x - 2)^2 + (0 - 3)^2} + \sqrt{(x - 5)^2 + (0 - 1)^2}$
的最小值为 5，故 $f(x) = \sqrt{x^2 - 4x + 13} + \sqrt{x^2 - 10x + 26} + 3 \geqslant 5 + 3 = 8$，选 D.

69 ⟩⟩ **D.** $f(x) = \sqrt{x^2 - 4x + 13} - \sqrt{x^2 - 10x + 26}$

$$= \sqrt{(x - 2)^2 + (0 - 3)^2} - \sqrt{(x - 5)^2 + (0 - 1)^2},$$

其中 $\sqrt{(x - 2)^2 + (0 - 3)^2} - \sqrt{(x - 5)^2 + (0 - 1)^2}$ 可以看成 $(x, 0)$ 到 $(2, 3)$ 与 $(5, 1)$
两点距离的差，根据三角形三边原则，当 $(x, 0)$、$(2, 3)$ 与 $(5, 1)$ 三点共线时为最大
值，故最大值为 $(2, 3)$ 与 $(5, 1)$ 两点的距离，即 $\sqrt{(5 - 2)^2 + (1 - 3)^2} = \sqrt{13}$，选 D.

70 ⟩⟩ **D.** 已知圆心在 $(2, 0)$ 点，所以圆上的点到原点的距离最大值为 $2 + r = 3$，所以 $x^2 + y^2$
$= 3^2 = 9$. 选 D.

71 ⟩⟩ **B.** 先画出 $|x - 2| + |y - 2| \leqslant 2$ 的图像，将 $x^2 + y^2$ 看成图像上
的点 (x, y) 到原点距离的平方，如图 $14 - 5$ 所示，故当 $x = 1$，
$y = 1$ 时取到最小值 2，当 $x = 4$，$y = 2$ 时取到最大值 20，故 x^2
$+ y^2 \in [2, 20]$，选 B.

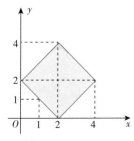

图 $14 - 5$

72 ⟩⟩ **C. 方法一：** 几何法，令 $\dfrac{y + 1}{x + 2} = k$，则 $y = kx + 2k - 1$，圆心 $(0, 0)$

到直线的距离恰好为半径 1 时，直线与圆相切，这时取最值.

$\dfrac{|2k - 1|}{\sqrt{k^2 + 1^2}} = 1$，化简可得，$k = 0$ 或 $k = \dfrac{4}{3}$，选 C.

方法二： 代数法，将直线与圆进行联立，即 $(1 + k^2)x^2 + (4k^2 - 2k)x + 4k^2 - 4k = 0$，这

时 $\Delta = (4k^2 - 2k)^2 - 4(1 + k^2)(4k^2 - 4k) = 0$，解得 $k = 0$ 或 $k = \dfrac{4}{3}$，因此最大值为 $\dfrac{4}{3}$，选 C.

73 » C. 设 $x + y = k$，圆的圆心为（1，1），半径为 1. 则圆心到直线的距离为 $\dfrac{|1 + 1 - k|}{\sqrt{2}} \leqslant 1$，得到 $2 - \sqrt{2} \leqslant k \leqslant 2 + \sqrt{2}$. k 的最大值为 $\sqrt{2} + 2$，选 C.

74 » D. 将曲面展开，变成直角三角形，两边分别是高和半圆周长，所以最短距离为 $\sqrt{9\pi^2 + 16}$，选 D.

75 » A. 正方形的周长为 24 厘米，所以边长为 6 厘米. 设减去的小正方形的边长为 x 厘米，则纸盒的容积为 $V = x \cdot (6 - 2x) \cdot (6 - 2x)$，变形为 $V = \dfrac{1}{4} \cdot \left[4x \cdot (6 - 2x) \cdot (6 - 2x) \right] \leqslant \dfrac{1}{4} \left(\dfrac{4x + 6 - 2x + 6 - 2x}{3} \right)^3 = 16$，当且仅当：$4x = 6 - 2x = 6 - 2x$ 时，即 $x = 1$ 时，取得最大值.

76 » C. 先在 8 个顶点放 8 个白色小正方体，共有 24 个面；再往 12 条棱的剩下 2 个上面放 24 个白色小正方体，共有 $12 \times 2 \times 2 = 48$（个）面；剩下 2 个白色小正方体往中间放，有 2 个面，面积最大是 $24 + 48 + 2 = 74$. 选 C.

77 » D. 设有红球 x 个，白球 $20 - x$ 个，从中取出 2 个球，

恰有一个红球的概率为 $P = \dfrac{C_x^1 C_{20-x}^1}{C_{20}^2} = \dfrac{x(20 - x)}{190}$.

分子是开口向下的抛物线，在对称轴 $x = 10$ 时，取最大值.

故概率的最大值为 $P_{\max} = \dfrac{100}{190} = \dfrac{10}{19}$.

78 » A. 当甲在第二局比赛时，$P(\text{甲}) = p_2 p_1 (1 - p_3) + (1 - p_2) p_1 p_3 = p_1 p_2 + p_1 p_3 - 2 p_1 p_2 p_3$；
当乙在第二局比赛时，$P(\text{乙}) = p_1 p_2 (1 - p_3) + (1 - p_1) p_2 p_3 = p_1 p_2 + p_2 p_3 - 2 p_1 p_2 p_3$；
当丙在第二局比赛时，$P(\text{丙}) = p_1 p_3 (1 - p_2) + (1 - p_1) p_3 p_2 = p_1 p_3 + p_2 p_3 - 2 p_1 p_2 p_3$；
$P(\text{甲}) - P(\text{乙}) = p_1 p_3 - p_2 p_3 > 0$；$P(\text{甲}) - P(\text{丙}) = p_1 p_2 - p_2 p_3 > 0$；所以甲在第二局时，连胜两盘的概率最大，选 A.

79 » B. 根据中位数为 20，可得 $a + b = 40$. 故 6 个数的平均值为 $\dfrac{14 + 16 + a + b + 24 + 26}{6} = 20$. 根据方差公式，6 个数的方差要想最小，只要 $(a - 20)^2 + (b - 20)^2$ 最小即可. 因为 $a < b$ 恒成立，那么只有当 $a = 19, b = 21$ 时，方差最小. 选 B.

第二节 顿悟练习

1. 每一个合数都可以写成 k 个质数的乘积，在小于 100 的合数中，k 的最大值为（　　）.
   A. 5 　　　　　 B. 6 　　　　　 C. 7 　　　　　 D. 8 　　　　　 E. 9

2. 已知两个自然数的积为 240，最小公倍数为 60，这两个自然数最大相差（　　）.
   A. 3 　　　　　 B. 21 　　　　　 C. 36 　　　　　 D. 56 　　　　　 E. 58

3. 已知两个自然数的和是 50，它们的最大公约数是 5，则这两个自然数的乘积一定是（　　）.
   A. 9 的倍数 　　　　　 B. 7 的倍数 　　　　　 C. 45 的倍数
   D. 75 的倍数 　　　　　 E. 18 的倍数

4. 某商场在一次抽奖活动中设计规则如下：抽奖人可以从 1～6（共 6 个号码）中任选 1～4 个号码合成一组，则当第（　　）个人抽奖时，一定会出现至少 6 组相同的编码.
   A. 6 　　　　　 B. 7 　　　　　 C. 280 　　　　　 D. 281 　　　　　 E. 282

5. 一次数学竞赛，总共有 5 道题，做对第 1 题的占总人数的 80%，做对第 2 题的占总人数的 95%，做对第 3 题的占总人数的 85%，做对第 4 题的占总人数的 79%，做对第 5 题的占总人数的 74%. 如果至少做对 3 题（包括 3 题）算及格，那么这次数学竞赛的及格率至少是（　　）.
   A. 74% 　　　　　 B. 70% 　　　　　 C. 73% 　　　　　 D. 71% 　　　　　 E. 72%

6. 100 名少先队员选大队长，候选人是甲、乙、丙三人，选举时每人只能投票选举一人，得票最多的人当选. 开票中途累计，前 61 张选票中，甲得 35 票，乙得 10 票，丙得 16 票. 则在尚未统计的选票中，甲至少再得（　　）票就一定当选.
   A. 9 　　　　　 B. 10 　　　　　 C. 11 　　　　　 D. 12 　　　　　 E. 13

7. 有四袋糖块，其中任意三袋的总和都超过 60 块，那么这四袋糖块的总和至少有（　　）块.
   A. 78 　　　　　 B. 80 　　　　　 C. 81 　　　　　 D. 82 　　　　　 E. 84

8. 甲、乙两厂生产某一规格的上衣和长裤，甲厂每月用 16 天生产上衣，14 天生产长裤，正好配为 224 套；乙厂每月用 12 天生产上衣，18 天生产长裤，正好配成 360 套. 若两厂合并每月可多生产（　　）套.
   A. 32 　　　　　 B. 40 　　　　　 C. 56 　　　　　 D. 64 　　　　　 E. 80

9. 公司计划在甲、乙两个电视台做总时间不超过 300 分钟的广告，广告总费用不超过 9 万元. 甲、乙电视台的广告收费标准分别为 500 元/分钟和 200 元/分钟. 假定甲、乙两个电视台为该公司所做的每分钟广告，能给公司带来的收益分别为 0.3 万元和 0.2 万元. 该公司调整在甲、乙两个电视台的广告时间，可得到的最大收益是（　　）万元.
   A. 70 　　　　　 B. 60 　　　　　 C. 80 　　　　　 D. 90 　　　　　 E. 85

10. 企业生产甲、乙两种产品. 已知生产每吨甲产品要用 A 原料 3 吨，B 原料 2 吨；生产每吨乙产品要用 A 原料 1 吨，B 原料 3 吨. 销售每吨甲产品可获得利润 5 万元，每吨乙产品可获得利润 3 万元. 该企业在一个生产周期内消耗 A 原料不超过 13 吨，B 原料不超过 18 吨. 那么该企业可获得最大利润是（　　）.
    A. 12 万元 　　　　　 B. 20 万元 　　　　　 C. 25 万元 　　　　　 D. 27 万元 　　　　　 E. 28 万元

11. 某公司租赁甲、乙两种设备生产 A 和 B 两类产品，甲种设备每天能生产 A 类产品 5 件和 B 类产品 10 件，乙种设备每天能生产 A 类产品 6 件和 B 类产品 20 件．已知甲种设备每天的租赁费为 200 元，乙种设备每天的租赁费为 300 元．现该公司至少要生产 A 类产品 50 件，B 类产品 140 件，所需租赁费最少为( )元．

    A. 2100　　　　B. 2160　　　　C. 2200　　　　D. 2300　　　　E. 2400

12. 设 x，y 满足 $\begin{cases} 2x+y \geqslant 4 \\ x-y \geqslant 1 \\ x-2y \leqslant 2 \end{cases}$，则 $z = x + y$ ( )．

    A. 有最小值 2，最大值 3　　　　　　　　B. 有最小值 2，无最大值

    C. 有最大值 3，无最小值　　　　　　　　D. 既无最小值，也无最大值

    E. 以上均不正确

13. 设变量 x，y 满足约束条件 $\begin{cases} x+y \geqslant 3 \\ x-y \geqslant -1 \\ 2x-y \leqslant 3 \end{cases}$，则目标函数 $z = 2x + 3y$ 的最小值为( )．

    A. 6　　　　B. 7　　　　C. 8　　　　D. 23　　　　E. 25

14. 已知实数 x 和 y 满足 $\begin{cases} y \leqslant 2x \\ y \geqslant -2x \\ x \leqslant 3 \end{cases}$，则目标函数 $z = x - 2y$ 的最小值是( )．

    A. -4　　　　B. -5　　　　C. -8　　　　D. -10　　　　E. -9

15. 已知关于 x 的方程 $\dfrac{4}{3}x - m = \dfrac{8}{7}x - 1$，当 m 为某些负整数时，方程的解为负整数，则负整数 m 的最大值为( )．

    A. -4　　　　B. -3　　　　C. -2　　　　D. -1　　　　E. -5

16. 已知 $M = \sqrt{(x+2)^2} + \sqrt{(x-1)^2} + \sqrt{x^2} + \sqrt{x^2 - 6x + 9}$，则 M 的最小值为 ( )．

    A. 10　　　　B. 4　　　　C. 6　　　　D. 16　　　　E. 22

17. 已知 $a^2 + b^2 + c^2 = 9$，$(a-b)^2 + (b-c)^2 + (a-c)^2$ 的最大值为( )．

    A. 21　　　　B. 27　　　　C. 29　　　　D. 32　　　　E. 39

18. 设实数 x、y 适合等式 $x^2 - 4xy + 4y^2 + \sqrt{3}x + \sqrt{3}y - 6 = 0$，则 $x + y$ 的最大值为( )．

    A. $\dfrac{\sqrt{3}}{2}$　　　　B. $\dfrac{2\sqrt{3}}{3}$　　　　C. $2\sqrt{3}$　　　　D. $3\sqrt{2}$　　　　E. $3\sqrt{3}$

19. 函数 $y = \dfrac{x^2 - 2x - 3}{2x^2 + 2x + 1}$ 的最小值和最大值分别为( )．

    A. -4，1　　　　　　　　B. -4，2　　　　　　　　C. -3，1

    D. -3，2　　　　　　　　E. -4，0

20. 某商店以每件 21 元的价格从厂家购入一批商品，若每件商品售价为 a 元，则每天卖出 $350 - 10a$ 件商品，但物价局限定商品出售价格时，规定商品加价不能超过进价的 20%．商店计划每天从该商品出售中至少赚 400 元，则每件商品的售价最低应定为( )．

    A. 21 元　　　　B. 23 元　　　　C. 25 元　　　　D. 26 元　　　　E. 27 元

21. 已知 a,b,c 均为正数，则 $a^2 + b^2 + c^2 + \left(\dfrac{1}{a} + \dfrac{1}{b} + \dfrac{1}{c} \right)^2$ 的最小值为（　　）.

    A. $6\sqrt{3}$ B. $6\sqrt{2}$ C. 9   D. 12   E. $3\sqrt{6}$

22. 已知 $x > 0$，函数 $y = \dfrac{2}{x} + 3x^2$ 的最小值是（　　）.

    A. $2\sqrt{6}$ B. 6   C. $4\sqrt{2}$ D. $3\sqrt[3]{3}$ E. 5

23. 已知 $f(x) = (4a - 3)x + b - 2a$，$x \in [0, 1]$. 若 $f(x) \leqslant 2$ 恒成立，则 $t = a + b$ 的最大值为（　　）.

    A. 1   B. 2   C. $\dfrac{1}{3}$ D. 0   E. $\dfrac{17}{4}$

24. 已知 $x > 0$，$y > 0$，x，a，b，y 成等差数列，x，c，d，y 成等比数列，则 $\dfrac{(a+b)^2}{cd}$ 的最小值是（　　）.

    A. 0   B. 1   C. 2   D. 4   E. 6

25. 已知 a，$b \in \mathbf{R}_+$ 且 $a + b = 4$，则下列各式恒成立的是（　　）.

    A. $\dfrac{1}{ab} \geqslant \dfrac{1}{2}$ B. $\dfrac{1}{a} + \dfrac{1}{b} \geqslant 1$ C. $(ab)^{\frac{1}{2}} \geqslant 2$

    D. $\dfrac{1}{a^2 + b^2} \leqslant \dfrac{1}{4}$ E. $\dfrac{1}{a} + \dfrac{1}{b} \geqslant 2$

26. 如果正数 a，b，c，d 满足 $a + b = cd = 4$，那么（　　）.

    A. $ab \leqslant c + d$，且等号成立时 a，b，c，d 的取值唯一

    B. $ab \geqslant c + d$，且等号成立时 a，b，c，d 的取值唯一

    C. $ab \leqslant c + d$，且等号成立时 a，b，c，d 的取值不唯一

    D. $ab \geqslant c + d$，且等号成立时 a，b，c，d 的取值不唯一

    E. 以上均不正确

27. 已知 $a > 0$，$b > 0$，$a + 4b = 1$，则 $S = 2\sqrt{ab} - a^2 - 16b^2$ 的最大值是（　　）.

    A. 4   B. 2   C. 0   D. -2 E. 1

28. 已知 $a > 0$，$b > 0$，则 $\dfrac{1}{a} + \dfrac{1}{b} + 2\sqrt{ab}$ 的最小值是（　　）.

    A. 2   B. $2\sqrt{2}$ C. 4   D. 5   E. 3

29. 设 $a > 0$，$b > 0$，则当 $x > 0$ 时，函数 $f(x) = \dfrac{(x+a)(x+b)}{x}$ 的最小值是（　　）.

    A. $(\sqrt{a} - \sqrt{b})^2$ B. $(\sqrt{a} + 2\sqrt{b})^2$ C. $(\sqrt{a} + \sqrt{b})^2$

    D. $(2\sqrt{a} + \sqrt{b})^2$ E. $2(\sqrt{a} + \sqrt{b})^2$

30. 已知 $a > b > 0$，则 $a^2 + \dfrac{1}{b(a - b)}$ 的最小值为（　　）.

    A. 1   B. 2   C. 3   D. 4   E. 5

31. 已知 $x > 0, y > 0$，且 $xy + 2x + y = 2$，则 $x + y$ 的最小值为（　　）.

    A. 1   B. 2   C. 3   D. 4   E. 5

32. 已知 $x>0,y>0,\lg2^x+\lg8^y=\lg2$，则 $\dfrac{1}{x}+\dfrac{1}{3y}$ 的最小值为（　　）.

    A. 2　　　　　B. $2\sqrt{2}$　　　　C. 4　　　　D. $2\sqrt{3}$　　　　E. 6

33. 存在实数 y，使得 $\dfrac{xy}{y-x}=\dfrac{1}{5x+4y}\left(-\dfrac{3}{4}\leqslant x\leqslant\dfrac{3}{4}\right)$，则实数 x 的最大值为（　　）.

    A. $\dfrac{3}{4}$　　　B. $\dfrac{2}{3}$　　　C. $\dfrac{1}{3}$　　　D. $\dfrac{1}{2}$　　　E. $\dfrac{1}{5}$

34. 已知 $a>b>0$，且 $a+b=2$，则 $\dfrac{2}{a+3b}+\dfrac{1}{a-b}$ 的最小值为（　　）.

    A. $\dfrac{3+2\sqrt{2}}{4}$　B. $\dfrac{3+\sqrt{2}}{4}$　C. $\dfrac{2+2\sqrt{2}}{4}$　D. $\dfrac{2+\sqrt{2}}{4}$　E. $\dfrac{1+2\sqrt{2}}{4}$

35. 设 α，β 是方程 $4x^2-4mx+m+2=0$ 的两个实根，则 $\alpha^2+\beta^2$ 的最小值是（　　）.

    A. $\dfrac{1}{2}$　　　B. 1　　　C. $\dfrac{3}{2}$　　　D. 2　　　E. 3

36. 已知 x_1，x_2 是方程 $x^2-(3k+1)x+(3k^2-2k+3)=0$ 的两个实根，则 $x_1^2+x_2^2$ 的最小值是（　　）.

    A. 1　　　B. $\dfrac{14}{3}$　　　C. $\dfrac{5}{3}$　　　D. $\dfrac{16}{3}$　　　E. 8

37. 数列 $\{a_n\}$ 是首项为23，公差为整数的等差数列，且第6项为正，第7项为负.
    (1) 前 n 项和 S_n 的最大值为（　　）.
    A. 68　　　B. 78　　　C. 84　　　D. 92　　　E. 76
    (2) 当 $S_n>0$ 时，n 的最大值为（　　）.
    A. 15　　　B. 16　　　C. 14　　　D. 12　　　E. 10

38. 等差数列 $\{a_n\}$ 的公差 $d<0$，且 $a_1^2=a_{11}^2$，则数列 $\{a_n\}$ 的前 n 项和 S_n 取得最大值时的项数 n 的值为（　　）.

    A. 5　　　B. 6　　　C. 5 或 6　　　D. 6 或 7　　　E. 7 或 8

39. 已知 $\{a_n\}$ 为等差数列，若 $\dfrac{a_{11}}{a_{10}}<-1$，且它的前 n 项和 S_n 有最大值，那么当 S_n 取得最小正值时，$n=$（　　）.

    A. 11　　　B. 20　　　C. 19　　　D. 21　　　E. 25

40. 如图 14-6 所示，一根长为 $2a$ 的木棍（AB）斜靠在与地面（OM）垂直的墙（ON）上，设木棍的中点为 P. 若木棍 A 端沿墙下滑，且 B 端沿地面向右滑行.

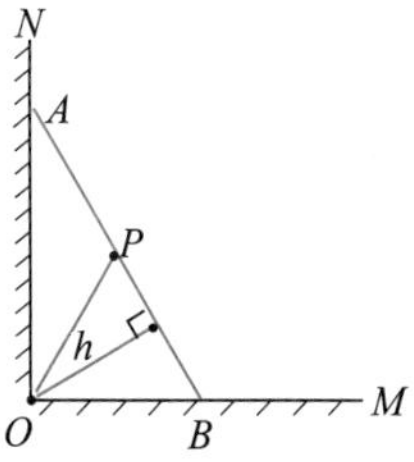

    (1) 木棍滑动的过程中，点 P 到点 O 的距离（　　）.
    A. 逐渐增大　　　　　　B. 逐渐减小
    C. 先增大再减小　　　　D. 先减小再增大
    E. 不变

图 14-6

    (2) 木棍滑动的过程中，$\triangle AOB$ 的面积最大值为（　　）.

    A. $2a^2$　　　B. a^2　　　C. $\dfrac{1}{2}a^2$　　　D. $\sqrt{2}a^2$　　　E. $\dfrac{\sqrt{2}}{2}a^2$

41. 要在边长为 16 米的正方形草坪上安装喷水龙头，使整个草坪都能喷洒到水，如图 14 – 7 所示．假设每个喷水龙头的喷洒范围都是半径 $R = 6$ 米的圆面，则需安装这种喷水龙头的个数最少是（   ）个．

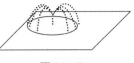

图 14 – 7

   A. 3   B. 4   C. 5   D. 6   E. 7

42. 点 $P(x, y)$ 在直线 $4x + 3y = 0$ 上，且满足 $-14 \leqslant x - y \leqslant 7$，则点 P 到坐标原点距离的取值范围是（   ）．

   A. $[0, 5]$ B. $[0, 10]$ C. $[5, 10]$

   D. $[5, 15]$ E. $[0, 8]$

43. 某村计划建造一个室内面积为 800 平方米的矩形蔬菜温室．在温室内，沿左、右两侧与后侧内墙各保留 1 米宽的通道，沿前侧内墙保留 3 米宽的空地．通过优化设计矩形温室的边长，使得蔬菜的种植面积最大．那么最大种植面积是（   ）平方米．

   A. 628   B. 632   C. 648   D. 652   E. 660

44. 围建一个面积为 360 平方米的矩形场地，要求矩形场地的一面利用旧墙（旧墙需维修），其他三面围墙要新建，在旧墙对面的新墙上要留一个宽度为 2 米的进出口．已知旧墙的维修费用为 45 元/米，新墙的造价为 180 元/米．设利用旧墙的长度为 x 米，通过优化 x，使修建此矩形场地围墙的总费用 y 最小，则最小总费用为（   ）元．

   A. 10440   B. 10460   C. 10640   D. 10420   E. 10240

45. 若 $P(x, y)$ 在圆 $(x - 3)^2 + (y - \sqrt{3})^2 = 6$ 上运动，则 $\dfrac{y}{x}$ 的最大值是（   ）．

   A. 2   B. $\sqrt{3} + 2$ C. $\sqrt{3} - 2$ D. $2 - \sqrt{3}$ E. 6

46. 在直角坐标系 xOy 中，一次函数 $y = kx + b\,(k \neq 0)$ 的图像与 x 轴、y 轴的正半轴分别交于 A, B 两点，且使得 $\triangle OAB$ 的面积值等于 $|OA| + |OB| + 3$．则 $\triangle OAB$ 面积的最小值为（   ）．

   A. $7 + 2\sqrt{10}$ B. $6 + 2\sqrt{10}$ C. $5 + 4\sqrt{10}$

   D. $4 + 3\sqrt{10}$ E. $7 + 2\sqrt{5}$

47. 设圆 C 的方程为 $(x - 2)^2 + (y - 3)^2 = 25$，直线 l 的方程为 $(3m + 2)x + (1 - 2m)y - 13 - 9m = 0\,(m \in \mathbf{R})$，则圆被直线所截得的弦长最短为（   ）．

   A. 2   B. 4   C. 6   D. 8   E. 16

48. 已知 a, b, c 为正数，且满足 $a + b + c = 8$，则 $\sqrt{a^2 + 1} + \sqrt{b^2 + 4} + \sqrt{c^2 + 9}$ 的最小值为（   ）．

   A. 10   B. 11   C. 12   D. 13   E. 15

49. 一个长方体的长、宽、高分别是 6、5、4，若把它们切割成三个体积相等的小长方体，这三个小长方体的表面积的和最大是（   ）．

   A. 248   B. 268   C. 286   D. 306   E. 326

50. 已知圆柱的侧面积为 4π，则当轴截面的对角线长取最小值时，圆柱的母线长 l 与底面半径 r 的值分别是（   ）．

A. $l=1$，$r=2$ B. $l=2$，$r=1$ C. $l=3$，$r=\dfrac{2}{3}$

D. $l=4$，$r=\dfrac{1}{2}$ E. $l=\dfrac{1}{2}$，$r=4$

51. 某团队承包了 5 个项目，每个项目经费都是不相等的整数．若已知经费最多的两个项目平均经费与经费最少的两个项目经费之和相同，则经费排名第三的项目最低经费为 74 万元.

    （1）经费总额为 509 万元.   （2）经费总额为 500 万元.

52. 某学校 95 名学生到公园租船，租一条大船需 60 元可乘坐 6 人；租一条小船需 45 元可乘坐 4 人. 则租金最省.

    （1）租 15 条大船和 2 条小船.   （2）租 16 条大船.

53. 函数 $f(x)$ 的最小值为 6.

    （1）$f(x)=|x-2|+|x+4|$.   （2）$f(x)=|x+3|+|x-3|$.

54. 已知 x_1，x_2，x_3 都是实数，$\bar{x}$ 为 x_1，x_2，x_3 的平均数，则 $|x_k-\bar{x}|\leqslant 1$，$k=1$，2，3.

    （1）$|x_k|\leqslant 1$，$k=1$，2，3.   （2）$x_1=0$.

55. $A<\dfrac{3}{2}$.

    （1）$A=\dfrac{2}{3-1}+\dfrac{2}{3^2-1}+\cdots+\dfrac{2}{3^n-1}$.

    （2）等比数列 $\{a_n\}$ 的首项为 $a_1=\dfrac{5}{4}$，公比为 $q=\dfrac{1}{6}$，$\{a_n\}$ 的前 n 项和为 A.

56. $x,y\in\mathbf{R}$，则 $(ax+by)(ay+bx)\geqslant xy$.

    （1）$a,b>0$ 且 $a+b=1$.   （2）$a^2+b^2=1$.

57. x^2+y^2 的最小值为 2.

    （1）$xy=\sqrt{2}$.

    （2）x，y 是关于 t 的方程 $t^2-2at+a+2=0$ 的两个实根.

58. $\{a_n\}$ 为等差数列，其中 $a_{10}=210$，$a_{31}=-280$，则前 n 项之和 S_n 取得最大值.

    （1）$n=19$.   （2）$n=18$.

59. $a=2$.

    （1）由已知点 P 到圆上各点的最大距离为 5，最小距离为 1，则圆的半径为 a.

    （2）已知两圆的圆心距是 9，两圆的半径是方程 $2x^2-17x+35=0$ 的两根，则两圆有 a 条公切线.

60. r 的最大值为 $2-\sqrt{2}$.

    （1）$M=\{(x,y)\,|\,x^2+y^2\leqslant 4\}$，$N=\{(x,y)\,|\,(x-1)^2+(y-1)^2\leqslant r^2\}$（$r>0$），满足 $M\cap N=N$.

    （2）两圆有交点，圆心距为 $3-\sqrt{2}$，一个圆半径为 $r_1=1$，另外一圆半径为 r.

61. 有甲、乙两袋奖券，获奖率分别为 p 或 q，某人从两袋中各随机抽取 1 张奖券，则此人获奖的概率不小于 $\dfrac{3}{4}$.

（1）已知 $p+q=1$.　　　　　　　　　（2）已知 $pq=\dfrac{1}{4}$.

62. 甲、乙两种品牌手机共有 20 部，从中任取 2 部，恰有 1 部甲品牌手机的概率为 p，则 $p>\dfrac{1}{2}$.

（1）甲品牌手机不少于 8 部.
（2）乙品牌手机大于 7 部.

顿悟练习解析

1 » **B.** 最小的质数是 2，$2^6=64$，$2^7=128>100$，所以 k 的最大值是 6.

2 » **D.** 设这两个数为 a 与 b，$a<b$，且设 $(a,\ b)=d$，$a=da_1$，$b=db_1$，其中 $(a_1,\ b_1)=1$.
因为 "两个自然数的积 = 两数的最大公约数 × 两数的最小公倍数"，因此 $240=d\cdot 60$.
解出 $d=4$，因此 $a=4a_1$，$b=4b_1$.
因为 a 与 b 的最小公倍数为 60，所以 $4a_1b_1=60$，于是有 $a_1b_1=15$.
解得 $\begin{cases}a_1=1\\b_1=15\end{cases}$ 或 $\begin{cases}a_1=3\\b_1=5\end{cases}$，则 $\begin{cases}a=4\times 1=4\\b=4\times 15=60\end{cases}$ 或 $\begin{cases}a=4\times 3=12\\b=4\times 5=20\end{cases}$.
故两数最大相差 56，选 D.

3 » **D.** 设这两个自然数分别为 a 与 b，且 $a<b$.
因为这两个自然数的最大公约数是 5，故设 $a=5a_1$，$b=5b_1$，且 $(a_1,\ b_1)=1$，$a_1<b_1$.
因为 $a+b=50$，所以有 $5a_1+5b_1=50$，$a_1+b_1=10$. 满足 $(a_1,\ b_1)=1$，$a_1<b_1$ 的解有：
$\begin{cases}a_1=1\\b_1=9\end{cases}$ 或 $\begin{cases}a_1=3\\b_1=7\end{cases}$，则 $\begin{cases}a=5\times 1=5\\b=5\times 9=45\end{cases}$ 或 $\begin{cases}a=5\times 3=15\\b=5\times 7=35\end{cases}$.
无论哪种情况，这两个数的乘积一定是 75 的倍数.

4 » **D.** 从 6 个号码中选 1~4 个号码合成一组，共有 4 类情况，总情况数为 $C_6^1+C_6^2+C_6^3+C_6^4$ $=56$. 要想达到一定会出现至少 6 组相同的编码，只要每种情况出现 5 次，那么下一个人不论选哪一种都会变成 6 组一样，则总共需要的人数为 $5\times 56+1=281$，选 D.

5 » **D.** 设总人数为 100 人，则做对的总题数为 $80+95+85+79+74=413$，做错的题数为 $500-413=87$. 为求出最低及格率，则不及格的尽量多，即错三题的人尽量多：$87\div 3$ $=29$（人）. 则及格率至少为 $(100-29)\div 100=71\%$.

6 » **C.** 此时还有 $100-61=39$ 票，设甲再得 x 票，极端情况是其余 $39-x$ 票都给丙，要使得甲当选，则甲的总票数要大于丙的总票数，$35+x>16+39-x$，
从而 $2x>20$，得到 $x>10$，x 最小取 11.

7 » **D.** 根据题意超过 20 的至少 2 袋，因为如果只有 1 袋超过 20 的，那么剩下三袋加起来不可

能大于 60. 那么至少应该是 21 块，剩下 2 袋每袋至少为 20 块，所以总共至少为 82 块.

8 » **D.** 根据题目描述可以先找到甲、乙两厂的生产效率.

表 14 - 1

生产情况	上衣	长裤	套数
甲	14	16	224
乙	30	20	360

让甲厂 30 天全生产裤子，可以生产 480 件，乙厂生产 480 件上衣需要 16 天. 剩下 14 天
自己生产配套，一天可以生产 $360 \div 30 = 12$（套），那么 14 天就可以生产 168 套，所以现
在生产的套数为 $480 + 168 = 648$（套），比原来 $224 + 360 = 584$（套）多了 64 套，选 D.

9 » **A.** 设公司在甲电视台和乙电视台做广告的时间分别为 x 分
钟和 y 分钟，总收益为 z 元，

由题意，得 $\begin{cases} x+y \leqslant 300 \\ 500x+200y \leqslant 90000 , \\ x \geqslant 0 , \ y \geqslant 0 \end{cases}$

目标函数为 $z = 3000x + 2000y$.

二元一次不等式组等价于 $\begin{cases} x+y \leqslant 300 \\ 5x+2y \leqslant 900 , \\ x \geqslant 0 , \ y \geqslant 0 \end{cases}$

作出二元一次不等式组所表示的平面区域，即可行域，如
图 14 - 8 所示.

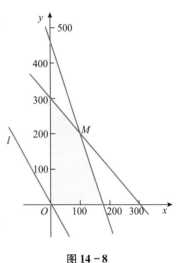

图 14 - 8

作直线 l：$3000x + 2000y = 0$，即 $3x + 2y = 0$.

平移直线 l，从图中可知，当直线 l 过 M 点时，目标函数取得最大值.

联立 $\begin{cases} x+y=300 \\ 5x+2y=900 \end{cases}$，解得 $x=100$，$y=200$.

因为点 M 的坐标为 $(100，200)$，所以 $z_{\max} = 3000x + 2000y = 700000$（元），即该公司在甲
电视台做 100 分钟广告，在乙电视台做 200 分钟广告，公司的收益最大，最大收益是 70
万元.

10 » **D.** 设生产甲产品 x 吨，生产乙产品 y 吨，则有关系如表 14 - 2 所列：

表 14 - 2

产品	A 原料/吨	B 原料/吨
甲产品 x 吨	$3x$	$2x$
乙产品 y 吨	y	$3y$

则有 $\begin{cases} x > 0 \\ y > 0 \\ 3x + y \le 13 \\ 2x + 3y \le 18 \end{cases}$ ，如图 14-9 所示.

目标函数为 $z = 5x + 3y$，作出可行域后求出可行域边界上各端点的坐标. 经验证知，当 $x = 3$，$y = 4$ 时可获得最大利润为 27 万元.

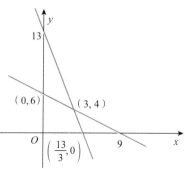

图 14-9

11 » **D.** 设甲种设备需要生产 x 天，乙种设备需要生产 y 天，该公司所需租赁费为 z 元，则 $z = 200x + 300y$，甲、乙两种设备生产 A 和 B 两类产品的情况如表14-3所列：

表 14-3

设备 \ 产品	A 类产品/件（≥ 50）	B 类产品/件（≥ 140）	租赁费/元
甲设备	5	10	200
乙设备	6	20	300

则满足的关系为 $\begin{cases} 5x + 6y \ge 50 \\ 10x + 20y \ge 140, \\ x \ge 0, \ y \ge 0 \end{cases}$ 即

$\begin{cases} x + \dfrac{6}{5}y \ge 10 \\ x + 2y \ge 14, \ x \ge 0, \ y \ge 0 \end{cases}$.

作出不等式表示的平面区域，即可行域，如图 14-10 所示. 当 $z = 200x + 300y$ 对应的直线过

两直线 $\begin{cases} x + \dfrac{6}{5}y = 10 \\ x + 2y = 14 \end{cases}$ 的交点 $(4，5)$ 时，目标函数 $z = 200x + 300y$ 取得最小值为 2300 元.

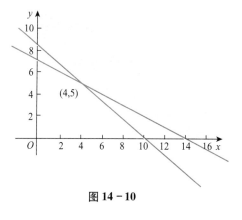

图 14-10

12 » **B.** 画出不等式组表示的平面区域，如图14-11所示，由 $z = x + y$，得 $y = -x + z.$ 令 $z = 0$，画出 $y = -x$ 的图像. 当它的平行线经过 $A(2，0)$ 时，z 取得最小值，最小值为 $z = 2$，无最大值，故选 B.

13 » **B.** 画出不等式组 $\begin{cases} x + y \ge 3 \\ x - y \ge -1 \\ 2x - y \le 3 \end{cases}$ 表示的可行域，如图

14-12所示，让目标函数表示直线 $y = -\dfrac{2x}{3} + \dfrac{z}{3}$ 在可

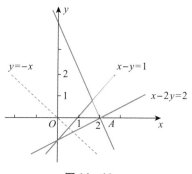

图 14-11

行域上平移，知在点 B 时目标函数取到最小值，解方程组 $\begin{cases} x+y=3 \\ 2x-y=3 \end{cases}$ 得点 B 的坐标 $(2,$

$1)$，所以 $z_{\min}=4+3=7$，故选 B.

14 ≫ **E.** 画出满足不等式组的可行域，如图 $14-13$ 所示，目标函数化为 $y=\dfrac{1}{2}x-\dfrac{1}{2}z$，画直线

$y=\dfrac{1}{2}x$ 及平行线. 当此直线经过点 A 时，$-\dfrac{1}{2}z$ 的值最大，z 的值最小，A 点坐标为

$(3，6)$，所以 z 的最小值为 $3-2\times 6=-9$.

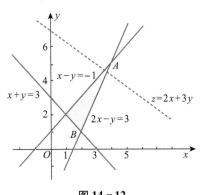

图 $14-12$

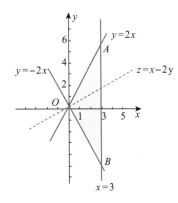

图 $14-13$

15 ≫ **B.** 将原方程化简，因为 m 为负整数，所以 $\dfrac{4}{21}x=m-1$ 必为小于 -1 的负整数，得到

$\dfrac{4}{21}x<-1$，所以 $x<-\dfrac{21}{4}$，即 $x<-5\dfrac{1}{4}$. 而要使 $\dfrac{4}{21}x$ 为负整数，x 必是 21 的倍数，所

以 x 的最大值为 -21. 因为当 x 取最大值时，m 也取得最大值，所以 m 的最大值为 -3.

16 ≫ **C.** 先将原式转化为 $|x+2|+|x-1|+|x|+|x-3|$，然后求出使每一个绝对值式子

为 0 的 x 值. 解得 $x_1=-2$，$x_2=1$，$x_3=0$，$x_4=3$. 然后通过画图或利用绝对值几何意义

的方法，得到 x 在 $[0，1]$ 上取值时，M 均取得最小值 6.

17 ≫ **B.** $(a-b)^2+(b-c)^2+(c-a)^2=2(a^2+b^2+c^2)-(2ab+2bc+2ac)=18-[(a+b+c)^2$

$-(a^2+b^2+c^2)]=27-(a+b+c)^2\leqslant 27$，当 $a+b+c=0$ 时，有最大值 27.

18 ≫ **C.** 由 $x^2-4xy+4y^2+\sqrt{3}x+\sqrt{3}y-6=0$ 得到 $(x-2y)^2+\sqrt{3}(x+y)-6=0$，则 $\sqrt{3}(x+y)$

$=6-(x-2y)^2\leqslant 6$，所以 $x+y\leqslant\dfrac{6}{\sqrt{3}}=2\sqrt{3}$，选 C.

19 ≫ **A.** 去分母并整理，得 $(2y-1)x^2+2(y+1)x+(y+3)=0$，当 $y=\dfrac{1}{2}$ 时，$x=-\dfrac{7}{6}$.

当 $y\neq\dfrac{1}{2}$ 时，这是一个关于 x 的一元二次方程，由 $x\in\mathbf{R}$，所以

$\Delta=[2(y+1)]^2-4(2y-1)(y+3)\geqslant 0$. 解方程，得 $-4\leqslant y\leqslant 1$. 当 $y=-4$ 时，$x=-\dfrac{1}{3}$；

当 $y = 1$ 时，$x = -2$. 由此即知，当 $x = -\dfrac{1}{3}$ 时，y 取最小值 -4；当 $x = -2$ 时，y 取最大值 1. 选 A.

20 » **C.** 设最低售价定为 x 元，由题意知 $x \leqslant 21(1 + 20\%)$，$(x - 21)(350 - 10x) \geqslant 400$. 由以上可得 $x \leqslant 25.2$，$(x - 25)(x - 31) \leqslant 0$. 所以 $x \leqslant 25.2$，同时 $25 \leqslant x \leqslant 31$，即 $25 \leqslant x \leqslant 25.2$. 选 C.

21 » **A.** **方法一**：因为 a, b, c 均为正数，由平均值不等式得

$$a^2 + b^2 + c^2 \geqslant 3(abc)^{\frac{2}{3}} \qquad ①$$

$$\frac{1}{a} + \frac{1}{b} + \frac{1}{c} \geqslant 3(abc)^{-\frac{1}{3}}$$

所以 $\left(\dfrac{1}{a} + \dfrac{1}{b} + \dfrac{1}{c}\right)^2 \geqslant 9(abc)^{-\frac{2}{3}} \qquad ②$

故 $a^2 + b^2 + c^2 + \left(\dfrac{1}{a} + \dfrac{1}{b} + \dfrac{1}{c}\right)^2 \geqslant 3(abc)^{\frac{2}{3}} + 9(abc)^{-\frac{2}{3}}$.

又 $3(abc)^{\frac{2}{3}} + 9(abc)^{-\frac{2}{3}} \geqslant 2\sqrt{27} = 6\sqrt{3} \qquad ③$

故所求最小值为 $6\sqrt{3}$.

当且仅当 $a = b = c$ 时，①式和②式等号成立. 当且仅当 $3(abc)^{\frac{2}{3}} = 9(abc)^{-\frac{2}{3}}$ 时，③式等号成立. 即当且仅当 $a = b = c = 3^{\frac{1}{4}}$ 时，原式等号成立.

方法二：因为 a, b, c 均为正数，由均值不等式得 $a^2 + b^2 \geqslant 2ab$；$b^2 + c^2 \geqslant 2bc$；$c^2 + a^2 \geqslant 2ac$.

所以 $a^2 + b^2 + c^2 \geqslant ab + bc + ac \qquad ①$

同理 $\dfrac{1}{a^2} + \dfrac{1}{b^2} + \dfrac{1}{c^2} \geqslant \dfrac{1}{ab} + \dfrac{1}{bc} + \dfrac{1}{ac} \qquad ②$

故 $a^2 + b^2 + c^2 + \left(\dfrac{1}{a} + \dfrac{1}{b} + \dfrac{1}{c}\right)^2 \geqslant ab + bc + ac + \dfrac{3}{ab} + \dfrac{3}{bc} + \dfrac{3}{ac} \geqslant 6\sqrt{3} \qquad ③$

当且仅当 $a = b = c$ 时，①式和②式等号成立，当且仅当 $a = b = c$，$(ab)^2 = (bc)^2 = (ac)^2 = 3$ 时，③式等号成立. 即当且仅当 $a = b = c = 3^{\frac{1}{4}}$ 时，原式等号成立.

22 » **D.** $y = \dfrac{1}{x} + \dfrac{1}{x} + 3x^2 \geqslant 3\sqrt[3]{\dfrac{1}{x} \cdot \dfrac{1}{x} \cdot 3x^2} = 3\sqrt[3]{3}$，当且仅当 $\dfrac{1}{x} = 3x^2$ 时等号成立，即 $x = \sqrt[3]{\dfrac{1}{3}}$.

23 » **E.** 由已知，有 $\begin{cases} f(0) = b - 2a \leqslant 2 \\ f(1) = b + 2a - 3 \leqslant 2 \end{cases}$，即 $\begin{cases} b \leqslant 2a + 2 \\ b \leqslant -2a + 5 \end{cases}$，由线性规划知识，当 $a = \dfrac{3}{4}$，$b = \dfrac{7}{2}$ 时，$t = a + b$ 达到最大值 $\dfrac{17}{4}$.

24 » **D.** 由题意有，$a + b = x + y$，$cd = xy$，所以

$$\frac{(a+b)^2}{cd} = \frac{(x+y)^2}{xy} \geqslant \frac{(2\sqrt{xy})^2}{xy} = 4.$$

25 » **B.** 由 $a+b \geqslant 2\sqrt{ab} \Rightarrow ab \leqslant 4 \Rightarrow (ab)^{\frac{1}{2}} \leqslant 2$ 和 $\dfrac{1}{ab} \geqslant \dfrac{1}{4}$，所以 A 和 C 错误.

$\dfrac{1}{a} + \dfrac{1}{b} = \dfrac{a+b}{ab} = \dfrac{4}{ab} \geqslant 1$，所以 B 正确. E 错误.

由 $a^2 + b^2 \geqslant \dfrac{(a+b)^2}{2} = 8$，得 $\dfrac{1}{a^2+b^2} \leqslant \dfrac{1}{8}$，故 D 错误.

26 » **A.** 正数 a，b，c，d 满足 $a+b = cd = 4$，所以 $4 = a+b \geqslant 2\sqrt{ab}$，即 $ab \leqslant 4$，当且仅当 $a = b = 2$ 时，" $=$ " 成立；又 $4 = cd \leqslant \left(\dfrac{c+d}{2}\right)^2$，所以 $c+d \geqslant 4$，当且仅当 $c = d = 2$ 时，" $=$ " 成立；综上得 $ab \leqslant c+d$，且等号成立时，a，b，c，d 的取值都为 2. 选 **A**.

27 » **C.** 因为 $a+4b = 1 \geqslant 4\sqrt{ab}$，即 $\sqrt{ab} \leqslant \dfrac{1}{4}$，又 $S = 2\sqrt{ab} - (a+4b)^2 + 8ab = 2\sqrt{ab} + 8ab - 1$，令 $t = \sqrt{ab}$，所以 $S = 8t^2 + 2t - 1$，再根据 $0 < t \leqslant \dfrac{1}{4}$，得到 $-1 < S \leqslant 0$.

28 » **C.** 因为 $\dfrac{1}{a} + \dfrac{1}{b} + 2\sqrt{ab} \geqslant 2\sqrt{\dfrac{1}{ab}} + 2\sqrt{ab} = 2\left(\sqrt{\dfrac{1}{ab}} + \sqrt{ab}\right) \geqslant 4$，

当且仅当 $\dfrac{1}{a} = \dfrac{1}{b}$，且 $\sqrt{\dfrac{1}{ab}} = \sqrt{ab}$，即 $a = b = 1$ 时，取 " $=$ " 号.

29 » **C.** $f(x) = \dfrac{(x+a)(x+b)}{x} = \dfrac{x^2 + (a+b)x + ab}{x}$

$= x + \dfrac{ab}{x} + a + b \geqslant 2\sqrt{ab} + a + b = (\sqrt{a} + \sqrt{b})^2.$

30 » **D.** $a^2 + \dfrac{1}{b(a-b)} \geqslant a^2 + \dfrac{1}{\left(\dfrac{b+a-b}{2}\right)^2} = a^2 + \dfrac{4}{a^2} \geqslant 4$. 选 **D**.

31 » **A.** $xy + 2x + y = 2 \Rightarrow (x+1)(y+2) = 4$，令 $x+1 = m, y+2 = n$，此时 $x+y = m + n - 3 \geqslant 2\sqrt{mn} - 3 = 1$，选 **A**.

32 » **C.** $x + 3y = 1, x$ 与 $3y$ 的地位等价，令 $x = 3y = \dfrac{1}{2}$ 代入即可，那么最小值为 4，选 **C**.

33 » **E.** 因为 $\dfrac{xy}{y-x} = \dfrac{1}{5x+4y}$ 化成整式为 $4xy^2 + (5x^2 - 1)y + x = 0$，令 $\Delta \geqslant 0 \Rightarrow x \in (-\infty, -1] \cup \left[-\dfrac{1}{5}, \dfrac{1}{5}\right] \cup [1, +\infty)$，结合 $-\dfrac{3}{4} \leqslant x \leqslant \dfrac{3}{4}$，故实数 x 的最大值为 $\dfrac{1}{5}$，选 **E**.

34 » **A.** 根据权方和不等式，有 $\dfrac{2}{a+3b} + \dfrac{1}{a-b} = \dfrac{(\sqrt{2})^2}{a+3b} + \dfrac{1^2}{a-b} \geqslant \dfrac{(\sqrt{2}+1)^2}{2(a+b)} = \dfrac{3+2\sqrt{2}}{4}$，

选 A.

35 » **A.** $\Delta = (-4m)^2 - 4 \times 4(m+2) \geqslant 0$，解得 $m \leqslant -1$ 或 $m \geqslant 2$，又 $\alpha^2 + \beta^2 = (\alpha+\beta)^2 - 2\alpha\beta$

$= m^2 - \dfrac{m+2}{2} = \left(m - \dfrac{1}{4}\right)^2 - \dfrac{17}{16}$，所以当 $m = -1$ 时，$\alpha^2 + \beta^2$ 取最小值为 $\dfrac{1}{2}$.

36 » **E.** 由韦达定理，有 $x_1 + x_2 = 3k+1$，$x_1 x_2 = 3k^2 - 2k + 3$，故 $x_1^2 + x_2^2 = (x_1 + x_2)^2 - 2x_1 x_2 = 3k^2$

$+ 10k - 5 = 3\left(k + \dfrac{5}{3}\right)^2 - \dfrac{40}{3}$. 又 $\Delta = [-(3k+1)]^2 - 4(3k^2 - 2k + 3) \geqslant 0$，即 $1 \leqslant k \leqslant \dfrac{11}{3}$，由

二次函数的性质可以得知，当 $k = 1$ 时，$x_1^2 + x_2^2$ 取得最小值 8.

37 » 因为 $a_1 = 23$，$a_6 > 0$，$a_7 < 0$，所以 $\begin{cases} a_1 + 5d > 0 \\ a_1 + 6d < 0 \end{cases} \Rightarrow -\dfrac{23}{5} < d < -\dfrac{23}{6}$.

因为 d 为整数，所以 $d = -4$，通项 $a_n = 27 - 4n$.

（1）**B.** $S_n = 23n + \dfrac{n(n-1)}{2} \cdot (-4) = 23n - 2n(n-1) = -2n^2 + 25n = -2\left(n - \dfrac{25}{4}\right)^2 +$

$\dfrac{625}{8}$. 根据对称轴，所以当 $n = 6$ 时，S_n 最大为 78.

或者根据通项 $a_n = 27 - 4n \geqslant 0 \Rightarrow n \leqslant 6$，即当 $n = 6$ 时，S_n 最大为 78.

（2）**D.** 根据 $S_n = -2n^2 + 25n > 0$，解得 $0 < n < \dfrac{25}{2}$，所以 n 最大为 12.

或者根据性质：$a_7 + a_6 = a_1 + a_{12} > 0 \Rightarrow S_{12} > 0$，$a_7 + a_7 = a_1 + a_{13} < 0 \Rightarrow S_{13} < 0$.
所以 n 最大为 12.

38 » **C.** 显然 $a_1 > 0$，否则在 $d < 0$ 的情况下不可能有 $a_1^2 = a_{11}^2$，于是可推出 $a_1 = -a_{11}$，则

$a_6 = \dfrac{a_1 + a_{11}}{2} = 0$，所以前五项都是正数，$S_n$ 取最大值时 n 的值为 5 或 6.

39 » **C.** $\dfrac{a_{11}}{a_{10}} < -1$，且它的前 n 项和 S_n 有最大值，则 $a_{10} > 0$，$a_{10} + a_{11} < 0$（假设 $a_{10} < 0$，那

么 $a_{11} > 0$，可知 $d > 0$，于是前 n 项和 S_n 不会有最大值）.
故 $S_{20} = 10(a_{10} + a_{11}) < 0$，$S_{19} = 19a_{10} > 0$.

40 » （1）**E.** 木棍在下滑过程中，虽然 OA，OB 的长度在变化，但线段 AB 长度保持不变，
所以根据直角三角形性质，可得点 P 到点 O 的距离不变.
（2）**B.** 当 $\triangle AOB$ 的斜边 AB 上高 h 等于中线 OP 时，$\triangle AOB$ 的面积最大. 如题干图所
示，若 h 和 OP 不相等，则总有 $h < OP$. 故根据三角形面积公式，当 h 和 OP 相等时，
$\triangle AOB$ 的面积最大，此时，$S_{\triangle AOB} = \dfrac{1}{2} AB \cdot h = \dfrac{1}{2} \times 2a \cdot a = a^2$，所以 $\triangle AOB$ 面积的最大
值为 a^2.

41 » **B.** 喷水龙头的喷洒面积为 $36\pi \approx 113$，正方形面积为 256，故至少需要三个喷水龙头.

由于 $2R < 16$，故三个喷水龙头肯定不能保证整个草坪能喷洒到水. 当用四个喷水龙头时，可将正方形均分为四个小正方形（如图 $14-14$），同时将四个喷水龙头分别放在它们的中心，由于 $2R = 12 > 8\sqrt{2}$，故可以保证整个草坪能喷洒到水.

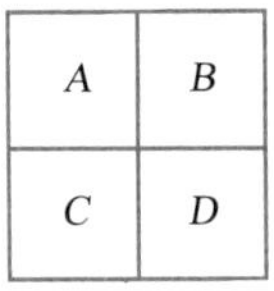

图 $14-14$

42 » **B.** 根据题意 $4x + 3y = 0 \Rightarrow y = -\dfrac{4}{3}x$，又 $-14 \leqslant x - y \leqslant 7$，得到 $-6 \leqslant x \leqslant 3$.

根据点 P 在线段 $4x + 3y = 0 (-6 \leqslant x \leqslant 3)$ 上，线段过原点，故点 P 到原点的最短距离为 0，最远距离为点 $P(-6, 8)$ 到原点距离且距离为 10，故选 B.

43 » **C.** 设矩形温室的左侧边长为 a 米，后侧边长为 b 米，种植面积为 S 平方米，则 $ab = 800$.

$S = (a - 4)(b - 2) = ab - 4b - 2a + 8 = 808 - 2(a + 2b)$.

所以 $S \leqslant 808 - 4\sqrt{2ab} = 648$.

当 $a = 2b$，即 $a = 40$，$b = 20$ 时，$S_{最大值} = 648$.

综上，当矩形温室的左侧边长为 40 米，后侧边长为 20 米时，蔬菜的种植面积最大，最大种植面积为 648 平方米.

44 » **A.** 由题意，矩形的一边长为 x 米，设矩形的另一边长为 a 米. 则

$$y = 45x + 180(x - 2) + 180 \times 2a = 225x + 360a - 360.$$

由已知 $xa = 360$，得 $a = \dfrac{360}{x}$，所以 $y = 225x + \dfrac{360^2}{x} - 360 \, (x > 0)$. 根据平均值定理，有

$$225x + \frac{360^2}{x} \geqslant 2\sqrt{225 \times 360^2} = 10800,$$

所以 $y = 225x + \dfrac{360^2}{x} - 360 \geqslant 10440$. 当且仅当 $225x = \dfrac{360^2}{x}$，即 $x = 24$ 时，等号成立.

所以当 $x = 24$ 时，修建围墙的总费用最小，最小总费用是 10440 元.

45 » **B.** 设 $\dfrac{y}{x} = k$，即 $kx - y = 0$，则由圆心 $(3, \sqrt{3})$ 到直线 $kx - y = 0$ 的距离为 $\sqrt{6}$，得到 $\dfrac{|3k - \sqrt{3}|}{\sqrt{k^2 + 1}} = \sqrt{6}$，则最大值为 $k = \sqrt{3} + 2$. 选 B.

46 » **A.** A 点坐标为 $\left(-\dfrac{b}{k}, 0\right)$，$B$ 点坐标为 $(0, b)$，且 $b > 0$，$k < 0$.

三角形面积 $S = \dfrac{1}{2} \cdot b \cdot \left(-\dfrac{b}{k}\right) = -\dfrac{b}{k} + b + 3$，得到 $k = \dfrac{2b - b^2}{2(b + 3)} < 0$，说明 $b > 2$.

$S = \dfrac{1}{2} \cdot b \cdot \left(-\dfrac{b}{k}\right) = \dfrac{(b - 2)^2 + 7(b - 2) + 10}{b - 2} = b - 2 + \dfrac{10}{b - 2} + 7 \geqslant 7 + 2\sqrt{10}$.

当 $b = 2 + \sqrt{10}$，$k = -1$ 时，取最值.

另解：将直线的斜截式转化为截距式表示，计算会简单些，设 x 轴和 y 轴截距分别为 a

和 b，则 $S = \dfrac{1}{2}ab = a + b + 3 \Rightarrow ab = 2a + 2b + 6 \Rightarrow b = \dfrac{2(a+3)}{a-2}$，

$S = \dfrac{1}{2}ab = \dfrac{a(a+3)}{a-2} = \dfrac{(a-2)^2 + 7(a-2) + 10}{a-2}$，下同上.

47 »» **D.** $(3m+2)x + (1-2m)y - 13 - 9m = 0$，重新组合可以变为 $(3x - 2y - 9)m + (2x + y - 13) = 0$，所以该直线系恒过的定点为 $\begin{cases} 3x - 2y - 9 = 0 \\ 2x + y - 13 = 0 \end{cases}$，解得定点为 $(5, 3)$.

将该点代入圆的方程 $(5-2)^2 + (3-3)^2 = 9 < 25$，所以点在圆内，则最短的弦长为垂直于圆心与该点连线的弦，长度为 $2\sqrt{5^2 - 3^2} = 8$，选 D.

48 »» **A.** 利用三维柯西三角不等式，有

$$\sqrt{a^2 + 1} + \sqrt{b^2 + 4} + \sqrt{c^2 + 9} \geqslant \sqrt{(a+b+c)^2 + (1+2+3)^2} = 10，故选 A.$$

49 »» **B.** 割成三个小长方体需要割 2 刀，增加 4 个面，让这 4 个面均为 6×5 的面，那么表面积之和最大为 $2(6 \times 5 + 6 \times 4 + 5 \times 4) + 4 \times 6 \times 5 = 268$. 选 B.

50 »» **B.** 当高和直径相等时对角线取最小，即 B.

51 »» **D.** 不妨令 5 个项目的经费分别为 $a > b > c > d > e (a, b, c, d, e \in \mathbf{Z}_+)$，根据题意有

$\dfrac{a+b}{2} = d + e \Rightarrow a + b = 2(d+e)$. 由条件（1）$a + b + c + d + e = 509 \Rightarrow c + 3(d+e)$

$= 509$，要想使得 c 最小，那么 d, e 最大即可，不妨令 $d = c - 1, e = c - 2$，那么 $c + 3(d + e) = c + 3(c - 1 + c - 2) = 7c - 9 = 509 \Rightarrow c = 74$，充分.

同理，由条件（2），$7c - 9 = 500, 509 \div 7 = 72 \cdots 5$，此时 c 不为整数，当 $c = 72$ 时，$a + b + d + e = 3(d + e) = 428$ 不符合题意；同理 $c = 73$ 时，也不符合题意. 那么只有当 $c = 74$ 时，此时 $a + b + d + e = 426$ 恰好为 3 的倍数，可以满足题意. 选 D.

52 »» **B.** 各自比较下，显然条件(2)租 16 条大船花费 960 元，比条件(1)花费 990 元少.

53 »» **D.** 把 $f(x)$ 在 x 点的函数值看作点 x 到各点的距离和，显然条件(1)和条件(2)均充分.

54 »» **C.** 条件（1），取 $x_1 = -1, x_2 = -1, x_3 = 1$，则 $|x_3 - \bar{x}| = \dfrac{4}{3}$，不充分；条件（2），显然不充分. 考虑联合，$|x_k| \leqslant 1 (k = 2, 3)$，所以 $|\bar{x}| \leqslant \dfrac{2}{3}$，即 $|x_1 - \bar{x}| \leqslant 1$；$|x_2 - \bar{x}| = \left| \dfrac{2x_2 - x_3}{3} \right|$，而 $-3 \leqslant 2x_2 - x_3 \leqslant 3$，所以 $|x_2 - \bar{x}| \leqslant 1$，同理可证明 $|x_3 - \bar{x}| \leqslant 1$，充分.

55 »» **D.** 条件（1），根据分式不等式分子分母同加 1 进行放缩有：$A = \dfrac{2}{3 - 1} + \dfrac{2}{3^2 - 1} + \cdots +$

$$\frac{2}{3^n-1} < \frac{3}{3} + \frac{3}{3^2} + \cdots + \frac{3}{3^n} = 1 + \frac{1}{3} + \cdots + \frac{1}{3^{n-1}} = \frac{1\left(1-\frac{1}{3^n}\right)}{1-\frac{1}{3}} < \frac{3}{2}$$，充分.

条件（2），利用前 n 项的和小于无穷递缩等比数列所有项的和：$A < \dfrac{\frac{5}{4}}{1-\frac{1}{6}} = \dfrac{3}{2}$，充

分.　选 D.

56 ›› **A.** $(ax+by)(ay+bx) = abx^2 + a^2xy + b^2xy + aby^2 = (x^2+y^2)ab + (a^2+b^2)xy$，根据 $x^2+y^2 \geqslant 2xy$ 恒成立，故 $(x^2+y^2)ab + (a^2+b^2)xy \geqslant 2xyab + (a^2+b^2)xy$
$= (a^2+2ab+b^2)xy = (a+b)^2xy$.
由条件（1）可知，$(a+b)^2xy = xy$，充分；
条件（2）中，当 $a^2+b^2 = 1$ 时，利用作差法将两式相减：
$(ax+by)(ay+bx) - xy = (x^2+y^2)ab + (a^2+b^2)xy - xy = (x^2+y^2)ab$. 要想满足题意，那么 $(x^2+y^2)ab \geqslant 0$ 成立，只有当 $ab \geqslant 0$ 时方可成立，但条件（2）无法证明 $ab \geqslant 0$，故当 a,b 异号时，不充分.　选 A.

57 ›› **B.** 显然条件(1)不充分，对于条件(2)，由韦达定理得
$$\begin{cases} x+y=2a \\ xy=a+2 \end{cases} \Rightarrow x^2+y^2 = (x+y)^2 - 2xy = 4a^2 - 2(a+2)，$$
因为方程有两个实根，因此 $\Delta = 4a^2 - 4(a+2) \geqslant 0 \Rightarrow a^2 - a - 2 \geqslant 0 \Rightarrow a \geqslant 2$ 或 $a \leqslant -1$.
对于 $4a^2 - 2(a+2) = 4\left(a-\frac{1}{4}\right)^2 - 4 - \frac{1}{4}$，可见当 $a = -1$ 时，x^2+y^2 取到最小值，这样可得最小值为 $x^2+y^2 = (x+y)^2 - 2xy = 4a^2 - 2(a+2) = 4 - 2 = 2$，故条件(2)充分.

58 ›› **D.** 由题可得 $d = \dfrac{a_{31}-a_{10}}{21} = \dfrac{-490}{21} = -\dfrac{70}{3}$，令
$$a_n = a_{10} + (n-10)d = 210 + (n-10)\left(-\frac{70}{3}\right) = 0，$$
解得 $n = 19$，故 $S_{18} = S_{19}$ 均为最大值.

59 ›› **E.** 条件(1)情况有两种，如图 $14-15$ 所示，从而可知 $a = 3$ 或 $a = 2$，不充分；条件(2)：解题中方程得两圆的半径为 5 和 3.5，于是可判定两圆相离，有 4 条公切线，不充分. 显然联合亦不充分.

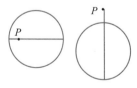

图 14－15

60 ›› **A.** 由条件(1)，得到 $M \cap N = N$ 意味着两圆面是包含关系. 如果要 r 最大，那么两圆内切. 因此 $2 - r = \sqrt{2}$，可得 $r = 2 - \sqrt{2}$，充分.
由条件(2)，两圆有交点，且另外一圆的半径 r 要最大，那么也是内切. 因此可得 $r - 1$

$= 3 - \sqrt{2}$，可得 $r = 4 - \sqrt{2}$，不充分.

61 » **D**. 本题可用反面求解法，此人获奖的概率为 $1 - (1-p)(1-q) = p + q - pq$，由条件

（1） $p + q = 1$，$p + q - pq = 1 - pq$，利用平均值定理，$p + q = 1 \geqslant 2\sqrt{pq}$，所以 $pq \leqslant \dfrac{1}{4}$，

$1 - pq \geqslant 1 - \dfrac{1}{4} = \dfrac{3}{4}$，充分；条件（2） $pq = \dfrac{1}{4}$，$p + q - pq = p + q - \dfrac{1}{4}$，利用平均值定

理，$p + q \geqslant 2\sqrt{pq} = 1$，$p + q - \dfrac{1}{4} \geqslant 1 - \dfrac{1}{4} = \dfrac{3}{4}$，充分，选 D.

62 » **C**. 设甲手机有 x 部 $(0 \leqslant x \leqslant 20)$，则乙手机有 $(20-x)$ 部，设事件 A 表示"从中任选两

部手机，恰有 1 部甲手机"，则 $P(A) = \dfrac{C_x^1 C_{20-x}^1}{C_{20}^2} = \dfrac{x(20-x)}{190}$.

因此条件（1）不充分（比如甲手机为 19 部时不成立），条件（2）也不充分（比如
甲手机为 1 部时不成立）.

若联合，则可得 $8 \leqslant x \leqslant 12$，满足 $P(A) = \dfrac{C_x^1 C_{20-x}^1}{C_{20}^2} = \dfrac{x(20-x)}{190} > \dfrac{1}{2}$，联合充分，选 C.

第二部分　奥数思维扩充

题型 1 **间隔问题**

思 路 解这类题的关键在于把握间隔数（段数）和点数（即树的棵数、旗子的面数等）之间的关系. 常用的关系有以下几种：

1. 不封闭路线上，两端有"点"：点数 = 间隔数（段数）+ 1. 例如，5 棵行道树之间有 4 个间隔.

2. 不封闭路线上，一端有"点"：点数 = 间隔数（段数）. 例如，在某房子旁每隔一段距离种 1 棵树，种 5 棵树有 5 个间隔.

3. 不封闭路线上，两端没有"点"：点数 = 间隔数（段数）- 1. 例如，将一条丝带剪成 5 段，需要剪 4 次.

4. 封闭路线上：点数 = 间隔数（段数）. 例如，将一个圆环锯成 5 段需要锯 5 次.

1 小李家住 9 楼. 一天，小李和爸爸一起从 1 楼爬楼梯回家，小李走得慢，爸爸上到 3 楼时，小李刚上到 2 楼. 则按照这个速度，爸爸到家时，小李到 k 楼.

(1) $k = 6$.　　　　　　　(2) $k = 5$.

2 时钟在整点时会敲钟报时. 假如 3 时整，时钟会敲 3 下钟，2 秒敲完. 那么 7 时整的时候，时钟敲 7 下钟，k 秒敲完.（不考虑敲钟的时间）.

(1) $k = \dfrac{14}{3}$.　　　　　　(2) $k = 6$.

3 国庆节到了，同学们用鲜花装扮校园，他们把 16 盆鲜花摆放在圆形花坛上，每两盆花之间间隔 10 厘米. 那么这个花坛一圈的长度为(　　).（不考虑花盆所占长度）

A. 1.4 米　　B. 1.5 米　　C. 1.6 米　　D. 1.7 米　　E. 1.8 米

4 机场上停着 10 架飞机，第一架飞机起飞后，每隔 4 分钟有一架飞机起飞，在第一架飞机起飞后 2 分钟，有一架飞机在机场降落，以后每隔 6 分钟有一架飞机在机场降落，降落在机场的飞机又依次相隔 4 分钟在原有的 10 架飞机后起飞. 则第一架飞机起飞后，经过 (　　) 分钟，机场上才没有飞机停留.

A. 102　　　B. 104　　　C. 106　　　D. 108　　　E. 112

5 10 个人围成一个圆圈做游戏. 游戏的规则是：每个人心里都想好一个数，并把自己想好的数如实地告诉他两旁的两个人，然后每个人将他两旁的两个人告诉他的数的平均数报出来. 若报出来的数如图所示，则报 3 的人心里想的数是 (　　).

A. -1　　　B. -2　　　C. 0

D. 1　　　E. 2

题 5 图

题型 2 **进退并存问题**

思 路 要想解决进退并存问题，首先要有整体思维，明白整体一次进几步；其次，要学会联系生活实际，机智思考，跳过题目设置的"小陷阱".

6 一只蜗牛不小心掉进了一个 1 米深的井里，蜗牛每小时向上爬行 5 分米，然后向下滑行

4 分米. 像这样不停地爬, 蜗牛总共需要(   )小时可以从井底爬到井外.（不考虑蜗牛的长度和下滑时间）

A. 6　　　　B. 7　　　　C. 8　　　　D. 9　　　　E. 10

7 一只青蛙在深 5 米的井底, 它想跳上井来. 这只青蛙每次可以跳上来 2 米, 但是由于井壁光滑, 它每跳一次后都要滑下去 1 米. 那么这只青蛙要跳 m 次才能跳出井口.

(1) $m = 4$.　　　　　　　　(2) $m = 5$.

8 16 个人要过河, 但只有一条没有船夫的小船, 船上每次只能容纳 4 人. 他们至少要 m 次才能全部到达对岸.（返程不算次数）

(1) $m = 4$.　　　　　　　　(2) $m = 5$.

9 商店规定, 5 个空瓶能换 1 瓶饮料, 乐乐买了一箱饮料, 共 25 瓶. 那么乐乐最终能喝 m 瓶饮料.

(1) $m = 30$.　　　　　　　　(2) $m = 31$.

题型 3 数学趣题

思　路 这类题目一般不需要进行较复杂的计算, 也不能用常规方法来解决, 需要灵感、技巧和机智来获得答案. 解决这类问题, 首先要读懂题意, 然后经过充分地分析和思考, 运用基础知识以及自己的聪明才智巧妙地解决.

10 一片海藻在进行生长, 重量每天会翻一番, 30 天能长成 200 千克, 那么这片海藻长到 50 千克需要(   )天.

A. 7.5　　　　B. 15　　　　C. 20　　　　D. 25　　　　E. 28

11 一个池塘中的睡莲每天长大一倍, 经过 10 天可以把整个池塘全部遮住. 睡莲要遮住半个池塘需要(   )天.

A. 5　　　　B. 6　　　　C. 7　　　　D. 8　　　　E. 9

12 质检员小王的桌子上, 有 25 个乒乓球, 其中只有一个乒乓球是次品, 而次品比正品略轻一些. 小王想利用一个天平, 那么至少称重(   )次, 就一定可以将这个次品找到.

A. 1　　　　B. 2　　　　C. 3　　　　D. 4　　　　E. 5

题型 4 合理安排

思　路 这里的合理安排, 主要是指对时间的统筹规划, 即如何在较短的时间内完成必须要做的几件事. 合理安排时间, 首先要考虑需要做的事情有哪些, 做每件事需要多长时间, 然后再设定工作程序. 如果要做的几件事情中, 有可以同时进行的, 那就同时做, 这样最节省时间；不能同时进行的事, 就按用时由少到多顺序安排, 这样等待的时间最短, 用的时间最少.

13 明明早晨起来后要完成的几件事及所用时间为：洗烧水壶 2 分钟, 烧开水 12 分钟, 把水灌入水瓶要 1 分钟, 吃早点要 8 分钟, 整理书包要 2 分钟. 那么明明合理安排这些事情, 耗时最短为(   )分钟.

A. 12　　　　B. 15　　　　C. 17　　　　D. 20　　　　E. 24

14 小明每天早晨起床后洗漱 5 分钟，叠被子用 4 分钟，听 15 分钟广播，吃早饭 8 分钟. 要完成这些事情，小明至少要花(   )分钟.

A. 15　　　　　B. 16　　　　　C. 17　　　　　D. 23　　　　　E. 31

15 烙烧饼的时候，第一面需要烙 3 分钟，第二面需要烙 2 分钟，而烙烧饼的架子一次最多只能放两个烧饼. 要烙三个烧饼至少需要 k 分钟.

(1) $k = 8$.　　　　　　　　　　　(2) $k = 10$.

16 在火炉上烤烧饼，烤好一个烧饼需要 4 分钟，每烤一个面需要 2 分钟，炉上只能同时烤两个烧饼，现在烤 21 个烧饼，最少需要 m 分钟.

(1) $m = 78$.　　　　　　　　　　(2) $m = 42$.

17 学校卫生室里有四名同学在等候医生治疗. 甲打针要 3 分钟，乙换纱布要 4 分钟，丙涂红药水要 2 分钟，丁点眼药水要 1 分钟，假设每一项都要完成，那么他们在卫生室花费的总时间最少要(   )分钟.

A. 10　　　　　B. 20　　　　　C. 24　　　　　D. 30　　　　　E. 40

18 三个顾客到同一个柜台买东西，甲需用 4 分钟，乙需用 6 分钟，丙需用 2 分钟. 合理安排他们的购买顺序，使得三人总耗时最短为 k 分钟.

(1) $k = 20$.　　　　　　　　　　(2) $k = 12$.

19 小明骑在马背上赶马过河，共有甲、乙、丙、丁四匹马，甲马过河需 2 分钟，乙马过河需 3 分钟，丙马过河需 6 分钟，丁马过河需 7 分钟. 每次只能赶两匹马过河，要把四匹马都赶到对面去，最少要(   )分钟.

A. 12　　　　　B. 15　　　　　C. 17　　　　　D. 18　　　　　E. 25

20 明明骑在牛背上赶牛过河，共有甲、乙、丙、丁四头牛，甲牛过河需 1 分钟，乙牛过河需 2 分钟，丙牛过河需 5 分钟，丁牛过河需 6 分钟，每次只能赶两头牛过河. 要把四头牛都赶到河对岸去，最少要(   )分钟.

A. 13　　　　　B. 16　　　　　C. 18　　　　　D. 20　　　　　E. 24

题型 5　巧用同余解题

思　路　两个整数 a，b，如果它们除以同一个自然数 m 所得的余数相同，则称 a，b 对于模 m 同余. 记作：$a \equiv b (\mod m)$. 读作：a 同余 b 模 m. 比如，12 除以 5，47 除以 5，它们有相同的余数 2，这时我们说，对于除数 5，12 和 47 同余，记作：$12 \equiv 47 (\mod 5)$，同余性质比较多，主要有 4 个性质.

性质 1：如果整数 a，b 对于模 n 同余，那么他们的差 $(a-b)$ 或 $(b-a)$ 一定能被 n 整除.

性质 2：若 $a \equiv b (\mod n)$，$c \equiv d (\mod n)$，则 $(a+c) \equiv (b+d) (\mod n)$.

性质 3：若 $a \equiv b (\mod n)$，$c \equiv d (\mod n)$，则 $(a \times c) \equiv (b \times d) (\mod n)$.

性质 4：若 $a \equiv b (\mod n)$，m 为大于 1 的自然数，则 $a^m = b^m (\mod n)$.

21 $17 \times 354 \times 409 \times 672$ 除以 13 的余数为(   ).

A. 0　　　　　B. 5　　　　　C. 8　　　　　D. 11　　　　　E. 12

22 73，216，227 被某个数 b 除得余数相同，那么 108 被这个数除的余数是(   ).

A. 7　　　　　B. 8　　　　　C. 9　　　　　D. 10　　　　　E. 11

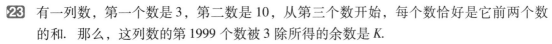

23 有一列数，第一个数是 3，第二数是 10，从第三个数开始，每个数恰好是它前两个数的和．那么，这列数的第 1999 个数被 3 除所得的余数是 K．

(1) $K = 1$．   (2) $K = 2$．

24 今天是星期二，那么再过 99^{1999} 天是( )．

     A. 星期一   B. 星期二   C. 星期三   D. 星期四   E. 星期五

25 $1^2 + 2^2 + 3^2 + \cdots + 2001^2 + 2002^2$ 除以 7 的余数为( )．

     A. 0   B. 1   C. 2   D. 3   E. 4

| 题型 6 时钟问题

思 路 时钟问题就是研究钟面上时针和分针关系的问题．

(1) 我们知道钟面的一周分为 60 格，分针每走 60 格，时针正好走 5 格，所以时针的速度是分针速度 $5 \div 60 = \dfrac{1}{12}$．

(2) 分针每分钟转 $360° \div 60 = 6°$，时针每分钟转 $360° \div 12 \div 60 = 0.5°$．

时钟问题经常围绕着时针与分针重合、垂直、成直线、成多少度提出问题．因为时针与分针的速度不同，并且都沿顺时针方向转动，所以经常将时钟问题转化为追及问题来解．

26 现在是 5 点，再过 k 分钟后，分针与时针第一次重合．

(1) $k = 27\dfrac{8}{11}$．   (2) $k = 27\dfrac{3}{11}$．

27 分针和时针一个昼夜会重合( )次．

     A. 20   B. 21   C. 22   D. 23   E. 24

题 26 图

28 9 点过 k 分钟后，时针与分针离"9"的距离相等，并且在"9 的两边"．

(1) $k = 41\dfrac{7}{13}$．   (2) $k = 41\dfrac{6}{13}$．

29 小明家有两个旧挂钟，一个每天快 20 分钟，一个每天慢 30 分钟．现在将两个旧挂钟同时调到标准时间，则它们至少要经过( )天才能再次同时显示标准时间．

     A. 18   B. 36   C. 54   D. 72   E. 90

| 题型 7 假设法解题

30 某公司向银行申请 A，B 两种贷款共 60 万元，每年共需付利息 5 万元．A 种贷款年利率为 8%，B 种贷款年利率为 9%．该公司申请了 A 种贷款( )万元．

     A. 20   B. 25   C. 30   D. 35   E. 40

31 育英中学上学期共有学生 750 人，本学期男同学增加 $\dfrac{1}{6}$，女同学减少 $\dfrac{1}{5}$，现在一共 710 人．本学期女同学共有 K 人．

(1) $K = 350$．   (2) $K = 360$．

32 办公室里男职工与女职工的人数之比为 $7:5$，如果每天出差的人数有女职工 40 人，男职工 50 人，若干天后女职工正好都出差完，男职工还剩 36 名．那么办公室里原来有 K

名男职工.

(1) $K = 336$.   (2) $K = 240$.

题型 8 　置换后相同

③③ 有甲、乙两杯含盐率不同的盐水，甲杯盐水重 120 克，乙杯盐水重 80 克．现在先从两杯中倒出等量的盐水，然后分别交换倒入两杯中．这时两杯盐水的含盐率相同．从每杯中倒出的盐水是 K 克．

(1) $K = 48$.   (2) $K = 32$.

③④ 有甲、乙两块含铜率不等的合金，甲块质量为 12 千克，乙块质量为 18 千克．现从两块合金上各切下质量相等的一部分，将甲块上切下的部分与乙块剩余的部分一起熔炼，再将乙块上切下的部分与甲块上剩余的部分一起熔炼．则从每块上切下的部分各为 K 千克，会使得到两块新合金的含铜率相等．

(1) $K = 7.2$.   (2) $K = 6.4$.

题型 9 　表面积

③⑤ 把 19 个棱长为 3 的正方体重叠起来，如图所示，拼成一个立体图形，那么这个立体图形的表面积为(　 　).

A. 486   B. 243   C. 384

D. 360   E. 480

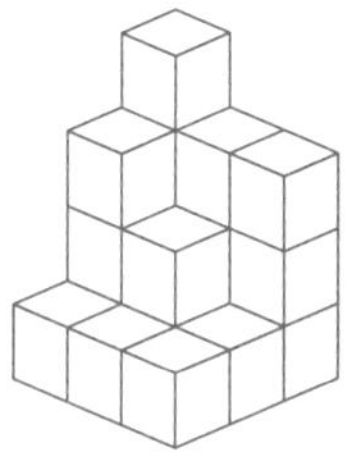

题 35 图

③⑥ 用棱长为 1 的正方体拼成如图所示的立体图形．则这个立体图形的表面积为 k.

(1) $k = 52$.

(2) $k = 54$.

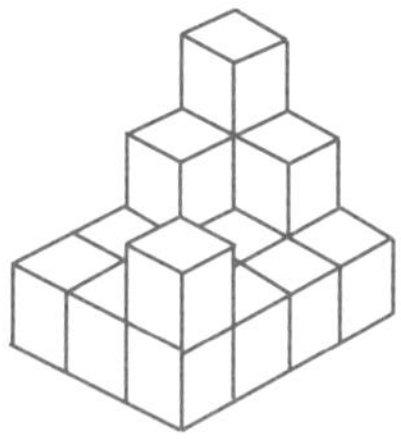

题型 10 　对策趣味题

题 36 图

③⑦ 两个人做一个移火柴的游戏，比赛规则是：两人从一堆火柴中可轮流移走 1 至 5 根火柴，直到移尽为止，谁移走最后一根就算谁输．如果开始时有 100 根火柴，首先移火柴的人在第一次移走(　 　)根时才能保证在游戏中一定获胜．

A. 1   B. 2   C. 3   D. 4   E. 5

③⑧ 现有 108 枚棋子，甲、乙两人分别从中轮流取棋子，每次最少取 1 枚，最多取 4 枚，不能不取，取到最后一枚的为胜者．现在甲先取，那么甲先取(　 　)枚棋子，一定会获胜．

A. 1   B. 2   C. 3   D. 4   E. 无法确定

题型 11 　数阵

③⑨ 有一个 3×3 的棋盘以及 9 张大小为一个方格的卡片，9 张卡片上分别写有：1，3，4，5，6，7，8，9，10 这 9 个数．小李和小王两人做游戏，轮流取一张卡片放在 9 格中的

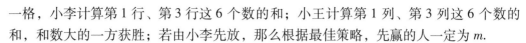

一格, 小李计算第 1 行、第 3 行这 6 个数的和; 小王计算第 1 列、第 3 列这 6 个数的和, 和数大的一方获胜; 若由小李先放, 那么根据最佳策略, 先赢的人一定为 m.

(1) m = 小李.   (2) m = 小王.

40 将 1~7 这七个数分别填到右图 7 个○内, 使每条线段的和相等, 那么中心的○填的数应该为( ).

A. 3   B. 8   C. 3 或 6 或 9

D. 2 或 5 或 8   E. 1 或 4 或 7

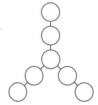

题 40 图

题型 12   妙求矩形周长

思 路 主要利用转化与整体的思想将复杂模型简单化来进行求解.

41 有 5 张同样大小的纸如右图所示重叠着, 每张纸都是边长 6 厘米的正方形, 重叠的部分为边长的一半. 则重叠后图形的周长为( )厘米.

A. 18   B. 36   C. 54

D. 72   E. 90

题 41 图

42 右图是一个零件的平面图, 图中每条短线段都是 5 厘米, 零件长 35 厘米, 高 30 厘米, 则这个零件的周长是( )厘米.

A. 105   B. 130   C. 160

D. 170   E. 180

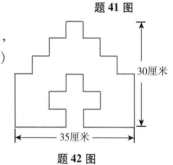

题 42 图

题型 13   倒水计数问题

43 有一瓶 8 升的水, 用 5 升和 3 升两种容器平均分成两份, 每份 4 升, 至少需要( )步.

A. 5   B. 6   C. 7   D. 8   E. 9

44 一桶水有 10 升, 用 7 升和 3 升两种容器平均分成两份, 每份 5 升, 那么至少需要( )步即可完成.

A. 6   B. 7   C. 8   D. 9   E. 10

题型 14   数论之整除

思 路 (1) 能被 7 (或 13) 整除的特征: 三位一截减加为 7 或 13 的倍数即可.

(2) 能被 11 整除的特征: 奇数位上的数字之和与偶数位上的数字之和的差是 11 的倍数.

(3) 若 n 是正整数, 则 $x^n - y^n = (x-y)(x^{n-1} + x^{n-2}y + \cdots + xy^{n-2} + y^{n-1})$.

(4) 若 n 是正整数, 则 $x^n + y^n = (x+y)(x^{n-1} - x^{n-2}y + \cdots - xy^{n-2} + y^{n-1})$.

45 已知多位数 $\overline{1a2a3a4a5a6a7a}$ 能被 11 整除, 则 a 的值有( )种.

A. 0   B. 1   C. 2   D. 3   E. 4

46 已知六位数 $\overline{57A342}$ 是 7 的倍数，则 $A = ($).

A. 0   B. 1   C. 2   D. 3   E. 7

47 如果 $\underbrace{20052005\cdots2005}_{n\text{个}2005}$ 能被 11 整除，那么 n 的最小值为( ).

A. 5   B. 11   C. 22   D. 25   E. 33

48 $1\underbrace{0\cdots0}_{n\text{个}}1$ 能被 1001 整除.

(1) $n = 200$.   (2) $n = 201$.

题型 15 统筹优化

> **思 路** 统筹学是一门数学学科，但它在许多的领域都在使用，在生活中有很多事情要去做时，科学地安排好先后顺序，能够提高我们的工作效率.

49 星期天妈妈要做好多事情. 擦玻璃要 20 分钟，收拾厨房要 15 分钟，洗脏衣服的领子、袖口要 10 分钟，打开全自动洗衣机洗衣服要 40 分钟，晾衣服要 10 分钟. 妈妈干完所有这些事情最少用( )分钟.

A. 50   B. 60   C. 65   D. 70   E. 75

50 有甲、乙两个水龙头，6 个人各拿一只水桶到水龙头接水，水龙头注满 6 个人的水桶所需时间分别是 5 分钟、4 分钟、3 分钟、10 分钟、7 分钟、6 分钟. 怎么安排这 6 个人打水，才能使他们等候的总时间最短，最短的时间是( )分钟.

A. 20   B. 25   C. 35   D. 40   E. 45

51 师生共 52 人外出春游，到达后，班主任要给每人买一瓶矿泉水，给了班长买矿泉水的钱. 班长到商店后，发现商店正在进行促销活动，规定每 5 个空瓶可换 1 瓶矿泉水. 班长只要买( )瓶矿泉水，就可以保证每人一瓶.

A. 38   B. 39   C. 40   D. 41   E. 42

❯ 奥数思维扩充解析 ❮

1 » **B.** 爸爸到达 3 楼上的楼层数：$3 - 1 = 2$（层）；小李到达 2 楼上的楼层数：$2 - 1 = 1$（层）；所以爸爸上 2 层的时间小李只能上 1 层. 当爸爸回到家时，需要上 8 层，小李此时上了 4 层，所以小李到了 5 楼，选 B.

2 » **B.** 敲 3 下有 2 个间隔，需要 2 秒，所以 1 个间隔用时 1 秒，当敲 7 下时，需要 6 个间隔，所以 $k = 6$. 选 B.

3 » **C.** 因为是封闭型图形，所以间隔数 = 花的盆数. 题中提到总共有 16 盆花，那么总共就有 16 个间隔，每个间隔是 10 厘米，那么总共就是 $16 \times 10 = 160$（厘米），共 1.6 米，选 C.

4 » **D.** 假设 x 分钟后机场上剩下一架飞机，根据分析可得，此时起飞飞机数 = 落地飞机数 + 10 −

$1, x \div 4 + 1 = (x - 2) \div 6 + 1 + 9$,解得 $x = 104$,再过 4 分钟,最后一架飞机起飞,$104 + 4 =$ 108(分钟). 因此从第一架飞机起飞后,经过 108 分钟机场上才没有飞机停留.

5 » B. 设报 3 的人心里想的数是 x,则报 5 的人心里想的数应是 $8 - x$. 于是报 7 的人心里想的数是 $12 - (8 - x) = 4 + x$,报 9 的人心里想的数是 $16 - (4 + x) = 12 - x$,报 1 的人心里想的数是 $20 - (12 - x) = 8 + x$,报 3 的人心里想的数是 $4 - (8 + x) = -4 - x$. 所以 $x = -4 - x$,解得 $x = -2$.

6 » A. 蜗牛每小时向上爬行 5 分米,然后向下滑行 4 分米,相当于每小时向上爬行 1 分米. 先爬 5 小时,走了 5 分米,然后 1 小时再爬 5 分米就可以爬出井了,总共 6 小时.

7 » A. 跳 3 次可以跳到 3 米,再跳一次可以跳出来,共 4 次,选 A.

8 » B. 船上没有船夫,需要自己划船,且小船每次只能容纳 4 人,所以总有一人要在船上划船,也就是说,小船每次只能运 3 人到对岸. 但到最后一次,划船的人可以不用再返回,包括他在内,能运 4 人. 所以总共运 5 次,选 B.

9 » B. $25 \div 5 = 5$;$5 \div 5 = 1$;$25 + 5 + 1 = 31$(瓶),选 B.

10 » E. 运用逆向思维:30 天长成 200 千克,第 29 天应该为 100 千克,第 28 天应该为 50 千克,所以应该用 28 天. 选 E.

11 » E. 需要 9 天. 选 E.

12 » C. 本题可以采用分组筛选的方式解答. 我们可以把所有 25 个乒乓球分为三组,即:$(9, 9, 7)$ 或 $(9, 8, 8)$. 我们以 $(9, 9, 7)$ 这组为例进行说明:在天平两端分别放 9 个乒乓球,若天平平衡,则次品在 7 个乒乓球中;再将 7 个乒乓球分成三组 $(2, 2, 3)$,天平两端分别放 2 个乒乓球,若天平平衡,则次品在 3 个乒乓球中;最后将 3 个乒乓球再分成三组 $(1, 1, 1)$,天平两端分别放 1 个,若天平平衡,则次品是另外一个. 所以,至少需要称 3 次可以找到次品. 选 C.

13 » B. 能同时做的事尽量同时去做,这样才能节省时间. 烧水壶不洗,不能烧开水,因而洗烧水壶不能和烧开水同时进行,而吃早点和整理书包可以和烧开水同时进行. 所以要先洗烧水壶,接着烧开水,在等水烧开的同时吃早点、整理书包,最后再灌水,总共需要 $2 + 12 + 1 = 15$(分钟),选 B.

14 » C. 听广播可以和洗漱、叠被子、吃早饭同时进行,所以总共需要 $5 + 4 + 8 = 17$(分钟).

15 » A. 先放第一、第二两个烧饼烙第一面,过 3 分钟后拿下第一个烧饼,并把第二个烧饼翻过去,并放入第三个烧饼,过 2 分钟后拿下第二个烧饼,并放入第一个烧饼,过 1 分钟后把第三个烧饼翻过来,再过 1 分钟后取下第一个烧饼,再过 1 分钟后三个烧饼全烙好了，用了8分钟，选 A.

16 » **B.** 6分钟可以烤3个饼，21个饼需要7个6分钟，所以至少42分钟，选 B.

17 » **B.** 让耗时少的尽量往前安排，那么应该按照"丁 – 丙 – 甲 – 乙"，总时间为 $1 \times 4 + 2 \times 3 + 3 \times 2 + 4 \times 1 = 20$（分钟）.

18 » **A.** 让耗时少的尽量往前安排，那么应该按照"丙 – 甲 – 乙"，总时间为 $2 \times 3 + 4 \times 2 + 6 \times 1 = 20$（分钟）.

19 » **D.** 要使过河的时间最少，应抓住以下两点：①同时过河的两匹马过河时所需的时间相差应尽可能少；②过河后应骑过河所需时间少的马回来. 因此赶马的顺序是：小明先骑甲马赶乙马一起过河，再骑甲马返回，共需 $3 + 2 = 5$（分钟）；然后骑丙马赶丁马一起过河，再骑乙马返回，共需 $7 + 3 = 10$（分钟）；最后骑甲马赶乙马一起过河需要3分钟，总共需要18分钟. 选 D.

20 » **A.** 最少需要 $2 + 1 + 6 + 2 + 2 = 13$（分钟）. 选 A.

21 » **D.** 17，354，409，672 除以13的余数分别为4，3，6，9，那么由性质3知，其除以13的余数等于 $(4 \times 3 \times 6 \times 9)$ 除以13的余数，等于11，选 D.

22 » **C.** 首先转化成整除，将 b 求出. 因为 b 除73，216，227的余数相同，由题意知，b 除73，216，227两两的差得余数为零. 因此，b 就能同时整除这些差. $227 - 216 = 11$，$227 - 73 = 154 = 11 \times 14$，$216 - 73 = 143 = 11 \times 13$，故 $b = 11$. 所以，108 除以 b 的余数为9. 选 C.

23 » **B.** 由题意知，这列数为 3，10，13，23，36，59，95，154，249，403，652，被3除后的余数依次为 0，1，1，2，0，2，2，1，0，1，1，2，0，2，2，1，… 由观察知，这些余数是以"0，1，1，2，0，2，2，1"（8个）为循环节的. $1999 \div 8 = 249 \cdots 7$，所以，第1999个数被3除的余数是一个循环周期中第7个数，所以余2.

24 » **C.** $99 \equiv 1 (\mathrm{mod}7)$，所以，$99^{1999} \equiv 1^{1999} (\mathrm{mod}7)$，今天是星期二，再过7天还是星期二，多一天就会变成星期三，选 C.

25 » **A.** 因为 1^2，2^2，…，7^2 除以7的余数分别为1，4，2，2，4，1，0. 而 $1 + 4 + 2 + 2 + 4 + 1 + 0 = 14$ 除以7余0. 根据性质4：$1^2 + 2^2 + \cdots + 7^2 \equiv 8^2 + 9^2 + \cdots + 14^2 (\mathrm{mod}7)$，因为 $2002 \div 7 = 286$，所以 $1^2 + 2^2 + 3^2 + \cdots + 2001^2 + 2002^2$ 余0，选 A.

26 » **B.** （1）每分钟分针走一小格，时针走 $\frac{1}{12}$ 小格，则他们每分钟的路程差为 $1 - \frac{1}{12} = \frac{11}{12}$（小格）；

（2）路程差：分针落在时针后面 25 小格；

（3）时间：路程差÷速度差 $=25 \div \frac{11}{12} = 27\frac{3}{11}$.

27 C. （1）以 12 点为例，分针和时针重合时，相当于分针比时针多走 1 圈，多走 $360°$.

（2）1 分钟分针走 $6°$，时针走 $0.5°$，速度差为 $5.5°$.

（3）每 $360° \div 5.5° = \frac{720}{11}$（分钟）重合一次.

（4）一个昼夜有 $60 \times 24 = 1440$（分钟），所以重合 $1440 \div \frac{720}{11} = 22$（次）. 选 C.

28 A. （1）根据题意，先画图

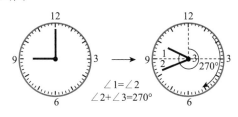

题 28 图

（2）假设走了 k 分钟，那么 $0.5k = 270 - 6k \Rightarrow k = 41\frac{7}{13}$，选 A.

29 D. 由时钟的特点可知，每隔 12 小时，时针与分针重复出现. 所以快钟和慢钟分别快或慢 12 小时的整倍时，将重新显示标准时间. $(60 \times 12) \div 20 = 36$（天），即快钟每经过 36 天显示一次标准时间. $(60 \times 12) \div 30 = 24$（天），即慢钟每经过 24 天显示一次标准时间. $[36, 24] = 72$，所以两挂钟至少 72 天会再次同时显示标准时间.

30 E. 假设两种贷款年利率均为 9%，则每年共需付利息 $60 \times 9\% = 5.4$（万元）. 而现在只付 5 万元，多出来的 0.4 万元是 A 种贷款如果多 1% 利率得到的，所以 A 种贷款为 $0.4 \div 1\% = 40$（万元），选 E.

31 B. 假设本学期女同学不是减少 $\frac{1}{5}$，而是增加 $\frac{1}{6}$，全校同学应该为 $750 \times \frac{7}{6} = 875$ 人，比 710 人多 165 人. 那么这 165 人对应女同学的 $\frac{1}{5} + \frac{1}{6} = \frac{11}{30}$，故上学期女同学应为 $165 \div \frac{11}{30} = 450$（人），那么本学期女同学的人数为 $450 \times \frac{4}{5} = 360$（人）. 选 B.

32 A. 如果每天女职工出差 40 名，男职工出差 $40 \times \frac{7}{5} = 56$（名），那么最后男、女职工正好都出差完. 每天少出差 $56 - 50 = 6$（名），$36 \div 6 = 6$（天），正好出差了 6 天. 所以，$K = 56 \times 6 = 336$（人）. 选 A.

33 » **A.** 因为得到的两杯新盐水的含盐率相等，所以新盐水的含盐率就是甲、乙两杯盐水合在一起的含盐率．换句话说，得到的两杯新盐水都是甲、乙两杯盐水按 $120:80 = 3:2$ 配制后得到的．根据题意可知，得到两杯新盐水的质量还是120克和80克，因此可以求出乙杯中倒入的盐水的质量为 $80 \times \dfrac{3}{3+2} = 48$ （克）．

34 » **A.** 甲:乙 $=2:3$，所以 $K = 12 \times \dfrac{3}{2+3} = 7.2$，选A．

35 » **A.** 求这个立体图形的表面积，必须从整体入手，从上、左、前三个方向观察，每个方向上的小正方体各面组合成了如下图形

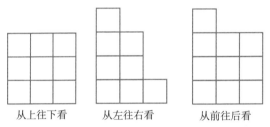

从上往下看　　　从左往右看　　　从前往后看

题 35 图

而从另外三个方向上看到的面积与对应三个方向的面积是相等的，整个立体图形的表面积可采用 $(S_上 + S_前 + S_左) \times 2$ 来计算，共 $(3 \times 3 \times 9 + 3 \times 3 \times 8 + 3 \times 3 \times 10) \times 2 = 486$，选A．

36 » **B.** 从上面看有12个面，从右边看有8个面，从前面看有7个面，所以表面积为 $(12 + 8 + 7) \times 2 = 54$，选B．

37 » **C.** 只要第一个人先拿到第99根，就肯定可以获胜．首先移动火柴的人先移动3根，之后第二个人无论拿几根，第一个人只要使自己拿的火柴的根数与第二个人拿的火柴的根数之和正好等于6，这样每一轮后，剩下的火柴根数总是6的倍数，最后一定能到99根，因此，第一个人获胜．

38 » **C.** $108 \div (1 + 4) = 21 \cdots\cdots 3$，甲先取3枚就一定可以获胜．

39 » **A.** 如图所示，由于4个角的数是两人共有的，因而和的大小只与放在 A，B，C，D 这4格的数有关．小李一定会获胜，理由是：尽可能把大的数放到 A 或 C，尽可能将小的数放到 B 或 D．由于 $1 + 10 < 3 + 9$，即 $B + D < A + C$，小李应该先将1放到 B，小王将10放到 D，小李再将9放到 A，因为此时没有2，所以 C 一定会大于等于3，那么小李一定会获胜．

题 39 图

40 » **E.** 设中心的○内的数为 a，则三条线上数的总和为 $1 + 2 + 3 + 4 + 5 + 6 + 7 + 2a = 28 + 2a$ 为3的倍数，所以中心圈内的数应该为1，4，7．选E．

41 »» **D**. 根据题意，我们可以把每个正方形的边长的一半同时向左、右、上、下平移，转化成一个大正方形，这个大正方形的周长和原来 5 个小正方形重叠后的图形的周长相等. 大正方形的边长是 $6 \times 3 = 18$（厘米），所以，所求周长为 $18 \times 4 = 72$（厘米）.

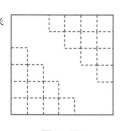

6厘米

题 41 图

42 »» **E**. 将图形转化成正方形，再加上内部的 10 条线段，那么周长为 $(35 + 30) \times 2 + 5 \times 10 = 180$（厘米），选 E.

43 »» **C**. 目标是先出现一个瓶中有 4 升，具体的操作步骤如下：

操作步骤	8 升瓶	5 升瓶	3 升瓶
开始	8	0	0
第一步	3	5	0
第二步	3	2	3
第三步	6	2	0
第四步	6	0	2
第五步	1	5	2
第六步	1	4	3
第七步	4	4	0

综上所述，至少需要 7 步即可完成，选 C.

44 »» **D**. 目标是先出现一个瓶中有 5 升，具体的操作步骤如下：

操作步骤	10 升瓶	7 升瓶	3 升瓶
开始	10	0	0
第一步	3	7	0
第二步	3	4	3
第三步	6	4	0
第四步	6	1	3
第五步	9	1	0
第六步	9	0	1
第七步	2	7	1
第八步	2	5	3
第九步	5	5	0

综上所述，需要 9 步. 选 D.

45 »» **B**. 因为能被 11 整除，所以 $7a - (1 + 2 + 3 + 4 + 5 + 6 + 7) = 11$ 的倍数，故 $a = \dfrac{11k + 28}{7}$

$= 4 + \dfrac{11k}{7}$，当 $k = 0$ 时，$a = 4$；当 $k = 7$ 时，$a = 15$（舍）；当 $k = -7$ 时，$a = -7$（舍），故 a 只能取 4 一种情况. 选 B.

46 ≫ **D.** $57A - 342$ 的差只能在 $228 \sim 237$ 之间，尝试后发现 $231 \div 7 = 33$ 才满足条件；则 $A = 3$，选 D.

47 ≫ **B.** 根据题意，那么 $5n - 2n = 3n$ 为 11 的倍数，那 n 的最小值应为 11. 选 B.

48 ≫ **A.** 当 n 为 200 的时候，$\underbrace{10\cdots01}_{200个} = 10^{201} + 1 = (10^3)^{67} + 1 = (10^3 + 1)\big[(10^3)^{66} - (10^3)^{65} + \cdots - 10^3 + 1\big]$，所以 $10^3 + 1 = 1001$ 可以整除 $\underbrace{10\cdots01}_{200个}$，条件（1）充分；同理，条件（2）不充分，选 A.

49 ≫ **B.** 如果按照题目告诉的几件事，一件一件去做，要 95 分钟. 要想节约时间，就要想想在哪段时间里闲着，能否利用闲着的时间做其他事. 最合理的安排是：先洗脏衣服的领子和袖口，接着打开全自动洗衣机洗衣服，在洗衣服的 40 分钟内擦玻璃和收拾厨房，最后晾衣服，共需 60 分钟（见下图）. 故选 B.

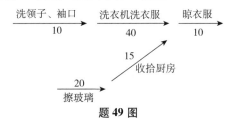

题 49 图

50 ≫ **B.** **方法一** 一人打水时，其他人需等待，为使总的等待时间尽量短，应让打水所需时间少的人先打. 安排需 3 分钟的，然后 5 分钟的，最后 7 分钟的在甲水龙头打；安排需 4 分钟的，然后 6 分钟的，最后 10 分钟的在乙水龙头打；在甲水龙头 3 分钟的人打时，有 2 人等待，等待时间为 (2×3) 分钟；然后，需 5 分钟的人打水，有 1 人等待，等待时间为 5 分钟；最后需 7 分钟的人打水，无人等待，所以无等待时间；同理，乙水龙头的三人，等待时间为 $(2 \times 4 + 6)$ 分钟，所以等待时间为 $2 \times 3 + 5 + 2 \times 4 + 6 = 25$（分钟）.

方法二 6 个人的打水时间之和为 $3 + 4 + 5 + 6 + 7 + 10 = 35$（分钟）. 根据方法一的策略，甲水龙头打水的总时间为 $3 \times 3 + 5 \times 2 + 7 = 26$（分钟），乙水龙头打水的总时间为 $4 \times 3 + 6 \times 2 + 10 = 34$（分钟），所以总共用时 60 分钟. 根据等待时间 = 总打水时间 - 每个人打水时间之和，所以等待时间为 $60 - 35 = 25$（分钟）. 选 B.

51 ≫ **E.** 每 5 个空瓶可换 1 瓶矿泉水，相当于买 4 瓶，就可以喝上 5 瓶水，现在需要 52 瓶水，$52 \div 5 \times 4 = 41.6$，所以需要买 42 瓶水. 选 E.

第三部分　套卷思维模拟

全真模拟检测题（一）

一、问题求解：第 1～15 小题，每小题 3 分，共 45 分. 下列每题给出的 A、B、C、D、E 五个选项中，只有一项是符合试题要求的.

1. 若 $a+3b=0$，则 $\left(1-\dfrac{b}{a+2b}\right)\div\dfrac{a^2+2ab+b^2}{a^2-4b^2}=(\quad)$.

    A. $\dfrac{5}{2}$ B. $\dfrac{3}{2}$ C. $\dfrac{7}{2}$ D. $\dfrac{1}{2}$ E. $\dfrac{9}{2}$

2. 如果买 6 根铅笔的价钱等于买 5 块橡皮的价钱，而买 6 块橡皮要比买 5 根铅笔多花 1.1 元，则一块橡皮比一根铅笔多(   )元.

    A. 0.1   B. 0.2   C. 0.3   D. 0.5   E. 0.4

3. 已知两个自然数的积为 240，最小公倍数为 60，这两个自然数最大相差(   ).

    A. 3   B. 21   C. 36   D. 56   E. 58

4. 有一个 200 米的环形跑道，甲、乙两人同时从同一地点同方向出发. 甲以 0.8 米/秒的速度步行，乙以 2.4 米/秒的速度跑步，乙在第 2 次追上甲时用了(   )秒.

    A. 200   B. 210   C. 230   D. 250   E. 280

5. 把整数部分是 0，循环节有三位数字的纯循环小数化成最简分数后，如果分母是一个两位数的质数，那么这样的最简真分数有(   )个.

    A. 37   B. 32   C. 29   D. 35   E. 36

6. 如图所示，直角梯形 $ABCD$ 的上底是 5，下底是 7，高是 4，且 $\triangle ADE$，$\triangle ABF$ 和四边形 $AECF$ 的面积相等，则 $\triangle AEF$ 的面积是(   ).

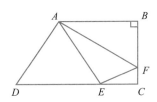

题 6 图

    A. 5.6   B. 5.8   C. 6.8   D. 1.2   E. 6.2

7. 已知三个不等式：①$x^2-4x+3<0$，②$x^2-6x+8<0$，③$2x^2-9x+m<0$. 要使满足式①和式②的所有 x 都满足式③，则实数 m 的取值范围是(   ).

    A. $m>9$ B. $m<9$ C. $m\leqslant 9$ D. $0<m\leqslant 9$ E. $m=9$

8. 一种细胞每三分钟分裂一次（一次分裂为两个），把一个这种细胞放入一个容器内，恰好一小时充满容器；如果开始时把两个这种细胞放入该容器内，那么细胞充满容器的时间为(   )分钟.

    A. 57   B. 30   C. 27   D. 45   E. 54

9. 已知数列 $\{a_n\}$ 的通项公式为 $a_n = 2^n$，数列 $\{b_n\}$ 的通项公式为 $b_n = 3n + 2$．若数列 $\{a_n\}$ 和 $\{b_n\}$ 的公共项按顺序组成数列 $\{c_n\}$，则数列 $\{c_n\}$ 的前三项之和为(   )．

   A. 248   B. 168   C. 128   D. 198   E. 218

10. 如果底面直径和高相等的圆柱的侧面积是 S，那么圆柱的体积等于(   )．

   A. $\dfrac{S}{2}\sqrt{S}$ B. $\dfrac{S}{2}\sqrt{\dfrac{S}{\pi}}$ C. $\dfrac{S}{4}\sqrt{S}$ D. $\dfrac{S}{4}\sqrt{\dfrac{S}{\pi}}$ E. $\dfrac{3}{S}\sqrt{\dfrac{S}{\pi}}$

11. 已知函数 $y = f(x)$ 的图像与函数 $y = 2x + 1$ 的图像关于直线 $x = 2$ 对称，则 $f(x) = $ (   )．

   A. $9 + 2x$ B. $9 - 2x$ C. $4x - 3$ D. $11 - 4x$ E. $x + 2$

12. 已知函数 $y = ax + b$ 和 $y = ax^2 + bx + c\,(a \neq 0)$，则它们的图像可能是(   )．

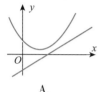

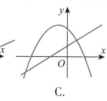
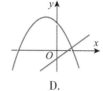

   A.   B.   C.   D.   E. 以上均不正确

13. 在圆 $x^2 + y^2 = 4$ 上，到直线 $4x + 3y - 12 = 0$ 距离最小的点的坐标是(   )．

   A. $\left(\dfrac{6}{5}, \dfrac{8}{5}\right)$ B. $\left(\dfrac{8}{5}, -\dfrac{6}{5}\right)$ C. $\left(-\dfrac{8}{5}, \dfrac{6}{5}\right)$ D. $\left(\dfrac{8}{5}, \dfrac{6}{5}\right)$ E. $\left(\dfrac{9}{5}, \dfrac{4}{5}\right)$

14. 若对任意 $x \in \mathbf{R}$，不等式 $|x| \geq ax$ 恒成立，则实数 a 的取值范围是(   )．

   A. $a < -1$ B. $|a| \leq 1$ C. $|a| < 1$ D. $a \geq 1$ E. $|a| \geq 1$

15. 从 5 张 100 元，3 张 200 元，2 张 300 元的奥运预赛门票中任取 3 张，则所取 3 张中至少有 2 张价格相同的概率为(   )．

   A. $\dfrac{1}{4}$ B. $\dfrac{79}{120}$ C. $\dfrac{3}{4}$ D. $\dfrac{23}{24}$ E. $\dfrac{41}{120}$

二、条件充分性判断：第 16 ~ 25 小题，每小题 3 分，共 30 分．要求判断每题给出的条件 (1) 和条件 (2) 能否充分支持题干所陈述的结论．A、B、C、D、E 五个选项为判断结果，请选择一项符合试题要求的判断．

   A. 条件 (1) 充分，但条件 (2) 不充分．

   B. 条件 (2) 充分，但条件 (1) 不充分．

   C. 条件 (1) 和条件 (2) 单独都不充分，但条件 (1) 和条件 (2) 联合起来充分．

   D. 条件 (1) 充分，条件 (2) 也充分．

   E. 条件 (1) 和条件 (2) 单独都不充分，条件 (1) 和条件 (2) 联合起来也不充分．

16. 已知 x_1，x_2 是关于 x 的方程 $x^2 + kx - 4 = 0\,(k \in \mathbf{R})$ 的两个实根，能确定 $x_1^2 - 2x_2 = 8$．

   (1) $k = 2$．   (2) $k = -3$．

17. 一批旗帜有两种不同的形状：正方形和三角形．且有两种不同的颜色：红色和绿色．若这批旗帜中 26% 是正方形，则红色三角形旗帜和绿色三角形旗帜的数量比是 $\dfrac{7}{30}$．

   (1) 红色旗帜占 40%，红色旗帜有 50% 是正方形．

   (2) 红色旗帜占 35%，红色旗帜有 60% 是正方形．

18. 数列 6，x，y，16，前三项成等差数列，能确定后三项成等比数列.

    （1）$4x + y = 0$.   （2）x，y 是方程 $x^2 + 3x - 4 = 0$ 的两个根.

19. 若 a，$b \in \mathbf{R}$，则 $|a - b| + |a + b| < 2$ 成立.

    （1）$|a| \leqslant 1$.   （2）$|b| \leqslant 1$.

20. 设有大于 2 小于 36 的三个不相等的自然数依次成等比数列，则它们的乘积为 216.

    （1）这三个自然数中最大是 12.   （2）这三个自然数中最小是 3.

21. $a = 2$.

    （1）两圆的圆心距是 6，两圆的半径是方程 $2x^2 - 17x + 35 = 0$ 的两根，两圆有 a 条公切线.

    （2）圆外一点 P 到圆上各点的最大距离为 5，最小距离为 1，圆的半径为 a.

22. 如图所示，圆 O_1 和圆 O_2 的半径分别为 r_1 和 r_2，它们的一条公切线切点为 A 和 B，则切线 $AB = \sqrt{7}$.

    （1）$r_1 = 3$，$r_2 = 6$.

    （2）圆心距为 $O_1 O_2 = 4$.

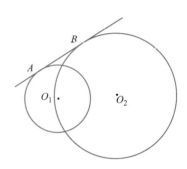

题 22 图

23. $P(s，t)$ 点落入圆 $(x - 4)^2 + y^2 = a^2$ 内（不含圆周）的概率是 $\dfrac{5}{18}$.

    （1）s，t 是连续掷一枚骰子两次所得到的点数，$a = 3$.

    （2）s，t 是连续掷一枚骰子两次所得到的点数，$a = 4$.

24. 将一枚骰子连续抛掷三次，则 $p = \dfrac{1}{36}$.

    （1）它落地时向上的点数依次成等差数列的概率为 p.

    （2）它落地时向上的点数依次成等比数列的概率为 p.

25. 由数字 1，2，3，4，5，6，7 组成无重复数字的七位数，则 $n = 720$.

    （1）3 个偶数相邻的七位数的个数为 n.

    （2）3 个偶数互不相邻的七位数的个数为 $2n$.

◈ 全真模拟检测题（一）解析 ◈

一、问题求解

1 » **A.** 本题不可能求出 a，b 的值，应利用 $a + 3b = 0$ 找出 a，b 之间的关系解答.

$$\left(1 - \frac{b}{a + 2b}\right) \div \frac{a^2 + 2ab + b^2}{a^2 - 4b^2} = \left(\frac{a + 2b}{a + 2b} - \frac{b}{a + 2b}\right) \cdot \frac{(a + 2b)(a - 2b)}{(a + b)^2}$$

$$= \frac{a + b}{a + 2b} \cdot \frac{(a + 2b)(a - 2b)}{(a + b)^2} = \frac{a - 2b}{a + b},$$

由 $a + 3b = 0$ 得 $a = -3b$，所以 $\dfrac{a - 2b}{a + b} = \dfrac{-3b - 2b}{-3b + b} = \dfrac{-5b}{-2b} = \dfrac{5}{2}$. 选 **A**.

2 >> **A.** 已知 6 铅笔 = 5 橡皮，6 橡皮 - 5 铅笔 = 1 橡皮 + 1 铅笔 = 1.1（元），

得到：1 铅笔 = 0.5（元），1 橡皮 = 0.6（元）. 因此，1 橡皮 - 1 铅笔 = 0.1（元），

选 A.

3 >> **D.** 设这两个数为 a 与 b，$a < b$，且设 $(a, b) = d$，$a = da_1$，$b = db_1$，其中 $(a_1, b_1) = 1$.

因为"两个自然数的积 = 两数的最大公约数 × 两数的最小公倍数"，因此 $240 = d \cdot 60$.

解出 $d = 4$，因此 $a = 4a_1$，$b = 4b_1$.

因为 a 与 b 的最小公倍数为 60，所以 $4a_1b_1 = 60$，于是有 $a_1b_1 = 15$.

解得 $\begin{cases} a_1 = 1 \\ b_1 = 15 \end{cases}$ 或 $\begin{cases} a_1 = 3 \\ b_1 = 5 \end{cases}$，则 $\begin{cases} a = 4 \times 1 = 4 \\ b = 4 \times 15 = 60 \end{cases}$ 或 $\begin{cases} a = 4 \times 3 = 12 \\ b = 4 \times 5 = 20 \end{cases}$.

故两数最大相差 56，选 D.

4 >> **D.** 乙第二次追上甲，比甲多跑两圈，时间为 $200 \times 2 / (2.4 - 0.8) = 250$（秒），选 D.

5 >> **E.** 三位循环节的纯循环小数 $0.\dot{a}b\dot{c} = \dfrac{abc}{999} = \dfrac{abc}{9 \times 3 \times 37} = \dfrac{abc}{27 \times 37}$.

显然最后最简分数的两位数质数分母只能是 37，既然是可以化简的分数，那么 $100a + 10b + c$ 就应该是 27 的整数倍，即 $100a + 10b + c = 27n$，n 可取 1，2，$\cdots$，36，所以有 36 种情况，选 E.

6 >> **C.** 梯形面积为 $(5 + 7) \times 4 \div 2 = 24$，故 $S_{\triangle ABF} = S_{\triangle ADE} = 8$，求得

$$BF = 3.2, \quad DE = 4, \quad CF = 0.8, \quad CE = 3,$$

故 $S_{\triangle CEF} = 1.2$，剩余 $S_{\triangle AEF} = 6.8$，选 C.

7 >> **C.** 由式①得 $1 < x < 3$，由式②得 $2 < x < 4$，联合式①和式②，则 $2 < x < 3$.

所有满足 $2 < x < 3$ 的 x 都满足式③，用抛物线画图法，必须满足 $f(2) \leq 0$，且 $f(3) \leq 0$.

注意可以取到等号，求得 $m \leq 9$. 选 C.

8 >> **A.** 三分钟分裂一次. 初始容器内有两个细胞时，相当于比原来少分裂一次，所以是 57

分钟，选 A.

9 >> **B.** 求解 $\{a_n\}$ 和 $\{b_n\}$ 的公共项，相当于求解 $a_n = b_m$，其中 m 和 n 都是正整数. 数列 $\{b_n\}$

可以看作是除以 3 余 2 的正整数数列；数列 $\{a_n\}$ 可以看作是 2 的整数次幂，而从首项开

始除以 3 的余数分别是 2，1，2，1，2，1，$\cdots$ 交替.

因为 $\{b_n\}$ 是从 5 开始的，所以 $a_1 = 2$ 是不满足的，必须从 $a_3 = 8$ 开始.

通过上面分析，得到满足条件的数列是 $\{a_3, a_5, a_7, a_9, \cdots\}$，前三项和 $a_3 + a_5 + a_7 =$

$8 + 32 + 128 = 168$. 选 B.

10 >> **D.** 由题意得 $h = 2r$，侧面积 $S = 4\pi r^2 \Rightarrow r = \sqrt{\dfrac{S}{4\pi}}$，体积 $V = 2\pi r^3 = \dfrac{S}{4}\sqrt{\dfrac{S}{\pi}}$，故选 D.

11 >> **B.** $y = 2x + 1$ 与 $x = 2$ 的交点为 $A(2, 5)$，在 $y = 2x + 1$ 上取一点 $B(0, 1)$，则 B 关于 $x = 2$

的对称点为 $B'(4, 1)$，连接 AB' 的直线为 $y = 9 - 2x$ 即为所求，选 B.

【另解】 根据对称，两条直线的斜率互为相反数，所以选 B.

12 ›› **A.** 直线斜率与抛物线开口方向都是由 a 决定，四个选项中直线斜率都是正的，故 $a > 0$，抛物线开口向上，排除 C，D 选项. 由 A，B 选项可知 $b < 0$，因此抛物线的对称轴为 $x = -\dfrac{b}{2a}$ 大于零，所以选 A.

13 ›› **D.** 圆到直线距离最小的点在过圆心且与 $4x + 3y - 12 = 0$ 垂直的直线上. 该直线方程为 $3x - 4y = 0$，与圆 $x^2 + y^2 = 4$ 的交点为 $\left(\dfrac{8}{5}, \dfrac{6}{5}\right)$，此点即为所求.

【另解】此题最快的解法是画图法，所求到直线距离最短的圆上一点在第一象限，再根据位置确定，应选 D.

14 ›› **B.** 可采用特值法求解. 取 $a = 1$，显然满足题干，排除 A，C 选项；取 $a = 2$，显然不满足题干，排除 D，E 选项，故选 B. 此外，可以画图分析，参见右图.

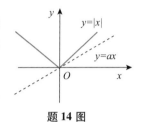

题 14 图

15 ›› **C.** 一共取 3 张，至少 2 张价格相同，反面的情况就是 3 张价格全部都不相同.

$P\{至少 2 张相同\} = 1 - P\{3 张各不相同\} = 1 - \dfrac{C_5^1 C_3^1 C_2^1}{C_{10}^3} = \dfrac{3}{4}$，选 C.

二、条件充分性判断

16 ›› **A.** 已知 x_1，x_2 为方程 $x^2 + kx - 4 = 0$ 的两个根，则 $x_1^2 + kx_1 - 4 = 0$，$x_1^2 = 4 - kx_1$，从而有

$$x_1^2 - 2x_2 = 4 - kx_1 - 2x_2.$$

当 $k = 2$ 时，有 $x_1 + x_2 = -2$，$4 - kx_1 - 2x_2 = 4 - 2(x_1 + x_2) = 8$ 满足结论，条件(1)充分；

当 $k = -3$ 时，$x_1^2 - 2x_2 = 18$ 或 -7，故条件(2)不充分. 选 A.

17 ›› **B.** 假设共 100 面旗帜.

条件(1)：正方形旗帜 26 面（三角形旗帜 74 面），红色旗帜 40 面，红色的正方形旗帜 20 面，则红色三角形旗帜 20 面，绿色三角形旗帜 54 面，所求比率 = 10/27，条件(1)不充分.

条件(2)：正方形旗帜 26 面（三角形旗帜 74 面），红色旗帜 35 面，红色的正方形旗帜 21 面，则红色三角形旗帜 14 面，绿色三角形旗帜 60 面，所求比率 = 7/30，条件(2)充分. 所以选 B.

18 ›› **D.** 注意题意，前三项成等差数列是已知条件，后三项成等比数列是待求结论，即题目隐含 $2x = 6 + y$.

当 $4x + y = 0$ 时，结合上述方程，求得 $x = 1$，$y = -4$，满足题干，条件(1)充分；

当 $x^2 + 3x - 4 = 0$ 时，分解因式求得 $x = 1$，$y = -4$ 或者 $x = -4$，$y = 1$，但是 $2x = 6 + y$，所以仍然求得 $x = 1$，$y = -4$，满足题干，条件(2)充分. 所以选 D.

19 ≫ E. 显然条件(1)和(2)单独都不充分，所以答案只能是 C 或者 E. 令 $a=1$，$b=1$，不满足题干，故选 E.

20 ≫ A. 由条件(1)知最大的自然数是 12，即三个自然数分别是 3，6，12，条件(1)充分；
条件(2)：举反例，三个数是 3，9，27，满足等比数列，但乘积显然不等于 216，故条件(2)不充分. 所以选 A.

21 ≫ D. 条件(1)：由韦达定理，$x_1 + x_2 = 8.5$. 圆心距小于半径的和，所以两圆相交，即有 2 条公切线，充分.
条件(2)：圆外一点到圆最远点和最近点，这三个点在一条直线上，且过圆心，两个距离之差就是直径，条件(2)也充分. 所以选 D.

22 ≫ C. 单独显然都不充分，两个条件联合起来，切线 $AB = \sqrt{4^2 - 3^2} = \sqrt{7}$，选 C.

23 ≫ A. 由条件(1)得到 10 种情况：（2，1），（2，2），（3，1），（3，2），（4，1），（4，2），（5，1），（5，2），（6，1），（6，2），概率为 $\dfrac{10}{36} = \dfrac{5}{18}$，充分；由条件(2)得到的情况多于 10 种，而总数不变. 故落入圆的概率大于 $\dfrac{5}{18}$，不充分. 所以选 A.

24 ≫ C. 条件(1)：骰子有 1～6 点，能成为等差数列的情况如下：
公差为 0 有 6 种；公差为 1 有 4 种（公差为 -1 的也有 4 种）；公差为 2 有 2 种（公差为 -2 的也有 2 种）. 因此概率 $p = \dfrac{6 \times 2 + 6 \times 1}{6 \times 6 \times 6} = \dfrac{1}{12}$，故条件(1)不充分.
条件(2)：骰子有 1～6 点，能成为等比数列的情况如下：
公比为 1 有 6 种；公比为 2 有 1 种（公比为 $\dfrac{1}{2}$ 的也有 1 种）. 概率 $p = \dfrac{1 \times 2 + 6 \times 1}{6 \times 6 \times 6} = \dfrac{1}{27}$，故条件(2)也不充分.
所以，掷骰子三次，点数依次既是等差数列又是等比数列，就是每次都是相同的点数的情况（共 6 种），概率 $p = \dfrac{6 \times 1}{6 \times 6 \times 6} = \dfrac{1}{36}$，联合充分，选 C.

25 ≫ D. 从 1 到 7 中，共有 3 个偶数 4 个奇数.
条件(1)：3 个偶数相邻，将 3 个偶数捆绑在一起，和剩余的 4 个奇数全排列，同时 3 个偶数内部存在一个全排列：$n = 5! \cdot 3! = 720$，故条件(1)充分.
条件(2)：3 偶数互不相邻，采用插空法，从剩余的 4 个奇数组成的 5 个空隙（包括两端）中，选择 3 个放入 3 个偶数，就能保证偶数互不相邻. 所以先对 4 个奇数全排列，然后 5 个空隙选 3 个排列：$2n = 4! \cdot C_5^3 \cdot 3! = 1440$，故条件(2)也充分，所以选 D.

全真模拟检测题（二）

一、问题求解：第 1～15 小题，每小题 3 分，共 45 分. 下列每题给出的 A、B、C、D、E 五个选项中，只有一项是符合试题要求的.

1. 已知 x，y，z 满足 $\dfrac{2}{x} = \dfrac{3}{y-z} = \dfrac{5}{z+x}$，则 $\dfrac{5x-y}{y+2z}$ 的值为（　　　）.

   A. -1　　　　B. $\dfrac{1}{3}$　　　　C. $-\dfrac{1}{3}$　　　　D. $\dfrac{1}{2}$　　　　E. $\dfrac{1}{4}$

2. 当 x 分别取值 $\dfrac{1}{2019}$，$\dfrac{1}{2018}$，$\dfrac{1}{2017}$，$\cdots$，$\dfrac{1}{2}$，1，2，$\cdots$，2017，2018，2019 时，计算代数式 $\dfrac{1-x^2}{1+x^2}$ 的值，将所得的结果相加，其和等于（　　　）.

   A. -1　　　　B. 1　　　　C. 0　　　　D. 2017　　　　E. 2018

3. 一辆卡车运矿石，晴天每天可运 20 次，雨天每天可运 12 次，它一共运了 112 次，平均每天运 14 次，这几天中有（　　　）天是雨天.

   A. 1　　　　B. 2　　　　C. 3　　　　D. 5　　　　E. 6

4. 设 $x = \dfrac{1}{\sqrt{2}-1}$，$a$ 是 x 的小数部分，b 是 $4-x$ 的小数部分，则 $a^3 + b^3 + 3ab = $（　　　）.

   A. 1　　　　B. 2　　　　C. 3　　　　D. $9-6\sqrt{2}$　　　E. $6\sqrt{2}-9$

5. 一个产品有三个生产工序，第一个工序每人每分钟可完成 3 个，第二个工序每人每分钟可完成 5 个，第三个工序每人每分钟可完成 7 个. 为合理安排人员，原有的 500 名工人可裁减（　　　）名.

   A. 2　　　　B. 3　　　　C. 4　　　　D. 5　　　　E. 6

6. 一个正分数，它的分子与分母和是 100，如果分子加 23，分母加 32，所得的新分数可以约分成 $\dfrac{2}{3}$，则原来分数的分母比分子大（　　　）.

   A. 21　　　　B. 22　　　　C. 23　　　　D. 24　　　　E. 26

7. 把五个数排成一排，前三个数的平均值是 8，后三个数的平均值是 5，而五个数的平均值是 6，则中间的那个数是（　　　）.

   A. 6　　　　B. 7　　　　C. 8　　　　D. 9　　　　E. 11

8. 等差数列 $\{a_n\}$ 的前 n 项和为 S_n，且 $\dfrac{S_4}{S_8} = \dfrac{1}{3}$，则 $\dfrac{S_8}{S_{16}} = $（　　　）.

   A. $\dfrac{3}{10}$　　　B. $\dfrac{1}{3}$　　　C. 3　　　　D. $\dfrac{3}{5}$　　　E. 2

9. 设 $a > 0$，$b > 0$. 若 $\sqrt{3}$ 是 3^a 与 3^b 的等比中项，则 $\dfrac{1}{a} + \dfrac{1}{b}$ 的最小值为（　　　）.

   A. 8　　　　B. 4　　　　C. 1　　　　D. $\dfrac{1}{4}$　　　E. 2

10. 设 a，b，c 是 $\triangle ABC$ 的三边长，二次函数 $y = \left(a - \dfrac{b}{2}\right)x^2 - cx - a - \dfrac{b}{2}$ 在 $x = 1$ 时取最小

值 $-\dfrac{8}{5}b$，则 $\triangle ABC$ 是（　　）.

A. 等腰三角形　　　　　　　B. 锐角三角形　　　　　　　C. 钝角三角形

D. 直角三角形　　　　　　　E. 等边三角形

11. 如图所示，将边长为 2 的两个互相重合的正方形纸片按住其中一个不动，另一个绕点 B

顺时针旋转一个角度，若使重叠部分的面积为 $\dfrac{4\sqrt{3}}{3}$，则这个旋转角度为（　　）.

A. 20°　　　B. 30°　　　C. 45°　　　D. 60°　　　E. 75°

12. 如图所示，甲、乙两图形都是正方形，它们的边长分别是 10 和 12，则阴影部分的面积

为（　　）.

A. 70　　　B. 75　　　C. 50　　　D. 60　　　E. 65

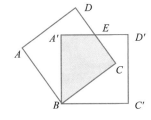 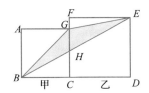

题 11 图　　　　　　　　　　题 12 图

13. 设圆 C 的方程为 $x^2 + y^2 - 2x - 2y - 2 = 0$，直线 l 的方程为 $(m+1)x - my - 1 = 0 \,(m \in \mathbf{R})$，

圆 C 被直线 l 截得的弦长等于（　　）.

A. 4　　　B. $2\sqrt{2}$　　　C. 2　　　D. 3　　　E. 与 m 有关

14. 某校举行知识竞赛，有 6 支代表队参赛，每队 2 名同学，若 12 名参赛同学中有 4 人获

奖，且这 4 人来自 3 支不同的代表队，则不同获奖情况种数有（　　）.

A. C_{12}^4　　　　　　　　B. $C_6^3 C_3^1 C_2^1 C_2^1$　　　　　　　　C. $C_6^3 C_2^1 C_2^1 C_2^1 C_3^1$

D. $C_6^3 C_2^1 C_2^1 C_2^1 C_3^1 P_2^2$　　E. $C_6^3 C_2^1 C_2^1 C_2^1$

15. 从分别写有数字 1，2，3，4，5 的五张卡片中任意取出两张，把第一张卡片上的数字作

为十位数字，第二张卡片上的数字作为个位数字，组成一个两位数，则所组成的数是 3

的倍数的概率是（　　）.

A. $\dfrac{1}{5}$　　　B. $\dfrac{3}{10}$　　　C. $\dfrac{1}{2}$　　　D. $\dfrac{2}{5}$　　　E. $\dfrac{3}{5}$

二、条件充分性判断：第 16～25 小题，每小题 3 分，共 30 分．要求判断每题给出的条件
（1）和条件（2）能否充分支持题干所陈述的结论．A、B、C、D、E 五个选项为判断结
果，请选择一项符合试题要求的判断．

　　A. 条件（1）充分，但条件（2）不充分．

　　B. 条件（2）充分，但条件（1）不充分．

　　C. 条件（1）和条件（2）单独都不充分，但条件（1）和条件（2）联合起来充分．

D. 条件（1）充分，条件（2）也充分.

E. 条件（1）和条件（2）单独都不充分，条件（1）和条件（2）联合起来也不充分.

16. 从甲地到乙地原每隔 45 m 要装一根电线杆，加上两端的两根一共有 51 根电线杆，现在改为每隔 m m 安装一根电线杆，除两端的两根不需移动外，中间有 24 根不需要移动.

（1）$m = 50$.　　　　　　　　　　（2）$m = 30$.

17. 关于实数 x 的不等式 $|x-1| + |x-2| \leq a^2 - a + 1 (a \in \mathbf{R})$ 的解集是空集.

（1）$0 < a \leq 1$.　　　　　　　　（2）$0 \leq a < 1$.

18. 设有大于 2 小于 36 的两个自然数，其和是 52.

（1）它们的最大公约数是 4.　　　　（2）它们的最小公倍数是 144.

19. $\dfrac{a}{a^2 + 7a + 1} = \dfrac{1}{10}$.

（1）$a + \dfrac{1}{a} = 3$.　　　　　　　（2）$a + \dfrac{1}{a} = 2$.

20. 在等比数列 $\{a_n\}$ 中，$(a_4 + a_5 + a_6) : (a_1 + a_2 + a_3) = 8$.

（1）$a_2 = 6$，$a_5 = 48$.　　　　　（2）公比 $q = 2$.

21. 直线在 y 轴上的截距是 -1.

（1）直线经过点 $(1, 0)$ 且与圆 $x^2 + y^2 - 4x - 2y + 3 = 0$ 相切.

（2）直线经过点 $(1, 0)$ 且与圆 $x^2 + y^2 - 4x - 2y + 3 = 0$ 截得的弦长为 $2\sqrt{2}$.

22. 过原点的直线 l 与圆 $x^2 + y^2 + 4x + 3 = 0$ 的切点在第三象限.

（1）直线 l 的方程为 $y = \dfrac{\sqrt{3}}{3}x$.　　（2）直线 l 的方程为 $y = \sqrt{3}x$.

23. 在直角坐标系中，横、纵坐标都是整数的点，称为整点. 设 k 为整数，则 k 有 4 种取值.

（1）直线 $y = x + 2$ 与直线 $y = kx + 4$ 的交点为整点.

（2）$(|x| - 1)^2 + (|y| - 1)^2 < 1$ 的整点 (x, y) 的个数是 k.

24. 现有男、女学生若干人，从男生中挑选 2 人，女生中挑选 1 人分别参加数学、物理、化学三科竞赛，能确定共有 90 种不同的选择方法.

（1）男生有 3 人.　　　　　　　　（2）女生有 5 人.

25. 一批产品，现逐个进行检查，直至次品全部被查出为止，则第 5 次查出最后一个次品的概率为 $\dfrac{4}{45}$.

（1）共有 10 个产品.　　　　　　　（2）含有 2 个次品.

◇ 全真模拟检测题（二）解析 ◇

一、问题求解

1 » **B.** 由 $\dfrac{2}{x} = \dfrac{3}{y-z} = \dfrac{5}{z+x}$ 得 $y = 3x$，$z = \dfrac{3}{2}x$，所以 $\dfrac{5x - y}{y + 2z} = \dfrac{5x - 3x}{3x + 3x} = \dfrac{1}{3}$. 故选 B.

【另解】 本题也可用特殊值法来判断.

2 » **C.** 因为 $\dfrac{1-\left(\dfrac{1}{n}\right)^2}{1+\left(\dfrac{1}{n}\right)^2}+\dfrac{1-n^2}{1+n^2}=\dfrac{n^2-1}{n^2+1}+\dfrac{1-n^2}{1+n^2}=0$，即当 x 分别取值 $\dfrac{1}{n}$，n（n 为正整数）时，

计算所得的代数式的值之和为 0；而当 $x=1$ 时，$\dfrac{1-1^2}{1+1^2}=0$. 因此，当 x 分别取值 $\dfrac{1}{2019}$，

$\dfrac{1}{2018}$，$\dfrac{1}{2017}$，$\dfrac{1}{2016}$，$\dfrac{1}{2015}$，$\cdots$，$\dfrac{1}{2}$，1，2，$\cdots$，2015，2016，2017，2018，2019 时，计算所得各代数式的值之和为 0. 故选 C.

3 » **E.** 根据题目得到总天数：$\dfrac{112}{14}=8$，然后用交叉法得到雨天是 6 天. 选 E.

4 » **A.** $x=\dfrac{1}{\sqrt{2}-1}=\sqrt{2}+1$，所以 $a=x-2=\sqrt{2}-1$，$b=2-\sqrt{2}$，因此 $a+b=1$，故

$$a^3+b^3+3ab=(a+b)(a^2-ab+b^2)+3ab=(a+b)^2=1.$$

选 A.

5 » **B.** 设每个工序分别安排的人数分别为 a，b，c. 由题意有 $3a=5b=7c$，满足此条件的最小一组数为 $a=35$，$b=21$，$c=15$. 得到 $a+b+c=71$，500 除以 71 余 3，所以裁员 3 名. 选 B.

6 » **B.** 设分数为 $\dfrac{a}{100-a}$，由题得到 $\dfrac{a+23}{132-a}=\dfrac{2}{3}$，解出 $a=39$，所以分母比分子大 22. 选 B.

7 » **D.** 中间数为 $8\times3+5\times3-6\times5=9$，选 D.

8 » **A.** 由题意可知，S_4，S_8-S_4，$S_{12}-S_8$，$S_{16}-S_{12}$ 仍为等差数列. 不妨令 $S_8=3$，$S_4=1$，代入上式得到 $S_{16}=10$，所以选 A.

9 » **B.** 因为 $3^a\cdot3^b=3$，所以 $a+b=1$，

$$\dfrac{1}{a}+\dfrac{1}{b}=(a+b)\left(\dfrac{1}{a}+\dfrac{1}{b}\right)=2+\dfrac{b}{a}+\dfrac{a}{b}\geqslant2+2\sqrt{\dfrac{b}{a}\cdot\dfrac{a}{b}}=4,$$

当且仅当 $\dfrac{b}{a}=\dfrac{a}{b}$ 即 $a=b=\dfrac{1}{2}$ 时，等号成立，故选 B.

10 » **D.** 由题意可得 $\begin{cases}-\dfrac{-c}{2\left(a-\dfrac{b}{2}\right)}=1\\a-\dfrac{b}{2}-c-a-\dfrac{b}{2}=-\dfrac{8}{5}b\end{cases}$，即 $\begin{cases}b+c=2a\\c=\dfrac{3}{5}b\end{cases}$. 所以 $c=\dfrac{3}{5}b$，$a=\dfrac{4}{5}b$，因此 a^2

$+c^2=b^2$，所以 $\triangle ABC$ 是直角三角形，故选 D.

11 » **B.** 连接 BE，BE 为整个图形的对称轴，于是 $\mathrm{Rt}\triangle A'BE\cong\mathrm{Rt}\triangle CBE$，$\angle A'BE=\angle CBE$，

所以

$$S_{阴影} = 2S_{\triangle CBE} = 2 \cdot \frac{1}{2}BC \cdot CE = 2CE = \frac{4\sqrt{3}}{3},$$

故 $CE = \frac{2\sqrt{3}}{3}$，从而可知在 $\mathrm{Rt}\triangle CBE$ 中，$\angle CBE = 30°$，因此，旋转角 $\angle CBC' = 90° - 2\angle CBE = 30°$，所以选 B.

12》 C. 由题意可知 $\triangle BCH \backsim \triangle BDE$，则 $\frac{BC}{BD} = \frac{CH}{DE}$，得 $CH = \frac{60}{11}$，$GH = CG - CH = \frac{50}{11}$，

$$S_{阴影} = S_{\triangle EHG} + S_{\triangle BHG} = \frac{1}{2}HG \cdot EF + \frac{1}{2}HG \cdot BC = 50.$$

所以选 C.

13》 A. 圆心 $(1，1)$ 恰好在直线 l 上，所以弦长为直径 4，故选 A.

14》 B. 第一步，先选 3 支代表队，有 C_6^3 种；

第二步，选 1 支代表队，让这个队的 2 人都获奖，有 C_3^1 种；

第三步，另外 2 支队每队选 1 人，有 $C_2^1 C_2^1$ 种.

所以由乘法原理：不同获奖情况种数共有 $C_6^3 C_3^1 C_2^1 C_2^1$，故选 B.

15》 D. 能被 3 整除的共有 8 个，$p = \frac{8}{C_5^2 \cdot 2!} = \frac{2}{5}$，选 D.

二、条件充分性判断

16》 B. 条件(1)：45 与 50 的最小公倍数为 450，所以中间有 $\frac{45 \times 50}{450} - 1 = 4$（根）不需要移动.

条件(2)：45 与 30 的最小公倍数为 90，所以中间有 $\frac{45 \times 50}{90} - 1 = 24$（根）不需要移动.

所以选 B.

17》 C. 解集为空集，得到 $a^2 - a + 1 < 1$，所以 $0 < a < 1$，选 C.

18》 E. 两个条件显然单独不充分，联合起来，无法得到小于 36 的两个数，从而不充分，所以选 E.

19》 A. $\frac{a}{a^2 + 7a + 1}$ 的分子只有一项，倒数、拆项后发现可以化出 $a + \frac{1}{a}$，所以采用倒数法比直接做要方便. 当 $a + \frac{1}{a} = 3$ 时，$\frac{a^2 + 7a + 1}{a} = a + 7 + \frac{1}{a} = 3 + 7 = 10$. 所以 $\frac{a}{a^2 + 7a + 1} = \frac{1}{10}$，故选 A.

20 » **D.** $(a_4+a_5+a_6):(a_1+a_2+a_3)=q^3=8$，两个条件等价，均充分，所以选 D.

21 » **B.** 条件(1)：画图可知直线在 y 轴的截距在正半轴上，不充分.
条件(2)：可得到直线过圆心，直线方程为 $y=x-1$，所以充分. 选 B.

22 » **A.** 直线 $y=\dfrac{\sqrt{3}}{3}x$ 与圆的切点在第三象限，所以选 A.

23 » **D.** 由条件(1)得 $x=\dfrac{2}{1-k}$，从而 $k=0$，-1，2，3. 共有 4 种情况；
由条件(2)得到$(1,1)$，$(1,-1)$，$(-1,1)$，$(-1,-1)$共 4 种情况. 所以选 D.

24 » **C.** 显然联合分析，因为男生 3 人，女生 5 人，得到共有 $C_3^2 C_5^1 3!=90$（种）方法，选 C.

25 » **C.** 显然联合分析，如图所示，得到 $\dfrac{C_4^1\cdot 1}{C_{10}^2}=\dfrac{4}{45}$，所以选 C.

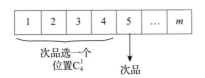

题 25 图

全真模拟检测题（三）

一、问题求解：第 1~15 小题，每小题 3 分，共 45 分. 下列每题给出的 A、B、C、D、E 五个选项中，只有一项是符合试题要求的.

1. $\dfrac{1+\left(1+\frac{1}{2}\right)+\left(1+\frac{1}{2}+\frac{1}{2^2}\right)+\cdots+\left(1+\frac{1}{2}+\cdots+\frac{1}{2^{10}}\right)}{2-3-4+5+6-7-8+9+10}=($ ___).

   A. $2+\dfrac{1}{10\times 2^{10}}$ B. $2+\dfrac{1}{10\times 2^{11}}$ C. $2+\dfrac{1}{11\times 2^{10}}$

   D. $2+\dfrac{1}{11\times 2^{11}}$ E. $2+\dfrac{1}{11\times 2^{9}}$

2. 已知实数 x，y 满足等式 $(x-\sqrt{x^2-2018})(y-\sqrt{y^2-2018})=2018$，则表达式 $3x^2-2y^2+3x-3y-2017$ 的值为(___).

   A. -2018 B. 2018 C. -1 D. 1 E. $\dfrac{1}{4}$

3. 某商品每件 60 元，每星期卖出 300 件，如调整价格，每涨一元，每星期要少卖 10 件，已知每件商品的成本是 40 元，定价为(___)元才能使利润最大.

   A. 63   B. 65   C. 66   D. 67   E. 70

4. 一家三口（父亲、母亲、女儿）准备参加旅行团外出旅游. 甲旅行社告知："父母买全票，女儿按半价优惠". 乙旅行社告知："家庭旅游可按团体票计价，即每人均按全价的 80% 收费". 若这两家旅行社每人的原票价相同，则(___).

   A. 甲比乙更优惠   B. 乙比甲更优惠   C. 甲与乙相同

   D. 与原票价有关   E. 无法确定

5. 动物园的饲养员给三群猴子分花生. 如果只分给第一群，则每只猴子可得 12 粒；如果只分给第二群，则每只猴子可得 15 粒；如果只分给第三群，则每只猴子可得 20 粒. 那么平均分给三群猴子，每只猴子可得(___)粒.

   A. 1   B. 2   C. 3   D. 5   E. 6

6. 已知二次函数 $y=x^2+ax+b$ 的图像与 x 轴的两个交点的横坐标分别为 m，n，且 $|m|+|n|\leqslant 1$，满足上述要求的 b 的最大值为(___).

   A. $\dfrac{1}{4}$ B. $-\dfrac{1}{4}$ C. $\dfrac{1}{2}$ D. $-\dfrac{1}{2}$ E. $\dfrac{3}{4}$

7. 关于 x 的方程 $(1-m^2)x^2+2mx-1=0$ 的所有根都是比 1 小的正根，则(___).

   A. $m>2$ B. $m\geqslant 2$ C. $m\leqslant 2$ D. $m<2$ E. $m>2$ 或 $m=1$

8. 小刚和小强赛跑情况如图所示，则下列叙述正确的是(___).

   A. 小刚先到达终点   B. 小刚是先慢后快

   C. 前 3 分钟小刚领先   D. 开赛 2 分钟后小强领先

   E. 比赛中两人相距最远约是 50 米

9. 设 $\{a_n\}$ 是公差为正数的等差数列，若 $a_1 + a_2 + a_3 = 15$，$a_1 a_2 a_3 = 80$，则 $a_{11} + a_{12} + a_{13} = ($　　$)$.

A. 75　　　　B. 80　　　　C. 90　　　　D. 120　　　　E. 105

10. 直径为 10 厘米的一个大金属球，熔化后铸成若干个直径为 2 厘米的小球，如果不计损耗，可铸成这样的小球的个数为($　　$).

A. 10　　　　B. 15　　　　C. 25　　　　D. 125　　　　E. 50

11. 如图所示，在直角坐标系中，点 A，B 的坐标分别是 $(3，0)$，$(0，4)$，Rt$\triangle ABO$ 内心的坐标是($　　$).

A. $\left(\dfrac{7}{2}，\dfrac{7}{2}\right)$　　B. $\left(\dfrac{3}{2}，2\right)$　　C. $(1，1)$　　D. $\left(\dfrac{3}{2}，\dfrac{3}{2}\right)$　　E. $\left(1，\dfrac{3}{2}\right)$

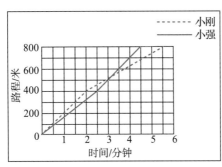 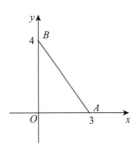

题 8 图　　　　　　　　　　题 11 图

12. 由直线 $y = x + 1$ 上的一点向圆 $(x-3)^2 + y^2 = 1$ 引切线，则切线段长度的最小值为($　　$).

A. $\sqrt{7}$　　　B. $2\sqrt{2}$　　　C. 2　　　D. 3　　　E. 5

13. 若实数 $a \neq b$，且满足 $(a+1)^2 = 3 - 3(a+1)$，$3(b+1) = 3 - (b+1)^2$，则 $b\sqrt{\dfrac{b}{a}} + a\sqrt{\dfrac{a}{b}}$ $= ($　　$)$.

A. 23　　　B. -23　　　C. -2　　　D. -13　　　E. 13

14. 甲、乙、丙 3 位同学选修课程，从 4 门课程中，甲选修 2 门，乙、丙各选修 3 门，则不同的选修方案共有($　　$).

A. 36 种　　B. 48 种　　C. 96 种　　D. 162 种　　E. 192 种

15. 一袋中装有大小相同，编号分别为 1，2，3，4，5，6，7，8 的八个球，从中有放回地每次取一个球，共取 2 次，则取得两个球的编号和不小于 15 的概率为($　　$).

A. $\dfrac{1}{32}$　　B. $\dfrac{1}{64}$　　C. $\dfrac{3}{32}$　　D. $\dfrac{3}{64}$　　E. $\dfrac{5}{32}$

二、条件充分性判断：第 16~25 小题，每小题 3 分，共 30 分．要求判断每题给出的条件（1）和条件（2）能否充分支持题干所陈述的结论．A、B、C、D、E 五个选项为判断结果，请选择一项符合试题要求的判断.

　　A. 条件（1）充分，但条件（2）不充分.

　　B. 条件（2）充分，但条件（1）不充分.

　　C. 条件（1）和条件（2）单独都不充分，但条件（1）和条件（2）联合起来充分.

D. 条件（1）充分，条件（2）也充分.

E. 条件（1）和条件（2）单独都不充分，条件（1）和条件（2）联合起来也不充分.

16. 一件工程，甲队单独做 12 天可以完成. 现在甲、乙两队合作 4 天后，由乙队单独完成，结果做完后发现两段所用时间相等.

 （1）甲队做 3 天后乙队做 2 天恰可完成一半.

 （2）甲队做 2 天后乙队做 3 天恰可完成一半.

17. 对于满足 $0 \leqslant p \leqslant 4$ 的一切实数，不等式 $x^2 + px > 4x + p - 3$ 恒成立.

 （1）$x > 3$.　　　　　　　　　　（2）$x < -1$.

18. 数 a 在数轴上的位置如所给条件，则化简 $\sqrt{a^2 - 2a + 1} + \sqrt{a^2}$ 的结果是 1.

 （1）

 （2）

19. $a = 3$.

 （1）互不相等的实数 a，b，c 成等差数列，c，a，b 成等比数列，且 $a + 3b + c = 10$.

 （2）等差数列共有 10 项，其中奇数项之和为 15，偶数项之和为 30，则其公差是 a.

20. $|m - n| = 15$.

 （1）质数 m，n 满足 $5m + 7n = 99$.

 （2）设 m 和 n 为大于 0 的整数，m 和 n 的最大公约数为 15，且 $3m + 2n = 180$.

21. 如图所示，在 $\triangle ABC$ 中，$\angle BAC = 90°$，以 AB 为直径的圆交 BC 于点 D，则图中阴影部分的面积为 1.

 （1）$AB = 2$.　　　　　　（2）$AC = 2$.

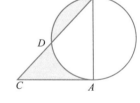

题 21 图

22. $M \geqslant 0$.

 （1）x，y 是实数，$M = 3x^2 - 8xy + 9y^2 - 4x + 6y + 13$.

 （2）x，y，z 是不为零的实数，$M = \dfrac{5x^2 + 2y^2 + 12z^2}{2x^2 + 3y^2 + z^2}$.

23. 某城市现在有 70 万人口，预计 5 年后全市人口将增加 4.8%，那么可以确定现在城镇人口至少是 30 万.

 （1）城镇人口增加 4%，农村人口增加 5.4%.

 （2）城镇人口增加 6%，农村人口增加 3.2%.

24. 6 个人坐两排，每排有 3 个凳子，则 $n = 48$.

 （1）其中甲、乙两人必须相邻，且丙不能坐两端，有 n 种不同的坐法.

 （2）其中甲、乙两人必须在同排，且与丙不同排，有 $2n$ 种不同的坐法.

25. 将书发给 4 名同学，每名同学至少有一本书的概率是 $\dfrac{15}{64}$.

 （1）有 5 本不同的书.

 （2）有 6 本相同的书.

◎ 全真模拟检测题（三）解析 ◎

一、问题求解

1 » **A.** 分子、分母同乘以 $1 - \dfrac{1}{2}$，

$$原式 = \frac{2\left[\left(1-\dfrac{1}{2}\right)+\left(1-\dfrac{1}{2^2}\right)+\cdots+\left(1-\dfrac{1}{2^{11}}\right)\right]}{10} = \frac{2\left[11-\left(1-\dfrac{1}{2^{11}}\right)\right]}{10} = 2 + \frac{1}{10 \times 2^{10}}.$$

故选 A.

2 » **D.** 特殊值法．令 $x = y = \sqrt{2018}$，得到 $3x^2 - 2y^2 + 3x - 3y - 2017 = 1$，选 D.

3 » **B.** 设商品价格上涨 x 元，则利润 $y = (20 + x)(300 - 10x)$，解得 $x = 5$ 时，利润最大．所以定价为 65 元，选 B.

4 » **B.** 设原票价为 a 元．
所以甲旅行社总票价：$2a + 0.5a = 2.5a$（元）；乙旅行社总票价：$3a \cdot 0.8 = 2.4a$（元），选 B.

5 » **D.** 设每群猴子分别为 a 只，b 只，c 只．由题意有 $12a = 15b = 20c$，满足此条件的最小一组数为 $a = 5$，$b = 4$，$c = 3$.
得到 $a + b + c = 12$，60 除以 12 为 5，所以选 D.

6 » **A.** 由题意可知 b 表示抛物线与 y 轴截距，画图可得：当 m，n 同号时，b 才能存在最大值．
不妨设 m，n 均为正，所以 $2\sqrt{mn} \leqslant m + n = |m| + |n| \leqslant 1$.
又 $b = mn$，所以 $2\sqrt{b} \leqslant 1$，得到 $b \leqslant \dfrac{1}{4}$，选 A.

7 » **E.** $m = 0$ 时，不符题意，排除 C，D 选项；$m = 1$ 时，满足题意，排除 A，B 选项，选 E.

8 » **C.** 图中的纵坐标是路程，横坐标是时间，曲线的斜率是速度．小强是先慢后快，小刚是先快后慢．二人在约 3.2 分钟的时候相遇，之前小刚领先小强，最终小强先到达终点．比赛中两人距离最远的时候是 4.5 分钟，距离约是 110 米．经过分析只能选择 C.

9 » **E.** 由题意可得：
$$a_1 + a_2 + a_3 = 3a_2 = 15 \Rightarrow a_2 = 5, \quad a_1 a_2 a_3 = 80 \Rightarrow a_1 a_3 = 16 \Rightarrow d = 3,$$
$$a_{11} + a_{12} + a_{13} = a_1 + a_2 + a_3 + 30d = 15 + 90 = 105.$$

选 E.

10 » **D.** 根据体积相等，得 $\dfrac{4}{3}\pi \cdot 5^3 \Big/ \left(\dfrac{4}{3}\pi \cdot 1^3\right) = 125$（个），选 D.

11 » **C.** 由题中条件求内心坐标，在直角三角形中内心即为内切圆的圆心，由直角三角形内切圆半径公式 $R = \dfrac{a+b-c}{2}$ 可求得 $R = 1$，选 C.

12 » **A.** 圆心到直线距离为 $2\sqrt{2}$，半径为 1，所以切线最短为 $\sqrt{8-1} = \sqrt{7}$，所以选 A.

13 » **B.** a，b 是方程 $(x+1)^2 + 3(x+1) - 3 = 0$，即 $x^2 + 5x + 1 = 0$ 的两个根，由于 $\Delta = 25 - 4 > 0$，从而 $a + b = -5$，$ab = 1$，故 a，b 均为负数．因此

$$b\sqrt{\dfrac{b}{a}} + a\sqrt{\dfrac{a}{b}} = -\dfrac{b}{a}\sqrt{ab} - \dfrac{a}{b}\sqrt{ab} = -\dfrac{a^2 + b^2}{ab}\sqrt{ab}$$

$$= -\dfrac{(a+b)^2 - 2ab}{\sqrt{ab}} = -23.$$

选 B.

14 » **C.** 甲、乙、丙三人选课相互独立，甲有 C_4^2 种选修方案，乙、丙均有 C_4^3 种，则总的选修方案有 $C_4^2 C_4^3 C_4^3 = 96$（种），故选 C.

15 » **D.** 满足要求的共有 3 种情况．$p = \dfrac{3}{8 \times 8} = \dfrac{3}{64}$，选 D.

二、条件充分性判断

16 » **E.** 由条件(1)得到乙队单独做需要 8 天，代入题干，不充分；由条件(2)得到乙单独做需要 9 天，代入题干，不充分．选 E.

17 » **D.** 将 p 视为自变量，设 $f(p) = p(x-1) + (x^2 - 4x + 3)$，则当 $0 \leqslant p \leqslant 4$ 时，$f(p) > 0$ 恒成立等价于 $\begin{cases} f(0) > 0 \\ f(4) > 0 \end{cases}$，即 $\begin{cases} x^2 - 4x + 3 > 0 \\ x^2 - 1 > 0 \end{cases}$．解得 $x > 3$ 或 $x < -1$．选 D.

18 » **A.** 由条件(1)得到 $0 < a < 1$，代入题干，充分；由条件(2)得到 $1 < a < 2$，代入题干得 $2a - 1$，不充分．选 A.

19 » **B.** 由条件(1) $a + c = 2b$，$bc = a^2$，$a + 3b + c = 10$，无法得到 $a = 3$，不充分．

由条件(2)公差 $a = \dfrac{S_{偶数} - S_{奇数}}{5} = 3$，充分．故选 B.

20 » **D.** 条件(1)：$m = 17$，$n = 2$，充分．

条件(2)：设两数为 $15k_1$，$15k_2$（k_1，k_2 互质），$3m + 2n = 15(3k_1 + 2k_2) = 180$，得到 $n = 45$，$m = 30$，充分．所以选 D.

21 >> C. 显然单独均不充分，故联合起来分析，得 $S_{阴影} = S_{\triangle ADC} = 1$，充分. 所以选 C.

22 >> D. 由条件(1)配方得到，$M = (\sqrt{2}x - 2\sqrt{2}y)^2 + (x-2)^2 + (y+3)^2 \geqslant 0$，充分；
根据非负性，条件(2)也充分. 选 D.

23 >> D. 将条件(1)代入，设城镇人口为 x 万，则可以列出方程 $1.04x + 1.054(70 - x) =$
73.36，解得 $x = 30$. 同样将条件(2)代入，可以得出城镇人口为 40 万. 选 D.

24 >> A. 由条件(1)得到 $n = C_4^1 \cdot 2! \cdot 3! = 48$，充分；
由条件(2)得到 $C_2^1 \cdot C_3^2 \cdot 2! \cdot C_3^1 \cdot 3! = 2n$，$n = 108$，不充分. 所以选 A.

25 >> A. 条件(1)：将 5 本不同的书全发给 4 名同学共有 4^5 种发法，其中每名同学至少有一

本书的发法有 $C_5^2 4!$ 种，故每名同学至少有一本书的概率是 $p = \dfrac{C_5^2 \cdot 4!}{4^5} = \dfrac{15}{64}$，充分.

条件(2)：采用隔板法，$p = \dfrac{C_5^3}{C_9^3} \neq \dfrac{15}{64}$，所以选 A.

全真模拟检测题（四）

一、问题求解：第 1～15 小题，每小题 3 分，共 45 分. 下列每题给出的 A、B、C、D、E 五个选项中，只有一项是符合试题要求的.

1. $\dfrac{1+2+3+\cdots+2018}{\left(1-\dfrac{1}{1010}\right)\left(1-\dfrac{1}{1011}\right)\cdots\left(1-\dfrac{1}{2019}\right)} = ($ $).$

   A. 2019^2 B. 2019^2-1 C. 2018^2 D. 2018^2-1 E. 2018^2+1

2. 有四个数，第一个数是 a^2+b 的值，第二个数比第一个数的 2 倍少 a^2，第三个数是第一个数与第二个数的差的 3 倍，第四个数比第一个数多 $2b$. 若第一个数的值是 -2，则这四个数的和为(   ).

   A. -1 B. -2 C. -4 D. -6 E. -8

3. 某零件加工厂按照工人完成的合格零件和不合格零件数支付工资，工人每做出一个合格零件能得到工资 10 元，每做出一个不合格零件将被扣除 5 元. 已知某人一天共做了 12 个零件，得到工资 90 元，那么他在这一天做了(   )个不合格零件.

   A. 6   B. 5   C. 4   D. 3   E. 2

4. 有甲、乙两只蜗牛，它们爬树的速度相等. 开始甲蜗牛爬树 4 米，然后乙蜗牛开始爬树，甲蜗牛爬到树顶，回过头来又往回爬到距离顶点 $\dfrac{1}{4}$ 树高处恰好碰到乙蜗牛，则树高(   ).

   A. 8 米   B. 6 米   C. 7 米   D. 9 米   E. 10 米

5. 旅客携带了 30 千克行李从首都机场乘飞机去上海，按民航规定，旅客最多可携带行李 20 千克，超重部分每千克按飞机票价格的 1.5% 购买行李票. 现该旅客购买了 120 元的行李票，则他的飞机票价格应是(   ).

   A. 1000 元   B. 800 元   C. 600 元   D. 400 元   E. 300 元

6. 设 x_1，x_2 是方程 $x^2-(a^2+2)x+a=0(1\leqslant a\leqslant 3)$ 的两个实根，则 $\dfrac{1}{x_1}+\dfrac{1}{x_2}$ 的最小值为(   ).

   A. 2   B. $\sqrt{2}$ C. $4\sqrt{2}$ D. $2\sqrt{2}$ E. 1

7. 设 n 为自然数，被 10 除余数是 9，被 9 除余数是 8，被 8 除余数是 7，已知 $100<n<1000$，这样的数有(   )个.

   A. 5   B. 4   C. 3   D. 2   E. 1

8. 已知二次函数 $y=x^2+bx+c$ 与 x 轴相交于 $A(x_1,\ 0)$ 和 $B(x_2,\ 0)$ 两点，其顶点为 P，若 $S_{\triangle APB}=1$，则 b 与 c 的关系式是(   ).

   A. $b^2-4c+1=0$ B. $b^2-4c-1=0$ C. $b^2-4c+4=0$
   D. $b^2-4c-4=0$ E. $b^2+4c-4=0$

9. 如果关于 x 的不等式 $\dfrac{2x-a}{3} > \dfrac{a}{2} - 1$ 与 $\dfrac{x}{a} < 5$ 同解，则 a（　　）.

　　A. 不存在　　B. 等于 -3　　C. 等于 $-\dfrac{2}{5}$　　D. 大于 $-\dfrac{2}{5}$　　E. 小于 $-\dfrac{2}{5}$

10. 与正方体各面都相切的球，它的表面积与正方体的表面积之比为（　　）.

　　A. $\dfrac{\pi}{2}$　　　B. $\dfrac{\pi}{6}$　　　C. $\dfrac{\pi}{4}$　　　D. $\dfrac{\pi}{3}$　　　E. 2

11. 与直线 $x+y-2=0$ 和曲线 $x^2+y^2-12x-12y+54=0$ 都相切，且半径最小的圆的标准方程是（　　）.

　　A. $(x-2)^2+(y-2)^2=2$　　　　　　　B. $(x-2)^2+(y+2)^2=4$

　　C. $(x-2)^2+(y+2)^2=2$　　　　　　　D. $(x+2)^2+(y-2)^2=4$

　　E. $(x-2)^2+(y-2)^2=4$

12. 甲、乙两人从 4 门课程中各选修 2 门，则甲、乙所选的课程中恰有 1 门相同的选法有（　　）.

　　A. 6 种　　　B. 12 种　　　C. 24 种　　　D. 30 种　　　E. 36 种

13. 若数列 $\{a_n\}$ 是首项为 1，公比为 $a-\dfrac{3}{2}$ 的无穷等比数列，且 $\{a_n\}$ 各项的和为 a，则 $a=$（　　）.

　　A. 1　　　B. 2　　　C. $\dfrac{1}{2}$　　　D. $\dfrac{5}{4}$　　　E. $\dfrac{3}{4}$

14. 某校开设九门课程供学生选修，其中 A，B，C 三门由于上课时间相同，至多选一门，学校规定每位同学选修四门，则每人有（　　）种不同的选修方案.

　　A. 60　　　B. 70　　　C. 75　　　D. 80　　　E. 90

15. 一个坛子里有编号为 1，2，$\cdots$，12 的 12 个大小相同的球，其中 1 到 6 号球是红球，其余的是黑球，若从中任取 2 个球，则取到的都是红球，且至少有 1 个球的号码是偶数的概率是（　　）.

　　A. $\dfrac{1}{22}$　　　B. $\dfrac{1}{11}$　　　C. $\dfrac{3}{22}$　　　D. $\dfrac{2}{11}$　　　E. $\dfrac{3}{11}$

二、条件充分性判断：第 $16 \sim 25$ 小题，每小题 3 分，共 30 分．要求判断每题给出的条件（1）和条件（2）能否充分支持题干所陈述的结论. A、B、C、D、E 五个选项为判断结果，请选择一项符合试题要求的判断.

　　A. 条件（1）充分，但条件（2）不充分.

　　B. 条件（2）充分，但条件（1）不充分.

　　C. 条件（1）和条件（2）单独都不充分，但条件（1）和条件（2）联合起来充分.

　　D. 条件（1）充分，条件（2）也充分.

　　E. 条件（1）和条件（2）单独都不充分，条件（1）和条件（2）联合起来也不充分.

16. 一艘船往返于 A，B 两个港口，往返路径不同．由 A 到 B 顺水行驶 60 千米，逆水行驶 40 千米；由 B 到 A 顺水行驶 30 千米，逆水行驶 60 千米．设船速和水速保持不变，且往返时间相同，则能确定往返时间各为 4 小时.

（1）水的流速为 5 千米/小时.

（2）船在静水中的速度为 25 千米/小时.

17. 已知 a，b，c，d 成等比数列. 则 $ad=2$.

    （1）曲线 $y=x^2-2x+3$ 的顶点是 (b,c).

    （2）c，a，d 成等差数列.

18. 方程 $\big||x-2|-1\big|=|a|$ 有三个整数解.

    （1）$a=1$.   （2）$a=\dfrac{1}{a}$.

19. 某商品的销售量对于进货量的百分比与销售价格成反比，又销售价格与进货价格成正比. 当进货价格为 6 元时，可售出进货量的百分比为 70%.

    （1）销售单价为 8 元时可售出进货量的 80%.

    （2）进货价格为 5 元，销售价格为 8 元.

20. 方程 $x^2-2(m-1)x+m^2=7$ 的两个实根不是无限不循环小数.

    （1）$4\leqslant m<12$.   （2）$-5<m\leqslant 4$.

21. 两圆 $\odot O_1$ 和 $\odot O_2$ 的位置关系是相交.

    （1）关于 x 的一元二次方程 $x^2-(R+r)x+\dfrac{1}{4}d^2=0$ 有两个不相等的实数根，其中 R，r 分别为 $\odot O_1$ 和 $\odot O_2$ 的半径，d 为此两圆的圆心距.

    （2）两圆方程为 $x^2+y^2+2x+2y-2=0$ 与 $x^2+y^2-4x-2y+1=0$.

22. 如图所示，$\triangle AOB$ 是直角三角形，且面积为 54，那么长方形 $ABCD$ 的面积是 300.

    （1）OD 长为 16.   （2）OB 长为 9.

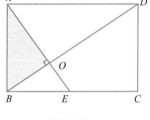

题 22 图

23. 若 m，n 是两个不相等的实数，则 $m^3-2mn+n^3=-2$.

    （1）$m^2=n+2$.   （2）$n^2=m+2$.

24. 一条铁路原有 m 个车站，为适应客运需要新增加 $n(n>1)$ 个车站，则客运车票增加了 58 种（注：从甲站到乙站和从乙站到甲站需要两种不同车票）.

    （1）$m=12$.   （2）$n=2$.

25. 某人有一串钥匙，但忘记了开房门的是哪把，只好逐把试开，则此人不超过 3 次便能开房门的概率是 0.9.

    （1）共有 5 把钥匙，其中有 2 把房门钥匙.

    （2）共有 8 把钥匙，其中有 3 把房门钥匙.

❯❯ 全真模拟检测题（四）解析 ◈

一、问题求解

1 》 **A.** 分子、分母分别化简，有

$$原式 = \frac{\dfrac{1+2018}{2} \times 2018}{\dfrac{1009}{1010} \times \dfrac{1010}{1011} \times \dfrac{1011}{1012} \times \cdots \times \dfrac{2018}{2019}} = 2019^2,$$

故选 A.

2 》 **D.** 第一个数为 $a^2 + b$，第二个数为 $a^2 + 2b$，第三个数为 $-3b$，第四个数为 $a^2 + 3b$.
所以，四个数的和为 $3a^2 + 3b = -6$，选 D.

3 》 **E.** 假设 12 个零件都合格，应该得到 120 元，实际得了 90 元，说明少了 30 元，可知做了 $\dfrac{30}{15} = 2$（个）不合格零件. 选 E.

4 》 **A.** 当甲回头爬 $\dfrac{1}{4}$ 树高时，乙爬了 $\dfrac{3}{4}$ 树高，就可以得出甲从 4 米处爬到树顶的距离等于 $\dfrac{1}{2}$ 树高，也就是 4 米，从而得出树高为 8 米，所以选 A.

5 》 **B.** 飞机票价格为 $\dfrac{120}{10 \times 1.5\%} = 800$（元），所以选 B.

6 》 **D.** $\dfrac{1}{x_1} + \dfrac{1}{x_2} = \dfrac{a^2 + 2}{a} = a + \dfrac{2}{a} \geqslant 2\sqrt{2}$，所以选 D.

7 》 **D.** 自然数若被 a 除余数是 $a-1$，则这个数字就是几个 a 的公倍数减 1. 易求得 10，9，8 的公倍数为 $360k = n + 1$（k 为正整数），因为 $100 < n < 1000$，所以 $k = 1$，2，即 $n_1 = 359$，$n_2 = 719$，选 D.

8 》 **D.** $S_{\triangle APB} = \dfrac{1}{2} AB \cdot \left| \dfrac{4c - b^2}{4} \right| = \dfrac{1}{2} \sqrt{b^2 - 4c} \cdot \dfrac{b^2 - 4c}{4} = 1 \Rightarrow b^2 - 4c = 4$，选 D.

9 》 **C.** $\dfrac{2x - a}{3} > \dfrac{a}{2} - 1 \Rightarrow x > \dfrac{5a - 6}{4}$；$\dfrac{x}{a} < 5 \Rightarrow x > 5a$. 令 $\dfrac{5a - 6}{4} = 5a$，得到 $a = -\dfrac{2}{5}$，选 C.

10 》 **B.** 设正方体边长为 a，则球半径为 $\dfrac{a}{2}$，故 $S_{球} : S_{正} = 4\pi \cdot \dfrac{a^2}{4} : 6a^2 = \pi : 6$，选 B.

11 》 **A.** 曲线化为 $(x - 6)^2 + (y - 6)^2 = 18$，其圆心到直线 $x + y - 2 = 0$ 的距离为

$$d = \frac{|6 + 6 - 2|}{\sqrt{2}} = 5\sqrt{2}.$$

所求的最小圆的圆心在直线 $y=x$ 上，其到直线的距离为 $\sqrt{2}$，即半径为 $\sqrt{2}$，圆心坐标为 $(2,2)$．标准方程为 $(x-2)^2+(y-2)^2=2$．选 A.

12 » **C**. 本题考查分类与分步原理及组合公式的运用，可先求出两人各选修 2 门课程的种数 $C_4^2 C_4^2=36$，再求出两人所选 2 门课程都相同和都不同的种数均为 $C_4^2=6$，故恰好有 1 门课程相同的选法有 $36-2\times 6=24$（种），选 C.

13 » **B**. 首项为 1，公比为 $a-\dfrac{3}{2}$ 的无穷等比数列各项和为 $S=\dfrac{1}{1-\left(a-\dfrac{3}{2}\right)}=\dfrac{1}{\dfrac{5}{2}-a}=a$，则

$a=2$，选 B.

14 » **C**. 按照 A，B，C 中选一门或一门都不选分类：$C_3^1 C_6^3+C_3^0 C_6^4=75$（种），选 C.

15 » **D**. 取到的都是红球，且一奇一偶的取法有 $C_3^1 C_3^1$ 种，2 个都是偶数编号取法有 C_3^2 种，

则 $p=\dfrac{C_3^1 C_3^1+C_3^2}{C_{12}^2}=\dfrac{2}{11}$，选 D.

【另解】 从中任取 2 个球共有 $C_{12}^2=66$（种）取法，其中取到的都是红球，且至少有 1 个球的号码是偶数的取法有 $C_6^2-C_3^2=12$（种）取法，概率为 $\dfrac{12}{66}=\dfrac{2}{11}$，选 D.

二、条件充分性判断

16 » **D**. 条件 (1)：设船在静水中的速度为 x 千米/小时，由题意有 $\dfrac{60}{x+5}+\dfrac{40}{x-5}=\dfrac{30}{x+5}+$

$\dfrac{60}{x-5}$，解得 $x=25$．故船顺水行驶速度 30 千米/小时，逆水行驶速度 20 千米/小时，则

由 A 到 B 的时间是 $\dfrac{60}{30}+\dfrac{40}{20}=4$（小时），由 B 到 A 的时间是 $\dfrac{30}{30}+\dfrac{60}{20}=4$（小时），条件 (1)

充分．同理，条件 (2) 也充分．选 D.

17 » **A**. 条件 (1)：曲线 $y=x^2-2x+3$ 顶点是 $(1,2)$，则 $b=1$，$c=2$．由 a，b，c，d 成等比数列知，$ad=bc=1\times 2=2$，故充分．条件 (2)：出现不定方程，无法确定具体值，不充分．选 A.

18 » **D**. 由条件 (1) 得，方程有三个整数解，充分；同理条件 (2) 也充分．选 D.

19 » **E**. 显然单独均不充分，考虑联合，设销售量为 x 个，销售价格为 a 元，进货量为 y

个，进货价格为 b 元，则 $\begin{cases}\dfrac{x}{y}=\dfrac{k}{a}\\ a=tb\end{cases}$，结合条件 (1)(2) 可知，$k=6.4$，$t=\dfrac{8}{5}$．当 $b=6$

时，$a=\dfrac{48}{5}$，$\dfrac{x}{y}=\dfrac{2}{3}\neq 70\%$，所以选 E.

20 » C. 由于方程 $x^2 - 2(m-1)x + m^2 = 7$ 的两个实根不是无限不循环小数，所以方程的两个实根都是有理根，因此判别式是完全平方数. 根据 $\Delta = 4(m-1)^2 - 4(m^2 - 7) = 8(4 - m)$，两个条件联合起来，得到 $m = 4$，充分，选 C.

21 » B. 条件(1)：$\Delta = (R+r)^2 - d^2 > 0 \Rightarrow R + r > d$，但两圆有可能没有交点，不充分.

条件(2)：两圆的圆心分别为 $(-1, -1)$ 和 $(2, 1)$，半径为 2，所以两圆相交，选 B.

22 » D. 由 $OD = 16$ 以及 $\frac{1}{2}BO \cdot AO = 54$，结合 $AO^2 = BO \cdot OD$，求出 $BO = 9$，$AO = 12$.

长方形面积 $= AO \cdot BD = 300$，条件(1)充分；

由 $OB = 9$ 以及 $\frac{1}{2}BO \cdot AO = 54$，结合 $AO^2 = BO \cdot OD$，求出 $AO = 12$，$OD = 16$，根据 $OB = 9$，$AO = 12$，知长方形面积 $= AO \cdot BD = 300$，条件(2)充分. 选 D.

23 » C. 显然一个条件不能解出，需要两个条件联立. 利用条件(1)和条件(2)，得出 $m^3 = mn + 2m$，$n^3 = mn + 2n$，因此 $m^3 - 2mn + n^3 = 2(m+n)$，$m^2 - n^2 = n - m$，所以

$$m + n = -1, \quad m^3 - 2mn + n^3 = -2,$$

选 C.

24 » E. 显然两个条件需要联合. 联合得到 $P_{m+n}^2 - P_m^2 = P_{14}^2 - P_{12}^2 = 50$，不充分，选 E.

25 » A. 条件(1)，$p = 1 - \frac{1}{C_5^3} = 0.9$，充分；条件(2)，$p = 1 - \frac{C_5^3}{C_8^3} \neq 0.9$，不充分. 选 A.

全真模拟检测题（五）

一、问题求解：第 1～15 小题，每小题 3 分，共 45 分．下列每题给出的 A、B、C、D、E 五个选项中，只有一项是符合试题要求的．

1. 已知 a，b，c 是三个正整数，且 $a > b > c$，若 a，b，c 的算术平均值为 $\dfrac{14}{3}$，几何平均值是 4，且 b，c 之积恰为 a，则 a，b，c 的值依次为（　　）．

   A. 8，4，2 　B. 12，4，3 　　C. 12，6，2 　　D. 8，2，4 　　E. 16，8，2

2. 甲、乙、丙三人分奖金，三人所得之比为 $\dfrac{3}{4} : \dfrac{14}{15} : \dfrac{5}{8}$，甲分得 900 元，则奖金总数为（　　）．

   A. 1200 元 　B. 2580 元 　　C. 2770 元 　　D. 3050 元 　　E. 3150 元

3. a，b 均是小于 10 的自然数，且 $\dfrac{a}{b}$ 是一个既约的真分数，而 b 的倒数等于 $\dfrac{b+1}{9a+2}$，则 $\dfrac{a}{b} = $（　　）．

   A. $\dfrac{6}{7}$ 　　B. $\dfrac{7}{8}$ 　　C. $\dfrac{5}{7}$ 　　D. $\dfrac{5}{6}$ 　　E. $\dfrac{5}{8}$

4. 已知圆柱的侧面积为 4π，则当轴截面的对角线长取最小值时，圆柱的母线长 l 与底面半径 r 的值是（　　）．

   A. $l = 1$，$r = 1$ 　　　　B. $l = 2$，$r = 1$ 　　　　C. $l = 3$，$r = 1$

   D. $l = 4$，$r = 1$ 　　　　E. $l = 2$，$r = 2$

5. 甲地到乙地是斜坡路，一辆货车上坡速度是每小时 30 千米，下坡速度是每小时 60 千米，这辆货车在甲、乙两地间往返一次共需 4.5 小时，甲、乙两地相距（　　）千米．

   A. 120 　　B. 54 　　　　C. 60 　　　　D. 80 　　　　E. 90

6. 如果多项式 $f(x) = x^3 + px^2 + qx + 6$ 有一次因式 $x + 1$ 和 $x - \dfrac{3}{2}$，那么另外一个一次因式是（　　）．

   A. $x - 2$ 　B. $x + 2$ 　　C. $x - 4$ 　　D. $x + 4$ 　　E. $x + 1$

7. 将一个能被 4 整除的三位数 $\overline{ABC}$ 逆序排列之后得到一个新的三位数 $\overline{CBA}$，已知 $\overline{CBA}$ 是 45 的倍数，那么 $\overline{ABC}$ 最小可以是（　　）．

   A. 540 　　B. 504 　　　　C. 405 　　　　D. 450 　　　　E. 425

8. 有一群小孩，他们中任意 5 个孩子的年龄之和比 50 少，所有孩子的年龄之和是 202，则这群孩子至少有（　　）人．

   A. 18 　　B. 19 　　　　C. 21 　　　　D. 22 　　　　E. 23

9. 不等式 $|x + \log_2 x| < |x| + |\log_2 x|$ 的解集是（　　）．

A. $(0,1)$　　B. $(1, +\infty)$　　C. $(0, +\infty)$　　D. $[1, +\infty)$　　E. $(0, 1]$

10. 设等差数列 $\{a_n\}$ 的公差 d 不为 0，$a_1 = 9d.$ 若 a_k 是 a_1 与 a_{2k} 的等比中项，则 $k = ($　　$).$

A. 2　　　　B. 4　　　　C. 6　　　　D. 8　　　　E. 7

11. 若 $(1 + \sqrt{2})^4 = a + b\sqrt{2}$ （a，b 为有理数），则 $a + b = ($　　$).$

A. 33　　　　B. 29　　　　C. 23　　　　D. 19　　　　E. 20

12. 如图所示，BD 和 CF 将长方形 $ABCD$ 分成四块，红色三角形面积是 4，黄色三角形面积是 6，则绿色部分的面积是(　　).

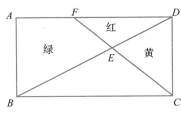

题 12 图

A. 9　　　　B. 9.5　　　　C. 10　　　　D. 10.5　　　　E. 11

13. 已知 $a = \sqrt{2} - 1$，$b = 2\sqrt{2} - \sqrt{6}$，$c = \sqrt{6} - 2$，则 a，b，c 的大小关系是(　　).

A. $a < b < c$　B. $b < a < c$　　C. $c < b < a$　　D. $c < a < b$　　E. $a < c < b$

14. 在 1，2，$\cdots$，40 这 40 个自然数中任取 2 个不同的数，使得取出的两数之和是 4 的倍数，则有(　　)种不同取法.

A. 180　　　　B. 190　　　　C. 200　　　　D. 100　　　　E. 160

15. 从 1，2，$\cdots$，10 这 10 个数中任取 4 个数，其和为奇数的概率是(　　).（选最接近的一个选项）

A. 0.46　　B. 0.50　　　　C. 0.48　　　　D. 0.52　　　　E. 0.56

二、条件充分性判断：第 16 ~ 25 小题，每小题 3 分，共 30 分. 要求判断每题给出的条件(1)和条件(2)能否充分支持题干所陈述的结论. A、B、C、D、E 五个选项为判断结果，请选择一项符合试题要求的判断.

A. 条件(1)充分，但条件(2)不充分.

B. 条件(2)充分，但条件(1)不充分.

C. 条件(1)和条件(2)单独都不充分，但条件(1)和条件(2)联合起来充分.

D. 条件(1)充分，条件(2)也充分.

E. 条件(1)和条件(2)单独都不充分，条件(1)和条件(2)联合起来也不充分.

16. 甲、乙两种不同农药共 1000 克，其中甲种农药的浓度是乙种农药浓度的 2 倍，则将甲、乙两种农药混合后，容器中农药的浓度为 28%.

(1) 乙种农药 600 克.　　　　　　　　(2) 甲种农药浓度为 40%.

17. 方程 $|1 - |1 + x|| = a$ 只有两个不同的解.

(1) $a \geq 2.$　　　　　　　　　　　(2) $0 < a < 1.$

18. 等比数列 $\{a_n\}$ 的前 n 项和为 S_n，则 $\{a_n\}$ 的公比为 $\frac{1}{3}.$

（1）S_1，$3S_2$，$2S_3$ 成等比数列.　　　　　　（2）S_1，$2S_2$，$3S_3$ 成等差数列.

19. 有 $m \cdot n = 3$ 成立.

（1）$(m - 1)(n - 3) = 0$.

（2）m，n 是方程 $x^2 + \dfrac{9}{x^2} = 5\left(x + \dfrac{3}{x}\right)$ 的两个实根.

20. 关于 x 的一元二次方程 $x^2 - 2x - a^2 - a = 0$ 的一个根比 2 大，另一个根比 2 小.

（1）$\dfrac{1}{2} < a < 3$.　　　　　　　　　　　　（2）$2 < a < 10$.

21. $k = 6$.

（1）在小于 100 的合数中，每个合数可以写成 m 个质数的乘积，则 m 的最大值是 k.

（2）已知数列 $\{a_n\}$ 的前 n 项和 $S_n = n^2 - 9n$，第 k 项满足 $1 < a_k < 3$.

22. 不等式 $\dfrac{x + 8}{x^2 + 2x - 3} < 2$ 恒成立.

（1）$x > -3$.　　　　　　　　　　　　　　　（2）$x < 2$.

23. 如图所示，$\triangle ABC$ 是等腰直角三角形，D 是半圆周上的中点，BC 是半圆的直径，图中阴影部分的面积是 $25\left(\dfrac{1}{2} + \dfrac{\pi}{4}\right)$.

（1）$AB = 10$.　　　　　　　　　　　　　（2）$BC = 10$.

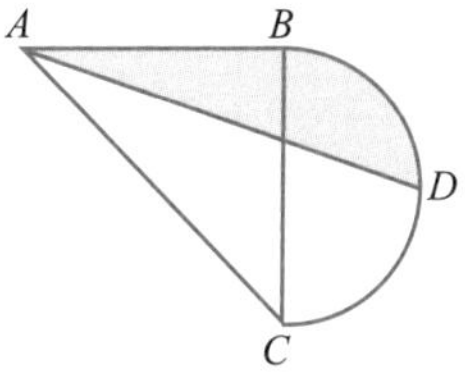

题 23 图

24. 某小组有 8 名同学，从这小组男生中选 2 人，女生中选 1 人去完成三项不同的工作，每项工作应有一人，共有 180 种选法.

（1）该小组中男生人数是 5 人.　　　　　　（2）该小组中男生人数是 6 人.

25. 一批产品的次品率为 p，逐件检测后放回，在连续三次检测中至少有一件是次品的概率为 0.271.

（1）$p = 0.3$.　　　　　　　　　　　　　　（2）$p = 0.1$.

◈ 全真模拟检测题（五）解析 ◈

一、问题求解

1 » **A.** 根据题目验证选项：利用选项是否满足 $a > b > c$，$a + b + c = 14$，$abc = 64$，$bc = a$ 来进行验证，故选 A.

2 » **C.** 由 $\dfrac{3}{4} : \dfrac{14}{15} : \dfrac{5}{8} = 90 : 112 : 75$，得奖金总数 $= 900 + 1120 + 750 = 2770$（元）. 选 C.

3 » **A.** 由题意可得，$\dfrac{b + 1}{9a + 2} = \dfrac{1}{b}$，得 $9a + 2 = b(b + 1)$，$b(b + 1)$ 为偶数，推知 a 为偶数，故选 A.

4 » **B.** 圆柱的侧面积

$$S = 2\pi r \cdot l = 4\pi \Rightarrow r \cdot l = 2.$$

对角线长为 $\sqrt{l^2+4r^2} = \sqrt{l^2+\dfrac{16}{l^2}}$. 当且仅当 $l=\dfrac{4}{l}$ 时，可求得最小值. 因此有 $l=2$，$r=1$，

选 B.

5 » E. 设路程为 s 千米，由题意可知 $\dfrac{s}{30}+\dfrac{s}{60}=4.5$，解得 $s=90$，选 E.

6 » C. 根据常数项，令 $x=0$，观察选项，选 C.

7 » B. 根据 $C\neq0$，且 $\overline{ABC}$ 能被 4 整除，选 B.

8 » D. 根据题意，最多有 4 个孩子为 10 岁，其余孩子最大为 9 岁，根据所有年龄和为 202 岁，得到 9 岁的孩子为 18 个. 共有 $18+4=22$（个）孩子，选 D.

9 » A. 用特殊值法排除，$x=1$ 和 $x=2$ 时均不满足题干，选 A.

【另解】由题意可知 x，$\log_2 x$ 异号，即 $x\log_2 x<0$. 为保证 $\log_2 x$ 有意义，有 $x>0$，所以 $\log_2 x<0$，得 $0<x<1$，选 A.

10 » B. 根据题意：不妨令 $d=1$，得到 $a_1=9$，$a_k^2=a_1 a_{2k}$. 因此 $(k+8)^2=9(2k+8)$，得到 $k=4$，选 B.

11 » B. $(1+\sqrt{2})^4=(3+2\sqrt{2})^2=17+12\sqrt{2}=a+b\sqrt{2}$，$a+b=29$，选 B.

12 » E. 根据三角形相似，得到 $S_{\triangle BEC}=9$，所以绿色面积为 $9+6-4=11$，选 E.

13 » B. $a\approx1.41-1=0.41$，$b\approx2.82-2.44=0.38$，$c\approx2.44-2=0.44$，选 B.

14 » B. 先对 $1\sim40$ 这 40 个数按除以 4 的余数进行分类，再讨论每组数的和是否为 4 的倍数，
$$C_{10}^1 C_{10}^1 + 2C_{10}^2 = 190,$$
选 B.

15 » C. 满足要求：一个奇数，三个偶数或者三个奇数，一个偶数.
$$p=\dfrac{2C_5^1 C_5^3}{C_{10}^4}=\dfrac{10}{21},$$
选 C.

二、条件充分性判断

16 » C. 显然联合分析，根据浓度，采用交叉法，
$$\begin{array}{ccc} \text{乙 }20\% & 40\%-x & 3 \\ & x & — \\ \text{甲 }40\% & x-20\% & 2 \end{array}$$
解得 $x=$ 28%. 故充分，所以选 C.

17 »» **A.** 由 $\left| 1 - \left| 1 + x \right| \right| = a$,可得 $\left| 1 + x \right| = 1 \pm a$，条件（1）充分．选 A.

18 »» **B.** 条件（2）：$S_1 + 3S_3 = 4S_2 \Rightarrow a_1 + 3(a_1 + a_2 + a_3) = 4(a_1 + a_2) \Rightarrow 3a_3 = a_2 \Rightarrow q = \frac{1}{3}$，

选 B.

19 »» **B.** 条件（1）是"或者"关系，所以不充分．

由条件（2）得到：$x^2 + \frac{9}{x^2} = 5\left(x + \frac{3}{x}\right) \Rightarrow \left(x + \frac{3}{x}\right)^2 - 5\left(x + \frac{3}{x}\right) - 6 = 0 \Rightarrow x + \frac{3}{x} = -1$（舍）

或 $x + \frac{3}{x} = 6$．因此 $x^2 - 6x + 3 = 0$，由韦达定理得到 $m \cdot n = 3$，条件（2）充分．故选 B.

20 »» **D.** 记 $f(x) = x^2 - 2x - a^2 - a$，由 $f(2) = 4 - 4 - a^2 - a < 0$，可得 $a < -1$ 或 $a > 0$，所以

选 D.

21 »» **D.** 条件（1）：最小的质数为 2，所以 $2^6 < 100$，得到 k 为 6，充分．

条件（2）：$S_n = n^2 - 9n$ 得到 $a_n = 2n - 10$，则 $1 < 2k - 10 < 3 \Rightarrow 11 < 2k < 13$，$k = 6$，充分．

选 D.

22 »» **E.** $\frac{x + 8}{x^2 + 2x - 3} < 2 \Rightarrow \frac{(2x + 7)(x - 2)}{(x + 3)(x - 1)} > 0$，选 E.

23 »» **D.** 如图所示，

$S_{阴影} = 5 \times 10 + \frac{\pi}{4} \times 25 - \frac{5}{2} \times 15 = 25\left(\frac{1}{2} + \frac{\pi}{4}\right)$．

由于两个条件等价，所以只考虑一个条件即可．

选 D.

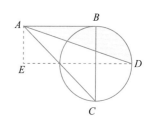

题 23 图

24 »» **D.** 由条件（1）得到 $C_5^2 \cdot C_3^1 \cdot 3! = 180$（种），充分；由条件（2）得到 $C_6^2 \cdot C_2^1 \cdot 3! = 180$（种），充分．选 D.

25 »» **B.** 从反面考虑，$1 - (1 - p)^3 = 0.271$，$p = 0.1$，条件（2）充分．所以选 B.

全真模拟检测题（六）

一、问题求解：第 1~15 小题，每小题 3 分，共 45 分．下列每题给出的 A、B、C、D、E 五个选项中，只有一项是符合试题要求的．

1. 甲、乙两个初中男女人数之比分别为 32:31 和 5:4，两个初中合并后男女生人数比为 89:82，则甲、乙两个初中原学生总数的比为(　　)．

   A. 5:14　　　　B. 14:5　　　　　C. 5:17　　　　　D. 14:7　　　　E. 17:5

2. 仓库里有一批化肥，第一天运出总数的 12.5% 多 21 吨，第二天运出总数的 $\frac{1}{6}$ 少 4 吨，还剩下 102 吨，则仓库里原有化肥(　　)吨．

   A. 186　　　　B. 168　　　　C. 178　　　　　D. 189　　　　E. 166

3. 关于 x 的不等式 $(2a-b)x > a-2b$ 的解是 $x < \frac{5}{2}$，则关于 x 的不等式 $ax+b < 0$ 的解集为(　　)．

   A. $(-\infty, 8)$　　　　　　B. $(-\infty, 1)$　　　　　　C. $(-\infty, -8)$

   D. $(-8, +\infty)$　　　　　E. $(1, +\infty)$

4. 甲车以每小时 160 千米的速度，乙车以每小时 20 千米的速度，在长为 210 千米的环形公路上同时、同地、同向出发．每当甲车追上乙车一次，甲车减速 $\frac{1}{3}$，而乙车增速 $\frac{1}{3}$．在两车的速度刚好相等的时刻，甲比乙多行驶了(　　)千米．

   A. 420　　　　B. 435　　　　C. 630　　　　D. 735　　　　E. 840

5. 设 a，b，c，d 都是自然数，且 $a^5 = b^4$，$c^3 = d^2$，$a-c = 17$，则 $d-b = ($　　$)$．

   A. 269　　　　B. 279　　　　C. 287　　　　D. 266　　　　E. 255

6. 已知 a 是不为 0 的整数，且关于 x 的方程 $ax = 2a^3 - 3a^2 - 5a + 4$ 有整数根，则 a 的值共有(　　)个．

   A. 3　　　　B. 6　　　　C. 7　　　　D. 4　　　　E. 5

7. 若 $ab \neq 1$，且有 $5a^2 + 2019a + 9 = 0$ 及 $9b^2 + 2019b + 5 = 0$，则 $\frac{a}{b}$ 的值是(　　)．

   A. $\frac{9}{5}$　　　　B. $\frac{5}{9}$　　　　C. $-\frac{2018}{5}$　　　　D. $-\frac{2019}{9}$　　　　E. $-\frac{9}{5}$

8. 参加某会议的代表人数低于 200 人，分住房时，每 5 人一间多 3 人，吃饭时每 9 人一桌少 1 人，开小组会时每 7 人一组多 6 人，到会的代表有(　　)人．

   A. 188　　　　B. 198　　　　C. 193　　　　D. 183　　　　E. 178

9. 关于 x 的不等式 $|x+2| + |2x-1| > a$ 的解集为 A，集合 $B = \{x \mid -1 \leqslant x \leqslant 3\}$，若 $A \cap B \neq \varnothing$，则实数 a 的取值范围是(　　)．

   A. $(-\infty, 10)$　　　　　B. $(-\infty, 1)$　　　　　　C. $(-\infty, 2)$

   D. $(10, +\infty)$　　　　　E. $(1, +\infty)$

10. 长方体的一个顶点上的三条棱的长分别为3，4，5，且它的八个顶点都在同一个球面上，这个球的表面积是(   ).

    A. $20\sqrt{2}\pi$ B. $25\sqrt{2}\pi$ C. 50π D. 75π E. 100π

11. 设a，b，c为$\triangle ABC$的三边长，且二次三项式$x^2 + 2ax + b^2$与$x^2 + 2cx - b^2$有一次公因式，则$\triangle ABC$一定是(   ).

    A. 等腰三角形   B. 锐角三角形   C. 钝角三角形

    D. 直角三角形   E. 等边三角形

12. 李先生从家到单位驾车要经过4个有红绿灯的路口，假设在各路口是否遇到红灯是相互独立的，且遇到红灯的概率都是$\frac{1}{3}$，遇到红灯的停留时间都是2分钟，则李先生从家到单位的路上因遇到红灯停留的总时间至多是4分钟的概率为(   ).

    A. $\frac{16}{81}$ B. $\frac{32}{81}$ C. $\frac{24}{81}$ D. $\frac{8}{9}$ E. $\frac{7}{9}$

13. 光线从点$A(3, 3)$射到y轴以后，再反射到点$B(1, 0)$，则这条光线从A到B经过的路线长度为(   ).

    A. 3   B. 4   C. 5   D. 6   E. 7

14. 盒子中有10个螺丝钉，其中有3个是坏的，现在随机地从盒子中取4个，那么0.3等于(   ).

    A. 恰有1个是坏的概率   B. 恰有2个是坏的概率

    C. 4个全是坏的概率   D. 至多2个是坏的概率

    E. 以上均不正确

15. 在4次独立试验中，事件A出现的概率相等，若事件A至少发生1次的概率是$\frac{65}{81}$，那么事件A在一次试验中发生的概率是(   ).

    A. $\frac{1}{3}$ B. $\frac{2}{5}$ C. $\frac{5}{6}$ D. $\frac{1}{4}$ E. $\frac{1}{7}$

二、条件充分性判断：第16~25小题，每小题3分，共30分. 要求判断每题给出的条件(1)和条件(2)能否充分支持题干所陈述的结论. A、B、C、D、E五个选项为判断结果，请选择一项符合试题要求的判断.

    A. 条件(1)充分，但条件(2)不充分.

    B. 条件(2)充分，但条件(1)不充分.

    C. 条件(1)和条件(2)单独都不充分，但条件(1)和条件(2)联合起来充分.

    D. 条件(1)充分，条件(2)也充分.

    E. 条件(1)和条件(2)单独都不充分，条件(1)和条件(2)联合起来也不充分.

16. 一根电线原长度为60米，剪去了全长的40%，又接上若干米后，总长度反而增加了$\frac{1}{4}$.

    (1) 又接上电线39米.   (2) 又接上电线42米.

17. a 和 b 的算术平均值为 $\dfrac{5}{2}$.

  （1）a 和 b 为不同的自然数，且 $\dfrac{1}{a}$，$\dfrac{1}{b}$ 的几何平均值为 $\dfrac{1}{\sqrt{6}}$.

  （2）a 和 b 为不同的自然数，且 a^2，b^2 的算术平均值为 $\dfrac{13}{2}$.

18. 球的表面积与正方体的表面积之比为 π:6.

  （1）球与正方体各面都相切.

  （2）正方体的 8 个顶点均在球面上.

19. $\left| x-2 \right| - \left| x-7 \right| = 5$ 成立.

  （1）$2 < x \leqslant 10$.   （2）$6 \leqslant x < 12$.

20. 多项式 $f(x)$ 除以 $x+2$ 所得余式为 1.

  （1）多项式 $f(x)$ 除以 x^2-x-6 所得余式为 $2x+5$.

  （2）多项式 $f(x)$ 除以 x^3+2x^2-x-2 所得余式为 x^2+x+1.

21. $a = 1$.

  （1）直线 $(2+a)x+y=3$ 和 $ax+(a-4)y=3$ 相互垂直.

  （2）直线 $3x+4y+\dfrac{11}{2}=0$ 被圆 $(x+a)^2+y^2=1$ 所截的弦长为 $\sqrt{3}$.

22. 直线 l 与圆 C 有交点.

  （1）设 (x_0, y_0) 在圆 C：$x^2+y^2=1$ 的外部，直线 l：$x_0 x+y_0 y=1$.

  （2）对任意实数 k，圆 C：$x^2+y^2-8x-6y+12=0$ 与直线 l：$kx-y-4k+3=0$.

23. 三角形周长为 12.

  （1）等腰三角形两边 a 和 b 满足 $\left| a-b+3 \right| + (2a+b-9)^2 = 0$.

  （2）直角三角形，三边边长成等差数列，且内切圆半径为 1.

24. 共有 432 种不同的排法.

  （1）6 个人排两排，每排 3 人，其中甲、乙两人不在同一排.

  （2）6 个人排成一排，其中甲、乙两人不相邻且不站在两端.

25. 甲、乙、丙三人各自独立地破译一密码，则密码能被破译的概率为 $\dfrac{3}{5}$.

  （1）甲、乙、丙不能译出的概率分别为 $\dfrac{2}{3}$，$\dfrac{3}{4}$，$\dfrac{4}{5}$.

  （2）甲、乙、丙三人能译出的概率分别为 $\dfrac{1}{3}$，$\dfrac{1}{4}$，$\dfrac{1}{5}$.

❖ 全真模拟检测题（六）解析 ❖

一、问题求解

1 » **B** 设甲初中男生 $32a$ 人，女生 $31a$ 人，$a \neq 0$；乙初中男生 $5b$ 人，女生 $4b$ 人，$b \neq 0$.

因为　　　　　　　　　　　　$(32a+5b):(31a+4b)=89:82,$

因此　　　　　　　　　　　　　　　　$a:b=2:5,$

可知甲、乙初中学生总数比为 $63a:9b=7a:b=14:5.$ 故选 B.

2» B. 根据数字 $12.5\% = \dfrac{1}{8}$，可知答案应该被 8 整除，所以选 B.

【另解】设仓库原有 x 吨化肥，则 $12.5\% x+21+\dfrac{1}{6}x-4+102=x$，解得 $x=168$，选 B.

3» C. 首先得到 $b=8a>0$，所以 $ax+b<0$，故 $x<-8$，选 C.

4» C. 由于 $160\times\dfrac{2}{3}\times\dfrac{2}{3}\times\dfrac{2}{3}=20\times\dfrac{4}{3}\times\dfrac{4}{3}\times\dfrac{4}{3}$，所以甲追上乙三次，甲比乙多行驶三圈. 选 C.

5» A. 设 $a^5=b^4=m^{20}$，$c^3=d^2=n^6$，这样 a，b 可用 m 表示，c，d 可用 n 表示，从而减少字母的个数，降低问题的难度.

由 $a^5=b^4=m^{20}$，$c^3=d^2=n^6$，则 $a-c=m^4-n^2=17$，由题意可知 m，n 都是自然数，故有 $(m^2+n)(m^2-n)=1\times17$，且 $m^2+n\geqslant m^2-n$，故有 $\begin{cases} m^2+n=17 \\ m^2-n=1 \end{cases}$，解得 $\begin{cases} m=3 \\ n=8 \end{cases}$.

因此 $b=m^5=243$，$d=n^3=512$，所以 $d-b=269.$ 选 A.

6» B. 由于 a，x 都是整数，根据本题结构可以将方程变形，x 用 a 表示，再根据整除性可知，a 必是 4 的一个约数，从而可求出 a 的值的个数.

$$x=\frac{2a^3-3a^2-5a+4}{a}=2a^2-3a-5+\frac{4}{a},$$

由于 $2a^2$，$-3a$，-5 都是整数，只要 $\dfrac{4}{a}$ 是整数，x 就必为整数了，因此 $a=\pm1$，±2，±4，所以 a 的值共有 6 个. 选 B.

7» A. 抓住两个等式的特点，将两个等式化为一个方程，再将所求值的代数式化成两根和或两根积的形式，然后利用根与系数的关系求解.

由 $9b^2+2015b+5=0$（显然 $b\neq0$）得 $5\,\dfrac{1}{b^2}+2015\,\dfrac{1}{b}+9=0.$

故 a 与 $\dfrac{1}{b}$ 都是方程 $5x^2+2015x+9=0$ 的根，但 $a\neq\dfrac{1}{b}$，由 $\Delta>0$，得 a 与 $\dfrac{1}{b}$ 是此方程的互异实根，从而 $a\cdot\dfrac{1}{b}=\dfrac{9}{5}$，选 A.

8» A. 人数被 5 除余 3，被 9 除余 8，被 7 除余 6，将选项的数字代入题干验证，选 A.

9 ⟫ **A.** 用排除法，并结合画图，如图所示，当 $a \geq 10$ 时，
交集为空集，当 $a < 10$ 时，交集不是空集，选 A.

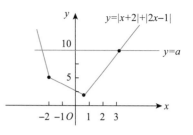

10 ⟫ **C.** 由题得长方体的外接球半径

$$r = \frac{\sqrt{3^2 + 4^2 + 5^2}}{2} = \frac{5\sqrt{2}}{2}.$$

球的表面积 $S = 4\pi \cdot \frac{50}{4} = 50\pi$，选 C.

题 9 图

11 ⟫ **D.** 因为题目中的两个二次三项式有一次公因式，所以方程 $x^2 + 2ax + b^2 = 0$ 与 $x^2 + 2cx - b^2 = 0$ 必有公共根，设公共根为 x_0，则

$$x_0^2 + 2ax_0 + b^2 = 0, \qquad \text{①}$$
$$x_0^2 + 2cx_0 - b^2 = 0, \qquad \text{②}$$

式①＋式②得 $2x_0^2 + 2(a+c)x_0 = 0$，整理得 $x_0[x_0 + (a+c)] = 0$.
若 $x_0 = 0$，代入 $x_0^2 + 2ax_0 + b^2 = 0$，得 $b = 0$，这与 b 为 $\triangle ABC$ 的边长不符，所以公共根 $x_0 = -(a+c)$. 把 $x_0 = -(a+c)$ 代入 $x_0^2 + 2ax_0 + b^2 = 0$，得 $(a+c)^2 - 2a(a+c) + b^2 = 0$，整理得 $a^2 = b^2 + c^2$，所以 $\triangle ABC$ 为直角三角形，选 D.

12 ⟫ **D.** 停留时间至多是 4 分钟，可分为没有遇到红灯、只遇到一个红灯、遇到两个红灯.

没有遇到红灯的概率为 $p_0 = \left(1 - \frac{1}{3}\right)^4 = \frac{16}{81}$；

只遇到一个红灯的概率为 $p_1 = C_4^1 \left(\frac{1}{3}\right)\left(1 - \frac{1}{3}\right)^3 = \frac{32}{81}$；

遇到两个红灯的概率为 $p_2 = C_4^2 \left(\frac{1}{3}\right)^2\left(1 - \frac{1}{3}\right)^2 = \frac{24}{81}$.

所以等待时间不超过 4 分钟的概率为 $p_0 + p_1 + p_2 = \frac{8}{9}$，选 D.

13 ⟫ **C.** 画图，做 $A(3,3)$ 关于 y 轴的对称点 $A'(-3,3)$，$A'B$ 的长度为 5，选 C.

14 ⟫ **B.** A 项，$p = \dfrac{C_3^1 C_7^3}{C_{10}^4} = \dfrac{1}{2}$；B 项，$p = \dfrac{C_3^2 C_7^2}{C_{10}^4} = 0.3$；C 项，$p = 0$；D 项，$p = 1 - \dfrac{C_3^3 C_7^1}{C_{10}^4} = \dfrac{29}{30}$，
故选 B.

15 ⟫ **A.** 从反面考虑，由 $1 - (1-p)^4 = \dfrac{65}{81}$，可解得 $p = \dfrac{1}{3}$，选 A.

二、条件充分性判断

16 ⟫ **A.** 电线长度减去 40% 之后剩余长度为 36 米. 而电线最终的长度为 75 米，所以电线长度增加了 39 米，选 A.

17 » **B.** 由条件(1)，反例 $a=1$，$b=6$，不充分；由条件(2)，得 $a^2+b^2=13$，由于 a，b 为自然数，所以推出 $a=2$，$b=3$ 或 $a=3$，$b=2$，充分．选 B.

18 » **A.** 由条件(1)可知为内切球，则 $r=\dfrac{1}{2}a$．$S_{球}=4\pi\times\left(\dfrac{1}{2}a\right)^2=4\times\dfrac{1}{4}a^2\pi=a^2\pi$，$S_{正}=$

$6a^2$．从而 $\dfrac{S_{球}}{S_{正}}=\dfrac{a^2\pi}{6a^2}=\dfrac{\pi}{6}$，充分；

由条件(2)可知为外接球，则 $R=\dfrac{1}{2}\sqrt{a^2+a^2+a^2}=\dfrac{\sqrt{3}}{2}a$，$S_{球}=4\pi\times\left(\dfrac{\sqrt{3}}{2}a\right)^2=3a^2\pi$，

$S_{正}=6a^2$．从而 $\dfrac{S_{球}}{S_{正}}=\dfrac{3a^2\pi}{6a^2}=\dfrac{\pi}{2}$，不充分，选 A.

19 » **E.** 选一个特殊值 6，则式子变为 $|6-2|-|6-7|=4-1=3$，所以两个条件均不成立，选 E.

20 » **A.** 将 $x=-2$ 代入条件的余式中，验证数值是否为 1，选 A.

21 » **C.** 由条件(1)得到 a 为 1 或 -4，不充分；由条件(2)得到圆心到直线距离为 $\dfrac{1}{2}$，故解

得 $a=1$ 或 $\dfrac{8}{3}$，选 C.

22 » **D.** 由条件(1)，(x_0,y_0) 在圆 C：$x^2+y^2=1$ 的外部，故 $x_0^2+y_0^2>1$，圆心到直线距离小于 1，所以直线 $x_0x+y_0y=1$ 和圆有 2 个交点．

（注意：直线 $x_0x+y_0y=1$ 不经过点 (x_0,y_0)，可以用圆心到直线的距离大于半径思考）

由条件(2)，圆的圆心在直线上，所以有交点．选 D.

23 » **D.** 由条件(1)，根据非负性得到，$a=2$，$b=5$，周长为 12；由条件(2)，直角三角形

的内切圆半径公式 $r=\dfrac{a+b-c}{2}$．解得三边边长为 3，4，5，周长为 12．所以选 D.

24 » **A.** 由条件(1)得到 $C_3^1 C_3^1 2!4!=432$，充分；由条件(2)得到 $4!C_3^2 2!=144$，不充分．选 A.

25 » **D.** 两条件等价，从反面考虑：$1-\left(1-\dfrac{1}{3}\right)\left(1-\dfrac{1}{4}\right)\left(1-\dfrac{1}{5}\right)=\dfrac{3}{5}$．选 D.

全真模拟检测题（七）

一、问题求解：第 1 ~ 15 小题，每小题 3 分，共 45 分. 下列每题给出的 A、B、C、D、E 五个选项中，只有一项是符合试题要求的.

1. $1 + \dfrac{3}{2} + \dfrac{5}{2^2} + \cdots + \dfrac{21}{2^{10}} = ($ $)$.

   A. $6 - \dfrac{25}{2^{10}}$
   B. $6 - \dfrac{25}{2^{11}}$
   C. $13 - \dfrac{25}{2^{10}}$

   D. $13 - \dfrac{25}{2^{11}}$
   E. 以上均不正确

2. 设 $a^2 + 1 = 3a$，$b^2 + 1 = 3b$，且 $a \neq b$，则代数式 $\dfrac{1}{a^2} + \dfrac{1}{b^2}$ 的值为( ).

   A. 5 B. 10 C. 9 D. 11 E. 7

3. 电视台要播放一部 30 集电视连续剧，若要求每天播出的集数互不相等，则该电视连续剧最多可以播( )天.

   A. 5 B. 6 C. 7 D. 8 E. 9

4. 在 400 米标准田径跑道上，甲跑 10 米所用时间乙只能跑 8 米，二人匀速同向同时从 A 点起跑，甲跑到 1500 米时，乙距 A 点还有( )米.

   A. 200 B. 150 C. 100 D. 50 E. 0

5. 一满桶纯酒精，倒出 10 升，用清水补满，再倒出 6 升，再以清水补满，此时测得桶内纯酒精与水之比恰为 $3:1$，则桶的容积为( )升.

   A. 42 B. 50 C. 72 D. 60 E. 84

6. 对于任意一个长方体，都一定存在一点：①这点到长方体的各顶点距离相等；②这点到长方体的各条棱距离相等；③这点到长方体的各面距离相等. 以上三个结论中正确的是( ).

   A. ①② B. ① C. ② D. ①③ E. ②③

7. 已知关于 x 的方程 $x^2 + 2px - (q^2 - 2) = 0(p, q \in \mathbf{R})$ 无实根，则 $p + q$ 的取值范围是( ).

   A. $(-2, 2)$ B. $(-1, 2)$ C. $(-2, 2]$ D. $[-2, 2]$ E. $(-1, 1)$

8. 方程 $2|x| - k = kx - 3$ 没有负数解，则 k 的取值范围是( ).

   A. $-2 \leqslant k \leqslant 3$
   B. $2 < k \leqslant 3$
   C. $2 \leqslant k \leqslant 3$

   D. $k \geqslant 3$ 或 $k \leqslant -2$
   E. $|k| > 2$

9. 在等差数列 $\{a_n\}$ 中，它的前 n 项和记作 S_n，若 $S_{18} > 0$，$S_{19} < 0$，那么 S_n 的最大值为( ).

   A. S_{12} B. S_{11} C. S_{10} D. S_9 E. S_8

10. 现有价格相同的 5 种不同商品，从今天开始分别降价 10% 或 20%，若干天后，这 5 种商品的价格互不相同，设最高价格和最低价格的比值为 r，则 r 的最小值为(　　).

A. $\left(\dfrac{9}{8}\right)^3$　　B. $\left(\dfrac{9}{8}\right)^4$　　　　C. $\left(\dfrac{9}{8}\right)^5$　　　　D. $\left(\dfrac{9}{8}\right)^2$　　　　E. $\dfrac{9}{8}$

11. 如图所示，在 Rt$\triangle ABC$ 中，$\angle C = 90^\circ$，D，E 分别是 BC，AC 边的中点，$AD = 7$，$BE = 4$，则 AB 的长为(　　).

A. $\sqrt{13}$　　B. $2\sqrt{13}$　　C. $\sqrt{15}$　　D. $2\sqrt{15}$　　E. $\sqrt{65}$

12. 两条平行直线 l_1，l_2 分别过点 $P(-2,-2)$，$Q(1,3)$，并且这两条直线之间的距离是 d，如果这两条直线各自绕点 P，Q 旋转并始终保持平行，则 d 的变化范围是(　　).

A. $0 < d \leqslant \sqrt{34}$　　　　B. $3 \leqslant d \leqslant 5$　　　　C. $0 < d \leqslant 5$

D. $3 \leqslant d \leqslant \sqrt{34}$　　　E. 以上结论均不正确

13. 如图所示，圆 O_1 与圆 O_2 外切于点 A，两圆的一条外公切线与圆 O_1 相切于点 B，若 AB 与两圆的另一条外公切线平行，则圆 O_1 与圆 O_2 的半径之比为(　　).

A. 2:5　　　　　　　　B. 1:2　　　　　　　　C. 1:3

D. 2:3　　　　　　　　E. 以上结论均不正确

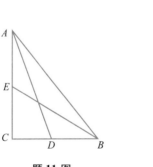
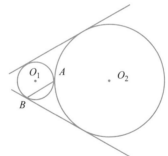

题 11 图　　　　　　　　　　题 13 图

14. 用数字 1，2，3，4，5 组成没有重复数字的五位数，其中小于 50000 的偶数有(　　)个.

A. 24　　B. 36　　C. 46　　D. 60　　E. 120

15. 袋中装有标号为 1，2，3，4 的四只球，四人从中各取一只球，其中甲不取 1 号球，乙不取 2 号球，丙不取 3 号球，丁不取 4 号球的概率为(　　).

A. $\dfrac{1}{4}$　　B. $\dfrac{11}{24}$　　C. $\dfrac{3}{8}$　　D. $\dfrac{23}{24}$　　E. $\dfrac{13}{24}$

二、条件充分性判断：第 16 ~ 25 小题，每小题 3 分，共 30 分. 要求判断每题给出的条件(1)和条件(2)能否充分支持题干所陈述的结论. A、B、C、D、E 五个选项为判断结果，请选择一项符合试题要求的判断.

A. 条件(1)充分，但条件(2)不充分.

B. 条件(2)充分，但条件(1)不充分.

C. 条件(1)和条件(2)单独都不充分，但条件(1)和条件(2)联合起来充分.

D. 条件(1)充分，条件(2)也充分.

E. 条件(1)和条件(2)单独都不充分，条件(1)和条件(2)联合起来也不充分.

16. 汽车在公路上匀速行驶，开向寂静的山谷. 在某一时刻司机按一下喇叭，可以确定汽车的速度为 60 米/秒. （已知空气中声音的传播速度约为 340 米/秒）

　　（1）司机在 4 秒后听到回响.　　　　　　（2）听到回响时距离山谷 536 米.

17. $(x+2)(x^2+ax+b)$ 不含 x 的二次项和一次项.

　　（1）$a=2$，$b=-4$.　　　　　　　　（2）$a=-2$，$b=4$.

18. 关于 x 的不等式 $(a-2)x^2+2(a-2)x-4<0$ 对一切实数 x 恒成立.

　　（1）$a>0$.　　　　　　　　　　　　（2）$a\leq2$.

19. 已知 a，b 是实数，有 $a<b$.

　　（1）一元二次方程 $ax^2+bx+b=a$ 有实数根的概率为 1.

　　（2）a 为最小的两位合数与最大的两位质数之积，b 为最小的两位质数与最大的两位合数之积.

20. 已知 $\{a_n\}$ 是等差数列，则有 $S_{20}=200$.

　　（1）$a_6+a_{15}=20$.　　　　　　　　（2）$S_8=32$，$S_{12}=72$.

21. $m=3$.

　　（1）圆 $x^2+y^2+x-6y+m-3=0$ 与直线 $2x+y-2=0$ 交于 P 和 Q 两点，O 为原点，$OP\perp OQ$.

　　（2）已知两点 $A(1，2)$，$B(3，1)$ 到直线 l 的距离分别是 $\sqrt{2}$，$\sqrt{5}-\sqrt{2}$，则满足条件的直线 l 共有 m 条.

22. 若动点 $P(x，y)$ 在某一区域上取值，则有 $\dfrac{y}{x+2}$ 的最大值为 $\dfrac{\sqrt{3}}{3}$.

　　（1）点 P 在 $x^2+y^2=1$ 上及其内部取值.

　　（2）点 P 在 $(x-1)^2+(y-4)^2=1$ 上及其内部取值.

23. 如图所示，四边形 $ABCD$ 是一个面积为 576 的正方形，那么 $\triangle CON$ 的面积为 48.

　　（1）M 是 AB 的中点.　　　　　　（2）N 是 BC 的中点.

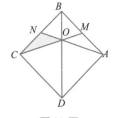

题 23 图

24. $N=30$.

　　（1）从十名学生中选三名担任班干部，则甲、乙至少有一人入选，而丙没有入选的不同选法的种数为 N.

　　（2）将甲、乙、丙、丁四名学生分到三个不同的班，每个班至少分到一名学生，且甲、乙两名学生不能分到同一个班，则不同分法的种数为 N.

25. 某人投篮共投 n 次，每次投中的概率为 $\dfrac{1}{2}$，发生 3 次投中并且恰有 2 次连中的概率为 $\dfrac{3}{16}$.

　　（1）$n=5$.　　　　　　　　　　　　（2）$n=6$.

》 全真模拟检测题（七）解析 《

一、问题求解

1 » A. 令 $S = 1 + \dfrac{3}{2} + \dfrac{5}{2^2} + \cdots + \dfrac{21}{2^{10}}$；两边乘以 $\dfrac{1}{2}$，得 $\dfrac{1}{2}S = \dfrac{1}{2} + \dfrac{3}{2^2} + \cdots + \dfrac{19}{2^{10}} + \dfrac{21}{2^{11}}$，

两式相减：$\dfrac{1}{2}S = 1 + 1 + \dfrac{1}{2} + \dfrac{1}{2^2} + \cdots + \dfrac{1}{2^9} - \dfrac{21}{2^{11}}$，所以 $S = 6 - \dfrac{25}{2^{10}}$，选 A.

2 » E. a，b 可以看作是方程 $x^2 - 3x + 1 = 0$ 的两根，并且两根互为倒数，所以

$$\frac{1}{a^2} + \frac{1}{b^2} = \frac{1}{a^2} + a^2 = \left(\frac{1}{a} + a\right)^2 - 2 = 9 - 2 = 7.$$

选 E.

3 » C. 由于 $1 + 2 + 3 + \cdots + 7 = 28$（集），而集数互不相同，剩余两集不能单独播一天，因此每天按照 1，2，3，4，5，7，8 或 1，2，3，4，5，6，9 集来播. 所以最多可以播 7 天. 选 C.

4 » E. 当甲跑 1500 米时，乙跑 1200 米，由于一圈 400 米，所以乙回到 A 点，选 E.

5 » D. 设容积为 L 升.

$$\left(L - 10 - \frac{L-10}{L} \cdot 6\right) : \left[10 - \left(1 - \frac{L-10}{L}\right) \cdot 6 + 6\right] = 3:1,$$

解得 $L_1 = 4$（舍），$L_2 = 60$，选 D.

6 » B. 只有①正确，此点为体对角线的交点，选 B.

7 » A. 方程 $x^2 + 2px - (q^2 - 2) = 0$ 的判别式 $\Delta = 4p^2 + 4(q^2 - 2) < 0$，因此 $p^2 + q^2 < 2$，由 $\dfrac{(p+q)^2}{2} \leqslant p^2 + q^2 < 2$，可得 $(p+q)^2 < 4$，所以选 A.

8 » A. 当 $k = 0$ 时，方程无解，满足没有负数解，所以 k 的取值范围中应该包括 0，选 A.

9 » D. 根据 S_n 的特点，得到对称轴的位置在 9 和 9.5 之间，所以 $n = 9$ 时最大，选 D.

10 » B. 由题意得：最高价格出现 4 个 10%，即
$$(1 - 10\%)(1 - 10\%)(1 - 10\%)(1 - 10\%).$$

最低价格出现 4 个 20%，即 $(1 - 20\%)(1 - 20\%)(1 - 20\%)(1 - 20\%)$，两者之比选 B.

11 » B. 用勾股定理求解.

$AD^2 = AC^2 + \dfrac{BC^2}{4}$，$BE^2 = \dfrac{AC^2}{4} + BC^2$，而 $AB^2 = AC^2 + BC^2 = \dfrac{4}{5}(AD^2 + BE^2) = 2\sqrt{13}$，所以

选 B.

12 » **A.** 当过 P，Q 的两条直线的斜率为 0 时，$d=5$；当这两条直线与 x 轴垂直时，$d=3$.

设 $l_1: y+2 = k(x+2)$，$l_2: y-3 = k(x-1)$. 则由平行线间的距离公式得 $d =$

$\dfrac{|3k-5|}{\sqrt{k^2+1}}$，即 $(d^2-9)k^2 + 30k + (d^2-25) = 0$，则 $\Delta = 900 - 4(d^2-9)\cdot(d^2-25) \geqslant 0$，

即 $0 < d \leqslant \sqrt{34}$，选 A.

13 » **C.** 设圆 O_1 与圆 O_2 的半径分别为 r，R，

$\angle FEB = x$，如图所示，

$AB /\!/ GE \Rightarrow \angle GEH = \angle ABH = x$.

$\begin{cases} CF \perp CE \\ CB \perp EH \end{cases} \Rightarrow \angle GEH + \angle FCB = 180^\circ$

$\Rightarrow \angle FCB = 180^\circ - x$.

由圆心角等于 2 倍弦切角，

$\angle ABH = \dfrac{1}{2} \angle ACB \Rightarrow \angle ACB = 2x$.

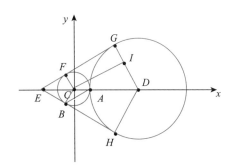

题 13 图

由对称性 $\angle ACB = \angle ACF$.

所以由 $\angle FCB + \angle ACB + \angle ACF = 360^\circ$，得 $180^\circ - x + 4x = 360^\circ$，解出 $x = 60^\circ$.

所以 $\angle ACF = 120^\circ$，$\angle ICD = 30^\circ$. 因此 $2(R-r) = r+R$，解出 $\dfrac{r}{R} = \dfrac{1}{3}$，选 C.

14 » **B.** 从反面求解：所有的偶数个数为 $C_2^1 4!$，大于 50000 的偶数个数为 $C_2^1 3!$，答案为

$C_2^1 4! - C_2^1 3! = 36$（个），选 B.

15 » **C.** 4 个人不对号入座的情况数为 9，所以概率 $p = \dfrac{9}{4!} = \dfrac{3}{8}$，选 C.

二、条件充分性判断

16 » **E.** 显然联合分析，代入题干验证：设汽车速度为 v 米/秒，有 $\dfrac{4v+536}{340} + \dfrac{536}{340} = 4$，得 v

$= 72$，所以选 E.

17 » **B.** 由题意可知，$(x+2)(x^2 + ax + b)$ 的二次项系数 $a+2 = 0$，得 $a = -2$，一次项系数

$2a + b = 0$，得 $b = 4$，所以选 B.

18 » **C.** 解集为全体实数，所以

$$\begin{cases} \text{开口方向：} a < 2, \\ \text{判别式：} \Delta = 4(a-2)^2 + 16(a-2) < 0 \end{cases} \Rightarrow -2 < a < 2.$$

注意不要忘记讨论 $a=2$ 的情况，当 $a=2$ 时，也满足解集为任意实数，所以选 C.

19 » **B.** 由条件(1)取反例：$a=b$，此时方程必有实数根，不充分.

由条件(2)得到：$a=97\times10$，$b=11\times99$，充分. 所以选 B.

20 » **D.** 由条件(1)，$S_{20}=10(a_1+a_{20})=10(a_6+a_{15})=200$，充分；

由条件(2)，S_4，S_8-S_4，$S_{12}-S_8$，$S_{16}-S_{12}$，$S_{20}-S_{16}$ 也成等差数列，则

$$S_{20}=S_4+(S_8-S_4)+(S_{12}-S_8)+(S_{16}-S_{12})+(S_{20}-S_{16})$$
$$=5(S_{12}-S_8)=5\times40=200.$$

或者：令 $S_n=an^2+bn$，则

$$\begin{cases}S_8=64a+8b=32\\S_{12}=144a+12b=72\end{cases}\Rightarrow S_{20}=400a+20b=5(80a+4b)=5(S_{12}-S_8)=200，充分.$$

选 D.

21 » **D.** 由条件(1)，得到圆心 $\left(-\dfrac{1}{2},3\right)$ 在直线上，说明 PQ 为直径，直径对的圆周角为

$\dfrac{\pi}{2}$，所以原点$(0,0)$在圆上，得到 $m=3$，充分；

由条件(2)，得到 AB 的长度恰好为 $\sqrt{5}$，所以相当于半径分别为 $\sqrt{2}$，$\sqrt{5}-\sqrt{2}$ 的两圆外切，公切线有 3 条，所以满足条件的直线有 3 条，充分. 所以选 D.

22 » **A.** 由条件(1)，$\dfrac{y}{x+2}$的几何意义：圆上及其内部的动点(x,y)与定点$(-2,0)$构成直线的斜率，画出图像，可以看出相切的时候取到最大值，此时斜率为$\dfrac{\sqrt{3}}{3}$，充分. 同理可知，条件(2)不充分. 所以选 A.

23 » **D.** 由题干得到正方形的边长为24，条件(1)，由$\triangle BMO\backsim\triangle DCO$得到 O 点为 BD 的三等分点，故面积为$\dfrac{1}{2}\times12\times8=48$. 同理条件(2)也充分. 所以选 D.

24 » **B.** 条件(1)：一类是甲、乙两人只去一个的选法有 $C_2^1C_7^2=42$ （种），另一类是甲、乙都去的选法有 $C_2^2C_7^1=7$ （种），所以共有 $42+7=49$ （种）.

条件(2)：四名学生中有两名学生分在一个班的种数是 C_4^2，顺序有 3!种，而甲、乙被分在同一个班的情况有 3!种，所以不同分法种数是 $C_4^2\cdot3!-3!=30$. 选 B.

25 » **D.** 由条件(1)，将两次连中捆绑，然后采用插空法，得到概率 $p=C_3^2\cdot2!\left(\dfrac{1}{2}\right)^5=\dfrac{3}{16}$，充分；

由条件(2)，同样的思路，得到概率 $p=C_4^2\cdot2!\left(\dfrac{1}{2}\right)^6=\dfrac{3}{16}$，充分. 所以选 D.

全真模拟检测题（八）

一、问题求解：第 1~15 小题，每小题 3 分，共 45 分. 下列每题给出的 A、B、C、D、E 五个选项中，只有一项是符合试题要求的.

1. 已知 a，b 互为相反数，x，y 互为负倒数，$|c|=3$，则 $\frac{1}{3}c^2(xy)^3 - \frac{2}{3}c^3(a+b)^2 - \frac{4}{3}c^2 \cdot (xy)^3$ 的值为（　　）.

   A. 9　　　　　B. -3　　　　　C. 3　　　　　D. -6　　　　　E. 6

2. 有三个自然数 a，b，c，a 和 b 的最大公约数是 2，b 和 c 的最大公约数是 4，a 和 c 的最大公约数是 6，a，b，c 的最小公倍数是 84. 这三个数的和最小是（　　）.

   A. 32　　　　　B. 37　　　　　C. 43　　　　　D. 46　　　　　E. 48

3. 从水平放置的球体容器顶部的一个孔向球内匀速注水，容器中水面的高度 h 与注水时间 t 之间的关系用图像表示应为（　　）.

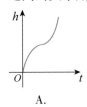　　　　　　　　　　　　

   　A.　　　　　　B.　　　　　　C.　　　　　　D.　　　　　E. 以上均不正确

4. 某种药品零售价去年上涨，但今年却调低了 20%，而现零售价是前年零售价的 94.4%，则去年这种药品的零售价上涨率是（　　）.

   A. 15%　　　　　B. 18%　　　　　C. 20%　　　　　D. 16%　　　　　E. 22%

5. 某项任务完成的时间如下：甲、乙两人合作为 8 天；乙、丙两人合作为 6 天；丙、丁两人合作为 12 天，则甲、丁两人合作（　　）天可以完成任务.

   A. 24　　　　　B. 15　　　　　C. 20　　　　　D. 14　　　　　E. 18

6. 甲容器中有浓度为 8% 的食盐水 300 克，乙容器中有浓度为 12.5% 的食盐水 120 克. 往甲、乙两个容器分别倒入等量的水，使两个容器的食盐水浓度一样. 则要倒入（　　）克水.

   A. 100　　　　　B. 140　　　　　C. 160　　　　　D. 180　　　　　E. 200

7. 在下列各不等式中，与 $x^2 > 2$ 同解的不等式为（　　）.

   A. $x^2 + \frac{1}{x-3} > 2 + \frac{1}{x-3}$　　　　　B. $x^2 + \sqrt{x-3} > 2 + \sqrt{x-3}$

   C. $x^2 - (x-3) > 2 - (x-3)$　　　　　D. $x^2(x-3) > 2(x-3)$　　　　　E. $|x| > 2$

8. 两年前儿子的年龄是母亲的 $\frac{1}{6}$，今年儿子的年龄是父亲的 $\frac{1}{5}$，且两年前儿子的年龄是当年父亲年龄减去母亲年龄之差，再过 3 年后，一家三口的年龄和为（　　）岁.

A. 71   B. 66   C. 69   D. 70   E. 73

9. 方程 $2x^2 - 5x + \dfrac{8}{2x^2 - 5x + 1} - 5 = 0$ 的整数解为(   ).

     A. $-\dfrac{1}{2}$ B. -2 C. -3 D. 3 E. 2

10. 不等式 $\dfrac{9x - 6}{x^2 - 5x + 6} \geq -2$ 的解集是(   ).

     A. $(-\infty, +\infty)$ B. $\left[-\dfrac{1}{2}, 2\right) \cup (3, +\infty)$

     C. $\left(-\infty, -\dfrac{1}{2}\right] \cup (2, 3)$ D. $(-\infty, 2] \cup [3, +\infty)$

     E. $(-\infty, 2) \cup (3, +\infty)$

11. 如图所示是两个同样大小的圆, 半径为 1, 而且两个阴影部分的面积相等, 那么连接两个圆心的线段 $O_1 O_2$ 的长是(   ).

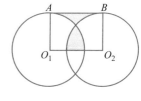

题 11 图

     A. $\dfrac{3}{4}$ B. $\dfrac{\pi}{2}$ C. $\dfrac{\pi}{4}$

     D. $\dfrac{3}{2}$ E. $\dfrac{9}{5}$

12. 已知 x_1, x_2 是关于 x 的方程 $(x - 2)(x - m) = (p - 2)(p - m)$ 的两个实数根, 并且 x_1, x_2 是某直角三角形的两直角边的长, 则该直角三角形的面积最大值为(   ).

     A. $\dfrac{(m + 2)^2}{8}$ 或 $\dfrac{1}{2}p^2$ B. $\dfrac{(m + 2)^2}{8}$ C. $\dfrac{1}{2}p^2$

     D. $\dfrac{(m + 2)^2}{4}$ 或 p^2 E. 以上结论均不正确

13. 直线 l_1 的方程为 $y = -2x + 1$, 直线 l_2 与直线 l_1 关于直线 $y = x$ 对称, 则直线 l_2 经过点(   ).

     A. $(-1, 3)$ B. $(1, -3)$ C. $(3, -1)$

     D. $(-3, 1)$ E. $(3, 1)$

14. 安排 3 名支教老师去 6 所学校任教, 每校至多 2 人, 则不同的分配方案共有(   )种.

     A. 210   B. 220   C. 320   D. 120   E. 160

15. 有 6 人在一座 10 层大楼的底层进入电梯, 设他们中的每一个自第二层开始在每一层离开是等可能的, 6 个人在不同层离开的概率为(   ).

     A. $\dfrac{C_9^6 6!}{10^6}$ B. $\dfrac{C_9^6 6!}{9^6}$ C. $\dfrac{C_9^6 6!}{9!}$ D. $\dfrac{C_9^6}{9^6}$ E. $\dfrac{C_9^6}{9!}$

二、条件充分性判断: 第 16 ~ 25 小题, 每小题 3 分, 共 30 分. 要求判断每题给出的条件 (1) 和条件 (2) 能否充分支持题干所陈述的结论. A、B、C、D、E 五个选项为判断结果, 请选择一项符合试题要求的判断.

     A. 条件(1)充分, 但条件(2)不充分.

     B. 条件(2)充分, 但条件(1)不充分.

     C. 条件(1)和条件(2)单独都不充分, 但条件(1)和条件(2)联合起来充分.

D. 条件（1）充分，条件（2）也充分.

E. 条件（1）和条件（2）单独都不充分，条件（1）和条件（2）联合起来也不充分.

16. 甲、乙两人分别从 A，B 两地同时出发相向匀速行走，t 小时后相遇于途中 C 地，此后甲又走了 6 小时到达 B 地，乙又走了 h 小时到达 A 地，则 t，h 的值均可确定.

    （1）从出发经 4 小时，甲、乙相遇.

    （2）乙从 C 到 A 地又走了 2 小时 40 分钟.

17. 已知 $y = |x-1| + |x-3|$，则 y 的最大值为 4.

    （1）$x \in [-1, 4)$.　　　　　　　　（2）$x \in [0, 3.5]$.

18. 已知 x_1，x_2 是方程 $x^2 - 2(m+1)x + m^2 = 0$ 的两个实数根，则有 $\dfrac{1}{x_1} + \dfrac{1}{x_2} = 2$.

    （1）$m = \dfrac{1}{2}(1 + \sqrt{5})$.　　　　　（2）$m = \dfrac{1}{2}(1 - \sqrt{5})$.

19. 已知数列 $\{a_n\}$ 是等差数列（公差 $d \neq 0$），且有 $a_1 = 25$，$S_{17} = S_9$，那么 $S_k = 169$.

    （1）$k = 13$.　　　　　　　　（2）数列 $\{a_n\}$ 前 n 项和的最大值为 S_k.

20. 已知 a，b，c 是三个实数，则 $|a| + |b| + |c|$ 的最小值为 8.

    （1）$a + b + c = 2$.　　　　　　（2）$abc = 4$.

21. 如图所示，阴影部分是由以 A 为圆心，AB 为半径的圆弧与 Rt$\triangle ABD$ 的边所围成的，那么阴影部分的面积为 $9\left(\dfrac{1}{2} - \dfrac{\pi}{8}\right)$.

    （1）Rt$\triangle ABD$ 是腰长为 3 的等腰直角三角形.

    （2）Rt$\triangle ABD$ 中，$AB = 3$，$AD = 3\sqrt{2}$.

题 21 图

22. 在平面直角坐标系中，曲线所围成的图形是正方形.

    （1）曲线方程为 $|xy| + 1 = |x| + |y|$.

    （2）曲线方程为 $|x-2| + |2y-1| = 4$.

23. 某数学竞赛设一、二等奖. 甲、乙两校获二等奖的人数总和占两校获奖人数总和的 60%，可以推出甲校获二等奖的人数占该校获奖总人数的 50%.

    （1）甲、乙两校获二等奖的人数比是 5:6.

    （2）甲、乙两校获奖人数比为 6:5.

24. 在一盒中装有标号从 1 到 5 的五只徽章，从中无放回地一次一只地任意摸出三只徽章，则 $N = 36$.

    （1）最后摸出的徽章是奇数号的种数为 N.

    （2）摸出的徽章至少有一只是偶数号的种数为 N.

25. 一个盒子里装有相同大小的红球 32 个，白球 4 个，从中任取 2 个球，则 $p = \dfrac{C_{32}^1 C_4^1 + C_4^2}{C_{36}^2}$.

    （1）至多有一个是红球的概率为 p.

    （2）至少有一个是白球的概率为 p.

❯ 全真模拟检测题（八）解析 ◀

一、问题求解

1 » A. 原式 $= c^2 = 9$，选 A.

2 » D. 由题得到：a 和 b 含有因数 2，b 和 c 含有因数 4，a 和 c 含有因数 6，所以 a 含有因数 6，b 含有因数 4，c 含有因数 12，又由于最小公倍数为 84，数字 7 还需要安排给 a，b，c，要保证和最小，7 安排给 b. 因此这三个数的和为 $6 + 28 + 12 = 46$，选 D.

3 » A. 由于从下往上球内横截面积先增大后减小，球内水面高度变化为先慢再快，故选 A.

4 » B. 设上涨率为 x，所以 $(1 + x)(1 - 20\%) = 94.4\%$，根据尾数特点，选 B.

5 » A. 本题从效率角度来分析.

$$\begin{cases} 甲 + 乙 = \dfrac{1}{8} \\ 乙 + 丙 = \dfrac{1}{6} \\ 丙 + 丁 = \dfrac{1}{12} \end{cases} \Rightarrow 甲 + 丁 = \dfrac{1}{8} + \dfrac{1}{12} - \dfrac{1}{6} = \dfrac{1}{24},\ 甲和丁合作用 24 天.\ 选 A.$$

6 » D. 设要倒入 x 克水. 则有 $\dfrac{24}{300 + x} = \dfrac{15}{120 + x}$，解得 $x = 180$，选 D.

7 » C. 根据定义域排除：分母、根号、乘积、绝对值，故选 C.

8 » A. 由题意可知，两年前：母亲的年龄为 6 的倍数，可以设定为 24 岁，儿子为 4 岁. 今年：儿子 6 岁，父亲为 30 岁，母亲为 26 岁. 父亲与母亲的年龄差为 4 岁，满足题干条件，故假定正确. 因此 3 年后，年龄和为 $6 + 30 + 26 + 9 = 71$（岁），选 A.

9 » D. 令 $t = 2x^2 - 5x + 1$，得 $t + \dfrac{8}{t} - 6 = 0$，即 $t^2 - 6t + 8 = 0$，得 $t = 2$ 或 4，只有当 $t = 4$ 时，才有整数解 $x = 3$. 选 D.

【另解】首先排除 A（非整数），然后排除 B，C（前两项为很大的正数），代入验证（整除），选 D.

10 » E. 将原不等式移项，$\dfrac{2x^2 - x + 6}{x^2 - 5x + 6} \geqslant 0$，由于分子恒为正，所以只需分母大于零即可，选 E.

11 » B. 由图形可得：矩形 AO_1O_2B 的面积相当于两个 $\dfrac{1}{4}$ 圆的面积.

$1 \cdot O_1 O_2 = 2 \cdot \dfrac{\pi}{4} \Rightarrow O_1 O_2 = \dfrac{\pi}{2}$. 选 B.

12 ›› **A**. 原方程变为 $x^2 - (m+2)x + 2m = p^2 - (m+2)p + 2m$，所以 $x^2 - p^2 - (m+2)x + (m+2)p = 0$，即 $(x-p)(x+p-m-2)=0$，根为 $x_1 = p$，$x_2 = m+2-p$. 直角三角形的面积为

$$\begin{aligned} \frac{1}{2}x_1 x_2 &= \frac{1}{2}p(m+2-p) = -\frac{1}{2}p^2 + \frac{1}{2}p(m+2) \\ &= -\frac{1}{2}\left[p^2 - (m+2)p + \left(\frac{m+2}{2}\right)^2 - \frac{(m+2)^2}{4} \right] \\ &= -\frac{1}{2}\left(p - \frac{m+2}{2} \right)^2 + \frac{(m+2)^2}{8}, \end{aligned}$$

即当 $p = \dfrac{m+2}{2}$ 且 $m > -2$ 时，以 x_1，x_2 为两直角边长的直角三角形的面积最大，最大面积为 $\dfrac{(m+2)^2}{8}$ 或 $\dfrac{1}{2}p^2$. 选 A.

13 ›› **C**. 由于原直线经过点 $(-1, 3)$，所以对称的直线经过 $(3, -1)$，选 C.

14 ›› **A**. $C_6^3 \cdot 3! + C_3^2 \cdot C_6^2 \cdot 2! = 210$（种），选 A.

15 ›› **B**. 6 个人随意离开的情况数为 9^6，6 个人在不同层离开的情况数为 $C_9^6 6!$，故概率 $p = \dfrac{C_9^6 6!}{9^6}$，选 B.

二、条件充分性判断

16 ›› **D**. 根据题干得到 $\dfrac{h}{t} = \dfrac{t}{6}$，所以两个条件单独均充分，选 D.

17 ›› **B**. 根据绝对值图像分析. 条件(1)得到最大值为 6，不充分；条件(2)得到最大值为 4，充分. 选 B.

18 ›› **A**. $\dfrac{1}{x_1} + \dfrac{1}{x_2} = \dfrac{2(m+1)}{m^2} = 2$，得到 $m = \dfrac{1}{2}(1 \pm \sqrt{5})$，但要保证方程有实根，即 $\Delta = [-2(m+1)]^2 - 4m^2 \geqslant 0$，$m \geqslant -\dfrac{1}{2}$，所以选 A.

19 ›› **D**. 由 $S_{17} = S_9$ 得到 $S_{26} = 0$，对称轴为 13（最大值点），所以两个条件都充分. 选 D.
具体计算：由 $S_{26} = 0$ 以及 S_n 过原点，有 $S_n = n(26-n)$，得到 $S_{13} = 13 \times 13 = 169$.

20 ›› **E**. 显然考虑联合.
首先，不妨设 a 是 a，b，c 中的最大者，由题设知 $a > 0$，且 $b + c = 2 - a$，$bc = \dfrac{4}{a}$，于

是 b 和 c 是一元二次方程 $x^2 - (2-a)x + \dfrac{4}{a} = 0$ 的两个实数根，

$\Delta = (2-a)^2 - 4 \cdot \dfrac{4}{a} \geq 0$，即 $a \geq 4$.

其次，因为 $abc > 0$，所以 a，b，c 为全大于 0 或一正二负.

若 a，b，c 均大于 0，可得 a，b，c 中的最大者不小于 4，这与 $a+b+c=2$ 矛盾.

若 a，b，c 为一正二负，设 $a>0$，$b<0$，$c<0$，则 $|a|+|b|+|c| = a - b - c = 2a - 2$，又 $a \geq 4$，则 $2a - 2 \geq 6$. 当 $a=4$，$b=c=-1$ 时满足题设条件且使得不等式等号成立，从而最小值为 6，故选 E.

21 » **E.** 由两个条件等价，即 $AB = 3$，$\angle A = \dfrac{\pi}{4}$，故阴影面积为 $\dfrac{9}{8}\pi$，选 E.

22 » **A.** 由条件 (1) 得 $|xy| + 1 = |x| + |y|$，因此 $|xy| - |x| - |y| + 1 = 0$，所以 $(|x| - 1) \cdot (|y| - 1) = 0$，四条直线所围成的是正方形，充分；

由条件 (2) 得，所围成的图形是菱形，不充分. 选 A.

23 » **C.** 单独一个条件，显然推不出. 联合两个条件，假设甲、乙两校获奖总人数为 110 人，那么甲校获奖人数为 60 人，乙校获奖人数为 50 人，甲、乙两校获二等奖的人数为 66 人，进一步可以得出甲校获二等奖的人数为 30 人，选 C.

24 » **A.** 条件 (1)：$N = C_3^1 \cdot C_4^2 \cdot 2! = 36$，充分.

条件 (2)：从反面思考，$N = C_5^3 \cdot 3! - 3! = 54$，不充分. 选 A.

25 » **D.** 由于总共取 2 个球，所以事件 {至多有一个红球} 与事件 {至少有一个白球} 是等价的，故取到 1 个红球和 1 个白球，或者取出 2 个白球. 可知两个条件均充分，所以选 D.